중국공군

이두형 지음

중국공군

이두형 지음

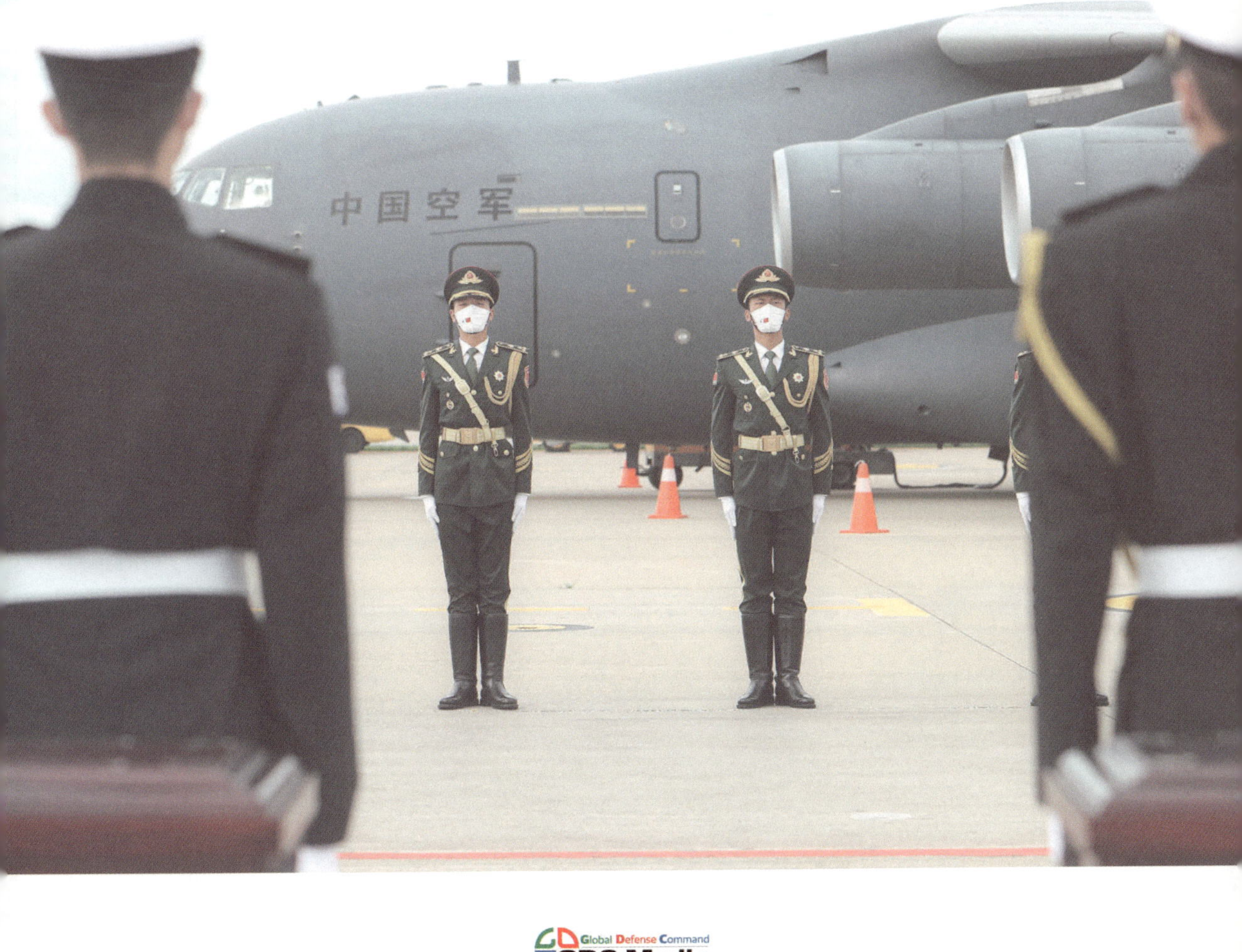

Global Defense Command
GDC Media

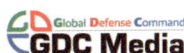

Preface

　이 글을 시작하며 먼저 이 책의 표지 그림을 설명하고자 한다. 한·중 양국은 국제법과 인도주의 정신을 존중해 나가고자 하는 공동인식을 바탕으로 매년 '중국군 유해 인도식'을 거행해 왔으며, 2014년부터 2022년까지 9차례에 걸쳐 총 913구의 중국군 유해를 인도하였다. 표지 그림은 지난 2021년 9월 2일 인천국제공항에서 거행된 '제8차 중국군 유해 인도식'에서 중국군 의장대가 자국산 Y-20 수송기 앞에서 한국군 의장대로부터 유해를 인도받기 위해 대기하고 있는 모습이다. 한국군 의장대의 손에 들려 있는 것이 중국군 유해이다. 한국 정부의 중국군 유해 송환 사업은 2013년 6월 29일 박근혜 전 대통령의 국빈 방중 당시 류옌둥(劉延東) 국무원 부총리에게 제안하고 중국이 이를 수용해 2014년 3월 28일 437구의 유해를 반환하면서 시작되었다. 첫 반환식 당시 중국 권력서열 7위의 장가오리(張高麗) 국무원 부총리가 선양(瀋陽) 타오셴(桃仙)국제공항에서 열린 '중국군 유해 귀환 영접식'에 참석했을 정도로 중국은 중국군 유해 송환 사업을 중시하고 있다. 2021년 11월 창설 72주년을 맞은 중국공군도 홍보 영상을 만들면서 특별히 Y-20 수송기 조종사의 중국군 유해 수송 과정을 한 장면으로 담았다.

　제9차 중국군 유해 인도식이 거행된 올해 2022년은 1992년 8월 24일 베이징(北京)에서 당시 노태우 정부의 한국 외교부장관과 중국 외교부장이 한·중 수교 공동성명에 서명하며 국교를 수립한지 30주년이 되는 해이다. 한·중 국교수립 이후 양국관계는 정치, 경제, 사회, 문화적 측면에서 급속한 발전을 이루었다. 반면 군사적 측면의 교류와 발전은 상대적으로 느리게 진행되었다. 한·중 군사관계는 1993년 주중 한국무관부가 설치되고 이어서 1994년 주한 중국무관부가 개설되면서 본격적으로 시작되었다.

　필자는 주중 한국무관부가 설치되고 4년 뒤인 1997년 여름 장쑤성(江蘇省) 난징시(南京市) 외곽 쯔진산(紫金山) 기슭에 위치한 '남경항공열사공묘(南京航空烈士公墓)'를 방문하였다. 이 공묘는 중국이 1932년 중화민국(현 대만)과 일본 간에 발생한 상

PREFACE

하이사변(上海事變)에서 전사한 중국공군을 안장하기 위해 조성한 묘원이다. 이후 중일전쟁(1937~1945) 당시 중화민국을 돕다가 희생된 외국인들도 안장하였다. 공묘에 봉안된 항공열사는 중국인 870위(位), 미국인 2,197위, 소련인 237위, 한국인 2위다. 미 공군 항공열사가 전체의 과반을 훨씬 넘는 66% 이상을 차지한 것을 보면 당시 미국이 중화민국에 얼마나 많은 인적, 물적 자원을 지원했는지 짐작할 수 있다. 한국인 열사 추모비에는 '한국열사명단(韓國烈士名單) 전상국 대위 대장(1907년~1938년 8월 21일), 김원영 소위 조종사(1922년 9월 6일~1945년 3월 24일)'라고 새겨져 있다. 중화인민공화국 중국이 한국을 '韓國'이라 표기한 것이 지금은 이상하지 않겠지만 당시에는 조선(朝鮮)이나 남조선(南朝鮮)으로 표기하지 않은 것에 신선한 충격을 받았다. 특히 전상국(田相國), 김원영(金元英) 열사의 고향이 모두 황해도였기 때문에 더욱 그러했다.

전상국 열사는 황해도 신천(信川) 출신이다. 기록에 따르면 1930년대 초반 일본 제1비행학교를 졸업하고 중국으로 건너갔다. 1931년 중국 중앙항공학교를 거쳐 1935년 9월 중화민국 공군 중위로 임관했다. 1937년 난창(南昌) 1군구 사령부 1중대 부대장에 오른 전상국 열사는 공중수송 17회, 적기 요격임무 15회를 완수했다. 하지만 1938년 8월 21일 한커우(漢口)에서 청두(成都)로 비행하던 중 엔진 고장으로 32세의 나이로 순국하셨다. 당시 유가족으로 아내와 두 살 난 딸이 있었다. 전상국 열사의 딸 전혜경(田惠卿) 여사는 1936년 중국 난창(南昌)에서 태어났다. 전상국 열사의 아내는 당시 남편이 묻힌 곳을 알지 못하여 찾아갈 수 없었다고 한다. 1946년 전상국 열사의 아내는 딸 전혜경 여사와 함께 한국으로 잠시 귀국했다가 다시 일본으로 옮겨가 생활의 터전을 잡았다. 아버지 전상국 열사가 목숨을 걸고 싸웠던 일본에서 성장한 전혜경 여사는 뒤 늦게 남경항공열사공묘를 알게 되었고, 2005년 10월 아버지가 돌아가신 지 67년 만에 전상국 항공열사 추모비 앞에 섰다고 한다. 전쟁은 이렇게 한국인의 삶에 엇갈린 애증의 한(恨)을 고스란히 투영하였다.

김원영 열사는 황해도 장연(長淵) 출신이다. 중화민국 공군군관학교를 16기로 졸업한 뒤 1935년 김구 선생이 난징에서 조직한 독립군 특무대에서 활동했다. 1944년 2월 인도에서 미군 비행훈련을 추가로 받고 중·미 연합항공대에 배속되었다. 1945년 준위 견습관으로 배속된 그는 웨양(岳阳), 헝양(衡阳) 등지에 출격하여 숱한 전과를 올렸다. 1945년 3월 24일 일본군 공격을 위해 이륙 중 비행기 기기 고장으로 애기(愛機)와 함께 추락해 향년 26세의 젊은 나이로 순국하셨다.

　김원영 열사가 순국하시고 5년 뒤인 1950년 10월 중화인민공화국 중국은 6·25 한국전쟁에 개입하였다. 미군의 도움을 받아 일본과 공중전을 벌였던 중화민국 공군 중 일부 인원은 미처 대만 섬으로 옮겨가지 못하고 다시 중화인민공화국 공군이 되어 미군을 포함한 유엔군과 전쟁을 벌였다. 유엔군의 자료에 따르면 6·25 한국전쟁에서 중국군 항공기는 976대가 공중전에서 격추되었고, 유엔군 항공기는 공중전과 대공포에 의해 1,041대가 격추되었다. 당시 한국공군은 지상 폭격임무만을 배당받고 제공임무에는 투입되지 않아 중국공군과의 공중전은 발생하지 않았다고 한다. 한편 한국전쟁에서 포로가 된 중국군 중 3분의 2 가량이 본국 송환을 거부했고 14,000여 명이 중화인민공화국이 아닌 중화민국을 선택하였다. 중화민국을 선택한 중국군 포로 중 13,000여 명이 대만으로 건너가 1954년 4월 중화민국 국군으로 재편성되었고, 자신의 고향 땅에 있는 중화인민공화국을 적국으로 삼게 되었다. 기구한 운명이 아닐 수 없다. 전쟁은 이렇게 중국인의 삶에도 엇갈린 애증의 한(恨)을 고스란히 투영하였다.

　앞서 말했듯 올해 2022년은 한·중 수교 30주년이 되는 해이다. 1992년 8월 24일 한국은 1950년에 통일의 기회를 상실케 한 적성국이자 중국공산당 1당 독재 국가인 중화인민공화국 중국과 국교를 수립하는 한편 오랫동안 우호관계를 유지해 왔던 자유민주주의 중화민국 중국과 외교 관계를 단절했다. 이후 하나의 중국 원칙에 따라 한국 정부는 중화민국을 더 이상 중국이라 부르지 않고 대만(Taiwan)으로 부르게

PREFACE

되었다. 30년이 지난 지금 중국은 여전히 중국공산당 1당 독재의 사회주의 국가이며 한·중 관계는 '전략적 협력 동반자 관계'로 발전해 있다. 그동안 중국이나 한국이나 변하지 않은 것이 있고 변한 것이 있다. 중국은 예나 지금이나 빨간색을 좋아하고 한국은 여전히 백의민족이다. 이렇게 다른 중국과 한국이 30년 전 수교가 가능했던 것은 '같은 것은 추구하고 다른 것은 남겨 둔다'는 구동존이(求同存異)에 서로 동의했기 때문이다. 그런데 30년이 지난 지금에 와서 만약 서로가 다른 것에 대해 남겨두려 하지 않고 상대방에게 변화를 강요한다면 결국에는 상대방을 향해 다시 한 번 총포의 방아쇠를 당기는 수밖에 없다. 그렇게 되면 국가는 명운을 걸 것이고 개인의 삶은 붕괴될 것이며 증오로 가득한 원한은 몇 세대에 이를 것이다. 한국과 중국이 '중국군 유해 인도식'을 거행하는 것은 이러한 역사의 전철을 다시는 밟지 말자는 교훈을 되새기기 위한 면도 있다.

최근 몇 년 간 한국에서는 반중(反中) 정서가, 중국에서는 혐한(嫌韓) 정서가 확대되고 있다고 한다. 이는 서로가 너무나 다르기 때문에 다름을 인정하고 그냥 남겨두어야 할 일조차 내 방식대로 옳고 그름을 가리겠다고 자존심을 걸고 다투어 온 일들이 많았기 때문일 것이다. 공자는 논어에서 "군자는 화이부동(和而不同)하고, 소인배는 동이불화(同而不和)한다"고 하였다. 군자는 화합하되 같아지지 않고, 소인배는 같아지되 화합하지 않는다는 뜻이다. 달리 말하면 군자는 자기의 색깔을 분명히 하면서도 서로 다른 것들과 조화를 이루어가는 반면 소인배는 힘이 세 보이는 곳이면 우르르 몰려가 하나가 되는 듯하지만 이내 서로가 으르렁거리며 조화를 이루지 못한다는 것이다. 한·중관계가 어수선할 때일수록 서로가 구동존이(求同存異)의 의미를 되새기고 화이부동(和而不同)하는 군자의 자세를 견지할 필요가 있다.

중국의 지도자 시진핑은 "중국인은 중국인을 공격하지 않는다"고 하였다. 그러면서도 양안(兩岸: 중국과 대만)의 평화통일을 방해하는 외부세력의 간섭과 극소수 '대만독립' 분열세력에 대해서는 무력 사용의 포기를 약속하지 않는다고 하였다. 양안관계는 매년 정도는 다르지만 여전히 전쟁의 위험 속에 있다.

중국공군을 주제로 한 이 책은 중국군과 대만군 양측 군대에서 모두 생활해 봤던 필자의 경험을 바탕으로 작성하였다. 그래서 참고한 자료도 자연스럽게 중국과 대만의 문헌이 대부분을 차지하고 있다. 예를 들어 2021년 중국공군과 대만공군의 홍보 영상을 보자면 양안의 공군력 차이가 점점 더 벌어지고 있음을 알 수 있다. 반면에 홍보 영상임에도 불구하고 양측 모두 항공기 사고 이야기를 넣은 것은 양안의 정서가 맞닿아 있는 듯 너무나 공교롭다. 이렇듯 양측 자료를 비교해 보는 것은 중국공군과 대만공군을 이해하는 데 상당한 도움이 된다. 그리고 중국과 대만은 그들의 언어인 구동존이(求同存異)와 화이부동(和而不同)을 그 누구보다 잘 알고 있다. 지금까지 잘 해왔듯이 앞으로도 서로 다른 것은 남겨 두고 같은 것을 추구하며 화합의 길로 나아갔으면 한다. 전쟁은 안 된다.

이제 서언을 마치고자 한다. 이 책에서 혹여 논리적 모순이나 중문 자료의 오역 또는 중요한 오류가 발견된다면 이 모든 결함은 필자의 한계이고 필자가 짊어질 일이다. 독자 여러분의 따끔한 지도편달을 부탁드린다.

아울러 필자가 중국군 연구에 지칠 때마다 끊임없이 용기와 격려를 주시고 부끄러운 졸저(拙著)를 대륙전략연구소 총서(叢書)로 발행할 수 있도록 허락해 주신 이창형 대륙전략연구소 소장님께 진심으로 감사드리며, 조금이라도 더 멋진 작품의 탄생을 위해 마지막까지 애써 주신 백지선 편집장님께도 깊이 감사드린다.

끝으로 '중국공군'을 집필하면서 밤샘 작업이 계속되었지만 늘 자리를 지키며 지지해 준 장남실, 이재빈, 이재륜에게 고맙고, 사랑하는 마음을 전한다.

2022년 가을
김해비행장이 내려다보이는 신라대에서 이두형

INTRODUCTION

이 책은 총 11개 장으로 구성하였으며, 내용을 간략히 소개하면 다음과 같다.

제1장 중국군의 군사전략 개념은 대내적으로 "중국공산당의 지휘에 따르고 전쟁에서 능히 싸워 이길 수 있는 기풍이 우수한 인민군대를 건설하는 것"이며, 대외적으로는 "남이 나를 해치지 않으면 나도 남을 해치지 않으며, 남이 나를 해친다면 나도 반드시 남을 해친다는 것"이다.

제2장 군대개혁 이후 양병과 용병을 분리한 중국공군의 편제구조를 알아보았다. 중국공군은 '공천일체(空天一體: 항공과 우주의 일체)', '공방겸비(攻防兼備: 공격과 방어의 겸비)'의 전략공군으로 발전하고 있다.

제3장 중국공군은 전략공군으로 발전하기 위해 3단계 발전전략 로드맵을 추진하고 있다. 제1단계인 2020년까지 전략공군의 문턱에 진입하여 공천일체, 공방겸비의 전력 구조를 갖추고, 제2단계인 2035년까지 정보화 작전 능력을 갖춘 현대화된 전략공군이 되며, 제3단계인 2050년에 세계 일류의 공군이 되는 것이다. 2021년 8월 중국공군은 제1단계 "전략공군의 문턱을 넘었다"고 선언하였다.

제4장 중국공군은 중월전쟁, 6·25 한국전쟁, 대만과의 일강산전역, 대만해협전역 등 네 번의 실전 경험이 있으며, 현재 ① 레드스워드(Red sword) 체계대항, ② 골든헬멧(Golden helmet) 자유대항 공중전, ③ 골든다트(Golden dart) 긴급방어·긴급타격, ④ 블루쉴드(Blue shield) 방공 및 미사일 방어, ⑤ 경전(擎電) 전자전(EW) 연습 등 5대 명칭 실전화 훈련에 매진하고 있다.

제5장 중국군의 무인기 발전 현황은 충돌회피 기술, 편대제어 기술 등 관련 기술의 성숙도와 작전운용의 실현 가능성을 나타낸다. 무인기 군집작전 운용 방식에 관한 연구는 전역공격, 침투정찰, 유인교란, 정찰·공격 일체, 협동작전, 군집공격, 소모작전 등의 작전 형태를 다루고 있다.

제6장 중국은 육상·해상·공중의 삼위일체 핵 전략 능력을 완전하게는 갖추지 못하고 있다. 여전히 미비한 한 축이 공중전력이다. 앞으로 H-20 스텔스 폭격기가 중국공군 전투서열에 포함된다면 삼위일체 핵 전략 능력이 완성될 것이다.

제7장 중국공군은 2019년 12월 중국 우한에서 발병한 코로나-19 방역작전에 중국이 자체 개발한 Y-20 대형수송기를 비롯한 수송 전력을 투입하였다. 코로나-19 방역 공중수송작전은 중국군의 '非전쟁군사행동'이며, 중국공군의 '전구초월투사', '특수임무결합' 작전으로서 중국공군의 공중수송작전 능력을 보여준다.

제8장 F-35 등 스텔스 전투기를 보유하지 못한 대만공군이 제4세대 전투기 F-16 BLOCK-70으로 중국공군의 제5세대 스텔스 전투기 J-20과 교전할 때 어떤 방안을 모색하고 있는지 알아보았다.

제9장 중국 해·공군의 장거리 항행훈련과 중국 군용기의 빈번한 대만 방공식별구역 침입에 대응한 대만공군 방공부대의 고민과 배치 현황 및 대응 조치를 알아보았다.

제10장 2020년 9월부터 2021년 8월까지 약 1년간 중국 군용기는 대만의 방공식별구역 남서쪽 모퉁이를 554회나 침입하였다. 군사 활동은 상대적인 경우가 많다. 중국의 군용기가 대만의 방공식별구역 중에서 왜 남서쪽을 집중적으로 침입하고 있는지 추정할 수 있는 중국 연구기관의 미군 군용기 활동 보고서를 살펴보았다.

제11장 중국 군용기가 한국방공식별구역을 침입했을 때 단순히 한·중 양자관계로 끝나는 것이 아니라 독도 영유권 문제 등 예기치 않은 다른 문제들도 야기할 수 있다는 것을 2019년 7월 23일의 사례로 살펴보았다.

CONTENTS

서언 _ 5

제1장 중국군의 군사전략 개념과 사상   17

- **I** 서론 ··· 20
- **II** 중국군의 군사전략에 관한 개념과 전략환경 ················ 21
- **III** 시진핑 군사전략사상의 변화 과정과 함의 ····················· 29
- **IV** 시진핑 군사전략사상의 특징과 영향 ······························ 41
- **V** 결론 ··· 48

제2장 군대개혁 이후 중국공군의 발전   49

- **I** 서론 ··· 52
- **II** 군대개혁 이전 중국공군의 발전 과정 ····························· 52
- **III** 군대개혁 이후 중국공군의 건설과 발전 ························· 58
- **IV** 종합분석 ··· 94
- **V** 결론 ··· 100

제3장 전략공군으로 발전하는 중국공군   103

- **I** 서론 ··· 106
- **II** 중국이 전략공군을 발전시키는 동인 ······························ 109
- **III** 중국이 전략공군을 발전시키는 의도 ····························· 117
- **IV** 전략공군으로의 발전을 제한하는 문제들 ······················ 125
- **V** 결론 ··· 130

제4장 중국공군의 실전 경험과 5대 명칭 실전화 훈련   133

- I 서론 ·· 136
- II 실전화 훈련 개념 ··· 137
- III 중국공군의 실전 경험 ··· 139
- IV 실전화 훈련으로의 전환 ····································· 148
- V 5대 명칭 실전화 훈련 ·· 154
- VI 강약점 분석 ·· 164
- VII 결론 ·· 166

제5장 중국군의 고정익 무인기 군집작전   167

- I 서론 ·· 170
- II 중국군 무인기 군집작전의 발전 맥락, 개념 및 현황 ········ 172
- III 중국군 무인기 군집작전 관련 기술과 작전 방식 ········ 182
- IV 중국군 무인기 군집작전의 특징과 약점 ················ 186
- V 결론: 인식과 대응 ·· 190

제6장 중국의 삼위일체 핵 전략과 H-20 스텔스 폭격기   193

- I 서론 ·· 196
- II 중국의 삼위일체 핵 전략 ···································· 196
- III H-20 개발 현황 ·· 209
- IV H-20 작전 능력과 위협 ····································· 212
- V 결론 ·· 228

CONTENTS

제7장 중국의 코로나-19 방역 공중수송작전과 Y-20 수송기   231

    Ⅰ 서론 ·· 234
    Ⅱ 중국공군 Y-20의 코로나-19 방역 공중수송작전 ···························· 235
    Ⅲ 중국 민항기의 코로나-19 방역 공중수송작전 ································ 243
    Ⅳ 중국군 코로나-19 방역 지휘체계와 Y-20의 미래 발전 ················ 248
    Ⅴ 결론 ·· 254
    Ⅵ 에필로그: 인천국제공항에 나타난 중국공군 Y-20 ······················· 256

제8장 중국공군 J-20 스텔스기 vs 대만공군 F-16 Block-70   259

    Ⅰ 서론 ·· 262
    Ⅱ 중국공군 J-20 스텔스 전투기 발전 과정 ·· 263
    Ⅲ J-20 스텔스 전투기와 F-16 BLOCK-70 성능 비교 ······················· 266
    Ⅳ J-20 대만공격 모델과 F-16 BLOCK-70 대응 전술 ······················· 273
    Ⅴ 결론 ·· 283

제9장 중국 해·공군 항행훈련 vs 대만공군 방공부대 대응   285

    Ⅰ 서론 ·· 288
    Ⅱ 중국의 전략적 의도와 해·공군 장거리 항행훈련 ·························· 288
    Ⅲ 대만공군 방공부대의 배치 현황과 대응 조치 ································ 301
    Ⅳ 대만공군 방공부대의 대응 방향 ·· 307
    Ⅴ 결론 ·· 314

제10장 중국의 남중국해 미군 군용기 활동 연구   317

- Ⅰ 서론 ··· 320
- Ⅱ 2018년 미군 군용기의 남중국해 군사활동 ······································ 324
- Ⅲ 2019년 미군 군용기의 남중국해 군사활동 ······································ 331
- Ⅳ 2020년 미군 군용기의 남중국해 군사활동 ······································ 338
- Ⅴ 2021년 미군 군용기의 남중국해 군사활동 ······································ 354
- Ⅵ 결론 ··· 368

제11장 중·러 군용기의 KADIZ 침입이 야기한 문제들   371

- Ⅰ 서론 ··· 374
- Ⅱ 방공식별구역(ADIZ) ·· 375
- Ⅲ 중·러 군용기의 KADIZ 침입이 야기한 문제들 ······························ 380
- Ⅳ 문제들의 봉합과 여전히 남겨진 문제들 ·· 399
- Ⅴ 결론 ··· 404

제1장
중국군의 군사전략 개념과 사상

제1장
중국군의 군사전략 개념과 사상

차례
- Ⅰ. 서론
- Ⅱ. 중국군의 군사전략에 관한 개념과 전략환경
- Ⅲ. 시진핑 군사전략사상의 변화 과정과 함의
- Ⅳ. 시진핑 군사전략사상의 특징과 영향
- Ⅴ. 결론

요 약

이 글은 중국공군을 본격적으로 탐구하기 전에 중국군에서 사용하는 군사전략에 관한 용어들의 개념을 먼저 이해하고자 준비하였다. 군사전략에 관한 용어들에 있어서 한국군은 서방국가들의 영향, 특히 미군의 영향을 받아서 그 개념들을 발전시켜 왔다. 중국군을 연구하면서 미군이나 한국군에서 사용하는 군사전략에 관한 용어들의 개념을 그대로 중국군에 적용하기 어렵다는 것을 발견하게 되었다. 예를 들어 미군이나 한국군에서 사용하는 '군사교리(military doctrine)'의 경우 이와 일치하는 개념의 용어를 중국군 문헌에서는 발견하기가 어렵다. 반면 중국군의 문헌에 자주 등장하는 전략영도(領導), 전략지도(指導), 논술(論述), 방략(方略), 모략(謀略), 전략방침(方針), 군사투쟁(鬪爭), 군사역량(力量) 등은 또한 한국군의 군사전략과 관련된 용어들로 적합하게 일치시켜 번역하기가 어렵다. 따라서 중국군이 사용하는 용어는 그 용어대로 이해하고자 하였다. 이를 위해 중국군의 군사전략(軍事戰略)과 '시진핑(習近平) 군사전략사상(軍事戰略思想)'을 주제로 연구를 진행하면서 동시에 중국군에서 사용하는 군사전략에 관한 용어들도 함께 정리하고자 하였다.[1]

시진핑 군사전략사상에 있어서 그가 주도한 '강군목표'와 '강군사상'은 중요한 구성 요소이다. 시진핑은 '신시대 군사전략방침, 전략목표, 4개 전략 버팀목, 전략수단' 등을 통해 '무엇을 할 것인가', '어떻게 할 것인가'라는 전략적 문제를 지도하였고, 이에 따라 '시진핑 군사전략사상'의 확립과 개선은 중국의 국방 및 군대 건설의 근거가 되고 있다. 또한 이는 이전 지도자들의 '적극방어(積極防禦)' 전략사상을 계승하고 보충한 것이다. 한편 '두 가지 부적응(兩個不相適應)'이라고 하는 문제는 중국군의 군대 현대화와 정보화 국지전에서의 승리와 관련되어 있어 앞으로도 한 동안 군사력 현대화 과정을 제약할 것으로 보인다. 다만 2019년 10월 1일 신중국(新中國) 건국 70주년을 맞아 톈안먼(天安門) 광장에서 열린 역대 최대 규모의 군대 열병식에 나타난 무기장비들은 그동안 시진핑의 군대에 대한 전략지도(戰略指導)가 효과를 거두고 있음을 보여준다.

다른 측면에서 마오쩌둥(毛泽东)을 포함한 중국공산당의 역대 지도자들은 중국군에 대하여 "당이 군대를 영도한다"는 '이당령군(以黨領軍)', 즉 당(黨)에 의한 군대(軍隊) 통제, 군대에 대한 당의 절대영도(絕對領導)를 시종일관 첫 번째로 강조해 왔다. 시진핑도 내용은 같으나 용어만 달리한 (군대는) "당의 지휘에 따른다"는 '청당지휘(聽黨指揮)'를 강군목표의 첫 번째로 내세웠다. 이는 중국공산당 지도자가 중국군을 장악하는 데 있어 역대로 도전이 있었음을 방증하는 것이며, 시진핑 이후 다음 지도자가 등장하여도 여전히 중국공산당 정권의 안정은 물론 중국군의 작전지휘에도 영향을 미칠 것이다. 따라서 이는 계속해서 주목할 필요가 있다.

keyword 두 가지 부적응(兩個不相適應), 청당지휘(聽黨指揮), 시진핑 강군사상(習近平強軍思想), 시진핑 군사전략사상(習近平軍事戰略思想)

---

[1] 이와 관련하여 陳津萍, 〈「習近平軍事戰略思想」發展之研析〉, 《軍事社會科學專刊》, 第16期, 頁5-32 (2020年3月)을 참조하였다.

I 서론

중국공산당 제18차 전국대표대회(2012년 11월 8~14일) 이후 시진핑은 당·정·군 대권을 속속 장악하였으며, 국방과 군대개혁에 대한 체계적인 논술, 이론 구축, 조직 조정[2] 및 중국군의 새로운 정세에 따른 강군목표 구축,[3] 국방 및 군대 건설 발전을 제약하는 문제 해결,[4] 군사이론의 혁신, 군사전략 지도(指導)의 강화, 신시기 군사전략 방침(方針)의 보완, 중국 특색의 현대 군사역량체계 구축에 힘쓰고 있다.[5] 그리고 이것이 중국의 군사전략이 나아가야 할 방향으로 보이고 있다. 이 중에서 전략이라는 용어는 군사전략(軍事戰略)의 약어 또는 동의어이다.[6] 2019년 7월 24일, 중국은 『신시대의 중국국방(新時代的中國國防)』이라는 종합형 국방백서를 발표하면서 "시진핑 군사전략사상(習近平軍事戰略思想)을 심도 있게 관철한다"[7]는 내용을 처음으로 수록하였다. 이것으로 볼 때 전략과 관련한 시진핑의 지도(指導)와 논술(論述)은 이미 최고의 권위로 자리매김하였음을 알 수 있다.

중국에서 '시진핑 군사전략사상'의 확립은 그 연속성뿐만 아니라 불완전에서 완전으로 변화하는 동태적 과정을 통하여 요망하는 전략목표를 달성해야 한다. 왜냐하면 전략이란 어떻게 권력을 사용할 것인가를 연구하여 목표에 도달하는 것이기 때문이

---

[2] 習近平, 〈關於《中共中央關於全面深化改革若干重大問題的決定》的說明〉, 《解放軍報》, 2013年 11月 16日, 版1 ; 總政治部, 《習近平關於國防和軍隊建設重要論述選編》(北京 : 中國人民解放軍總政治部 編印, 2014年 2月), 頁220 ; 〈中央軍委關於深化國防和軍隊改革的意見〉, 《人民網》, http://military.people.com.cn/BIG5/n1/2016/0101/c1011-28003376.html ; 〈為實現黨在新時代的強軍目標提供有力政策制度保障〉, 《解放軍報》, 2018年 11月 16日, 版1.

[3] 〈牢牢把握黨在新形勢下的強軍目標-一談學習貫徹習主席在解放軍代表團全體會議上的重要講話〉, 《解放軍報》, 2013年 3月 19日, 版1.

[4] 〈深入貫徹主題主線, 加緊完成雙重任務-十談認真學習貫徹黨的十八大精神〉, 《解放軍報》, 2012年 12月 18日, 版1.

[5] 〈中共中央關於全面深化改革若干重大問題的決定(2013年 11月 12日中國共產黨第十八屆中央委員會第三次全體會議通過)〉, 《人民日報》, 2013年 11月 16日, 版1.

[6] 夏征農, 《大辭海軍事卷》(上海 : 上海辭書出版社, 2007年 7月), 頁16 ; 雷劍彩, 賴曉樺主編, 《軍事理論讀本》(北京 : 北京大學出版社, 2007年 8月), 頁76.

[7] 中華人民共和國國務院新聞辦公室, 〈新時代的中國國防〉, 《解放軍報》, 2019年 7月 25日, 版3.

다.[8] 중국의 "전략 지도자는 군사투쟁 전반의 객관적 규칙에 대한 인식에 기초하여 평시와 전시의 군사력 건설과 운용을 전체적으로 계획, 배치, 지도하며, 이를 통해 설정한 전략목적을 효과적으로 달성하도록 보장한다."[9] 이에 따르면 군사전략의 내용은 군사투쟁의 인식, 군사역량의 건설, 군사역량의 운용, 전략목적 등을 포함하고 있다. 본 연구는 중국의 군사전략과 관련된 개념과 전략환경이 직면하고 있는 내외적 문제에 초점을 맞추었고, 시진핑이 전략적으로 "무엇을 할 것인가", "어떻게 할 것인가"라는 문제를 정리하고, 이에 따라 군대개혁을 지도(指導)한 과정을 밝히고자 하였다.

II 중국군의 군사전략에 관한 개념과 전략환경

시진핑의 군사전략에 관련 지도(指導)와 논점(論點)을 이해하기 위해서는 중국군의 군사전략에 관한 개념이나 정의 그리고 중국군의 전략환경에 관한 평가와 군대가 직면한 문제를 먼저 인식해야 하고, 이어서 '시진핑 군사전략사상'의 변화 과정, 함의, 특징 및 영향을 분석해 나가야 한다.

1. 중국군의 군사전략에 관한 개념

중국군의 문헌에 따르면 군사전략은 '전쟁'과 '非전쟁 군사행동' 전반을 계획하고 지도하는 총체적인 방략(方略)이다. 본래 의미는 전쟁을 지도하는 모략(謀略)이며, 모든 군사 활동의 주요 근거이다.[10] 이에 따르면, 중국군의 군사전략에 관한 개념은 '시진핑 군사전략사상'에 대한 인식과 관련되며, 주로 군사, 군사사상, 전략환경, 전

---

8 紐先鍾, 《戰略硏究入門》(臺北 : 麥田出版社, 1998年 6月), 頁162.
9 范震江, 馬保安主編, 《軍事戰略論》(北京 : 國防大學出版社, 2007年 11月), 頁1.
10 夏征農, 《大辭海軍事卷》, 頁1 ;〈堅持以新形勢下軍事戰略方針為統攬〉, 《人民日報》, http://www.81.cn/jwzl/2017-11/02/content_7808724.htm.

략목적, 전략목표, 전략임무, 전략방침, 전략수단 등의 개념 또는 정의를 포함한다 〈표-1〉. 이러한 개념들은 상호 의존적이고 상호 작용하여 완전한 유기체로 보일 수 있다.

중국군의 전략 연구자들은 중국의 군사전략이 시대와 함께 발전하였고, 전략적 환경을 세밀하게 관찰했다고 자임한다. 이에 따라 군사전략이 상대적으로 변화하면서 지도자들이 군사전략의 시세를 읽고 전체를 관조하는 모습을 보였다고 한다. 쉽게 말하자면 군사전략의 골자는 어떤 싸움을 하고, 어떻게 싸울 것인가 하는 문제를 해결하는 것이며, 군사투쟁 준비의 기점(基點)을 확립하는 것이다.[11] 이 밖에 중국군이 긴급 재난구조에 참여하고 해외이익(海外利益) 수호를 위해 전략적 버팀목 역할을 제공하는 것은 유엔 평화유지활동과 국제 재난구호 및 인도주의 지원활동 등 '非전쟁 군사행동(非戰爭軍事行動, Military Operations Other Than War, MOOTW, 전쟁이외의 군사작전)' 범주로 나타나는데,[12] 그 이유는 중국이 자신들에게 유리한 전략 환경을 조성하고 전략적 영향력을 확대하는 것이 중요하기 때문이다. 시진핑은 "전략이란 그 본래의 의미를 말하자면, 마오쩌둥(毛澤東)이 말한 바와 같이 전쟁 전반을 지도하는 방략(方略)을 가리키며, 군사전략 지도의 혁신을 강조하고, 반드시 전쟁지도(戰爭指導)의 근본을 확고히 다잡아야 한다"고 하였다.[13] 다시 말하자면, 군사전략의 기본 임무는 군사역량 건설과 운용을 계획하고 지도하는 것이며,[14] '전쟁'과 '非전쟁 군사행동'의 총체적 방략에 관한 것이다. 이로써 알 수 있는 것은 중국군의 군사전략은 미래의 군사력 사용 과정을 계획하는 것에서부터 유리한 형세를 조성하고 영향력을 발휘함으로써 그 군사전략사상의 발전의 준거로 삼는다는 것이다. 또한 전략

---

[11] 徐焰,《中國國防導論》(北京：國防大學出版社, 2007年 11月), 頁336.

[12] 《2006年中國的國防》(北京：中華人民共和國國務院新聞辦公室, 2006年 12月)；《2008年中國的國防》, (北京：中華人民共和國國務院新聞辦公室, 2009年 1月 20日), http://big5.gov.cn/gate/big5/www.gov.cn/jrzg/2009-01/20/content_1210075.htm；中華人民共和國國務院新聞辦公室,〈新時代的中國國防〉, 版3.

[13] 習近平,〈關於戰爭指導問題〉,《習近平關於國防和軍隊建設重要論述選編》(北京：中共總政治部編印, 2014年 2月), 頁148.

[14] 范震江, 馬保安主編, 2007.《軍事戰略論》. 北京：國防大學出版社, 頁112.

환경이 내외적 요소의 영향을 받기 때문에 전략 제정자는 이를 반드시 고려해야 하고 간과해서는 안 되며, 이를 더욱 깊이 연구해야 한다는 것이다.

〈표-1〉 중국군의 군사전략에 관한 개념

순서	항목	내용
1	군사 (軍事)	전쟁 준비와 실행, 국방 건설, 국제 군사안보와 협력 등 전쟁과 국방에 직접 관련되는 모든 사항이다.
2	군사사상 (軍事思想)	군사역량의 운용과 건설에 관하여 군사투쟁의 기본적 관점과 체계적 인지를 지도(指導)하는 것이며, 모든 군사 실천의 규율이자 원칙이며, 전략의 이론적 기초이다.
3	전략사상 (戰略思想)	군사투쟁 전역(全域)을 지도하는 기본관점이며, 전략지도자가 군사투쟁을 계획하고 지도하는 과정에서의 전략문제에 대한 이성적인 인식이며, 객관적 규칙과 지도(指導) 규율에 대한 과학적 총화와 이론적 개괄이며, 그 발전은 전략에 대해 추진 작용을 한다.
4	전략환경 (戰略環境)	일정한 시기에 국가안보와 군사투쟁 전반에 영향을 미치는 객관적 상황과 조건, 즉 국내외의 정치, 경제, 군사, 과학기술, 지리 등의 상황이 포괄적으로 형성하는 전략적 태세이다. 따라서 군사전략의 수립은 바로 전략환경에 대한 재인식과 재분석의 과정이다.
5	전략목적 (戰略目的)	전략 행동이 도달하고자 하는 기대효과를 가리키며, 전략 기도(企圖)의 집중적인 구현으로서 전략계획 수립, 전략배치 확정, 전략 행동의 양식과 방식을 선택하는 기본 근거이다.
6	전략목표와 임무 (戰略目標與任務)	군사투쟁의 사명을 확정하는 것으로서 일정한 시기 내에서 군사투쟁이 "무엇을 할 것인가"라는 질문에 대답하는 것이며, 전략목적을 달성하기 위해 수행하는 중대한 임무이다.
7	전략방침 (戰略方針)	군사행동 방안을 명확히 하고 전략임무를 완성하는 기본 경로로서 군사투쟁이 "어떻게 할 것인가"라는 질문에 대답하는 것이며, 일정한 시기 내에서 규정한 전략 전반에 도달해야 할 총 목표이자 반드시 따라야 하는 지침이다.
8	전략수단 (戰略手段)	군사역량의 건설과 운용을 가리키는 것으로서 "어떤 역량과 방식을 사용하여 할 것인가"라는 질문에 대답하는 것이다.
9	전략역량 (戰略力量)	전략목적을 실현할 수 있거나 혹은 전략임무를 수행할 수 있는 각종 역량의 통칭을 가리킨다.

* 출처: 夏征農, p.1, 16-17. ; 范震江, 馬保安主編, p.8-9, 59, 86, 104.

2. 중국군의 군사전략이 영향을 받는 전략환경

중국 군사전략의 조정은 〈표-1〉 '중국군의 군사전략에 관한 개념'의 내용과 불가분의 관계가 있다. 그 중 '전략환경'의 내용을 보면 외부 환경과 내부 환경의 제반 요소로 구분할 수 있다. 예를 들어 중국공산당 중앙군사위원회는 주요 전략상대의 상황, 국제 전략정세, 내부 안보환경의 변화에 따라 전략 목표, 임무, 중점 및 전략지도 사상, 원칙을 조정해야 한다.15 이에 근거하여 시진핑 집권 시기 군사전략이 직면하고 있는 문제는 문헌을 근거로 관찰할 때, 주로 외부 환경에 대한 평가와 관련된다. 내부 환경의 영향은 '청당지휘(聽黨指揮, 당의 지휘에 따른다)'의 약화, '능타승장(能打勝仗, 능히 싸워 이긴다)'는 문제의 산적, '작풍우량(作風優良, 기풍이 우수하다)'의 빈번한 도전 등이 '시진핑 군사전략사상(習近平軍事戰略思想)'의 변화에서 주요한 고려 요소이다. 외부 '전략환경' 평가부터 살펴보면 다음과 같다.

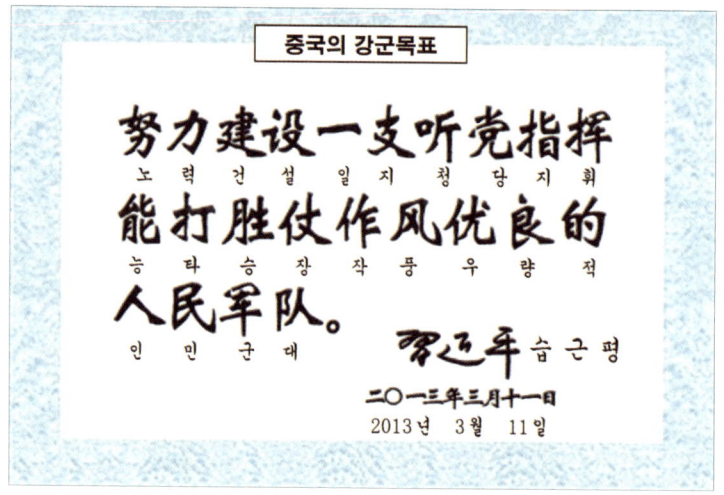

〈그림-1〉 중국의 지도자 시진핑의 강군목표 '청당지휘, 능타승장, 작풍우량'

* 출처:〈毛泽东邓小平江泽民胡锦涛习近平对军队重要题词时代背景〉,《人民网-中国共产党新闻网》2014年03月17日, http://cpc.people.com.cn/n/2014/0317/c69113-24656795-5.html 중국공산당 총서기이자 중앙군사위원회 주석 시진핑의 친필 문구에 필자가 한글 독음을 달았다. "당의 지휘에 따르고, 능히 싸워 이길 수 있는, 기풍이 우수한 (일지-하나의) 인민군대 건설을 위해 노력하자."

가. 외부 '전략환경' 평가

〈표-1〉'중국군의 군사전략에 관한 개념'의 4번째 항목인 전략환경의 정의와『신시대의 중국국방(新時代的中國國防)』백서에 근거하여 '전략환경'을 관찰하면 다음

---

15 范震江, 馬保安主編, 2007.《軍事戰略論》. 北京 : 國防大學出版社, 頁1.

과 같다.[16] 먼저, 국제 전략 구도의 변천에 대해 패권주의(霸權主義), 강권정치(強權政治), 일방주의가 대두할 때 국제안보 체제와 질서가 충격을 받는다고 지적하였다. 국제 전략 경쟁과 그 역량이 상승하는 추세로는 주로 미국, 나토, 러시아, EU 등의 국가들을 지목하고, 각국 안보의 교차성, 연관성, 연동성이 부단히 증대되어 어느 한 국가가 독자적으로 대응하거나 독주할 수 없는 상태라고 강조한다. 두 번째, 아시아태평양의 안보정세는 총체적으로 안정되어 있고, 대화를 통한 갈등, 분쟁의 처리가 주요 정책적 추세가 되고 있다. 세계 경제와 전략의 중심이 아시아태평양 지역으로 계속 이동하면서 강대국 게임의 초점이 되고 있고, 한반도와 인도·파키스탄의 분쟁이 때때로 발생하는 등 지역 안보 문제는 기복(起伏)을 반복하고 있다. 또한 중국이 직면한 '대만독립(台獨)', '티베트독립(藏獨)', '동투르키스탄(東突)' 및 비전통 안보 문제의 도전을 다시 한 번 강조한다. 마지막으로 주요 국가들은 잇달아 안보전략과 군사전략을 조정하고, 군대 조직 형태를 조절하여 새로운 작전역량을 발전시키고 있다. 전쟁 형태는 정보화 전쟁으로의 전환이 가속화되고 있고, 지능화 전쟁의 시작을 알리는 단초가 처음으로 나타나 중국군이 주목하는 바가 되었다.

나. '청당지휘(聽黨指揮)'의 약화

시진핑이 중앙정치국 상무위원과 중앙서기처 서기, 중앙당교 교장(2000~2008년), 국가 부주석과 중앙군사위원회 부주석(2010~2012년)을 역임하던 시기에 이전 지도자인 장쩌민(江澤民)의 대변자로 알려진 군사위원회 부주석 쉬차이허우(徐才厚)와[17] 궈보슝(郭伯雄)[18] 등이 중국의 무장역량을 독점함으로써 '이당령군(以黨領

---

[16] 《新時代的中國國防》, 新華社北京7月24日電國務院新聞辦公室24日發表, 2019-07-24, http://www.mod.gov.cn/big5/regulatory/2019-07/24/content_4846424.htm.

[17] 前 중앙군사위원회 부주석, 중국군 상장(上將), 2014년 3월 15일 부인과 함께 뇌물수수와 부정축재 등의 혐의로 체포되어, 방광암으로 입원하고 있던 베이징 301병원에서 연금된 채로 조사가 시작되었다. 중국 언론에서는 "중국군 부패의 몸통"으로 불렸으며, 3월 군 수사요원들이 베이징 푸청루에 있는 쉬차이허우의 호화 저택을 수색할 당시 2000m² 규모의 지하실에서 1t이 넘는 미국 달러, 유로, 위안화를 발견했다. 또한 당·송·원·명나라 시대의 골동품과 진귀한 보물 등도 함께 발견되어, 10대 가량의 군용 트럭이 동원해 압수한 재물을 이송했다. 쉬차이허우는 중국의 각지에 부동산을 보유하고 있어 상하이에서는 4살된 그의 손자 이름으로 된 부동산이 최소한 4채 발견되

軍, 당이 군대를 영도한다)' 체제가 관철되지 못하면서[19] '군사위원회 주석 책임제(軍委主席負責制)'가 붕괴되는 결과를 초래하였다. 이로 인해 후진타오(胡錦濤) 주석의 군권(軍權)도 유명무실하게 된 것이 사실이며,[20] 결과적으로 중국군의 전력과 사기에 막대한 영향을 끼쳤다.[21] 이외에 '군대의 非당화, 非정치화(軍隊非黨化, 非政治化)'와 '군대의 국가화(軍隊國家化)' 등의 정치적 관점은 중국군의 당의 지휘에 따른다는 '청당지휘(聽黨指揮)'의 사상적 근간에 장기적으로 영향을 끼쳐[22] '이당령군(以

었고, 그의 개인 운전사도 뇌물을 중개하면서 막대한 재산을 축재했다. 6월 30일, 공산당 지도부는 쉬차이허우의 공산당 당적과 군적 및 상장(上將) 계급을 박탈당했고 신병을 군검찰에 인도했다. 10월 27일 군 검찰은 쉬차이허우의 비리 혐의에 대한 조사를 마치고 사법 절차에 들어간다고 밝혔으나, 2015년 3월 15일 방광암으로 사망하여 '중국형사소송법' 15조에 따라 그에 대한 공소 절차가 중단되었다. 서유진기자, 〈중국군 부패 핵심, 쉬차이허우 사법절차 임박〉, 매일경제, 2014.06.13, https://www.mk.co.kr/news/world/view/2014/06/885614/ ; 베이징ㅣ오관철 특파원, 〈중국군 부패 몸통 쉬차이허우 자택 지하실에서 현금 1톤 넘게 나와〉, 경향신문, 2014.11.21., https://www.khan.co.kr/world/china/article/201411211128061 ; 문예성 기자, 〈중국군 '부패 몸통' 쉬차이허우 암으로 사망…2900억 원 불법재산 환수〉, NEWSIS, 2015-03-16., http://www.newsis.com/ar_detail/view.html?ar_id=NISX20150316_0013537862&cID=10102&pID=10100.

[18] 前 중앙군사위원회 부주석, 중국군 상장(上將), 2015년 4월부터 거액 수뢰 등으로 조사를 받았으며 2016년 7월 무기 징역형이 선고되었다. 군 검찰은 궈 전 부주석이 재임 시절 8000만 위안(136억원)의 뇌물을 수수한 혐의로 기소했다. 중국 군사법원은 2016.7.25. 궈 전 부주석에 대한 1심 선고공판에서 뇌물수수 등 혐의 대부분을 유죄로 판단하고 무기징역, 정치권리 종신 박탈, 개인재산 전액 몰수를 선고했다. 2심제인 중국에서 궈 전 부주석이 상소를 포기한다고 밝힘에 따라 1심으로 판결은 최종 확정됐다. 베이징ㅣ박은경 특파원, 〈중국, '군 부패 몸통' 궈보슝에 무기징역〉, 경향신문, 2016.07.25., https://m.khan.co.kr/view.html?art_id=201607252051001#c2b.

[19] 중국공산당 제3세대 지도자 장쩌민부터 당 총서기, 국가주석, 중앙군사위원회 주석 등 3대 대권을 가지게 되었다. 이것이 '군사위원회 주석 책임제'의 실천이며, 이것이 '이당령군'의 실천이다. 陳津萍,〈論習近平對共軍「監軍體系」調整組建之比較研究〉,《中共研究》, 第 52 卷第 6 期, 2018年 12月, 頁7.

[20] 전 중앙군사위원회 부주석 쉬차이허우와 궈보슝은 중앙군사위원회 주석 후진타오를 어떻게 허수아비로 만들었는가. 2007년 1월 중국은 처음으로 對위성무기 발사에 성공하였다. 후진타오가 방미 중에 이와 관련하여 질문을 받았으나 후진타오는 이에 대해 알지 못하고 있었다. ; 2011년 1월 중국군은 미 국방장관 로버트 게이츠의 방중 기간에 J-20 스텔스전투기의 시험 비행을 진행하였다. 게이츠가 이와 관련하여 후진타오에게 물었으나 후진타오 이 또한 알지 못하고 있었다. 白德華,〈習大握緊「槍桿子」〉,《中國時報》, 2015年12月 15日, 版A15.

[21] 軍委政治工作部,〈改革主題教育要點〉,《解放軍報》, 2016年 4月 5日, 版2.

[22] 軍事科學院軍隊政治工作研究中心,〈深刻認識紮實踐行軍隊政治工作時代主題〉, http://www.81.cn/jfjbmap/content/2014-11/26/content_94074.htm7;〈中共中央關於堅持和完善中國特色社會主義制度, 推進國家治理體系和治理能力現代化若干重大問題的決定(2019年 10月 31日中國共產黨第十九

黨領軍, 당이 군대를 영도하는) 체제'를 충격에 빠뜨렸고, 정권의 안정적 구성에 심각한 위협이 되었다.

다. '능타승장(能打勝仗)' 문제의 산적

2012년 중국군은 '중국군 건설의 주요 모순은 여전히 현대화 수준과 정보화 조건 하 국지전 승리의 요구에 적응하지 못하고, 군사 능력과 이행은 새로운 세기, 새로운 단계 중국군의 역사적 사명의 요구에 적응하지 못하고 있다'며[23] '두 가지 부적응'을 강조하였다. 또한 중국군은 수년간 실전(實戰) 경험이 없고, 특히 정보화 조건 하 작전경험이 부족하며, 더구나 일부 군인들은 위기의식이 희박하여 심지어 '전쟁은 일어날 수 없고, 전쟁이 일어나더라도 내 차례는 오지 않는다'는 심리상태를 보이며, 일부 부대에서는 '보여주기 위해 훈련한다'는 비정상적인 훈련 기풍이 나타나고 있다고 거의 매년 지적되고 있다.[24] 아울러 중국군의 군사연습은 지금까지 '홍군(紅軍)'을 아측으로, '남군(藍軍)'을 적측으로 하여 훈련을 진행해왔다. 2014~2015년 주르허(朱日和) 기지에서 진행된 모의작전의 결과를 보면 가상적인 '남군(藍軍)'이 30대 1의 승리를 거두었는데, 이는 군대개혁의 결심을 촉진하게 되었다.[25] 이와 같은 모순과 심층적인 문제의 원인에 대해 시진핑은 "영도(領導) 관리체제가 과학적이지 못하고, 합동작전 지휘체제가 건전하지 못하며, 역량구조가 합리적이지 못하고, 정책제도가 상대적으로 낙후되어 있다"고 지적하였다.[26] 또한 2019년도 국방백서 『신시대의 중국국방(新時代的中國國防)』은 "중국 특색의 군사변혁은 큰 진전을 이루었다. 그러나 기계화 건설 임무는 아직 완료하지 못하였고, 정보화 수준은 시급히 제고되어야 하며, 군사안보는 기술적 급습과 기술적 세대 차가 커질 위험에 직면하고 있다.

屆中央委員會第四次全體會議通過)〉,《解放軍報》, 2019年 11月 6日, 版1.

[23] 李志新, 王曉光,〈深刻領會習主席「強軍目標」重要論述專家座談會觀點綜述〉,《西安政治學院學報》, 第26卷 第2期, 2013年 4月, 頁40-41.

[24]〈牢牢把握黨在新形勢下的強軍目標-談學習貫徹習主席在解放軍代表團全體會議上的重要講話〉, 版1.

[25] 新紀元編輯部,《習近平軍改揭秘》(香港:新紀元週刊出版社有限公司, 2016年 4月), 頁3-25.

[26] 公方彬, 侯昂妤,〈習近平強軍思想論析〉,《前線》, 2018年 08月, 頁4-8.

군대 현대화 수준은 국가안보의 요구와 비교할 때 여전히 매우 큰 차이가 있고, 세계 선진 군사 수준과 비교하여도 큰 차이가 있다"고 하였다. 이는 앞서 서술한 "두 가지 부적응"을 더욱 상세히 설명한 것으로서 미래에 노력해야 할 방향이다. 그리고 이것은 현재 중국군의 임무수행 능력에도 영향을 끼치고 있는 것으로 보인다.

라. '작풍우량(作風優良)'의 빈번한 도전

1998년부터 중국의 국방예산은 매년 증가하였다. 당시 중앙군사위원회 주석 장쩌민(江澤民)은 '중국군의 대외 유상 서비스'를 근절할 수 있는 능력이 있었지만, 군대를 포용하기 위해 중국군이 대외 유상 서비스를 계속하는 것을 묵인하였고, 이는 군대 부패의 빌미로 남겨졌다.[27] 후진타오(胡錦濤) 시대에는 부패가 더 심각해졌는데, 전 중앙군사위원회 부주석 쉬차이허우(徐才厚)와 궈보슝(郭博雄)이 가장 대표적인 예이다.[28] 이 밖에 군사과학원(軍事科學院)의 장밍창(張明倉)은 "일부 부대는 낭비가 심하고 관리가 방만하여 제한된 예산을 효율적으로 집행할 수가 없다. 형식주의, 관료주의, 향락주의와 사치 풍조 그리고 부정한 인사 임용은 그동안 누차 금지하였으나 절대 근절되지 않고 있다"고[29] 하였다. 또 중국군 인터넷 기관지 중국군망(中國軍網)은 "오랜 기간 일부 지도 간부들이 법치 의식이 희박하였고, 법을 하찮게 여겼으며, 말로써 법을 대신하였고, 권한으로 법을 억눌렀고, 사법에 관여하였으며, 사사로운 정에 사로잡혀 뇌물을 탐냈으며, 법을 선택적으로 변칙적으로 집행했다"고[30] 비평하였다. 이 같은 내용은 전심전력으로 인민을 위해 헌신한다고 자부하는 중국군을

---

[27] 「중국군 대외 유상서비스」는 1978년 덩샤오핑이 중국군의 자급자족을 위해 허락한 정책이다. 중국군은 병원의 민간개방, 군 창고 임대, 가무단 및 문예공작단의 민간 공연 등이 포함되면 각 군의 경제적 수입의 원천이 되었다. 新紀元編輯部, 《習近平軍改揭秘》, 頁60.

[28] 郭伯雄, 徐才厚大搞陽奉陰違, 結黨營私, 賣官鬻爵, 拉幫結派等政治陰謀活動, 給黨對軍隊的絕對領導造成極大危害.〈長城永固的「定海神針」怎麼看維護和貫徹軍委主席負責〉,《解放軍報》, 2017年 6月 30日, 版7.

[29] 〈堅持在法治軌道上, 建設鞏固國防和強大軍隊〉,《解放軍報》, 2014年 11月 11日, 版A7.

[30] 侯永波,〈「十八大」以來, 全軍和武警部隊「依法治軍從嚴治軍」綜述〉,《中國軍網》, 2017年 8月 1日, http://www.81.cn/jwgz/2017-08/01/content_7698154.htm.

아주 큰 시험대에 올려놓았다.

종합하면, '시진핑 군사전략사상(習近平軍事戰略思想)'은 내외 전략환경의 요소에 영향을 받는다. 내부 '전략환경'에 대해 중국군은 '결연한 청당지휘(聽黨指揮)는 강군의 혼이며, 전쟁을 할 수 있고 전쟁에서 승리하는 것(能打仗, 打勝仗)은 강군의 요체이며, 의법치군(依法治軍, 법에 따라 군대를 다스리는 것)과 종엄치군(從嚴治軍, 엄격하게 군대를 관리하는 것)은 강군의 기초이다'고 요구한다.[31] 그리고 위의 요소들은 상호 연계되어 있고 상호 지탱하며, 상호 영향을 끼치고 상호 분리될 수 없는 관계를 가지며, '무엇을 할 것인가', '어떻게 할 것인가'에 대한 전략 발전의 과정과 함의에 영향을 준다고 설명한다.

III 시진핑 군사전략사상의 변화 과정과 함의

'시진핑 군사전략사상'의 변화 과정과 함의는 시간적 흐름과 앞에서 서술한 군사전략의 정의에 따른 지향(군사투쟁의 인식, 군사역량의 건설, 군사역량의 운용, 전략목적 등) 및 문헌연구에 따라 '강군목표 단계'와 '시진핑 강군사상' 단계로 구분할 수 있다. 이는 '시진핑 군사전략사상'의 중요 구성 부분이며, 그의 군사전략사상이 '무엇을 할 것인가', '어떻게 할 것인가' 측면에서의 변화를 드러내는 것이다. 이는 전술한 군사전략에 관한 개념이나 지향과도 일치한다. 또한 시진핑 집권 이후 현재까지 중국군이 전술한 '전략환경'이 직면한 문제를 해결하고, 국방 및 군대 건설에 관한 개혁을 심화하기 위해 추진해온 변화도 반영하고 있다. 이는 아래와 같이 분류하여 설명할 수 있다.

---

[31] 劉聲東, 〈堅持富國和強軍相統一努力建設鞏固國防和強大軍隊〉, 《解放軍報》, 2012年 12月13日, 版1.

1. '강군목표(强軍目標)'의 변화와 함의

2012년 11월(중국공산당 제18대)부터 2017년 10월(중국공산당 제19대)까지 시진핑은 '청당지휘(聽黨指揮, 당의 지휘에 따른다), 능타승장(能打勝仗, 능히 싸워 이긴다), 작풍우량(作風優良, 기풍이 우수해야 한다)'를 요구하였다〈표-2〉. 2013년에 발표된 '새로운 정세 하의 강군목표(强軍目標)'는[32] 중국군의 군사전략에 관한 개념과 연계하여 관찰할 수 있는 범주 내에서 정리하였다.[33] 우선 '전략목적' 측면에서 '군사역량'을 강조한 것은 중화민족(국가전략)의 위대한 부흥을 위한 기초이기 때문이다. 둘째, '전략목표와 임무'는 "무엇을 할 것인가"의 문제로서 주로 "군대 체제·편제 조정, 군대 정책제도 조정, 군민융합 발전"과 관련한 중국군의 "두 가지 부적응" 문제를 해결하기 위한 것이다. 다시 말하자면, 중국군은 발전전략과 안보전략의 요구에 따라 신시기(新時期)의 적극방어 군사전략 방침을 관철하고 "어떻게 할 것인가"라는 질문에 대답한 것이다. 2015년에는 영도 관리체제와 합동작전 지휘체제 개혁을 중점적으로 진행하였고, 2016년에는 군대 규모의 구조와 작전역량체계, 교육기관, 무장경찰에 대해 개혁을 진행하여 단계적인 개혁 임무를 기본적으로 완료하였다. 2017년부터 2020년까지 관련 분야의 개혁을 더욱더 조정, 최적화, 보완하여 각 분야의 개혁을 지속적으로 추진하였다. 마지막으로, '전략수단'은 중국군을 수량규모형에서 품질효율형으로, 인력집약형에서 과학기술집약형으로 전환하였다. 예를 들면 군대 30만 감축 선언, '군위관총(軍委管總; 중앙군사위원회가 총괄 관리), 전구주전(戰區主戰; 전구가 전쟁을 주관), 군종주건(軍種主建; 군종이 건설을 주관)'의 총원칙에 따라 군사역량 건설과 운용을 지도하고, 국방 및 군대에 대한 개혁을 진행하였다. 그 중에서도 로켓군과 전략지원부대는 전략 목적과 임무를 실현하기 위한 전략역량이 되었다. 이는 '강군목표'의 중요한 변화 과정이자 내용이며, '시진핑 군사

---

[32] 〈牢牢把握黨在新形勢下的强軍目標-一談學習貫徹習主席在解放軍代表團全體會議上的重要講話〉, 版1.

[33] 〈中共中央關於全面深化改革若干重大問題的決定(2013年 11月 12日中國共産黨第十八屆中央委員會第三次全體會議通過)〉,《人民日報》, 2013年 11月 16日, 版1 ;〈中共中央關於全面推進依法治國若干重大問題的決定〉,《人民日報》, 2014年 10月 29日, 版1.

전략사상(習近平軍事戰略思想)'을 구성하는 중요한 부분으로서 중국군의 국방백서가 엄격히 따르는 근거가 되었다.

〈표-2〉 강군목표에 대한 시진핑의 해석

주제	항목	내 용
강군목표	청당지휘 (聽黨指揮)	중국군은 절대 충성, 절대 순결, 절대 신뢰를 확보하고, 당(黨)과 군사위원회의 지휘에 복종한다.
	능타승장 (能打勝仗)	중국군은 부르는 즉시 오고, 오면 싸울 수 있고, 싸우면 반드시 이긴다.
	작풍우량 (作風優良)	의법치군(依法治軍, 법에 따라 군대를 다스린다), 종엄치군(從嚴治軍, 엄격하게 군대를 관리한다)의 기초를 다져 중국군의 양호한 형상을 유지한다.

* 출처: 王士彬, 杜獻洲, 〈牢牢把握黨在新形勢下的强軍目標, 努力建設一支聽黨指揮能打勝仗作風優良的人民軍隊〉, 《解放軍報》, 2013年 3月 12日, 版1

2013년 4월 중국은 『중국 무장역량의 다양화 운용(中國武裝力量的多樣化運用)』이라는 국방백서를 발표하고, 군사전략 원칙을 다음과 같이 설명하였다. (1) 국가의 주권, 안전, 영토의 완전함을 수호하고, 국가의 평화 발전을 보장한다. '남이 나를 범하지(해치지) 않으면 나도 남을 범하지(해치지) 않으며, 남이 나를 범한다면(해친다면) 나도 반드시 남을 범한다(해친다).(人不犯我, 我不犯人(인불범아, 아불범인), 人若犯我, 我必犯人(인약범아, 아필범인))'을 견지한다. (2) 정보화 조건 하 국지전 승리에 입각하여 군사투쟁 준비를 확대하고 심화한다. (3) 종합적인 안보개념을 수립하고, 非전쟁 군사행동(非戰爭軍事行動, Military Operations Other Than War, MOOTW) 임무를 효과적으로 수행한다. (4) 안보협력을 심화하고, 국제 의무를 이행한다. (5) 엄격하게 법률에 의거 행동하고, 엄격하게 정책규율을 준수하며,[34] '적극방어(積極防禦)' 사상의 연속성 및 전략발전의 지도방향을 분명하게 드러낸다. 2015년 5월 발표된 『중국의 군사전략(中國的軍事戰略)』 국방백서는 군사전략의 면면을 더욱 완전하게 서술하였다. 여기에는 안보상황 판단, 총체적 안보관 견지, 중국군의 사명과 임무에 대한 새로운 요구(5개 부응), 중국군의 사명(4개 수호), 8항 전략임무,

---

[34] 國務院編, 《中國武裝力量的多樣化運用》(北京 : 中華人民共和國新聞辦公室, 2013年 4月).

적극방어 전략방침, 군사전략 방침의 '9대 원칙', 군사투쟁 준비 기점의 조정 등을 포함한다. 이러한 군사전략 사상의 변화를 이해하기 위해 관련된 주요 내용을 정리하면 〈표-3〉과 같다.

〈표-3〉 2015년 『중국의 군사전략(中國的軍事戰略)』 주요 내용

순서	항목	주 요 내 용
1	안보정세 판단	"국제정세는 심각하게 변화하고 있으며, 국제 역량 대비는 ……, 군사경쟁 구도에 역사적인 변화가 발생하고 있다." 이는 국제 안보정세 판단의 기초가 되고 있다.
2	총체적 안보관 견지	내부와 외부 안보, 국토와 국민 안보, 전통과 비전통 안보, 생존과 발전 안보, 자신과 공동 안보를 총괄한다.
3	중국군의 사명과 임무에 대한 새로운 요구 (5개 부응)	① 국가의 안보와 발전 이익을 수호하는 새로운 요구에 부응한다. ② 국가 안보 상황 발전의 새로운 요구에 부응한다. ③ 세계 新군사혁신의 새로운 요구에 부응한다. ④ 국가 전략 이익 발전의 새로운 요구에 부응한다. ⑤ 국가의 전면 개혁 심화의 새로운 요구 등에 부응한다.
4	중국군의 사명 (4개 수호)	전면적 샤오캉(小康) 사회 건설과 중화민족의 위대한 부흥의 실현을 위해 굳건한 보장을 제공한다. ① 중국공산당 영도와 중국 특색의 사회주의 제도를 결연히 수호한다. ② 국가의 주권, 안전, 발전 이익을 결연히 수호한다. ③ 국가발전의 중요한 전략적 기회를 결연히 수호한다. ④ 지역과 세계 평화를 결연히 수호한다.
5	8항 전략임무	① 각종 돌발사태와 군사위협에 대응하여 국가의 영토, 영공, 영해의 주권과 안전을 효과적으로 수호한다. ② 조국 통일을 단호히 수호한다('대만독립(台獨)' 분열세력과 그 분열 활동은 여전히 양안관계 평화·발전의 가장 큰 위협이다). ③ 새로운 영역의 안전과 이익을 수호한다(예를 들면, 우주, 사이버 공간에서의 대응 등). ④ 해외 이익과 안전을 수호한다. ⑤ 전략적 위협력을 유지하고, 핵 반격작전을 조직한다. ⑥ 지역과 국제 안보협력에 참가하여 지역과 세계 평화를 수호한다. ⑦ 反침투, 反분열, 反테러 투쟁을 강화하여 국가 정치안전과 사회안정을 수호한다. ⑧ 재난구조, 권익보호, 경계·순찰 안전보호 및 국가 경제사회 건설 등의 임무를 담당한다.
6	적극방어 전략방침 (3개 견지)	① 전략(戰略) 방어와 전역(戰役)·전투(戰鬪) 공격의 통일을 견지한다. ② 방어(防禦), 자위(自衛), 후발제인(後發制人)의 원칙을 견지한다. ③ 인불범아, 아불범인 ; 인약범아, 아필범인 (人不犯我, 我不犯人 ; 人若犯我, 我必犯人)의 기본원칙을 견지한다. (남이 나를 범하지(해치지) 않으면 나도 남을 범하지(해치지) 않으며, 남이 나를 범한다면(해친다면) 나도 반드시 남을 범한다(해친다))

순서	항목	주요 내용
7	군사전략방침 9대 원칙	① 국가의 전략 목표에 복종한다. ② 국가의 평화발전에 유리한 전략적 태세를 조성한다. ③ 권력유지와 안정유지의 균형을 유지한다. ④ 군사투쟁에서 적극적으로 전략적 주도권을 쟁취한다. ⑤ 융통성 있고 기동성 있는 전략·전술을 운용한다. ⑥ 가장 복잡하고 가장 어려운 상황에 입각하여 대응한다. ⑦ 인민군대 특유의 정치 우세를 발휘한다. ⑧ 인민전쟁의 총체적 위력을 발휘한다. ⑨ 군사안보 협력 공간을 적극적으로 확장한다.
8	군사투쟁 준비의 기점 조정	• '정보화 조건 하 국지전 승리'에서 '정보화 국지전 승리'로 전환한다.
9	군사역량 건설 발전 방향	① 육군은 기동작전(機動作戰), 입체공방(立體攻防) ② 해군은 근해방어(近海防禦), 원해호위(遠海護衛) ③ 공군은 공천일체(空天一體), 공방겸비(攻防兼備) ④ 제2포병(로켓군)은 정예·효율(精幹有效), 핵·재래식 겸비(核常兼備) ⑤ 무장경찰부대는 다능일체(多能一體), 효율·안정(有效維穩)
10	중대 안보영역 역량 발전	• 해양, 우주, 인터넷(사이버) 공간 및 핵 전력 등 중대한 안보영역 발전에 주목한다.
11	군사안보협력	• 중국군은 ❶ 공동안보, ❷ 종합안보, ❸ 협력안보, ❹ 지속 가능한 안보의 안보관을 견지하며, 국가의 평화발전에 유리한 안보환경을 조성한다.

* 출처 : 中華人民共和國國務院新聞辦公室,《中国的军事战略》白皮书, 2015-05-26.
http://www.scio.gov.cn/zfbps/ndhf/2015/Document/1435161/1435161.htm

2. '시진핑 강군사상'의 내용과 함의

'시진핑 강군사상'(약칭 '강군사상(強軍思想)')은 '강군목표(強軍目標)'에 대한 내용을 계속 발전시키고 있다. 강군목표는 '시진핑 강군사상'의 핵심이며, 국방 및 군대 건설이 성과를 거두는 논리적 기점이자 동력원이 되고 있다.[35] 2017년 10월 18일 시진핑은 중국공산당 제19대 정치보고서에서 '강군사상(強軍思想)'의 내용을 처음으로 밝혔다.[36] 여기에는 강군사명(強軍使命), 강군목표(強軍目標), 강군의 혼(強軍之魂), 강군의 요지(強軍之要), 강군의 기초(強軍之基)가 포함되었다. 이 시기 전략

---

[35] 公方彬, 侯昂妤, 2018/8.〈習近平強軍思想論析〉,《前線》, 頁4-8.

[36] 習近平,〈決勝全面建成小康社會, 奪取新時代中國特色社會主義偉大勝利〉,《解放軍報》, 2017年 10月 28日, 版 1.

사상의 변화된 내용은 〈표-4〉와 같이 당장(黨章)에 포함되어[37] 중국공산당의 공통 견해로 표방되었다. 여기서 '강군사상(強軍思想)'은 중국군 군사전략에서의 지도적인 위상을 보여주며, 현재와 미래에 실천해야 할 방향을 제시하고 있다.

〈표-4〉 중국공산당 19대 정치보고 '시진핑 강군사상'의 주요 내용

순서	항목	주 요 내 용	함 의
1	강군 사명	강군은 중화민족의 위대한 부흥을 실현하는 전략적 버팀목임을 명확히 한다.	· 군사전략이 국가전략의 중요한 구성 부문이자 버팀목임을 부각 · 〈표3〉《중국의 군사전략》내용이며 '강군 사상'의 연속 · 강군사상은 '4개 견지'의 강군건설방략, '4개 현대화' 중점, '3단계' 전략발전사고, '5개 더욱 중시'의 강군발전개념을 제시 · 강군사상은 과학기술혁신, 군사법치체계전환, 군민융합 등 다중 관계를 조화시켜야 함을 제시하고, 그 사상에 새로운 내용을 포함
2	강군 목표	① 당의 지휘에 따르고(聽黨指揮), ② 전쟁에서 능히 싸워 이길 수 있는(能打勝仗), ③ 기풍이 우수한(作風優良) 인민군대(人民軍隊)를 건설한다. ❶ 2020년 기계화를 기본적으로 실현하고, 정보화의 중대한 진전을 이루어 전략적 능력을 향상한다. ❷ 2035년 국방과 군대 현대화를 기본적으로 실현한다. ❸ 2050년까지 중국군을 세계 일류 군대로 전면 건설한다.	
3	강군의 혼(魂)	중국군의 ❶ 절대충성(絕對忠誠), ❷ 절대순결(絕對純潔), ❸ 절대신뢰(絕對可靠)를 확보한다.	
4	강군의 요지	중국군은 싸울 준비를 해야 하고, 싸울 수 있어야 하고, 싸우면 이길 수 있는 능력에 집중해야 함을 명확히 하고, 군사전략 지도를 혁신적으로 발전시키고, 현대화된 작전체계를 구축한다.	
5	강군의 기초	기풍우량(作風優良)은 중국군의 뚜렷한 특색이자 정치적 우위임을 명확히 하고, 기풍과 규율 건설, 올바른 기풍과 엄숙한 기율(正風肅紀)을 강화하고, 부패에 반대하고 악을 징벌하여(反腐懲惡) 중국군의 성격과 존엄, 본색을 영원히 보존한다.	
6	강군 포석	강군은 ① 정치건군(政治建軍), ② 개혁강군(改革強軍), ③ 과학기술흥군(科技興軍), ④ 의법치군(依法治軍)을 견지해야 함을 명확히 하고, 더욱더 ① 실천집중, ② 혁신추진, ③ 체계건설, ④ 효율집약, ⑤ 군민융합에 초점을 맞추어 ❶ 혁명화, ❷ 현대화, ❸ 정규화 수준을 전면 제고한다.	
7	강군 관건	개혁은 ① 군사이론 현대화, ② 군대 조직형태 현대화, ③ 군사인력 현대화, ④ 무기장비 현대화를 반드시 추진해야 함을 명확히 하고, 중국 특색의 현대화된 군사역량 체계와 사회주의 군사제도를 구축한다.	

---

37 〈受權發佈：中國共產黨章程(中國共產黨第十九次全國代表大會部分修改, 2017年10月24日通過)〉, 《新華網》, http://www.xinhuanet.com//politics/19cpcnc/2017-10/28/c_1121870794.htm.

순서	항목	주 요 내 용	함 의
8	강군 동력	혁신은 반드시 과학기술 혁신을 견지해야 하고, 군사 이론, 기술, 조직, 관리, 문화 등 각 방면을 총괄적으로 추진해야 함을 명확히 하고, 신형의 중국군을 건설한다.	
9	강군 보장	현대화 군대는 중국 특색의 군사법치체계를 구축하고, 치군(治軍) 방식의 근본적 전환을 추진해야 함을 명확히 하고, 국방과 군대 건설의 법치화 수준을 제고한다.	
10	강군 경로	군민융합 발전은 전(全) 요소, 대(多) 영역, 고(高) 효율의 발전구도를 형성해야 함을 명확히 하고, 일체화된 국가전략 체계와 능력을 구축한다.	

* 출처: 習近平,〈決勝全面建成小康社會, 奪取新時代中國特色社會主義偉大勝利〉, 版 1; 李悅,〈習近平强軍思想的理論要義〉,《求是網》, http://www.mod.gov.cn/big5/jmsd/2018-08/09/content_4822147.htm

주목할 점은 2016년 1월, 중국은 '국방 및 군대 개혁 심화에 관한 중앙군사위원회의 의견(中央軍委關於深化國防和軍隊改革的意見)'을 공포하고, '군위관총(軍委管總; 중앙군사위원회가 총괄 관리), 전구주전(戰區主戰; 전구가 전쟁을 주관), 군종주건(軍種主建; 군종이 건설을 주관)'의 총 원칙에 따른 영도관리체제, 합동작전지휘체제 등 군사전략 지도(指導)의 범주를 설정하였다.[38] 또한 시간 순서의 진전에 따라 '강군목표(强軍目標)'에서 '강군사상(强軍思想)' 단계에 이르기까지 그 연속성, 전면성, 충실성, 실천성을 부각하였다. 이를 근거로 하여 중국군 군사전략에 대한 시진핑의 지도와 실천은 이미 군대 개혁과정을 통해 실현되었다. 이를 정리하면 〈표-5〉와 같다. 2019년 10월 중국공산당 제19대 4중전회(中全會, 중앙위원회 전체회의) 공보(公報)에서는 "국방 및 군대 건설에 있어서 시진핑 강군사상의 지도적 지위를 확실하게 확립하고, 국방과 군대개혁 성과를 공고하게 확장, 심화하며, ……, 당의 신시대 강군목표를 확고하게 실현하고, 인민군대를 세계 일류군대로 전면 육성하여 인민군대의 성격과 존엄, 본색을 영원히 보존한다"고 강조하였다.[39] 이 같이 일관된 강조는 '시진핑 군사전략사상'을 구성하는 중요한 내용이 되고 있다.

---

[38] 〈國防部詳解深化國防和軍隊改革的 16 個問題〉, http://news.xinhuanet.com/mil/2015-11/27/c_128475953.htm.

[39] 〈中共十九屆四中全會在京擧行〉,《解放軍報》, 2019年11月1日, 版1.

〈표-5〉 군대개혁에 대한 '시진핑 강군사상'의 지도와 실천

순서	항목	지도 내용	실천
1	영도관리 체제	• 군사위원회의 집중·통일된 영도 강화 • 군사위원회 기관기능 배치 및 기구 설치의 최적화, 군종(軍種) 및 신형 작전역량 영도관리체제의 개선	• 군사위원회 15개 기능부문 구성 • 당과 국가의 군사위원회 위원 일치, 영도 관리의 상층부 담당
2	합동작전 체제	• 군사위원회, 전구(戰區) 2단계 합동작전 지휘체제 수립 • 전구(戰區)의 재조정 획정	• 전구주전(戰區主戰)에 따라 5대 전구(戰區) 조정 • 2016.4.21. 시진핑이 군사위원회 '합동작전지휘 총지휘' 신분으로 '합동작전지휘센터' 시찰
3	군대규모 구조	• 수량규모형에서 품질효능형으로 전환 • 군대 병력 30만 감축	• 육군 100만 이하, 해군 30만, 공군 42만, 로켓군 13만, 전략지원부대 14만 • 합동군수보장부대(聯勤保障部隊)는 전략·전역 지원·보장의 주체 역량
4	부대편성	• 중국군을 충실, 합성, 다기능, 융통성 방향으로 발전시키고, 서로 다른 전략방향과 작전임무에 따라 편성 • 예비역부대(預備役部隊) 구조 최적화, 민병(民兵) 규모 감축	• 84개 군(軍:군단)급 단위 조직 • 13개 집단군 조정 및 조직
5	신형 군사인재 양성	• 군대교육기관(院校) 교육, 부대훈련 실천, 군사직업 교육의 삼위일체(三位一體) 체계 구축 • 군사위원회·군종 2급의 교육교관 영도관리체제로 개선	• 군대교육기관(院校): 군사위원회 직속 2개, 군병종 35개, 무장경찰부대 7개, 총 44개 교육기관(2022년 기준)
6	정책제도	• 군사 인력자원정책 및 후근정책의 개선 • 군인의 명예심·자긍심 제도화 체계 강화 • 퇴역군인 정착 정책 및 관리기구 개선 • 중국군의 대외 유상서비스 전면 금지	• 《중국군 문직(군무원) 조례》 시행 • 2020년 부사관장(주임원사) 제도 완료 • '퇴역군인 사무부' 설립 • 최초로 6개 항목의 긴급출범 정책제도 반포 • 2018년 6월까지 누계 상환 항목 비율 94% 도달 • 2018.11.13.~14. 당 중앙군사위원회 '정책제도 개혁공작회의' 개최
7	군민융합 발전	• 군민융합의 全요소, 多영역, 高효율 구조 형성 • 군민융합발전의 법규 및 혁신 기제(機制) 개선	• '중앙군민융합발전위원회' 설립
8	무장경찰 부대	• 무경부대 지휘관리체제 개편 • 역량구조와 부대편성 최적화	• '①중앙군사위원회 → ②무장경찰부대 → ③부대' 영도지휘체제 운영, '군대-정부 초월 개혁 심화' 규범 반포

순서	항목	지 도 내 용	실 천
9	군사법치 체계	• 전면적 의법치군(依法治軍)과 의법행정 (依法行政)으로 전환 • 군사법규 제도체계와 법률 고문제도 개선 • 순시제도 혁신, 감사체제 개선 등	• 새로 개정된 《군대감사조례》 시행 • 《중앙군사위원회 순시공작조례》 시행

* 출처: 張貽智, 陳津萍, 〈對「習近平強軍思想」發展之研究〉, 《海軍學術雙月刊》, 第53卷第3期, 2019年6月, 頁126 ; 〈認清推進軍事政策制度改革重要性和緊迫性, 建立健全「中國特色」社會主義軍事政策制度體系〉, 《解放軍報》, 2018年 11月15日, 版 A1.

3. '시진핑 군사전략사상'의 유래와 변화

2016년 9월 2일 해방군보(解放軍報)는 시진핑의 국방 및 군대 건설에 대한 지도를 '군사전략사상'이라는 개념으로 지칭하였는데,[40] 이는 시진핑의 군사와 관한 서술을 '군사전략사상'으로 지칭한 가장 오래된 문헌으로 보인다. 그 내용은 〈표-2〉의 '강군목표'와 〈표-4〉, 〈표-5〉의 '시진핑 강군사상'과 관련한 서술들이다. 2019년 1월 4일 중앙군사위원회 군사공작회의에서 시진핑은 최초로 군사전략사상을 언급하며 '신시대 군사전략사상을 수립해야 하고, 신시대 군사전략방침을 수립해야 하며, 전쟁 준비와 전쟁 지휘를 수립해야 하고, 전쟁 준비와 전쟁 수행의 책임을 져야 한다'고 강조하였다.[41] 그해 7월 발표된 『신시대의 중국국방(新時代的中國國防)』 백서에서는 "시진핑 군사전략사상을 심도 있게 관철해야 한다"고 하였는데, 이는 신시대의 군사전략방침, 전략목표, 신시대 군대 사명임무, 4개 전략 버팀목, 전략수단, 전략역량 등과 관련되며, 세부 내용은 〈표-6〉과 같다. 그 내용은 '강군목표'와 '강군사상'이 중요한 구성 요소임을 나타내며, 맥락상 일관성 있고 논리적이며 더욱 완벽성을 기하고 있다. 앞으로도 계속 조정되고 보완될 것으로 보인다.

---

[40] 姜鐵軍, 釋清仁, 車興飛, 〈習主席新形勢下的軍事戰略思想是什麼〉, 《解放軍報》, 2016年9月2日, 版6.
[41] 王士彬, 劉建偉, 〈習近平出席中央軍委軍事工作會議並發表重要講話〉, 《解放軍報》, 2019年1月5日, 版1.

〈표-6〉 '시진핑 군사전략사상'의 주요 내용

순서	항목	주요내용	함의
1	시진핑 시기 군사전략 방침	① 방어(防禦), 자위(自衛), 후발제인(後發制人) 원칙을 견지한다. ② 적극방어를 실행하고, 인불범아, 아불범인, 인약범아, 아필범인(人不犯我, 我不犯人, 人若犯我, 我必犯人)을 견지한다. ③ 전쟁 억지와 전쟁 승리의 상호 통일을 강조한다. ④ 전략(戰略) 상 방어와 전역(戰役)·전투(戰鬪) 상 공격의 상호 통일을 강조한다.	• 〈표-6〉 순서 1의 내용은 〈표-3〉 순서 6의 '적극방어전략 방침'의 연속이며, 내용이 일치한다고 볼 수 있어, 일종의 변증법적 논술을 보여준다. • '전략목표'의 첫 번째 내용은 〈표-4〉 순서 2의 '강군목표'와 순서 7의 '강군관건' 내용과 같으며, 연속성, 중요성, 명확한 시간표 및 '무엇을 할 것인가'의 전략문제를 대표하고 있다. • '4개 전략 버팀목'의 첫 번째 내용은 '군사위원회 주석책임제'가 중국공산당의 군대에 대한 절대영도의 근본원칙과 제도임을 반복 강조하며, 적폐 타파와 이론적 지도를 포함한다. • '전략수단'의 내용은 〈표-3〉 순서 9, 10의 지도를 통해 군대개혁을 더욱더 실천하는 것이며, 〈표-5〉와 같이 '4개 전략 버팀목'의 유력한 뒷받침이 된다. 다양한 안보위협에 대응하고, 다양화된 군사 임무 완수 능력을 요구한다. • 종합적으로 시진핑의 국방 및 군대에 대한 지도는 전략적 수준에서 '무엇을 할 것인가', '어떻게 할 것인가'의 문제를 명확히 하고 있다. 아울러 이러한 전략지도가 다른 요소에 영향을 받지 않는다면 중국의 미래 전력은 향상될 것이다. 따라서 더욱더 주목할 필요가 있다.
2	전략목표	① 2020년 기계화를 기본적으로 실현하고, 정보화의 중대한 진전을 이루어 전략적 능력을 향상한다. – ❶ 군사이론 현대화, ❷ 군대조직형태 현대화, ❸ 군대인력 현대화, ❹ 무기장비 현대화를 전면 추진하고, 국가 현대화 추진 일정과 일치시킨다. ② 2035년 국방과 군대 현대화를 기본적으로 실현한다. ③ 2050년 중국군을 세계 일류 군대로 전면 육성한다.	
3	신시대 중국군의 사명임무	① 국가 영토주권, 해양권익, 중대 안보영역이익, 해외이익을 수호한다. ② 전비상태를 유지하고, 항상 준비하며 태만하지 않는다. ③ 실전화 군사훈련을 전개한다. ④ 대테러·안정유지를 수행한다.. ⑤ 재해·재난 구조에 참여한다.	
4	4개 전략 버팀목 (戰略支撑)	① 공산당 지도와 사회주의 제도를 공고히 하는 전략 버팀목 ② 국가의 주권, 통일, 영토보전을 수호하는 전략 버팀목 ③ 국가의 해외이익을 수호하는 전략 버팀목 ④ 세계 평화와 발전을 촉진하는 전략 버팀목	
5	전략수단	① 영도·지휘체제의 재구성 ② 새로운 군사위원회 기관부문의 조직 조정 ③ 군·병종(軍·兵種) 영도관리체제의 개선 ④ 합동작전지휘체제의 구축과 개선 ⑤ 법치·감독체계의 구축과 개선 ⑥ 군대 규모·구조와 역량 편성의 최적화 ⑦ 군사 정책제도 개혁의 추진	
6	전략역량	① 핵 무력 ② 전략지원부대의 전략 능력	

* 출처 : 中華人民共和國務院新聞辦公室, 《新時代的中國國防》白皮書全文, 2019-07-24, http://www.mod.gov.cn/big5/regulatory/2019/07/24/content_4846424.htm

4. 중국공산당 역대 지도자들의 군사전략사상

중국이 정부를 수립한 이래 지금까지 군사전략은 모두 '적극방어(積極防禦)'를 핵심적 사고(思考)로 삼아왔다. 다만 지도자의 교체와 대내외 환경 변화 및 군사능력의 향상에 따라 '적극방어'에 보다 적극적이고 주도적인 의미를 부여하였다. 전쟁준비에 있어서는 1993년의 '첨단기술 조건하 국지전', 2004년의 '정보화 조건 하 국지전'에서 2015년의 '정보화 조건 하 국지전' 전략방침으로 조정되었다.[42] 이는 '전략환경'에 대한 중국의 관찰과 대응을 설명한다. 이에 따라 마오쩌둥(毛澤東)부터 제5세대 지도자 시진핑까지의 군사전략사상은 분명한 변화를 나타내며, 그 연속성과 보충 부분은 〈표-7〉과 같다. 그중에서 장쩌민(江澤民) - 후진타오(胡錦濤) 시기는 주로 장쩌민의 군대에 대한 지도(指導)가 지속되었는데, 이는 장쩌민의 군권(軍權)에 대한 관여에서 비롯된 것으로 알려져 있다. 반면 시진핑은 그러한 제약에서 벗어나기 위해 군사전략사상의 변화에 있어서 이전과는 다른 내용을 담았는데, 국방 및 군대의 장기적인 발전에 도움이 될 수 있을지는 좀 더 관찰과 주목이 필요하다.

〈표-7〉 중국공산당 역대 지도자들의 군사전략사상

시기 구분	마오쩌둥 시기	덩샤오핑 시기	장쩌민-후진타오 시기	시진핑 시기
전략 환경 평가	• 사회 빈곤, 낙후 • 구형 무기, 장비 • 제국주의와 패권주의의 위협	• 도광양회(韜光養晦) • 중국굴기와 중국위협론 • 평화와 발전	• 대국외교(大國外交) • 전략적 기회기(戰略機遇期) • 신안보관(新安全觀) • 평화굴기(和平崛起) • 평화발전(和平發展) • 화해세계(和諧世界)	• 전쟁형태가 정보화 전쟁으로 급속히 전환 • 지능화 전쟁의 단초 출현 • 청당지휘(聽黨指揮) 약화 • 능타승장(能打勝仗) 문제 산적 • 작풍우량(作風優良)에 대한 도전 빈번

[42] 中華民國108年國防報告書編纂委員會, 頁30.

[43] 1960년대 마오쩌둥은 시대적 배경과 주변 환경을 종합적으로 고려했을 때 제3차 세계대전이 발발할 가능성이 높다고 판단하여 조타(예상보다 이른 전쟁), 대타(대규모 전쟁), 타핵전(핵 전쟁)을 준비하자는 전쟁준비 사상을 내놓았다. 「準備早打, 大打, 打核戰爭」: 毛主席如何看待第三次世界大戰, https://read01.com/az8ke5K.html#.YqoL2KHP2Uk.

시기 구분	마오쩌둥 시기	덩샤오핑 시기	장쩌민·후진타오 시기	시진핑 시기
군사 사상	• 인민전쟁 • 열세한 장비로 우세한 장비를 격퇴	• 군대 현대화의 기초 정립 • 질적 건군, 정병의 길 • 적극방어, 현대 인민전쟁	• 과학기술 강군, 과학기술 훈련 • 三非(비접촉, 비선형, 비대칭)와 비대칭 작전 • 적극방어, 도약식 발전	• 강군목표: 청당지휘(聽黨指揮), 능타승장(能打勝仗), 작풍우량(作風優良)
군사 전략 이론	• 전면전쟁 • 조타·대타·타핵전쟁(早打, 大打, 打核戰)[43]	• 현대화 조건 인민전쟁 • 핵 전쟁 위협 하 국지전에 대한 적극방어 • 전략방어와 공세작전	• 첨단기술 조건 하 국지전에서의 승리 • 첨단기술 조건 하 인민전쟁의 전통적 우세 발휘 • 기계화·정보화 복합 발전, 정보화가 全 과정을 관통	• 적극방어 실행, '인불범아, 아불범인, 인약범아, 아필범인(人不犯我, 我不犯人, 人若犯我, 我必犯人)' 견지 • 정보화 국지전에서의 승리
작전 지도	• 16자 방침[44] • 10대 원칙[45] • 유적심입(誘敵深入): 유격전, 운동전, 섬멸전 • 유한(有限) 핵 무력, 전략적 위협	• 군사적 위협과 억제: 핵 무기와 전략미사일 • 신속대응전법: 공지일체, 협동작전 • 소규모 국지전과 군사충돌에 대응	• 군사적 위협과 억제: 핵 무기와 전략·전술미사일 • 정보화를 핵심으로 한 합동작전 • 일체화 합동작전 • 正面·反面 비대칭작전 • 3전(三戰: 심리전, 여론전, 법률전) • 과학발전관	• 방어(防禦), 자위(自衛), 후발제인(後發制人) 원칙 견지 • 전쟁억지와 전쟁 승리의 상호 통일을 강조 • 전략 상 방어와 전역·전투 상 공격의 상호 통일을 강조

* 출처: 褚漢生,〈從解放軍戰爭思想的轉變探討中共「新軍事革命」的具體實踐〉,《海軍學術月刊》, 2002年 10月, 頁21 ; 熊光楷,《國際戰略與新軍事變革》(北京 : 清華大學出版社, 2003年 10月), 頁42-5 ; 李梵鶴,《新軍事變革中的戰術理論創新》(北京 : 國防大學出版社, 2004年 5月), 頁242-264 ; 李春立主編,《一體化聯合作戰指揮》(北京 : 軍事科學出版社, 2004年 10月), 頁1 ; 陳子平,《96年「全民國防教育」學術硏討會論文集》(桃園 : 國防大學, 2007年), 頁108 ; 中華人民共和國國務院新聞辦公室,〈新時代的中國國防〉, 版3.

[44] 1928년 마오쩌둥은 징강산(井岡山)에서 당시 작전 경험을 총결산하여 유격전 16자 결단을 제시했고, 작전의 지도원칙으로 삼았다. 적진아퇴(敵進我退), 적주아교(敵駐我擾), 적피아타(敵疲我打), 적퇴아추(敵退我追): 적이 전진하면 우리는 후퇴한다. 적이 야영을 하면 우리는 적을 교란한다. 적이 피로를 느끼면 우리는 공격한다. 적이 후퇴하면 우리는 추격한다. 游击战十六字诀, https://baike.baidu.com/

[45] 1947년 12월 25일, 마오쩌둥은 중국공산당 중앙에서 열린 회의에서 현재 정세와 우리의 임무에 대해 보고하면서,〈10대 군사원칙(十大軍事原則)〉을 정식으로 제기했다. 마오쩌둥의 인민을 위한 전쟁, 전략, 전술 사상의 중요한 내용이자 군사사상의 비교적 체계화된 기술이다. http://jczs.sina.com.cn/2002-07-25/76315.html/2006/4/1.

Ⅳ 시진핑 군사전략사상의 특징과 영향

시진핑은 중국군의 군사전략에 관한 개념과 전략환경의 내외 정세 평가에 근거하여 전략적으로 '무엇을 할 것인가', '어떻게 할 것인가'에 대한 문제를 명확히 하였다. 중국의 '적극방어' 사상은 주동적이고 선제적인 경향을 보인다. 그러나 2020년까지 중국군의 기계화는 완성되지 못한 것으로 보이며, '청당지휘(聽黨指揮)'는 가장 중요한 요소이나 여전히 도전에 직면하고 있다. 이를 통해 형성된 특징과 영향은 다음과 같다.

1. '시진핑 군사전략사상'의 확립과 개선

시진핑은 '강군목표'와 '강군사상'이라는 두 가지 단계의 변화 과정과 내용, 지도 및 실천을 주도하였다. 이는 중국군의 국방 및 군대 건설에 대한 지도와 논술로서 부각되었고, 전략환경에 대한 대내외의 정세평가를 다루고 있다. 특히 '청당지휘(聽黨指揮), 능타승장(能打勝仗), 작풍우량(作風優良)'이 받고 있는 도전은 항상 군사전략의 내용과 관련되며, 그 맥락은 〈표-2, 3, 4, 5〉에서 찾을 수 있다. 이에 따라 시진핑이 해결해야 할 전략문제는 '1. 안보가 직면한 위협의 성격과 정도를 판단하고, 2. 전략상의 주요 적수와 작전 대상을 확정하며, 3. 군사투쟁이 달성해야 할 총체적인 목적과 주요 임무를 제시하고, 4. 전략상의 중점방향과 지역을 규정하며, 5. 군사투쟁 준비와 실행에 대한 지도방침과 기본원칙을 확정하고, 6. 투쟁의 주요 수단, 형식 및 협동, 군수보장의 주요 방법 등을 명확히 하며, 7. 이에 따라 총체적인 행동계획과 실행 절차를 수립해야 한다'.[46] 이상과 같은 내용의 확립은 〈표-6〉 '시진핑 군사전략사상'에서 그 면모와 방향을 살펴볼 수 있다.

한편 중국 국방대학에 따르면 "이 사상은 현대전쟁에서 승리하기 위해 네트워크 정보체계에 기초한 합동작전 능력과 전역(全域) 작전 능력을 향상시킬 수 있는 제승

---

[46] 雷劍彩, 賴曉樺主編, 2007. 《軍事理論讀本》. 北京 : 北京大學出版社, 頁76.

(制勝) 메커니즘을 진지하게 연구할 것을 요구한다. 적극방어 군사전략의 견지와 발전을 위해 적극방어 전략사상의 내실을 풍부히 보완하고, 효과적으로 태세를 조성하고 위기를 통제하고 전쟁을 억제하고 전쟁에서 승리할 것을 요구한다. 능히 싸울 수 있고, 싸워 이길 수 있고, 혁신할 수 있는 군대건설 중점과 지도 이념을 위해 정치건군(政治建軍), 개혁강군(改革強軍), 과학기술흥군(科技興軍), 의법치군(依法治軍) 측면에서 강군(強軍) 및 흥군(興軍)과 관련된 일련의 새로운 사상, 새로운 관점, 새로운 논단을 제시하였다. 1. 더욱더 실전에 초점을 맞추어 집중하고(更加注重聚焦實戰), 2. 더욱더 실행에 중점을 맞추어 집중하고(更加注重創新驅動), 3. 더욱더 체계구축에 중점을 맞추어 집중하고(更加注重體系建設), 4. 더욱더 효율성에 중점을 맞추어 집중하고(更加注重集約高效), 5. 더욱더 군민융합에 중점을 맞추어 집중해야 한다(更加注重軍民融合)(약칭 '5개 더욱더 집중(五個更加注重)'). 중점을 돌파하기 위해서는 국방 및 군대건설 전반이 향상되어야 하며, 이를 위해 전략지도를 명확히 해야 한다[47]"고 설명하였다. 국방 및 군대 건설에 대한 시진핑의 전략지도에 있어서 강군(強軍), 흥군(興軍)을 지향하는 전략적 포석과 5개 더욱더 집중(五個更加注重)은 개인의 권력과 의지의 결합 및 군대 개혁에 대한 지속성과 일관성으로 나타나며, 모두가 전략사상에 녹아들어 권력의 상향식 집중, 군사위원회의 하향식 통일지도가 뚜렷하여 군권(軍權)이 허공에 맴돌지 않도록 하였다.

2. 적극방어(積極防禦) 전략사상의 주동선제(主動先制) 추세

'적극방어' 전략사상은 중국 군사전략의 핵심적인 사고(思考)이며, 연속성과 발전에 있어서 포괄적인 지도와 추진 역할을 한다. 예를 들면 〈표-1〉 중국군의 군사전략에 관한 개념에서 군사, 전략사상, 전략환경, 전략목적, 전략목표, 전략방침 등의 개념에 대한 내용들이 그것이다. 중국군의 역사를 돌아보면 마오쩌둥은 "적극방어(積極防禦)는 공세방어(攻勢防禦)라고도 하고, 결전방어(決戰防禦)라고도 한다. 소극방

---

[47] 劉光明, 王強〈習近平強軍思想的原創性貢獻〉,《前線》, 2019年8月, 頁26-28.

어(消極防禦)는 전수방어(專守防禦)라고도 하고, 단순방어(單純防禦)라고도 한다. 소극방어는 사실상 거짓 방어이며, 적극방어만이 진정한 방어이며, 반격과 공격을 위한 방어이다"고 하였다.[48] 따라서 중국의 적극방어 전략사상은 피동적이고 소극적인 방어에 반대하며, 주동적이고 적극적인 방어를 한다는 의미이다. 전략에 있어서는 방어적인 정치적 입장과 결연한 자기방어 행동을 고도로 통일한 것이며, 행동과 수단에 있어서는 수(守, 방어)를 기(基)로, 공(攻, 공격)을 주(主)로 하는 공방겸비(攻防兼備)를 견지하는 것이다.[49] 시진핑이 따르고 있는 것이 이것이며, 더욱더 충실해지고 있는 것으로 보인다.

〈표-6〉'시진핑 군사전략사상' 순서 1의 '신시대(시진핑시대) 군사전략방침'에서 '적극방어' 전략사상은 중요한 구성 부분이다. 시진핑이 "군사전략방침은 군사역량 건설과 운용을 총괄하는 총강(總綱)이다. 전군의 각종 사업과 건설은 새로운 정세 하에 군사전략방침의 요구를 반드시 관철하고 구현해야 한다"고[50] 강조한 것도 그 중요성을 보여준다. 따라서 전략환경의 내외 요인에 대한 중국의 평가에 의하여 '적극방어'는 보다 적극적이고 주동적인 내용이 부여되고 있다. '어떻게 할 것인가'라는 전략문제에 구체적으로 대답하며 전쟁준비를 강조한 것이 1993년의 '첨단기술 조건 하 국지전에서의 승리', 2004년의 '정보화 조건 하 국지전에서의 승리',[51] 2015년에 조정된 '정보화 국지전 승리'라는 전략방침이며, 이는 현재에도 중국이 국가의 영토주권을 수호하고 전쟁에서 승리하겠다는 결연한 결심을 대외로 표출하고 있는 내용이다.[52] 이는 향후 중국이 대외로 행사하는 군사적 위협은 정보화 전쟁을 기점으로 하는 '지능화 작전'이라는 것을[53] 말해 주고 있으므로, 그 발전에 대해서 계속해서 주

---

48 毛澤東,〈中國革命戰爭的戰略問題〉,《毛澤東軍事文集》, 第1卷, 北京 : 軍事科學出版社, 1993年 12月, 頁719.

49 范震江, 馬保安主編, 2007.《軍事戰略論》. 北京 : 國防大學出版社, 頁105.

50 〈堅持以新形勢下軍事戰略方針為統攬〉,《人民日報》, http://www.81.cn/jwzl/2017-11/02/content_7808724.htm.

51 中華人民共和國國務院新聞辦公室,《2004年中國的國防白皮書》, 2004年12月, 頁4.

52 中華民國108年國防報告書編纂委員會,《中華民國108年國防報告書》, 2019年9月, 頁30.

53 李永悌譯, Brent M. Eastwood 著,〈中共的「智能化作戰」概念發展〉,《國防譯粹》, 第46卷第8期, 2019年

목하고 연구할 가치가 있다.

    2014년 시진핑은 "전쟁을 기획하고 지도하면서 반드시 과학기술이 전쟁에 미치는 영향에 주목해야 한다. 첨단기술 전쟁에 대한 진일보한 인식을 통해 정보화 군대를 건설하고 정보화 전쟁에서 승리할 수 있는 전략목표를 제시해야 한다"고 하였다.[54] 2017년 중국공산당 제19대 정치보고에서 중국은 '무엇을 할 것인가'라는 전략목표를 강조하며, 주로 '국방 및 군대 현대화 건설의 3단계(三步走)' 발전전략을 조정하였다. 먼저 "2020년까지 기계화를 기본적으로 실현하고, 정보화 건설에 중대한 진전을 이룬다"고 했으며, 그 연속성 상에서[55] "2035년에 국방 및 군대 현대화를 기본적으로 실현하기 위해 노력하고", "금세기 중엽까지 인민군대를 세계 일류 군대로 전면 건설한다"는 현 단계에서의 새로운 전략목표를 제시하였다. 이는 〈표-6〉과 같이 2019년 『신시대의 중국국방(新時代的中國國防)』 백서에 잘 나타나 있다. 중국군은 이에 근거하여 강력한 전략적 버팀목을 제공하면서 군사전략의 장기적 발전을 부각시키고 있다. 이에 따라 중국은 '피동반격(被動反擊)'에서 점차 '주동선제(主動先制)'로 나아갈 것이다.[56] 2019년 10월 1일 중국 건국 70주년 열병식에 타나난 장비들이 바로 그 본보기라 할 수 있다. 그 중에서 J-20 스텔스 전투기, CH-5 정찰·공격 일체형 무인기, 리젠-11 스텔스 무인기, JL-2 잠수함발사 대륙간 탄도미사일(SLBM), HSU001 무인 자율수중차량, DF-41 이동형 대륙간 탄도미사일(ICBM), DF-17 극초음속미사일 등은 눈여겨 볼만하다.

    8月, 頁76-77.

[54] 習近平, 〈關於戰爭指導問題〉, 頁150.

[55] 2008年至2017年10月期間, 中共國防和軍隊現代化建設「三步走」發展戰略構想, 主要是指2010年前打下堅實基礎, 2020年前基本實現機械化並使資訊化建設取得重大進展, 21世紀中葉基本實現國防和軍隊現代化的目標. 《2008年中國的國防》, 北京 : 中華人民共和國國務院新聞辦公室, 2009年1月.

[56] 中華民國108年國防報告書編纂委員會, 頁30.

3. 2020년 중국군 기계화의 전면적 완성 평가

    2019년에 발표된 중국의『신시대의 중국국방(新時代的中國國防)』백서는 "중국 특색의 군사 변혁에 중대한 진전이 있었지만, 기계화 건설 임무가 아직 완성되지 않았으며, 정보화 수준의 향상이 시급하다"고 하였다. 이는 이전에 "2020년까지 기계화를 기본적으로 실현하고, 정보화 건설에 중대한 진전을 이룬다"고 한 것과는 다른 표현으로서 2020년까지 중국군의 전면적인 기계화가 기준에 미달했음을 나타낸 것이다. 다시 말하면, 중국공산당 창당 100주년(2021)에 기계화라는 전략목표를 완전하게 달성하지 못했을 가능성이 있으며, 〈표-6〉 순서 2의 내용처럼 향후 그 전략적 능력 향상에 영향을 미칠 수 있다는 것이다.

    이 같은 사실은 2017년 중국공산당 19대 정치보고에서 "2020년까지 기계화를 기본적으로 실현하고, 정보화 건설에 중대한 진전을 이룬다"고 천명한 것으로서 〈표-4〉 '시진핑 강군사상'의 순서 2의 '강군목표' 중의 하나이다. 이는 '시진핑 군사전략사상'에 포함되어 전략목표로 계승되고 있으며, 2020, 2035, 2050년의 전략목표를 실현하는 전환점이다. 그러나 2019년 국방백서는 중국군이 기계화 임무를 아직까지 완수하지 못한 만큼 정보화 진전이 시급하다고 하였다. 이는 〈표-8〉의 일정에 영향을 미칠 것이다. 중국의 학자들은 기계화 없이는 정보화도 없고, 정보화 건설은 기계화 건설이 제공하는 물리적 실체가 필요하며, 그렇지 않으면 정보화 '연결고리'는 대상을 잃는다고 지적하였다.[57] 특히 중국육군은 2020년까지 목표를 달성하지 못한 군종일 가능성이 높다. 중국육군은 군대개혁을 통해 대폭적으로 합병, 조정되었는데, 그 규모는 여전히 미 육군의 2배가 넘는다. 중국의 해군, 공군, 로켓군과 비교할 때 육군의 장비 현대화는 대단히 어렵고 힘든 임무로 보인다.[58] 따라서 그 발전은 앞으로도 주목할 만한 가치가 있다.

---

[57] 袁藝, 郭永宏, 白光煒, 〈機械化資訊化智慧化如何融合發展〉, 《解放軍報》, 2019年9月12日, 版11.
[58] 盧伯華, 〈陸2020部隊機械化未達標, 裝步旅數量仍超越美軍〉, 《中時電子報》, https://www.chinatimes.com/realti menews/20190816004184-260417?chdtv

<표-8> 중국 무장역량에 대한 군사전략의 요구와 내용

순서	무장역량	군사전략의 요구	내 용
1	육군	'기동작전, 입체공방' 전략에 따라 구역(區域) 방위형에서 전역(全域) 작전형으로 전환	정밀작전, 입체작전, 全域작전, 다능작전, 지속작전 능력 향상 요구에 따라 현대화된 신형 육군 건설
2	해군	'근해방어, 원해방위' 전략에 따라 근해 방어형에서 원해방위형으로 전환	전략 위협과 반격, 해상기동작전, 해상합동작전, 종합방어작전 및 종합군수지원 보장능력 향상의 요구에 따라 현대화된 해군 건설
3	공군	'공천일체, 공방겸비' 전략에 따라 국토 방공형에서 공방겸비형으로 전환	전략조기경보, 공중타격, 방공 및 미사일 방어, 정보대항, 공수작전, 전략투사 및 종합군수지원 보장능력 향상의 요구에 따라 현대화된 공군 건설
4	로켓군	'핵·재래식 겸비, 全域위협전' 전략에 따라 핵 위협 및 핵 반격 능력 강화	중·장거리 정밀타격 역량, 전략균형능력 향상 요구에 따라 현대화된 로켓군 건설
5	전략지원부대	'체계융합, 군민융합' 전략에 따라 관건 영역의 도약식 발전 추진	신형 작전역량 발전 가속화, 일체화 발전 요구에 따라 현대화된 전략지원부대 건설
6	합동군수보장부대	'합동작전, 합동훈련, 합동보장' 전략에 따라 합동작전체계 내로 통합	일체화된 합동군수지원 보장능력 요구에 따라 현대화된 합동군수지원 보장부대 건설
7	무장경찰부대	'다능일체, 효율·안정' 전략	근무, 돌발사건 처리, 反테러, 해상 질서유지 및 행정·법 집행, 재해·재난 구조 능력 향상 요구에 따라 현대화된 무장경찰부대 건설

* 출처 : 中華人民共和國國務院新聞辦公室,《新時代的中國國防》白皮書全文, 2019-07-24, http://www.mod.gov.cn/big5/regulatory/2019-07/24/content_4846424.htm

4. 중국군 군사전략의 최우선 과제 '청당지휘(聽黨指揮)'

전술한 '시진핑 군사전략사상'의 확립과 개선에서 세 가지 특징과 영향은 시진핑의 '능타장(能打仗, 능히 싸울 수 있고), 타승장(打勝仗, 싸우면 이길 수 있는)'의 전략지도에 존재한다. 그중에서 '청당지휘(聽黨指揮)'의 제도적 설계와 강화는 군사전략의 중요한 구성부분이다. 이는 〈표-2〉, 〈표-3〉, 〈표-4〉의 '청당지휘(聽黨指揮)'에서 설명하였다. 또한 〈표-5〉 '강군사상(強軍思想)'의 지도를 통해 실천을 가속하는 것은 영도관리체제, 합동작전체제, 부대편성, 무장경찰부대, 군사법치체계 등의 제도 설계에 나타나며, 이는 군대에 대한 당(黨)의 절대영도와 통제를 제도적으로 강화하는 것이다.

이상의 분석에 근거하면, 2016년 중국이 추진한 군대개혁은 '군위관총(軍委管總; 중앙군사위원회가 총괄 관리), 전구주전(戰區主戰; 전구가 전쟁을 주관), 군종주건(軍種主建; 군종이 건설을 주관)'의 총 원칙에 따라 '청당지휘(聽黨指揮)'의 제도적 설계를 더욱 완벽하게 하고자 한 것이다. '군위관총(軍委管總)'의 원칙에 따라 형성되는 상호 작용은 일종의 계층 체계이며, 군사위원회 주석이 권한을 가짐으로써 생성되는 것이다.[59] 대만 정치대학의 딩수판(丁樹範) 교수는 시진핑 이후 지도자는 군대를 당에 복종시킬 수 있는 존재이며, 그 이유는 시진핑이 이미 군대의 고위층 권력구조를 철저하게 바꾸었기 때문이라고 평가하였다. 군대건설 권력과 군대지휘 권력은 이미 분산되었다. 군종주건(軍種主建)의 원칙 하에 군대건설 권력은 군종에 있고, 전구주전(戰區主戰)의 원칙 하에 전구사령관의 권력은 기존 부대를 운용하며 작전 및 작전과 관련된 훈련을 책임지는 것일 뿐이다. 합동참모장(聯合參謀長)은[60] 이제 총참모장의 대권(大權)이 없으며, 단지 군사위원회 주석의 군사고문일 뿐이다. 군대 장성들의 권력을 분산시키기 위한 시진핑의 제도적 설계는 군사위원회 주석이 군대를 장악하는 데 확실히 도움이 되었다. 게다가 군사위원회 기율검사위원회 서기를 군사위원회 위원으로 승진시킨 것도 시진핑은 물론 그 이후 지도자들이 군대를 장악하는 데 도움이 될 것이다.[61]

---

[59] 陳津萍, 張貽智, 〈軍改後中共「中央軍委政治工作部」組織與職能之研究〉, 《軍事社會科學專刊》, 第15期, 2019年8月, 頁27-50.

[60] '聯合'은 한글 독음으로 '연합'이다. 중국군에서 '연합'은 한국군 용어로는 '합동'에 해당한다. 한국군의 용어 '연합'은 중국군에서는 '외국군과의 연합'으로 쓴다. 이에 따라 중국군 용어 '聯合'은 한글로 '합동'으로 사용하였다.

[61] 丁樹範, 〈個人權力與意志的結合-評習近平強軍戰略部署與成效〉, 《展望與探索》, 第16卷, 第2期, 2018年 2月, 頁3.

V 결론

'시진핑 군사전략사상'은 이미 중국군의 국방 및 군대 건설을 지도하는 근거가 되었다. 2019년 10월 1일 중국군 열병식에서 도보부대, 장비부대, 공중부대는 이러한 전략적 지도 아래 '4개 현대화'의[62] 구체적인 성과를 나타내었다. 중국은 전략환경 하의 대내외 정세의 영향을 평가하고 그 작용을 경계하면서 2020년, 2035년, 2050년을 전략적 전환점으로 삼아 매진하고 있다. 중국군 현대화의 미래 방향은 '강군목표'로 나타나며, 특별한 내우외환(內憂外患)이 없다면 전체 전력은 신속하게 향상될 것으로 전망된다.

중국이 현 단계에서 실시하고 있는 군대개혁은 〈표-5〉에서 보듯이 영도관리체제, 합동작전체제, 군대규모 구조, 부대편성, 신형 군사인재 양성, 정책제도, 군민융합 발전, 무장경찰부대, 군사법치 체계 등이며, 그 버팀목은 〈표-6〉과 같다. 〈표-6〉의 신시대 군사전략방침, 전략목표, 4개 전략 버팀목, 전략수단이 실천을 지향하고 있어, 관찰자들은 지속적으로 주목할 필요가 있다.

끝으로 시진핑은 중국군에게 '청당지휘(聽黨指揮: 당의 지휘에 따른다)'를 일관되게 강조하면서 중국군 상부 권력구조를 군대건설 권력(군중주건)과 군대지휘 권력(전구주전)으로 분산시켰다. 이제 중국의 군권(軍權)은 시종일관 중앙군사위원회 주석 한 사람의 손에 달려 있다. 그러나 역대로 당의 군대 통제는 여러 번 우여곡절을 겪었듯이 앞으로 어떤 새로운 도전을 맞게 될지 계속해서 지켜볼 일이다.

---

[62] 〈표-6〉의 ① 군사이론 현대화, ② 군대조직형태 현대화, ③ 군대인력 현대화, ④ 무기장비 현대화

제2장
군대개혁 이후 중국공군의 발전

제2장
군대개혁 이후 중국공군의 발전

차례

Ⅰ. 서론
Ⅱ. 군대개혁 이전 중국공군의 발전 과정
Ⅲ. 군대개혁 이후 중국공군의 건설과 발전
Ⅳ. 종합 분석
Ⅴ. 결론

요 약

2015년 11월 시작된 시진핑(習近平)의 군대개혁에서 중국군의 각 군종은 영도체제(領導體制)는 물론 조직구조(組織結構)까지 대폭적으로 개편되었다. 특히 중국은 공군(空軍)을 '전략성 군종(戰略性軍種)'으로 여기고, 국가안보와 군사전략 발전에 매우 중요한 지위와 역할을 부여하고 있어 그 개혁이 주목받고 있다. 군대개혁 이후 중국공군은 중국군 영도체제와 합동작전체제에서 새로운 위상으로 자리매김되면서 역사의 새로운 페이지를 열었고, '공천일체(空天一體: 항공-우주 일체), 공방겸비(攻防兼備: 공격-방어 겸비)'의 전략적 요구에 따라 점차 '국토방공형(國土防空型)'에서 '공방겸비형(攻防兼備型)'의 현대화된 공군으로 전환하고 있다. 이러한 목표를 달성하기 위해 중국공군은 전략계획, 체제편성, 부대훈련, 인력구성, 무기장비 등 방면에서 '도약식(跨越式)' 발전을 시도하여 2020년에 '전략공군(戰略空軍)'의 문턱을 넘기를 기대하였고, 2021년에 이를 달성하였다고 공식 발표하였다. 군대개혁 이후 발전과 건설을 통해 조직 조정, 인력 훈련, 장비 획득 등에서 상당한 성과를 보인 중국공군의 사례는 눈여겨볼 필요가 있다.

keyword 국토방공(國土防空), 공천일체(空天一體), 공방겸비(攻防兼備), 전략공군(戰略空軍), 도약식(跨越式)

I 서론

시진핑(習近平)은 2012년 11월 중국공산당 중앙군사위원회(이하 군위) 주석에 취임한 이래 '국방과 군대개혁 심화(이하 군대개혁)'를 적극 추진하기 위해 군부와 빈번히 접촉하며 강국몽(强國夢)과 강군몽(强軍夢)의 실현을 도모하고 있다. 시진핑의 군대개혁은 '군위관총(軍委管總), 전구주전(戰區主戰), 군종주건(軍種主建)'의 상부구조 설계 하에 2015년 11월부터 시작되었으며, 군대 영도체제, 합동작전체제, 군대 규모구조 및 작전역량체계 등의 분야에 중점을 두고, 2020년까지 이들 분야의 개혁을 진일보 조정하여 최적화하고 보완해 나간다는 것을 개혁의 전체적인 목표로 삼고 있다. 이와 같은 일련의 개혁에서 각 군종(軍種)은 영도체제와 조직구조를 대폭적으로 조정하였고, 그 조정의 폭과 깊이, 영향력은 역대 최대라는 점에서 국제적인 관심사가 되었다.

특히 시진핑이 '전략성 군종(戰略性 軍種)'으로 보고 있는 공군은 국가안보와 군사전략 발전에 매우 중요한 위상과 역할을 갖고 있어 그 개혁이 주목되었다.[1] 그런데 군대개혁이 시작된 지 수년이 지난 시점에서 大육군 개혁은 계획에 따라 각 분야가 거의 완료단계에 접어든 것으로 보이고 있어, 중국공군의 최근 발전 동태가 더욱 주목받고 있다. 이에 따라 본 연구는 시진핑 시기 추진된 군대개혁을 검토 대상으로 하였다. 먼저 군대개혁 이전 중국공군의 발전 과정을 개괄하고, 이어서 군대개혁 이후 중국공군의 체제편제 등 각 방면의 발전과 건설을 검토하였다. 또한 중국공군의 건설성과를 평가하여 지피지기(知彼知己)의 교훈으로 삼고자 하였다.

II 군대개혁 이전 중국공군의 발전 과정

군대 건설은 항상 주관적, 객관적 요인에 의해 시기적으로 혹은 단계적으로 발전이 이루어지고, 그 사이에 계승도 있고 변화도 있다. 따라서 전 과정을 관찰해야만

---

[1] 李建文,「戰略空軍的新航跡」, 解放軍報, 2018年 5月 9日, 版1.

비로소 시작과 끝을 알 수 있고 나무도 보고 숲도 볼 수 있다. 이에 따라 군대개혁 이후 중국공군의 발전을 검토하기 위해서는 먼저 군대개혁 이전 60여 년 동안의 발전 경과를 개괄적으로 인식할 필요가 있다. 본 연구는 이를 '국토방공형(國土防空型)'과 '공방겸비형(攻防兼備型)'의 두 단계로 개괄하였다.

1. 국토방공형 (1949 - 1999)

중국은 1949년 11월 '중국인민해방군(中國人民解放軍) 공군(空軍)'을 설립했는데, 당시 마오쩌둥(毛澤東)은 '인민전쟁(人民戰爭)' 사상에 따라 육군을 주체로 하면서 공군을 종속적인 역할로 삼았다. 따라서 공군은 육군의 기초 위에 설립된 것이다. 그 기능적 위상과 작전사상은 '육군부대의 승리를 승리로 삼는 것'이었다.[2] 1957년 중국공산당 중앙군사위원회가 공군과 방공군(고사포병, 레이더병, 탐조병, 대공정보병 등)을 합병하면서 전체 공군에서 방공역량의 비중이 증가하였다. 통계에 따르면, 이 시기 공군부대의 구조는 방어적인 섬멸항공병(殲擊航空兵), 고사포병(高射砲兵) 등이 다수를 차지하였고, 폭격항공병(轟炸航空兵), 공격항공병(強擊航空兵), 공강병(空降兵: 공수낙하병)과 같은 공격적인 병과는 비교적 적었다.[3] 이 당시 중국공군은 국토방공형의 체제 편성, 작전 이론, 훈련 조령 등을 수립하여 국토방공, 전장차단, 육·해군 지원 등 전술 공군의 임무를 맡게 되었다.[4]

중국의 이와 같은 국토방공형 공군은 30년 가까이 유지되면서 지휘체제와 작전이론 등이 국토 방공작전 차원에 머물렀을 뿐만 아니라 무기·장비도 서방 국가에 비해 크게 뒤떨어지게 되었다. 따라서 이 시기에는 심지어 "전쟁의 승패를 좌우하는 것은 사람이지 결코 무기가 아니다", "J-6(Mig-19 중국산) 전투기가 천하를 공격한다"는 식의 어이없는 구호까지 출현하였다.[5] 1980년대에 이르러 덩샤오핑(鄧小平)은 국내

---

[2] 馬天保等, 20世紀學術大典-軍事科學 (福建 : 教育出版社, 2002年), 頁223.

[3] 張力, 「中國空軍戰略轉型歷程 : 從零到空天一體攻防兼備」, 中國新聞週刊, 第683期(2014年11月), 頁8.

[4] 蔡翼等, 崛起東亞-聚焦新世紀解放軍(臺北 : 勒巴克顧問公司, 2009年), 頁107.

외 전략 환경을 냉철하게 분석하고 '현대조건 하 인민전쟁(現代條件下人民戰爭)'이라는 군사전략(軍事戰略)을 채택하였다. 또한 군대건설 지도사상을 제시하고 '품질건군(質量建軍)'과 '정병의 길(精兵之路)'로 나아가는 군대건설 방침을 강조하면서 동시에 공군 등 군병종(軍兵種)의 전략방어 원칙도 제시하였다. 덩샤오핑은 육군과 공군이 반드시 결합하여 국방역량을 지탱하는 양대 기둥이자 전쟁 승리의 가장 중요한 양대 군사전략 역량이 되어야 한다고 인식하였다.[6] 덩샤오핑은 공군에 대해서 "장래에 전쟁이 발생할 경우 공군이 없으면 안 되며 제공권이 없으면 안 된다. 육군은 공군의 엄호와 지원을 필요로 하며, 해군 또한 공군의 엄호 없이는 안 된다"며, "먼저 강력한 공군이 있어야 하고, 제공권을 획득해야 한다"고 강조하였다.[7]

공군을 중시하는 덩샤오핑의 지도 하에 중국공군은 인력훈련, 조직관리, 군사이론 및 무기장비의 개선을 전면적으로 강화하고, 나아가 '토론' 형식으로까지 전략전환 문제를 연구하기 시작하였다. 그럼에도 불구하고 중국공군은 여전히 마오쩌둥의 '적극방어(積極防禦)' 사상의 영향과 장비·기술의 한계로 인해 전략개념과 작전체계는 줄곧 국토방공 형태를 벗어나지 못하고 육군과 해군에 배속되는 종속적인 역할 개념에 머물러 있었다.[8]

2. 공방겸비형 (1999 – 현재)

1991년에 발발한 걸프전은 현대화된 첨단 무기장비가 전쟁에서 어떠한 역할을 하는지를 단적으로 보여주었다. 이를 통해 중국은 미래전 양상이 첨단기술 조건하의 국지전(局部戰爭)이 될 것임을 깊이 있게 인식하였다. 당시 지도자 장쩌민(江澤民)은 '현대기술, 특히 첨단기술 조건 하에서의 국지전 승리(打贏現代技術特別是高技術

---

[5] 王曉易,「網易閱兵第61期：中國空軍的國土防空時期」, 2009年9月25日, https://news.163.com/09/0925/16/5K2OVL030001124J_all.html.

[6] 尚金鎖, 空軍建設學 (北京：解放軍出版社, 2009年), 頁34.

[7] 中國人民解放軍軍事科學院, 鄧小平軍事文集-第3卷(北京：軍事科學出版社, 2004年), 頁153.

[8] 陳偉寬,「論空軍戰略」, 國防雜誌, 第18卷, 第5期(2003年9月), 頁38.

條件下的局部戰爭上)'를 군사투쟁 준비의 기점(基點)에 두었다.[9] 또한 걸프전에서 미국을 비롯한 연합군이 공군력을 충분히 운용하여 획득한 결정적 전과는 중국공군의 국토방공과 '종속적 역할' 개념에 충격을 주었다. 1999년에 이르러 코소보전은 다시 중국공군의 개념 전환을 촉진하였고, 당시 공군사령관 류쉰야오(劉順堯)는 '공방겸비(攻防兼備)'의 공군전략을 제시하고 장쩌민의 동의를 얻어냈다.[10] 장쩌민은 같은 해 11월 공군 창설 50주년 기념식에서 "강대하고 현대화되고 공격과 방어를 겸비한 공방겸비(攻防兼備)의 인민공군을 적극적으로 건설하겠다"고 밝혔다.[11] 이때부터 중국공군의 '국토방공'에서 '공방겸비'로의 전환은 전군의 공통인식이 되었고, 공군의 이후 건설과 운용의 방향이 되었다.

2002년 중국의 제4세대 지도자로 취임한 후진타오(胡錦濤)는 국내외 정세의 새로운 변화에 따라 2004년 신시기(新時期) 군사전략방침을 조정하고, 기존의 군사투쟁 준비의 기점을 '현대기술, 특히 첨단기술 조건 하의 국지전'에서 한발 더 나아가 '정보화 조건 하에서의 국지전 승리(打贏資訊化條件下的局部戰爭)'로 전환하고, '국가발전관(國家發展觀)'으로서 공군 건설을 지도하였다.[12] 이 시기 중국공군은 공방겸비의 전략적 요구에 따라 현대화 전환을 추진하였다. 공격과 방어를 겸비한 정보화된 공중역량 건설에 착안하여 제3세대(第三代 ; 중국의 세대 구분에 따른 제3세대) 전투기, 방공유도무기, 전략수송 등의 작전역량 체계를 중점적으로 발전시켰고 아울러 지휘통제체계를 강화하였다. 훈련 측면에서는 목표지향성과 대항성을 부각시켰고, 최신 무기·장비 사용 훈련과 서로 다른 병종(兵種) 및 기종(機種)과의 합동전술훈련을 강화하였다.[13]

---

[9] 閔曾富, 空軍軍事思想槪論(北京 : 解放軍出版社, 2006年), 頁153.

[10] 楊中美, 中國即將開戰 : 中國新軍國主義崛起(臺北 : 時報出版社, 2013年), 頁268.

[11] 尙金鎖, 空軍建設學 (北京 : 解放軍出版社, 2009年), 頁40.

[12] 張侃理, 「胡錦濤會見空軍第十一次黨代會代表」, 解放軍報, 2009年5月23日, 版1.

[13] 參考中國大陸2006, 2008, 2010年國防白皮書空軍發展建設部分.

〈표-1〉 전투기 세대 구분

세대	국제표준	중국표준
1세대	1945~1955년 생산된 전투기: 예를 들면 F-86	1950년대~1960년대 배치 전투기: 예를 들면 J-5, J-6
2세대	1955~1960년 생산된 전투기: 예를 들면 F-104, F-105	1970년대~1980년대 배치된 전투기: 예를 들면 J-7, J-8
3세대	1960~1970년 생산된 전투기: 예를 들면 F-4	1990년대~2000년대 배치된 전투기: 예를 들면 J-10, J-11
4세대	1970~1990년 생산된 전투기: 예를 들면 F-15, F-16	2010년대 배치된 전투기: 예를 들면 J-20
5세대	1990~현재까지 생산된 전투기: 예를 들면 F-22, F-35	해당 전투기 없음.

* 출처: CSIS, Does China's J-20 Rival Other Stealth Fighters? https://chinapower.csis.org/china-chengdu-j-20/ CSIS의 이러한 구분은 엄격하게 적용되는 것은 아니다. 이 책의 제8장에서 대만공군은 J-20 스텔스 전투기를 제5세대로 구분하였다.

후진타오 이후 시진핑은 2014년 4월 공군을 시찰하면서 "항공과 우주를 일체화한 공천일체(空天一體), 공격과 방어를 겸비한 공방겸비(攻防兼備)의 강대한 인민공군을 신속히 건설하여 중국의 꿈(中國夢: 중국몽)과 강군의 꿈(強軍夢: 강군몽)을 실현하는 데 강력한 뒷받침이 되어야 한다"고 강조하였다.[14] 이 당시 중국공군은 '공방겸비'의 전략적 요구를 실현하기 위해 H(轟)-6 폭격기를 공중급유기로 개조하고, 러시아로부터 신형 엔진을 구입하여 그 성능과 항속거리를 증가시켰다. 또한 J(殲)-15, J(殲)-16 등 신세대 전투기의 전력화를 가속화하였고, J(殲)-20, J(殲)-31 스텔스전투기와 신형 조기경보기를 개발하여 공중타격과 공중지휘통제 능력을 강화하였다. 이밖에 동중국해와 남중국해 연해에 자체 개발한 HQ(紅旗: 홍치) 및 러시아제 S계열 방공미사일을 배치하였다. 이때부터 중국공군은 제1도련(第一島鏈) 내 교전공역에서 공중우세 및 공중통제권을 쟁탈할 수 있는 능력을 갖추게 되었다.[15]

---

[14] 常雪梅,「習近平在空軍機關調研時強調：加快建設一支空天一體攻防兼備的強大人民空軍」, 人民日報, 2014年4月15日, 版1.

[15] 中華民國102年國防報告書編纂委員會編, 中華民國102年國防報告書(臺北：國防部, 2013年), 頁52-53.

〈그림-1〉 제1도련, 제2도련, 제3도련 표시도

* 출처: 대만 언론 〈陸3艘航母助破第三島鏈 戰略轉型〉,《中國時報》, 2019/12/11, https://www.chinatimes.com/newspapers/20191211000114-260301?chdtv을 필자가 수정 작성. 제9장에서는 미 CSBA(Center for Strategic and Budgetary Assessments)의 도련 지도를 소개하였음.

한편 2015년 5월 중국이 발표한 국방백서『중국의 군사전략(中國的軍事戰略)』은 전쟁양상의 변화와 국가안보 정세에 근거하여 군사투쟁 준비의 기점을 '정보화 국지전에서의 승리(打贏資訊化局部戰爭)'에 둔다고 밝혔다. 이러한 방침 하에 중국공군은 '공천일체(空天一體), 공방겸비(攻防兼備)'의 전략적 요구에 따라 국토방공형에서 공방겸비형으로의 전환을 지속하였다. 정보화 작전에 요구되는 공중방어체계를 구축하고 전략조기경보, 공중타격, 방공 및 미사일방어, 정보대항(ECM), 공수작전, 전략수송, 종합군수지원 능력을 향상시켰다.[16] 이 중 '공천일체(空天一體)' 전략은 중국 국방백서에서는 처음 제시된 것으로서 중국공군이 항공·우주 역량의 주체이자 항공·우주 일체화의 추진자로서 항공·우주 활동에서 주도적인 역할을 담당하게 될 것임을 나타내었다.[17]

[16] 中華人民共和國國務院新聞辦公室,「中國的軍事戰略」, 2015年5月26日, http://www.mod.gov.cn/big5/regulatory/2015-05/26/content_4617812.htm.

III. 군대개혁 이후 중국공군의 건설과 발전

2015년 11월 군대개혁이 정식으로 시작되면서 중국군의 영도체제, 합동작전체제 등 모두가 상당한 정도로 개편되었고, 각 군종의 개편 또한 새로운 역사의 출발점이 되었다. 이 새로운 출발점에서 중국공군은 '공천일체(空天一體), 공방겸비(攻防兼備)'의 전략적 요구 하에 '전략성 군종(戰略性軍種)' 건설을 가속적으로 추진하고 있다.

1. 영도체제(領導體制)

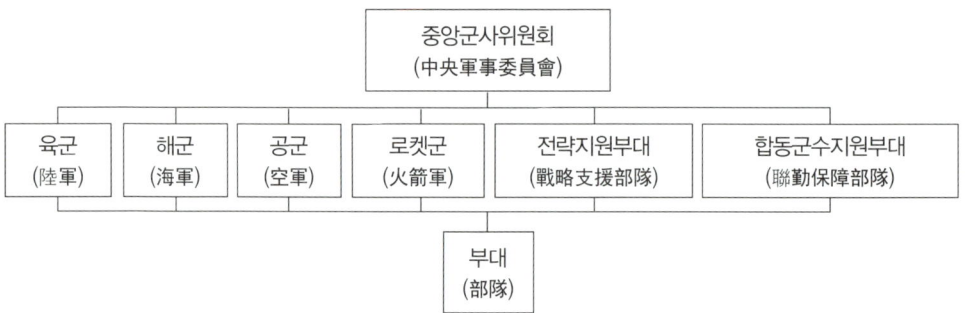

〈그림-2〉 중국의 군대 영도관리체계
* 출처: 《新時代的中國國防》, 中华人民共和国国防部(2019-07-24) 참조하여 필자가 재작성

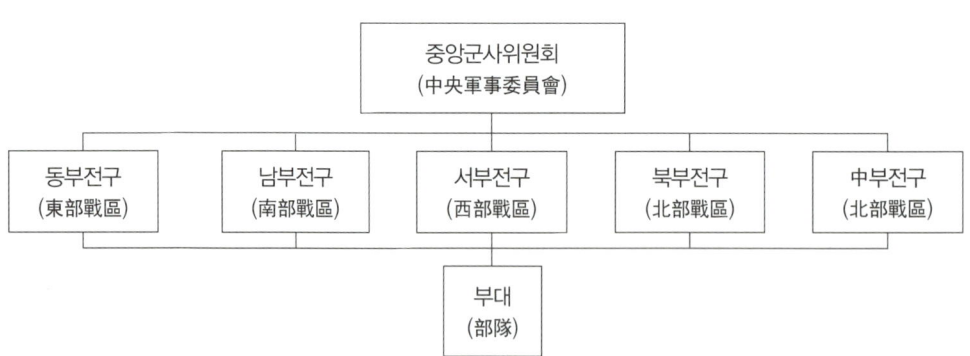

〈그림-3〉 중국의 군대 작전지휘체계
* 출처: 《新時代的中國國防》, 中华人民共和国国防部(2019-07-24) 참조하여 필자가 재작성

---

17 朱暉, 空軍戰略問題硏究 (北京:藍天出版社, 2014年), 頁71-73.

군대개혁 이전 중국공군은 작전지휘와 건설관리가 하나로 통합된 영도체제를 시행하였고, 군대개혁 이후에는 '전구주전(戰區主戰), 군종주건(軍種主建)'의 원칙하에 전구(戰區)는 주로 합동작전지휘를 담당하고, 군종(軍種)은 이전 작전지휘의 체계에서 벗어나 주로 부대 건설관리를 담당하며, 훈련에 합격한 부대를 전구(戰區)에서 운용할 수 있도록 제공하게 되었다. 따라서 중국공군의 영도체제는 다음 그림과 같이 변화되었다. 이러한 건설과 운용의 분리는 중국공군이 보다 전문화, 정예화되는 데 도움이 될 것으로 보인다.

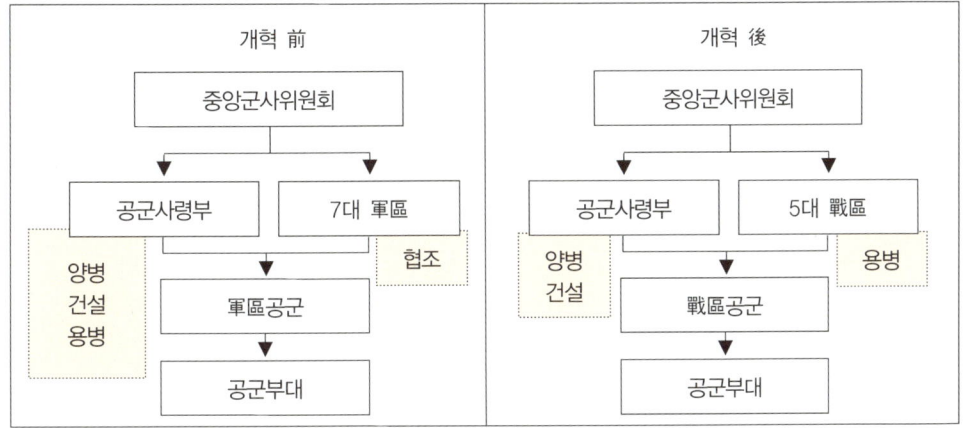

〈그림-4〉 군대개혁 전·후 중국공군 영도체제 비교
* 출처: 謝游麟, 〈析論「軍改」後中國大陸空軍之發展〉, 《空軍學術雙月刊》, 第671期 / 2019年8月, 頁928을 참조하여 필자가 재작성

2. 합동작전체제(聯合作戰體制)

군대개혁 이전 중국군이 진정으로 의미하는 합동작전 지휘체제는 여전히 구축되지 못했었다. 특히 군사위원회 단계의 합동작전 지휘체제는 미비하였고, 전구(戰區) 단계의 합동작전 지휘체제는 아직까지 구축하지 못한 상태였다. 이 당시 군구공군(軍區空軍)과 군구(軍區) 간의 관계는 단지 '협조' 관계였다.[18] 군대개혁 이후 전구는 '합동

---

18 鄭文浩, 「習主席為何如此重視聯合作戰指揮體系?」, 2016年4月21日, http://cpc.people.com.cn/BIG5/n1/2016/0421/c64094-28292558.html.

작전지휘센터(聯合作戰指揮中心)'를 설립하고, 전구 내의 육군, 해군, 공군, 로켓군(火箭軍), 전략지원부대 등의 부대단위를 통합적으로 지휘하며, 합동작전(聯合作戰), 합동훈련(聯合訓練), 합동군수지원(聯合保障)을 수행하게 되었다. 이에 따라 중국공군은 하나의 정식 군종 자격으로 합동작전체제에 편입되었고, 다른 군종과 대등하게 전구의 작전 영도를 받으며 과거 육·해군의 '조연' 역할에서 벗어나게 되었다.

3. 체제편제(體制編制)

중국군은 '체제편제(體制編制)'를 군대의 제도 형태와 조직 구조이며, 사람과 무기장비를 결합시키는 중요한 관건이며, 심지어 군대의 흥망성쇠와 전쟁의 승패까지 달려 있다고 인식하고 있다.[19] 중국의 군대개혁에서 중국공군의 체제편제는 중대한 변화를 겪었다. 군대개혁 이전 중국공군은 예하의 7개 군구공군(軍區空軍), 공강병 제15군(空降兵第15軍: 공수낙하 제15군단), 각종 교육기관 및 연구개발시험기구 등을 관할하였다. 이중 군구공군(軍區空軍)은 예하의 항공병사단(航空兵師), 지대공유도탄사단(여단, 연대)(地空導彈師(旅, 團)), 고사포여단(연대)(高砲旅(團)), 레이더여단(연대)(雷達旅(團)), 전자대항여단(연대, 대대)(電子對抗旅(團, 營)) 및 기타 전문적인 근무부대(勤務部隊)를 관할하였다.[20]

군대개혁 이후 2019년 7월 중국 국무원(國務院)이 발표한 국방백서『신시대의 중국국방(新时代的中国国防)』은 중국공군의 체제편제에 대해 "공군은 국가안보와 군사전략에 있어 매우 중요한 역할을 수행한다. 공군에는 항공병(航空兵), 공강병(空降兵: 공수낙하병), 지상방공병(地面防空兵), 레이더병(雷達兵), 전자대항부대(電子對抗部隊), 정보통신부대(信息通信部隊) 등이 있으며, 5개 전구공군(戰區空軍), 1개 공강병군(空降兵軍: 공수낙하군단)이 있다. 전구공군(戰區空軍) 예하에는 기지, 항공

---

[19] 楊運忠,「仗怎麽打, 軍隊就怎麽建」, 2014年1月3日, http://ihl.cankaoxiaoxi.com/2014/0103/326341.shtml.

[20] 中華人民共和國國務院新聞辦公室,「2008年中國的國防」, 2009年1月20日, http://www.mod.gov.cn/big5/regulatory/2011-01/06/content_4617809.htm.

병여단(사단), 지대공유도탄병여단(사단), 레이더병여단 등의 부대가 있다. 공군은 공천일체(空天一體), 공방겸비(攻防兼備)의 전략적 요구에 따라 '국토방공형(國土防空型)'에서 '공방겸비형(攻防兼備型)'으로의 전환을 가속화하고 있으며, 전략조기경보, 공중타격, 방공 및 미사일방어, 정보대항, 공수작전, 전략수송 및 종합군수지원 능력을 향상시켜 강력하고 현대화된 공군을 건설하기 위해 노력하고 있다"고 설명하였다.[21]

중국공군의 기관(사령부)은 중국의 수도 베이징(北京)에 위치해 있으며, 각 전구 공군 기관(사령부)의 위치는 5개 전구 기관(사령부)의 위치와 동일하다. 한국군 체제와 비교할 때 용어상 주의할 것은 중국군은 '사령부'라는 용어를 쓰지 않고 '기관'이라는 용어를 사용한다는 것이다.

〈그림-5〉 중국군 5대 전구 및 전구공군 기관(사령부)
* 출처: 〈China Theater Command map〉, 《維基百科》 https://en.wikipedia.org/wiki/Theater_commands_of_the_People%27s_Liberation_Army을 참조하여 필자가 재작성

[21] 新華社, 《新時代的中國國防》白皮書全文, 2019-07-24, http://www.mod.gov.cn/big5/regulatory/2019-07/24/content_4846424_5.htm.

<표-2> 중국공군 편제서열

구분	내용	
중국인민해방군 공군 기관 (사령부)	• 참모부(参谋部) • 정치공작부(政治工作部) • 후근부(后勤部) • 장비부(装备部) • 규율검사위원회(纪律检查委员会)	
5개 전구공군 기관(사령부)	• 중국인민해방군 동부전구 공군 • 중국인민해방군 남부전구 공군 • 중국인민해방군 서부전구 공군 • 중국인민해방군 북부전구 공군 • 중국인민해방군 중부전구 공군	• 전구공군 당(黨) 조직 　- 중국공산당 　　○○전구공군위원회 • 전구공군 기관 　- 참모부 　- 정치공작부 　- 보장부(保障部, 군수지원) 　- 규율검사위원회
1개 병종 기관	• 중국인민해방군 공강병군(空降兵军: 공수낙하군단)	
공군 기관 (사령부) 직속 단위	• 중국인민해방군 공군비행시험훈련기지(空军飞行试验训练基地) • 중국인민해방군 공군시험훈련기지(空军试验训练基地) • 중국인민해방군 공강병훈련기지(军空降兵训练基地) • 중국인민해방군 공군연구원(空军研究院)	
공군 기관 (사령부) 직속 교육기관	• 중국인민해방군 공군지휘학원(空军指挥学院) • 중국인민해방군 공군공정대학(空军工程大学) • 중국인민해방군 공군항공대학(空军航空大学) • 중국인민해방군 공군조기경보학원(空军预警学院) • 중국인민해방군 공군하얼빈비행학원(空军哈尔滨飞行学院) • 중국인민해방군 공군스자좡비행학원(空军石家庄飞行学院) • 중국인민해방군 공군시안비행학원(空军西安飞行学院) • 중국인민해방군 공군군의대학(空军军医大学) • 중국인민해방군 공군근무학원(空军勤务学院) • 중국인민해방군 공군통신부사관학교(空军通信士官学校)	

* 출처: 維基百科, 「中國人民解放軍空軍編制序列」을 참조하여 필자가 재작성

　중국공군 직속단위 중에서 공군비행시험훈련기지(空军飞行试验训练基地)와 공군시험훈련기지(空军试验训练基地)는 공군 항공병부대 전투서열 편제를 따르고 있다. 그 전투서열을 정리하면 다음 표와 같다.

<표-3> 중국공군 직속 단위 항공병부대

소속	항공병	주둔지	기종	기체번호
공군 비행시험 훈련기지	비훈1연대 (飞训1团)	허베이성 구청현 (河北 故城县)	J(歼)-10A/B/C/S 전투기	78X1X
	비훈2연대 (飞训2团)	산둥성 치허현 (山东 齐河县)	J(歼)-11B/BS 전투기, J(歼)-10A/S 전투기	78X2X
	비훈3연대 (飞训3团)	허베이성 창저우시 (河北 沧州市)	J(歼)-20 전투기, J(歼)-16 전투기	78X3X
	비훈4연대 (飞训4团)	장쑤성 옌청시 (江苏 盐城市)	JL(教练)-8 훈련기	78X4X
공군시험 훈련기지	시험비행연대 (试验飞行团)	간쑤성 주취안시 진타현 딩신비행장 (甘肃 酒泉市 金塔县 鼎新场站)	J(歼)-11B/BS 전투기, JH(歼轰)-7A 전투폭격기, J(歼)-16 전투기	78X6X
	신기종 시험연대 新机试用团		J(歼)-20 전투기, J(歼)-16 전투기, J(歼)-10C 전투기	78X7X
	66여단 청군여단 (* 가상적여단) (66旅 蓝军旅)	간쑤성 주취안시 샤칭허비행장 (甘肃 酒泉市 下清河场站)	J(歼)-11B 전투기, J(歼)-10C 전투기	78X8X
	68여단 무인기시험여단 (68旅 无人机试训)	신장위구르자치구 허쉬현 마란춘비행장 (新疆 和硕县 마쯔村场站)	GongJi(攻击)-1 공격무인기, YunIng(云影) 고고도공격무인기, XiangLong(翔龙) 고고도정찰무인기, ShenDiao(神雕) 고고도스텔스무인기	78X9X

* 출처: 維基百科, 「中國人民解放軍空軍編制序列」을 참조하여 필자가 재작성

〈그림-6〉 중국공군 비행시험훈련기지 위치도
* 출처: 維基百科, 「中國人民解放軍空軍編制序列」을 참조하여 필자가 재작성

〈그림-7〉 중국공군 시험훈련기지 위치도
* 출처: 維基百科, 「中國人民解放軍空軍編制序列」을 참조하여 필자가 재작성

가. 전구공군(軍區空軍)

군대개혁 이후 중국공군의 전구공군(戰區空軍)은 예하에 2~3개 '기지(基地)'를 관할하며, '사단(師)'을 '여단(旅)'으로 개편하여 '기지-여단'의 2단계 체제를 구축하였다. 그러나 관찰에 따르면 전투기 항공병부대는 '기지-여단'의 2단계 체제로 전환되었으나 폭격기, 수송기, 특수전기 항공병부대는 아직까지 '사단-연대' 체제가 대부분이며 일부는 '사단-여단' 체제를 보이고 있다. 따라서 이는 향후에도 지속적인 관찰을 필요로 한다.

〈표-4〉 중국공군의 5개 전구공군 예하 기지

전구공군	사령부 위치	예하 기지
동부전구공군 (东部战区空军)	장쑤성 난징시 (江蘇 南京市)	상하이기지(上海基地)
		푸저우기지(福州基地)
남부전구공군 (南部战区空军)	광둥성 광저우시 (廣東 廣州市)	난닝기지(南寧基地)
		쿤밍기지(昆明基地)
서부전구공군 (西部战区空军)	쓰촨성 청두시 (四川 成都市)	란저우기지(蘭州基地)
		우루무치기지(烏魯木齊基地)
		라싸기지(拉薩基地)
북부전구공군 (北部战区空军)	랴오닝성 선양시 (遼寧 瀋陽市)	다롄기지(大連基地)
		지난기지(濟南基地)
중부전구공군 (中部战区空军)	베이징시 (北京市)	다퉁기지(大同基地)
		우한기지(武漢基地)

* 출처: 維基百科, 「中國人民解放軍空軍編制序列」을 참조하여 필자가 재작성

〈그림-8〉 중국공군의 5개 전구공군 예하 기지 위치도
* 출처: 維基百科, 「中國人民解放軍空軍編制序列」을 참조하여 필자가 재작성

    중국군의 보도에 따르면 '기지(基地)'는 군단급(軍級) 단위이며, 각 기지에는 항공병여단(航空兵旅) 외에 지상방공미사일여단(地面防空導彈旅), 레이더여단(雷達旅)을 편성하였고, 그 새로운 위상과 직능에 대해서 "전역방향(戰役方向)의 공군(空軍) 합성지휘기구(合成指揮機構)로서[22] 반드시 전역·전술지휘(戰役戰術指揮) 기능을 하

나로 통합하고, 다종의 공대지역량(空地力量) 협동작전(協同作戰) 지휘 능력을 갖추어야 한다"고 하였다.[23]

전구공군 '기지' 예하의 항공병부대 전투서열을 정리하면 다음 표와 같다. 전구공군의 명칭 순서는 중국 사람들이 전통적 관습에 따라 사용하는 방향 순서와 같이 동(東) → 남(南) → 서(西) → 북(北) → 중(中)의 순서를 따랐다(참고로 마작을 하는 사람은 쉽게 이해할 수 있다). 항공기 사용 목적에 따라서는 전투기, 폭격기, 수송기, 특수전기 순으로 정리하였고, 자료가 대단히 부족한 상태이지만 무인기도 일부 첨부하였다.

〈표-5〉 동부전구 공군기지 전투기 항공병부대

공군기지	항공병	주둔지	기종	기체번호
상하이기지 (上海基地)	공7여단 (空7旅)	저장성 자싱시 자싱공항 (浙江 嘉兴市 嘉兴机场)	J(歼)-16	61X8X
	공8여단 (空8旅)	저장성 후저우시 창싱현 창신공항 (浙江 湖州市 长兴县 长兴机场) *현재 건설 중	J(歼)-10A	61X9X
	공9여단 (空9旅)	안후이성 우후시 우후완리공항 (安徽 芜湖市 芜湖湾里机场)	J(歼)-20	62X0X
	공78여단 (空78旅)	상하이시 충밍구 충밍공항 (上海市 崇明区 崇明机场)	J(歼)-8DF	68X9X
	공83여단 (空83旅)	저장성 항저우시 젠차오공항 (浙江 杭州市 笕桥机场)	JH(歼轰)-7A	69X4X
	공95여단 (空95旅)	장쑤성 롄윈강시 바이타부공항 (江苏 连云港市 白塔埠机场)	J(歼)-11B	70X6X
푸저우기지 (福州基地)	공25여단 (空25旅)	광둥성 산터우시 산터우와이샤공항 (广东 汕头市 汕头外砂机场)	J(歼)-10C	63X6X
	공40여단 (空40旅)	장시성 난창시 난창샹탕공항 (江西 南昌市 南昌向塘机场)	J(歼)-16	65X1X
	공41여단 (空41旅)	푸젠성 우이산시 우이산공항 (福建 武夷山市 武夷山机场)	J(歼)-11A	65X2X
	공85여단 (空85旅)	저장 취저우 시 취저우공항 (浙江 衢州市 衢州机场)	Su(苏)-30MKK	69X6X

* 출처: 維基百科, 「中國人民解放軍空軍編制序列」을 참조하여 필자가 재작성

---

[22] 「戰役方向」是指該空軍基地負責守備與作戰的責任區. 「전역방향」은 해당 공군기지에서 방어와 작전을 책임지는 책임구역을 가리킨다.

[23] 李建文, 「空中編組-融鑄聯合作戰鐵拳」, 解放軍報, 2017年11月26日, 版2.

〈그림-9〉 동부전구 공군기지 전투기 항공병부대 위치도
* 출처: 維基百科, 「中國人民解放軍空軍編制序列」을 참조하여 필자가 재작성

〈표-6〉 남부전구 공군기지 전투기 항공병부대

공군기지	항공병	주둔지	기종	기체번호
난닝기지 (南宁基地)	공4여단 (空4旅)	광둥성 포산시 (广东 佛山市)	J(歼)-11A	61X5X
	공5여단 (空5旅)	광시 구이린시 구이린치펑링공항 (广西 桂林市 桂林奇峰岭机场)	J(歼)-10C, J(歼)-20	61X6X
	공6여단 (空6旅)	광둥성 잔장시 수이시현 (广东 湛江市 遂溪县)	Su(苏)-35, Su(苏)-30MKK	61X7X
	공26여단 (空26旅)	광동성 후이저우 핑탄공항 (广东 惠州市 平潭机场)	J(歼)-16	63X7X
	공54여단 (空54旅)	후난성 창사시 톈신공항 (湖南 长沙市 天心机场) * 곧 이전 예정	Su(苏)-30MKK	66X5X
	공124여단 (空124旅)	광시 바이써시 톈양공항 (广西 百色市 田阳机场)	J(歼)-10A	73X5X
	공125여단 (空125旅)	광시 난닝시 우웨이국제공항 (广西 南宁市 吴圩国际机场)	J(歼)-7H	73X6X
	공126여단 (空126旅)	광시 류저우시 바이롄공항 (广西 柳州市 白莲机场)	JH(歼轰)-7A	73X7X

공군기지	항공병	주둔지	기종	기체번호
쿤밍기지 (昆明基地)	공130여단 (空130旅)	윈난성 멍쯔시 훙허멍쯔공항 (云南 蒙自市 红河蒙自机场) * 현재 건설 중	J(歼)-10A	74X1X
	공131여단 (空131旅)	윈난성 취징시 루량공항 (云南 曲靖市 陆良机场) * 현재 건설 중	J(歼)-10C	74X2X
	공132여단 (空132旅)	윈난성 다리시 윈난이공항 (云南 大理市 云南驿机场)	J(歼)-7E	74X3X

* 출처: 維基百科, 「中國人民解放軍空軍編制序列」을 참조하여 필자가 재작성

〈그림-10〉 남부전구 공군기지 전투기 항공병부대 위치도
* 출처: 維基百科, 「中國人民解放軍空軍編制序列」을 참조하여 필자가 재작성

〈표-7〉 서부전구 공군기지 전투기 항공병부대

공군기지	항공병	주둔지	기종	기체번호
란저우기지 (兰州基地)	공16여단 (空16旅)	닝샤후이족자치구 인촨시 인촨시화위안공항 (宁夏 银川市 银川西花园机场)	J(歼)-11A	62X7X
	공18여단 (空18旅)	간쑤성 딩시시 린타오공항 (甘肃 定西市 临洮机场) * 현재 건설 중	J(歼)-10C	62X9X

공군기지	항공병	주둔지	기종	기체번호
우루무치기지 (乌鲁木齐基地)	공97여단 (空97旅)	충칭시 다주덩원챠오공항 (重庆市 大足登云桥机场)	J(歼)-7E	70X8X
	공98여단 (空98旅)	충칭시 바이스이공항 (重庆市 白市驿机场)	J(歼)-16	70X9X
	공99여단 (空99旅)	신장위구르자치구 허텐시 허텐공항 (新疆 和田市 和田机场)	J(歼)-16	71X0X
	공109여단 (空109旅)	신장위구르자치구 창지시 창지공항 (新疆 昌吉市 昌吉机场) *현재 건설 중	J(歼)-11B	72X0X
	공110여단 (空110旅)	신장위구르자치구 우루무치시 난산공항 (新疆 乌鲁木齐市 南山机场) *현재 건설 중	JH(歼轰)-7A	72X1X
	공111여단 (空111旅)	신장위구르자치구 쿠얼러시 쿠얼러공항 新疆 库尔勒市 库尔勒机场	歼-20A	72X2X

* 출처: 維基百科, 「中國人民解放軍空軍編制序列」을 참조하여 필자가 재작성

〈그림-11〉 서부전구 공군기지 전투기 항공병부대 위치도

* 출처: 維基百科, 「中國人民解放軍空軍編制序列」을 참조하여 필자가 재작성

〈표-8〉 북부전구 공군기지 전투기 항공병부대

공군기지	항공병	주둔지	기종	기체번호
다롄기지 (大连基地)	공1여단 (空1旅)	랴오닝성 안산시 안산텅오공항 (辽宁 鞍山市 鞍山腾鳌机场)	J(歼)-20	61X2X
	공2여단 (空2旅)	네이멍구 츠펑시 위룽공항 (内蒙古 赤峰市 玉龙机场)	J(歼)-10C	61X3X
	공3여단 (空3旅)	헤이룽장성 치치하얼시 싼자즈공항 (黑龙江 齐齐哈尔市 三家子机场)	J(歼)-16	61X4X
	공31여단 (空31旅)	지린성 쓰핑시 쓰핑공항 (吉林 四平市 四平机场) * 현재 건설 중	JH(歼轰)-7A	64X2X
	공61여단 (空61旅)	지린성 연변주 옌지시 차오양촨공항 (吉林 延边州 延吉市 朝阳川机场)	J(歼)-10B	67X2X
	공63여단 (空63旅)	헤이룽장성 무단장시 하이랑공항 (黑龙江 牡丹江市 海浪机场)	J(歼)-7H	67X2X
	공88여단 (空88旅)	랴오닝성 단둥시 랑터우공항 (辽宁 丹东市 浪头机场)	J(歼)-7E	69X9X
	공89여단 (空89旅)	랴오닝성 다롄시 푸란뎬공항 (辽宁 大连市 普兰店机场) * 현재 건설 중	J(歼)-11B	70X0X
지난기지 (济南基地)	공15여단 (空15旅)	산둥성 웨이팡시 난위안공항 (山东 潍坊市 南苑机场)	JH(歼轰)-7A	62X6X
	공34여단 (空34旅)	산둥성 웨이하이시 다슈이보공항 (山东 威海市 大水泊机场)	J(歼)-10A	64X5X
	공44여단 (空44旅)	네이멍구 후허하오터시 비커치공항 (内蒙古 呼和浩特 毕克奇机场) * 현재 건설 중	J(歼)-7G	65X5X
	공55여단 (空55旅)	산둥성 지닝시 취푸공항 (山东 济宁市 曲阜机场)	J(歼)-11A	66X6X

* 출처: 維基百科, 「中國人民解放軍空軍編制序列」을 참조하여 필자가 재작성

〈그림-12〉 북부전구 공군기지 전투기 항공병부대 위치도
* 출처: 維基百科, 「中國人民解放軍空軍編制序列」을 참조하여 필자가 재작성

〈표-9〉 중부전구 공군기지 전투기 항공병부대

공군기지	항공병	주둔지	기종	기체번호
다퉁기지 (大同基地)	공19여단 (空19旅)	허베이성 장자커우시 닝위안공항 (河北 张家口 宁远机场)	J(歼)-11B	63X0X
	공21여단 (空21旅)	베이징시 옌칭구 옌칭공항 (北京市 延庆区 延庆机场) * 현재 건설 중	J(歼)-7L	63X2X
	공43여단 (空43旅)	산시성 쉬저우시 화이런공항 (山西 朔州市 怀仁机场)	J(歼)-10A	65X4X
	공70여단 (空70旅)	허베이성 탕산시 쭌화공항 (河北 唐山市 遵化机场)	J(歼)-10A	68X1X
	공72여단 (空72旅)	톈진시 우칭구 양춘공항 (天津市 武清区 杨村机场)	J(歼)-10C	68X3X
우한기지 (武汉基地)	공52여단 (空52旅)	후베이성 우한시 산포공항 (湖北 武汉市 山坡机场)	J(歼)-7G	66X3X
	공53여단 (空53旅)	후베이성 샹양시 라오허커우공항 (湖北 襄阳市 老河口机场)	J(歼)-7L	66X4X
	공56여단 (空56旅)	허난성 정저우 마터우강공항 (河南 郑州市 马头岗机场) * 현재 건설 중	J(歼)-10B, J(歼)-20A	66X7X

* 출처: 維基百科, 「中國人民解放軍空軍編制序列」을 참조하여 필자가 재작성

〈그림-13〉 중부전구 공군기지 전투기 항공병부대 위치도
* 출처: 維基百科, 「中國人民解放軍空軍編制序列」을 참조하여 필자가 재작성

〈표-10〉 전구공군 폭격기 항공병부대

소 속	항공병	주둔지	기종	기체번호
동부전구공군 제10폭격기 사단 (东部战区空军 第10轰炸机师)	공28연대 (空28团)	안후이성 안칭시 (安徽 安庆市)	H(轰)-6K	2XX1X
	공29연대 (空29团)	안후이성 난징시 류허구 (江苏 南京市 六合区)	H(轰)-6H	2XX1X
	공30연대 (空30团)		H(轰)-6M, WZ(无侦)-8 * 무인정찰기	2XX1X
남부전구공군 제8폭격기 사단 (南部战区空军 第8轰炸机师)	공22연대 (空22团)	후난성 사오양시 사오둥현 (湖南 邵阳市 邵东县)	H(轰)-6K	1XX9X
	공23여단 (空23旅)	후난성 헝양시 레이양시 (湖南 衡阳市 耒阳市)	H(轰)-6H, H-6U(轰油-6) * 공중급유기	1XX9X
	공24연대 (空24团)		H(轰)-6K	1XX9X
중부전구공군 제36폭격기 사단 (中部战区空军 第36轰炸机师)	공107연대 (空107团)	샨시성 시안시 린퉁구 (陕西 西安市 临潼区)	H(轰)-6H	4XX7X
	공108연대 (空108团)	샨시성 셴양시 우궁현 (陕西 咸阳市 武功县)	H(轰)-6K, H(轰)-6M	4XX7X
중부전구공군 직속부대 (中部战区空军 直属)	공106여단 (空106旅)	허난성 난양시 네이샹현 (河南 南阳市 内乡县)	H(轰)-6N	55X3X

* 출처: 維基百科, 「中國人民解放軍空軍編制序列」을 참조하여 필자가 재작성

<그림-14> 전구공군 폭격기 항공병부대 위치도
* 출처: 維基百科, 「中國人民解放軍空軍編制序列」을 참조하여 필자가 재작성

<표-11> 전구공군 수송기 항공병부대

소 속	항공병	주둔지	기종	기체번호
서부전구공군 제4수송기 사단 (西部战区空军 第4运输机师)	공10연대 (空10团)	쓰촨성 충라이시 (四川 邛崃市)	Y(运)-9	1XX5X
	공11연대 (空11团)	쓰촨성 루저우시 (四川 泸州市)	Y(运)-9	1XX5X
	공12연대 (空12团)	쓰촨성 충라이시 (四川 邛崃市)	Y(运)-20	1XX5X
중부전구공군 제13수송기 사단 (中部战区空军 第13运输机师)	공37연대 (空37团)	허난성 카이펑시 (河南 开封市)	Y(运)-20, Y(运)-8	2XX4X
	공38연대 (空38团)	후베이성 우한시 (湖北 武汉市)	IL-76, IL-78	2XX4X
	공39여단 (空39旅)	후베이성 이창시 당양시 (湖北 宜昌市 当阳市)	IL-76	2XX4X
중부전구공군 제34수송기 사단 (中部战区空军 第34运输机师)	공100연대 (空100团)	베이징 시자오공항 (北京 西郊机场)	에어버스-319, 보잉-737, 봄바디어-CRJ200, 봄바디어-CRJ700	B-40XX
	공102연대 (空102团)	베이징 다싱공항 (北京 大兴机场)	Tu-154M/MD, 보잉-737	B-4XXX

* 출처: 維基百科, 「中國人民解放軍空軍編制序列」을 참조하여 필자가 재작성

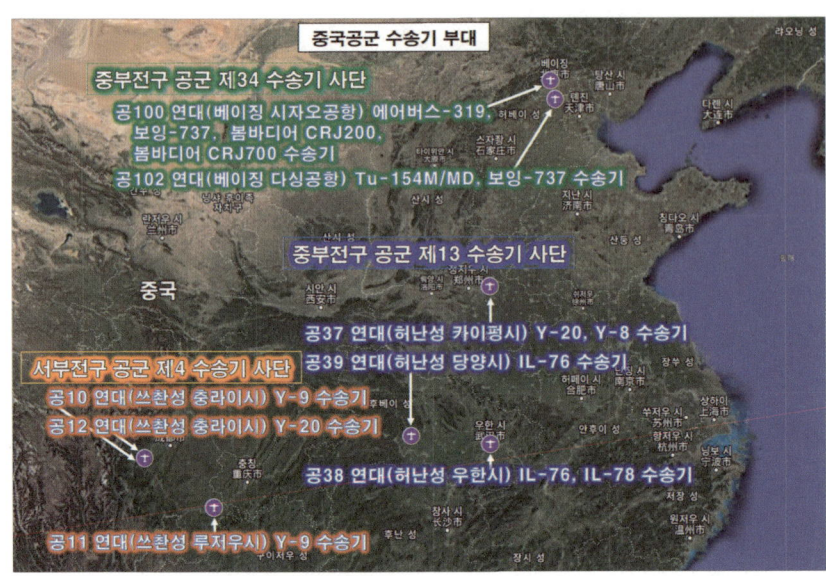

<그림-15> 전구공군 수송기 항공병부대 위치도
* 출처: 維基百科, 「中國人民解放軍空軍編制序列」을 참조하여 필자가 재작성

<표-12> 전구공군 특수전기 항공병부대

소 속	항공병	주둔지	기종	기체번호
동부전구공군 제26특수전기 사단 (东部战区空军 第26特种机师)	공76연대 (空76团)	장쑤성 우시시 (江苏 无锡市)	KJ(空警)-2000 조기경보기, KJ(空警)-200 조기경보기, Y(运)-8 특수전기	3XX7X
	공77연대 (空77团)	장시성 주장시 (江西 九江市)	KJ(空警)-500 조기경보기	3XX7X
	공93연대 (空93团)	장쑤성 쑤저우시 江苏 苏州市	JZ(歼侦)-8F * J-8F 전투기를 개조한 전술정찰기	3XX7X
남부전구공군 제20특수전기 사단 (南部战区空军 第20特种机师)	공58연대 (空58团)	구이저우성 구이양시 (贵州 贵阳市)	Y(运)-8 특수전기	3XX1X
	공59연대 (空59团)	구이저우성 쭌이시 (贵州 遵义市)	Y(运)-8 특수전기	3XX1X
	공60연대 (空60团)	구이저우성 구이양시 (贵州 贵阳市)	Y(运)-8 특수전기	3XX1X
북부전구공군 제16특수전기 사단 (北部战区空军 第16特种机师)	공47연대 (空47团)	랴오닝성 선양시 (辽宁 沈阳市)	KJ(空警)-500 조기경보기, Y(运)-8 특수전기	2XX7X
	공46연대 (空46团)	랴오닝성 선양시 (辽宁 沈阳市)	JZ(歼侦)-8F * J-8F 전투기를 개조한 전술정찰기	2XX7X
	공48연대 (空48团)	지린성 솽랴오시 (吉林 双辽市)	WZ(无侦)-7 고고도 무인정찰기	2XX7X

* 출처: 維基百科, 「中國人民解放軍空軍編制序列」을 참조하여 필자가 재작성

〈그림-16〉 전구공군 특수전기 항공병부대 위치도
* 출처: 維基百科, 「中國人民解放軍空軍編制序列」을 참조하여 필자가 재작성

〈표-13〉 전구공군 무인기 항공병부대

소 속	항공병	주둔지	기종	기체번호
중부전구공군 (中部战区空军)	공151여단 (空1516旅)	허베이성 창저우시 (河北 沧州市)	GJ(攻击)-1 공격정찰무인기	-
동부전구공군 (东部战区空军)	무인기 공격여단 (无人机 攻击旅)	푸젠성 룽옌시 롄청현, 푸저우시, 우이산시 장시성 지안시 징강산공항, 광둥성 메이저우시 싱닝현 (福建 龙岩市 连城县, 福州市, 武夷山市, 江西 吉安市 井冈山机场, 广东 梅州市 兴宁县)	J(歼)-6W * 퇴역 전투기 J-6를 개조한 자살용 무인기	-

* 출처: 維基百科, 「中國人民解放軍空軍編制序列」을 참조하여 필자가 재작성

한편, 중국해군 항공병은 중국공군은 아니지만 모두가 중국군의 항공 전력이므로 관심 있게 보아야 할 필요가 있다. 먼저 중국군은 5개 전구(戰區) 중 바다와 접하고 있는 3개 전구에 해군함대를 두고 있다. 즉 북부전구에 북해함대, 동부전구에 동해함대, 남부전구에 남해함대가 있다. 해군 항공병 또한 해군함대와 마찬가지로 3개 전구에 각각 해군 항공병을 두고 있다. 3개 전구 해군 항공병 전투서열을 간략히 정

리하면 다음과 같으며, 순서는 중국군이 사용하는 해군함대의 순서를 따라 북부전구 → 동부전구 → 남부전구 순으로 하였다.

〈표-14〉 북부전구 해군 항공병부대

해군 항공병	주둔지	기종	기체번호
해항2사단 (海航2师)	산동성 라이양시, 랴오닝성 다롄시 (山东 莱阳, 辽宁 大连)	Y(运)-8 특수전기	
해항5여단 (海航5旅)	산동성 옌타이시, 자오저우시 (山东 烟台, 胶州)	JH(歼轰)-7A 전투폭격기, J(歼)-8DF 전투기	8XX5X
해항7사단 (海航7师)	랴오닝성 후루다오시 쑤이중현 (辽宁 葫芦岛 绥中)	J(歼)-11B 전투기, JH(歼轰)-7A 전투폭격기, JL(教练)-9 훈련기, JL(教练)-10 훈련기	8XX7X
함재 항공병 제1연대 (舰载航空兵第1联队)	랴오닝성 싱청시, 상하이시 다창공항 (辽宁 兴城, 上海 大场)	J(歼)-15 항공모함 함재 전투기	

• 북부전구 해군 항공병 훈련기지(北部战区海军航空兵训练基地)
  : 허베이성 친황다오시 산하이관구(河北省秦皇岛市山海关区)

* 출처: 維基百科, 「中國人民解放軍空軍編制序列」을 참조하여 필자가 재작성

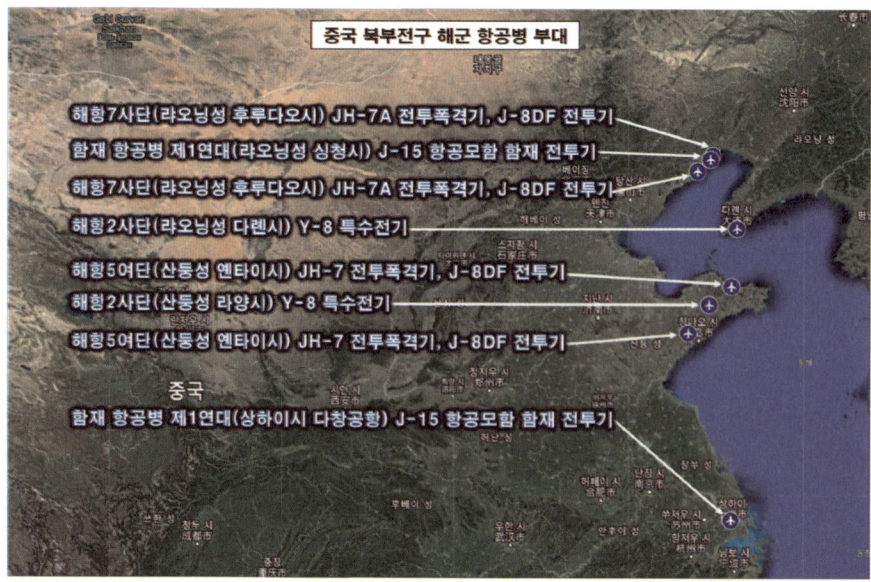

〈그림-17〉 북부전구 해군 항공병부대 위치도
* 출처: 維基百科, 「中國人民解放軍空軍編制序列」을 참조하여 필자가 재작성

<표-15> 동부전구 해군 항공병부대

해군 항공병	주둔지	기종	기체번호
해항1사단 (海航1师)	상하이시 (上海)	Y(运)-8 특수전기	
해항4여단 (海航4旅)	저장성 타이저우시 (浙江 台州)	Su(苏)-30MK2 전투기, J(歼)-10 전투기	8XX4X
해항7사단 (海航6旅)	저장성 이우시 (浙江 义乌)	JH(歼轰)-7 전투폭격기	8XX6X
해항17연대 (海航17团)	장쑤성 창저우시 (江苏 常州)	H(轰)-6G 폭격기, H(轰)-6J 폭격기	

* 출처: 維基百科, 「中國人民解放軍空軍編制序列」을 참조하여 필자가 재작성

<그림-18> 동부전구 해군 항공병부대 위치도
* 출처: 維基百科, 「中國人民解放軍空軍編制序列」을 참조하여 필자가 재작성

<표-16> 남부전구 해군 항공병부대

해군 항공병	주둔지	기종	기체번호
해항3사단 (海航3师)	하이난성 링수이현, 후난성 융저우시 (海南 陵水, 湖南 永州)	Y(运)-8 특수전기	
해항8여단 (海航8旅)	하이난성 린가오현 (海南 临高)	J(歼)-11BH 전투기	8XX8X

해군 항공병	주둔지	기종	기체번호
해항9여단 (海航9旅)	하이난성 러둥현 (海南 乐东)	J(歼)-11BH 전투기, JH(歼轰)-7A 전투폭격기	8XX9X
해항23연대 (海航23团)	광시좡족자치구 구이핑시 (广西壮族自治区 桂平)	H(轰)-6G 폭격기, H(轰)-6J 폭격기	
함재 항공병 제2연대 (舰载航空兵第2联队)	하이난성 링수이현 (海南 陵水)	J(歼)-15 항공모함 함재 전투기	

* 출처: 維基百科, 「中國人民解放軍空軍編制序列」을 참조하여 필자가 재작성

〈그림-19〉 남부전구 해군 항공병부대 위치도
* 출처: 維基百科, 「中國人民解放軍空軍編制序列」을 참조하여 필자가 재작성

나. 공강병군(空降兵軍)

공강병(空降兵: 공수낙하병)은 중국공군의 한 병종(兵種)이다.[24] 2017년 조직을 조정한 후 본래의 '공강병 제15군(空降兵第15軍: 공수낙하 제15군단)'의 번호를 개정하여 '공강병군(空降兵軍: 공수낙하군단)으로 변경하였고, 기존의 군단-사단-연대-대대(軍-師-團-營)의 4급 체제를 폐지하고, 군단-여단-대대(軍-旅-

---

[24] 〈集群伞降+装备空投!直击运-20运输机战斗演练现场〉, 《军迷天下》, 2022. 6. 10. https://www.youtube.com/watch?v=0xRFkqOrZXI

營)의 3급 체제로 개편하였다. 기존의 3개 공강사단(空降師)은 9개의 독립 공강여단(空降旅)으로 새롭게 개편하였다. 다만 병력은 약 3만 5,000명을 그대로 유지하였으며, 이는 중국군 신속반응부대의 중요한 구성 부분이다. 구체적으로 기존 공강병(空降兵) 제127, 128, 130, 131, 133, 134연대는 동일한 번호의 6개 여단으로 개편하였고 제129연대와 제132연대는 폐지하였다. 군단 직속 특수대대(후베이성(湖北) 샤오간(孝感) 주둔)는 특수작전여단(特种作战旅)으로 개편하였고, 통신연대(후베이성 샤오간 주둔), 공병분대, 화생방분대는 지원여단(支援旅)으로 통합하였다. 또한 항공수송연대(후베이성 샤오간 주둔)와 헬리콥터대대는 수송항공병여단(运输航空兵旅)으로 개편하였고, 제44사단 교도대대(연대급, 후베이성 광수이(广水) 주둔)와 조종사 훈련대대(연대급)은 당분간 변경하지 않고 향후 지린공강병학원(桂林空降兵学院)에 통합할 예정이다.[25] 종합하면 중국공군 공강병여단은 제127, 128, 130, 131, 133, 134여단의 6개 여단과 특수작전여단, 지원여단, 수송항공병여단 3개로서 총 9개 여단이다.

한편 공강병군(空降兵軍)의 주둔지와 관련하여 본래 공강병15군과 그 예하부대는 후베이성과 허난성에 위치해 있었다. 그러나 2017년 조직 조정 이후 일부 여단이 북부전구 공군기지 등에 배치되었다는 보도가 있으므로,[26] 이는 계속해서 확인할 필요가 있다.

4. 전략설계

군대개혁 이후 중국공군은 계속해서 '공천일체(空天一體), 공방겸비(攻防兼備)'의 전략적 요구에 따라 '국토방공형(國土防空型)'에서 '공방겸비형(攻防兼備型)'으로의 전환을 실현하고, 전략조기경보, 공중타격, 방공 및 미사일방어, 정보대항, 공수작전, 전략투사 및 종합군수지원 등의 능력을 전면적으로 향상하여 왔다.[27] 이밖에 군대개

---

[25] 空降兵軍橫空出世 : 空军空降兵部队已划归北部战区. 凤凰网. 2017-05-03 [2017-10-22]. (原始内容存档于2018-09-30).

[26] "北部战区空军空降兵军某旅"亮相. 澎湃新闻. 2017-05-03 [2017-10-22]. (原始内容存档于2020-11-04).

[27] 季冰, 「遠中近程結合作戰 中國空軍加快防空反導建設」, 2016年8月29日, http://news.takungpao.com.hk/mainland/focus/2016-08/3362591.html.

혁 이후 중국공군은 적극적으로 세계 일류 전략공군 건설을 목표로 매진하고 있으며, 특히 2018년 11월 11일 공군 창설 69주년을 맞아 공군 고위층은 국방 및 군대 건설 총 목표와 일치하는 현대화된 '전략공군(戰略空軍)' 로드맵을 제시하였다. 로드맵은 3단계의 전략설계로 구분되며 세부 내용은 다음과 같다.

〈표-17〉 중국공군의 전략공군 발전전략

단계	목표	능력
제1단계 (2020년)	전략공군의 문턱에 진입	'공천일체, 공방겸비'의 전략공군 구조를 초보적으로 구축하고, 정보시스템에 기반한 체계작전능력을 지속적으로 강화한다.
제2단계 (2020-2035년)	현대화된 전략공군 건설	조직, 인력, 무기장비 등을 전면적으로 현대화하고, 공군의 전략적 전환을 완료하여 고도의 전략 능력을 구비한다.
제3단계 (2035-2050년)	세계 일류 전략공군 건설	대국(大國)의 위상과 민족의 부흥을 총체적인 실력으로 충분히 뒷받침할 수 있는 강력한 항공우주역량(空天力量)을 구비한다.

* 출처: 綜整自黃書波, 「中國空軍公布建設强大現代化空軍路線圖」, 2018年11月11日, http://military.people.com.cn/BIG5/n1/2018/1111/c1011-30393870.html

5. 용병개념

전쟁 양상의 변화, 합동작전체제의 수립, 군종(軍種) 전략의 전환, 무기장비의 지속적인 향상 등의 요인에 따라 중국공군의 용병개념이 빠르게 발전하고 있다. 2011년 랜드연구소(RAND Corporation)가 발간한 『21세기 중국 공군 용병사상(Shaking the Heavens and Splitting the Earth: Chinese Air Force Employment Concepts in the 21st Century)』이라는 책은 1950년대부터 21세기까지 중국공군의 용병개념을 객관적으로 소개하고 있다. 이 중에서 중국공군의 전력 운용의 '신(新)' 개념은 1. 전략(戰略) 및 전역(戰役) 공중위협(억제) 수행, 2. 독립적이고 집중적인 사용, 3. 다른 군종과의 합동작전, 4. 전략적 병력 투사, 5. 제정보권 및 제전자권 확보 등을 포함한다.[28] 또한 이 책은 중국공군의 용병개념의 발전 추세를 다음과 같이 서술하고 있다.[29]

가. 일체화(一體化)의 중요성 강조

---

[28] 黃文啟譯, Roger Cliff等著, 21世紀中共空軍用兵思想(臺北：國防部史政編譯局, 2011年), 頁52-53.
[29] 黃文啟譯, Roger Cliff等著, 21世紀中共空軍用兵思想(臺北：國防部史政編譯局, 2011年), 頁77-78.

예를 들면, 서로 다른 플랫폼(공중급유기, 수송기, 전투기, 폭격기 등)의 일체화, '항공·우주'의 일체화, '육·해·공·우주·전자'의 일체화 등이다.

나. 공중전력 운용의 필요 원칙

대량 투입, 우선 사용, 전 과정 사용, 정밀한 목표 선정, 중심 타격, 시스템 파괴, 추가 피해 최소화

다. 새로운 공중작전 개념 중시

예를 들어, 전 시간대, 전천후 작전은 공중작전의 새로운 시공간적 개념이다. 비접촉, 항공·우주 일체화 및 정보·화력 일체화 작전은 공중작전의 새로운 교전 방식이다.

6. 군대훈련

중국공군은 시진핑의 강군사상(强軍思想)을 관철하고 군대개혁 이후의 새로운 체제편제를 검증하기 위해 군대훈련에 적극 나서고 있으며, 주로 실전화(實戰化) 훈련과 외국군과의 연합훈련에 주력하고 있다.

가. 실전화 훈련

(1) 장거리 비행 훈련

2013년 중국이 '동중국해 방공식별구역'을 선포한 이후 중국공군은 제1도련(第一島鏈)에 상시적으로 진출하고, 대만 주변 공역에서 장거리 비행훈련을 진행하여 '육지에서 바다로(由陸向海)'의 새로운 추세를 보이고 있다. 특히 2015년 3월부터 훈련의 빈도, 기종, 대수가 증가하였고, 훈련 구역도 최초 바시해협(Bashi Channel)과 미야코해협(Miyako Strait)을 각각 통과하던 비행에서 두 개의 해협을 한 차례의 비행으로 통과하고 있다.[30] 훈련 기간에는 여러 차례 대만의 방공식별구역에 근접하였고, 2019년 3월 말에는 J(殲)-11 전투기 2대가 10분 넘게 대만해협 중간선을 월선하기

---

[30] 蔡浩祥,「駕轟-6K繞臺飛官：遠訓已實戰化」, 2017年10月23日, https://www.chinatimes.com/newspapers/20171023000554-260301.

도 하였다. 서태평양에서 중국공군의 장거리 비행훈련은 군사적 존재를 강조함으로써 미·일을 위협하고, 전투기로 대만을 선회함으로써 주권을 현시(現示)하는 등 정치적 의미를 내포하며, 군사적으로는 중국군 자신의 실전화 훈련에 대한 중요한 성과들을 검증하고 있다.[31] 이에 대해서는 제9장 중국 해·공군 항행훈련 Vs 대만공군 방공부대 대응과 제10장 중국의 남중국해 미군 군용기 활동 연구에서 좀 더 자세히 알아보았다.

(2) 대항훈련

중국군이 말하는 '대항훈련(對抗訓練)'이란 두 개 이상의 건제부대나 병력이 서로 상대방의 적수가 되어 실시하는 실전화 훈련수단을 말한다. 이러한 훈련수단의 장점은 실전 분위기를 향상시키고 훈련 시에 '일방적인 희망' 현상을 피할 수 있다는 것이다.[32] 중국공군의 대항훈련은 주로 연례적인 ① 홍검(紅劍, Red sword, 레드스워드) 체계대항, ② 금색헬멧(金頭盔, 금두회, Golden helmet, 골든헬멧) 자유대항공중전, ③ 금색다트(金飛鏢, 금비표, Golden dart, 골든다트) 긴급방어·긴급타격, ④ 남색방패(藍盾, 남순, Blue shield 블루실드) 방공 및 미사일 방어, ⑤ 경전(擎電) 전자전(EW) 연습 등 5대 명칭훈련으로 나타나며, 세부내용은 다음 표와 같다.[33] 이에 대해서는 제4장 중국공군의 실전 경험과 5대 명칭 실전화 훈련에서 좀 더 자세히 살펴보았다.

〈표-18〉 중국공군의 5대 명칭 실전화 훈련

명칭	주요내용
레드스워드 연습 (紅劍演習)	각 전구공군 지휘기구와 예하 작전부대가 참가하는 체계대항 훈련이며, 중국공군 최대 규모의 합동훈련
골든헬멧 연습 (金頭盔演習)	중국공군의 비행기량을 겨루는 훈련이며, 전투비행 상황에서 우수자를 선발하는 대항적 성격의 연례 비행경연대회

---

[31] 謝游麟, 「中共機, 艦遠航繞臺訓練的意涵及影響」, 戰略安全研析, 第148期(2018年1-2月), 頁44-46.
[32] 吳亞男, 實戰化訓練硏究(北京 : 國防大學出版社, 2010年), 頁169-170.
[33] 劉錦洋, 「四大品牌訓練享譽空天戰場」, 解放軍報, 2017年5月20日, 版1.

명칭	주요내용
골든다트 연습 (金飛鏢演習)	조종사의 공중공격 및 긴급방어·긴급타격 작전능력을 향상시키기 위한 훈련이며, 중국공군이 긴급방어·긴급타격(突防突擊) 능력을 평가하면서 평가 우수자에게 '긴급타격명수(突擊能手)'라는 칭호를 부여
블루실드 연습 (藍盾演習)	방공병(防空兵)의 방공미사일 실전화 훈련이며, 정찰·타격·방호 등을 종합한 통합훈련
경전(擎電) 전자전 연습 (擎電演習)	중국공군의 전자전 능력을 향상하는 데 목적을 두고 실시하는 전역(戰役) 수준의 전자대항 및 전자억제 연습

* 출처: 劉錦洋, 「四大品牌訓練享譽空天戰場」, 解放軍報, 2017年 5月 20日, 版1.; 張汨汨, 李蕢, 〈空軍實戰化訓練推出"擎電"新品牌提升電子戰能力〉, 《新華網》등을 참조하여 필자가 재작성

(3) 모의훈련

중국군은 '모의훈련'이 장소, 기후 등의 영향을 받지 않으며 대량의 인적, 물적, 재정적 투입을 절약하고 훈련 주기를 단축시키며 실전화 훈련의 질과 효과를 높일 수 있다고 인식하고 있다.[34] 중국공군은 현재 '다병종·다기종 대항 모의훈련시스템(多兵(機)種對抗模擬訓練系統)'을 운용하고 있으며, 항공병(航空兵), 지상방공병(地面防空兵), 레이더병(雷達兵) 등의 병종(兵種)이 동시에 모의훈련을 실시하여 훈련과정의 실전화 효과를 증진하고 있다. 이 시스템은 복잡한 전장 환경을 실제에 가깝게 고도로 정밀하게 시뮬레이션 할 수 있어 중국공군의 주요 병종 모의훈련에 적용하고 있고, 전술 및 기술적 차원에도 응용할 수 있다는 특징이 있다.[35]

나. 외국군과의 연합훈련 및 경연대회

중국공군은 전 세계로 시야를 넓히고 교류를 개방하기 위해 '주출거(走出去: 중국 밖으로 나가자)'를 강화하고 있으며, 특히 군대개혁 이후 '기지-여단(基地-旅)'의 새로운 체제를 검증하기 위해 러시아, 태국, 파키스탄 등과 공군 연합훈련을 거행하고, 여러 차례 '국제군사경연대회(國際軍事比賽)'에 다수의 기종을 참여시키고 있다.[36] 예를 들어 2017년 9월 중국공군은 파키스탄 공군과 우루무치(烏魯木齊)에서

---

[34] 吳亞男, 實戰化訓練研究(北京：國防大學出版社, 2010年), 頁166.

[35] 李開強, 「空軍建成多兵種多要素模擬訓練平臺」, 解放軍報, 2015年2月8日, 版1.

[36] 李建文, 「國際軍事比賽-2018中國空軍參…賽隊全部抵俄」, 解放軍報, 2018年7月23日, 版3.

훈련명 '슝잉(雄鷹: strong hawk)-Ⅵ'라는 다병종·다기종 연합훈련을 실시하였다. 당시 양국 공군 연합훈련의 주요 특징으로는 최초의 전 과정 실탄사용, 야간대항훈련, 지상요원 유도에 의한 전투기 목표 공격, 양국 공군훈련에 중국해군 항공병(航空兵)의 최초 참가 등을 들 수 있다.[37] 외국군과의 연합훈련 외에 중국공군은 또한 정기적으로 '군사비행훈련 국제교류회의(軍事飛行訓練國際交流會議)'를 주최하면서 다른 국가와 공동으로 군사비행훈련, 항공훈련장비 발전의 새로운 추세, 새로운 수요에 대해 교류하고 있다. 이를 통해 어떻게 조종사 인력 양성의 효과를 제고할 것인가에 대한 개념, 경로, 방법 등을 탐색하고 있다.[38]

한국과 관련된 것으로는 2019년 7월 23일 중국과 러시아의 공중전력이 동해 상공에서 연합훈련 중에 한국방공식별구역(KADIZ)을 침입한 것이다. 그중에서 특히 러시아 군용기는 이례적으로 독도 영공을 침입하였는데, 이는 타국 군용기가 한국 영공을 침입한 첫 번째 사례로 알려졌다. 중국과 러시아의 폭격기와 정찰기는 종종 한국방공식별구역에 침입하여 각종 군사정보 수집 활동을 하였으나, 당시와 같이 양국 군용기가 동시에 침범한 것은 처음이었다. 한국 합참은 "(2019년) 7월 23일 중국 H-6 폭격기 2대와 러시아 Tu-95 정찰기 2대가 동해의 한국방공식별구역(KADIZ)과 일본방공식별구역(JADIZ)을 침입했다가 이탈하기를 반복하였고, 이 과정에서 러시아 A-50 1대가 한국방공식별구역 내에 위치한 독도 영공을 두 차례 7분간 무단 침입하였으며, 이에 대응하여 한국공군 F-15K와 KF-16 등 전투기가 출격하여 차단기동, 플래어(섬광탄) 투하 및 2차례의 경고사격을 하였다"라고 발표하였다.[39] 한편 한국군은 2019년 8월 25일 독도를 포함하는 동해를 수호하기 위해 입체적 훈련에 돌입하였다. 한국해군은 이날 "세종대왕함(DDG-991) 등 해군·해경 함정 10여 척과 육·해·공군 항공기 10대, 육군·해병대 병력이 참가하는 '동해영토수호훈련'을

---

[37] 李開強,「中巴空軍聯訓實現六大突破」, 解放軍報, 2017年9月25日, 版8.

[38] 沈王一,「中國空軍實戰化訓練助推飛行人才培養質的飛躍」, 2018年11月6日, http://rencai.people.com.cn/BIG5/n1/2018/1106/c244853-30384602.html0393870.html.

[39] 국방일보, '중·러 군용기의『한국방공식별구역』과 영공 침입', 2019.07.25., http://kookbang.dema.mil.kr/newsWeb/20190725/23/BBSMSTR_000000010026/view.do.

26일까지 실시한다"고 밝혔다. 한국해군은 "우리 군은 독도를 비롯한 동해 영토수호 의지를 더욱 공고히 하기 위해 훈련의 의미와 규모를 고려, 이번 훈련 명칭을 '동해 영토수호훈련'으로 정했다"고 설명하고, 아울러 "이번 훈련은 특정 국가나 특정 세력이 대상이 아닌 우리 주권, 영토, 국민, 재산을 위협하거나 침해하는 모든 세력에 대한 훈련"이라고 덧붙였다.[40] 이에 대해서는 제11장 중·러 군용기의 KADIZ 침입이 야기한 문제들에서 좀 더 자세히 살펴보았다.

최근 2021년에는 중국과 러시아가 '서부·연합(西部·联合)-2021'이라는 명칭의 연합훈련을 중국 닝샤회족자치구(宁夏回族自治区)의 모 합동전술훈련기지(合同战术训练基地)에서 8월 9일부터 13일까지 5일간 실시하였다. 중·러 양국군은 13개 지상제대, 2개 공중제대를 편성하였으며,[41] 공중제대에는 전투기, 전투폭격기, 공중조기경보기, 무인기, 헬리콥터 등 100여대의 항공기와 레이더, 공수부대 및 군수지원부대가 참가하였다. 이 중 중국공군의 주요 전력은 J(歼)-20 스텔스전투기 4대를 포함하여 J(歼)-11, J(歼)-16 전투기, JH(歼轰)-7A 전투폭격기, Y(运)-20, Y(运)-9 특수목적 수송기 등이었으며, 러시아는 Su(苏)-30 전투기를 파견하였다. 한편 공강병(空降兵)의 공중수송과 지상침투에는 중국의 '베이더우(北斗)' 위성항법시스템이 적용되었다. 연합훈련 종료 후 서부전구 공군훈련처 부처장은 "이번 연습에 참가한 공중제대는 공중조기경보지휘, 공중기습공격, 지상화력지원, 종심공중투사 등을 훈련했다"고 밝히며, "이번 연습은 신종 코로나바이러스 감염증사태 이후 중국 내에서 실시한 첫 번째 외국군과의 훈련이자 중국이 계획한 전략(战略)·전역(战役) 연습에 러시아군이 참여한 첫 번째 훈련으로서 양국 및 양국군의 전략적 신뢰 수준을 과시하였고, 안보위협에 대한 대응 능력과 지역의 평화와 안정을 수호하는 결심을 보여주었다"고 평가하였다.[42]

---

[40] 국방일보, '軍, 동해 영토수호훈련 돌입', 2019.08.25., http://kookbang.dema.mil.kr/newsWeb/20190826/17/BBSMSTR_000000010021/view.do, 2019.10.15.

[41] 新华社记者 刘芳, 「"西部·联合-2021"演习正式开始」, 新华网, 2021年08月09日, http://www.xinhuanet.com/politics/2021-08/09/c_1127744656.htm.

[42] 刘海洋 田振宇, 「"中国空军飞行员的训练素养令人钦佩"」, 中国青年报, 2021年08月19日08版, http://

7. 인력양성

가. 조종사(飛行員)

과거 중국공군은 조종사 양성 체계로 '3급 5단계(三級五階段)' 훈련체계를 채택해 왔다.

〈표-19〉 중국공군의 과거 '3급 5단계' 조종사 양성훈련체계

3급	5단계	훈련기간	4개 주요 훈련기종
제1급(비행교육기관)	기초교육	1년 8개월	CJ(初敎)-6 훈련기 JL(敎練)-8 훈련기 JJ(殲敎)-7 훈련기 작전기 및 동일 기종 작전기 복좌 훈련기.
제1급(비행교육기관)	초급훈련기훈련	2년 4개월	
제1급(비행교육기관)	고급훈련기훈련	1년	
제2급(훈련기지)	기종전환훈련	2년	
제3급(작전부대)	작전응용훈련	2년	

* 출처: 壹讀網,「中國空軍訓練體系極大提升飛行員更快成為空中精銳」, 2017年 9月 13日, https://read01.com/GPBMaK5.html#.XMqjHH97l54.

2012년에 이르러 중국공군은 창설 63주년을 맞아 조종사 양성 모델의 중대한 변혁을 발표하였다. 즉 '3급 5단계(三級五階段)'에서 항공병 '훈련기지(訓練基地)' 단계를 폐지하고 '4단계(四階段)'로 전환하였다. 비행교육생은 교육기관(院校)에서 본과(本科: 4년) 학력교육과 보직교육을 마친 후 곧바로 항공병부대(航空兵部隊)로 배속되어 작전기(作戰飛機) 전환 및 작전응용훈련을 받는 것이다. 이를 통해 비행교육생의 비행훈련 내용과 시간을 단축하게 되었다.[43] 이후 2016년 10월 중국공군은 '군사비행훈련 국제교류회의-2016(軍事飛行訓練國際交流會議-2016)'를 주최하면서 "무기장비, 작전형태, 지휘방식 및 전장 환경의 변화에 따라 공군 조종사 양성 모델을 개혁하여 단계적 성과를 거두고 있다. 즉, '교육기관(院校) - 훈련기지 기종전환(改裝基地) - 작전부대(作戰部隊)'의 3급 훈련체제(三級訓練體制)를 기본적으로 구축하였다. 새로운 양성 모델 하에서 J(殲)-7 전투기, JJ(殲敎)-9 전투훈련기, H(轟)-6 폭격기, Y(運)-8 수송기 등 작전기를 교육기관(院校)에 투입하여 조종사 양

zqb.cyol.com/html/2021-08/19/nw.D110000zgqnb_20210819_2-08.htm.

[43] 申進科,「中國空軍成立63年 飛行員培養模式發生重大變革」, 2012年 11月 12日, http://military.china.com.cn/2012-11/12/content_27079095.htm.

성교육 주기를 7년에서 5년으로 단축하였다. 이에 따라 중국공군은 훈련비용을 줄이면서 훈련 효과를 높였다."[44] 이밖에 중국공군은 비행 조종인력 양성 경로를 최적화하기 위해서는 기초교육을 충실히 하고 실전에 부합한 훈련을 실시하는 것 외에도 조종인력 공급원을 넓히고 가능한 조기 양성 시스템을 갖추어야 한다고 여기고 있다. 이는 중국공군의 '조기개입(早介入), 조기양성(早培養), 조기숙련(早成材)' 개념으로서 청소년들의 항공분야에 대한 관심을 불러일으켜 인력 양성의 질적 효과를 원천적으로 높이자는 것이다.[45] 방법에 있어서 중국공군은 '군민융합(軍民融合)'이라는 경로를 통해 전국의 여러 고등학교에 '공군청소년항공학교(空軍青少年航空學校)'를 개설하고, 칭화대학(清華), 베이징대학(北京), 베이징항공항천대학(北京航空航天) 등과 협력하여 비행 조종인력의 공급원을 넓히고 있다.[46] 중국 관영 언론의 보도에 따르면 전투기 조종사 과정까지 최종적으로 통과하는 비율은 겨우 30%일 뿐이라고 한다.[47]

2018년에 이르러 중국공군은 '조종사 3급 훈련체제(三級訓練體制)'에 대하여 다시 설명하였다. 이때는 중국 홍두공사(洪都公司)가 수출형으로 개발한 L15 '사냥매(猎鹰)' 훈련기를 개량하여 'JL(教练)-10'이라는 이름으로 공군에 납품하던 시기였다. 중국 언론의 보도에 따르면 JL(教练)-10의 작전화로 중국공군은 최초로 제3세대 고급훈련기를 보유하게 되었고, 이에 따라 중국공군 조종사 훈련체계에 혁신을 가져왔다.[48]

---

[44] 李開強,「軍事飛行訓練國際交流會議·2016開幕」, 2016年10月31日, https://kknews.cc/military/xzzqpxq.html.

[45] 王萌萌,「作戰飛機進入院校教學 中國空軍飛行員成長週期大幅縮短」, 2016年10月30日, http://www.xinhuanet.com/mil/2016-10/30/c_1119816926.htm.

[46] 吳月明,「空軍青少年航空學校啟動2018年度招生」, 2017年11月7日, http://www.mod.gov.cn/services/2017-11/07/content_4796817_3.htm.

[47]「通过率仅仅30%!直击中国空军战斗机飞行员"硬核"选拔全过程 "95后"学霸放弃保送北大直面"地狱级"挑战!」, 军迷天下, 2020-11-18, https://www.youtube.com/watch?v=3TCK5ZHfjUc.

[48]「全面解析中国最先进的新型教练机"猎鹰"L15 深度探索中国空军飞机制造车间 揭秘"鹰击长空"的"空军战斗力之源"性能有多强!」, 军迷天下, 2020. 11. 15. https://www.youtube.com/watch?v=O_LHytt6F8w.

과거 중국공군의 조종사 양성훈련체계는 소련의 모델을 모방한 4급 훈련체계로서 먼저 1급은 항공학교(航校)에 입학하여 조종사 예비 선발 후 초급훈련기로 비행훈련을 받으며, 2급은 항공학교에서 계속해서 중급훈련기로, 3급 또한 이어서 고급훈련기로 비행훈련을 받는다. 4급은 공군 작전부대에 배치되어 동일 기종 2인승 복좌 전투훈련기로 작전 등 고급과목을 훈련받아 전체 조종사 양성훈련과정 주기를 마친다.

반면, JL(教练)-10의 도입으로 중국공군 조종사 양성체계는 더욱 과학적이고 효율적인 3급 양성체계로 전환되고 있다. 과거 제1급 초급훈련기 단계는 폐지되었다. 초급훈련기 CJ(初教)-6는 더 이상 훈련 단계에 투입되지 않고 다만 학력교육 기간 중에 조종사 초기 선발과정에서 적성 훈련에 활용된다. 즉 CJ(初教)-6 훈련기는 조종사 교육과정에서 역할이 작아졌고, 전체 비행훈련 시간은 최초 110시간에서 70시간으로 단축되었다. 새로운 3급 훈련체계에서 비행교육생들의 제1급 훈련에 사용되는 기종은 중급훈련기 J(教)-8이다. J(教)-8에서 교과목 훈련을 마친 뒤 비행교육생들은 JL(教练)-10 고급훈련기로 제2급 훈련을 받게 되는데, JL(教练)-10은 비행 성능이나 항전시스템 등이 현역 중국공군 전투기 기종과 기술 수준이 비슷하고 조종시스템이 매우 유사하다. 따라서 비행교육생들은 전투기 조종 감각과 경험을 미리 키울 수 있고, 전투기 조종사로서의 이행이 빠르게 이루어진다. 기존의 구식 고급훈련기 JJ(歼教)-7은 이 같은 역할을 담당할 수 없었다.

JL(教练)-10의 등장은 새로운 3급 훈련체계의 변혁과 매우 큰 연관이 있다. 즉 장비 기술수준의 향상으로 새로운 훈련체계의 확립에 풍부한 기술기반을 갖게 되었다고 할 수 있다. 제3급 조종사 훈련에서는 전투기 전환과 실전화 훈련 과목에 들어간다. 이때 이미 일부 과목은 고급훈련기로 이수했기 때문에 동일 기종 2인승 복좌 전투훈련기에 대한 스트레스가 크게 줄어든다. 훈련체계가 4급에서 3급으로 바뀌면서 중국공군과 해군 항공병의 조종사 훈련 주기가 짧아졌고 효율이 높아졌으며, 조종사 양성의 질과 수준이 크게 향상되었다. JL(教练)-10은 새로운 조종사 양성훈련체계에서 중요한 위치에 있고, 중요한 역할을 하고 있음이 분명하다.[49] JL(教练)-10 고급훈련기는 자체 중량 6t, 최대 이륙중량 9.5t, 최대 속도 마하 1.4, 최

대 항속거리 3000여km로 알려져 있다.[50]

〈표-20〉 중국공군의 현 단계 '3급제' 조종사 양성훈련체계

3급제	교육내용	훈련기종
조종사 선발 적성 테스트 과정	초급훈련기 단계 폐지, 다만 조종사 적성 테스트는 실시	CJ(初教)-6 훈련기
제1급 (비행교육기관)	중급훈련기 단계	J(教)-8 훈련기
제2급 (비행교육기관)	고급훈련기 단계	JL(教练)-10 훈련기
제3급 (작전부대)	전투기 전환 및 실전화 훈련	동일 기종 복좌 전투기

* 출처: 兵工科技 發表于军事,「从四级到三级, 中国空军飞行员培训体系迎来大变革」, 2018-10-12. 등을 참조하여 필자가 재작성

〈그림-20〉 중국 공군기관(사령부) 직속 교육기관 위치도
* 출처: 維基百科,「中國人民解放軍空軍編制序列」을 참조하여 필자가 재작성

---

49 兵工科技 發表于军事,「从四级到三级, 中国空军飞行员培训体系迎来大变革」, 2018-10-12, https://kknews.cc/military/yeoboza.html.

50 〈教练-10高级教练机, 有望成为海军舰载教练机〉, 知乎, https://zhuanlan.zhihu.com/p/84576853.

나. 부사관(士官)

중국공군은 군대개혁 이후 부사관의 규모구조, 직위기능, 소양기준에 대폭적인 변화가 발생함에 따라 부사관을 더욱더 중시하여 부대의 핵심간부가 되도록 해야 한다고 인식하고 있다. 이에 따라 중국공군은 작전 요구에 입각하고, '선발, 훈련, 사용, 관리, 퇴역'의 인력자원관리 경로에 따라 부사관의 소양을 전면적으로 향상시키고 있다. 교육관리, 선발배치, 심사평가, 대우보장, 공개표창 등 일련의 체계적이고 전면적인 규정 제정을 통해 전략적 전환에 있어서 부사관의 위상을 진일보 부각시키고 있다.[51]

8. 무기장비 발전

최근 중국공군의 주력 무기장비들이 속속 부대에 배치되어 전투서열에 편입되고 있으며, 현재 전력화가 진행 중이다.

가. J(殲)-20 전투기

J(殲)-20 전투기는 중국이 자체 개발한 스텔스전투기이며, '제5세대(혹은 제4세대로 평가하기도 하는) 전투기로서 현재 중국공군의 최신예 기종이다.[52] J(殲)-20은 2016년 11월 처음 공개되었고, 이 때 두 대가 시범비행을 진행하였다. 이후 2018년 2월 중국공군 작전부대에 배치되었다. J(殲)-20의 작전반경은 2,000km이며, 스텔스의 강점 외에도 초가시거리 공격 능력도 갖추고 있다. 작전부대에 배치된 후 J(殲)-16, J(殲)-10C와 혼성 편대를 구성하여 종합적인 작전능력 향상을 모색하고 있으며, J(殲)-20이 국지적인 제공권 탈취를, J(殲)-16과 J(殲)-10C가 지상목표물 원거리 정밀타격을 담당할 것으로 판단되고 있다.[53]

---

[51] 張玉清, 「空軍全面打造升級版打仗型士官人才隊伍」, 2019年3月19日, http://www.mod.gov.cn/big5/power//2019-03/19/content_4837852.htm.

[52] 關於戰機的劃代標準, 俄羅斯與美國不一, 若按照俄羅斯的劃代標準, 殲20為第五代戰機; 若按照美國的標準, 殲20為第四代戰機.

[53] 楊幼蘭, 「戰鬥3劍客!陸殲-20, 殲-10C, 殲-16同框秀戰力」, 2018年11月25日, https://www.chinatimes.

2021년 7월 중국공산당 창설 100주년 기념 축하비행에서는 J(殲)-20 전투기 15대가 천안문 상공을 통과하였다. J(殲)-20은 중국공군 작전부대에 계속 배치되고 있고, 중국공군의 종합적인 작전능력을 한층 더 향상시키고 있는 것으로 보인다.[54]

나. H(轟)-6K 폭격기

H(轟)-6K 폭격기는 중국이 자체 개발한 신형 중장거리 폭격기이며, H(轟)-6 계열 폭격기를 기초로 하여 개량한 것이다.[55]

2015년 3월 이후 다른 기종과 편대를 구성하여 제1도련(第一島鏈)에 잇달아 진출하는 등 서태평양을 넘나드는 원양훈련을 진행하고 있다. H(轟)-6K 폭격기는 작전 반경이 3,500km에 달하며, 사거리 1,000km가 넘는 창젠(長劍)-10(CJ-10) 순항미사일을 한 번에 6발까지 장착할 수 있다. 따라서 오키노토리시마(沖之鳥礁: Okinotorishima) 부근 수역까지만 비행하면 제2도련(第二島鏈) 밖의 미국 영토 괌(Guam)까지 사정권에 둘 수 있다.[56]

한편 중국 언론은 중국군이 현재 적극적으로 개발하고 있는 차세대 스텔스폭격기 H(轟)-20은 H(轟)-6K보다 성능이 더욱 우수하며 2020년대 초를 전후하여 취역할 예정이라고 보도하고 있어 주목할 필요가 있다.[57]

---

com/realtimenews/20181125001832-260417?chdtv. ; 殲-20公开大量新细节 全金属样机首度曝光! 独家探秘歼-20诞生地 走进成飞公园与国产战机零距离接触!, 军迷天下, 2022. 3. 17. https://www.youtube.com/watch?v=pxTqA4QlH5w.

54 国家国防科技工业局,「歼-16D, 无侦-7将首次亮相中国航展」, 新华网, 2021-09-26, http://www.sastind.gov.cn/n127/n199/c6812515/content.html.

55 中國戰神轟6K戰略轟炸機對比美國幽靈B-2戰略轟炸機, 每日頭條, 2015-04-02.

56 樂天,「臺媒：轟6若到日冲之鳥礁 射程將抵美」, 2017年7月23日, http://news.dwnews.com/global/big5/news/2017-07-23/60002086.html. ; 共機擾台十天來八天!「轟6K」秀地面實彈轟炸, TVBS NEWS, 2022. 1. 10. https://www.youtube.com/watch?v=lxDG0l3O80s.

57 宮葉,「港媒：中國轟20將於2020年服役」, 2018年10月24日, http://news.dwnews.com/china/big5/news/2018-12-24/60107464.html.

다. Y(運)-20 수송기

Y(運)-20 수송기는 현재 중국의 신세대 다목적 대형수송기이며, 2013년 1월 첫 비행을 시작하였고, 2016년 7월 취역한 뒤 2019년 양산에 들어갔다.[58]

장기간에 걸쳐 원거리·신속 수송능력의 부족이 중국공군의 약점으로 지적되어 왔다. 따라서 Y(運)-20의 취역과 양산은 중국공군에 근본적인 변화를 가져올 전망이다. Y(運)-20은 최대 적재중량이 66톤에 달하고, 최대 비행거리는 7,800km이며, 인력과 장비 수송 외에도 대형 조기경보기, 공중급유기, 전자정찰기로도 개조할 수 있다.[59] 예를 들어 2018년 12월 중국은 Y(運)-20을 개조한 공중급유기 'Y-20U(運油-20)'을 공개적으로 발표하였고, 이미 첫 비행에도 성공하였다.[60] Y(運)-20 대형 수송기에 대해서는 제7장에서 좀 더 자세히 살펴보았다.

라. KJ(空警)-500 공중조기경보기

KJ(空警)-500 공중조기경보기는 중국공군의 제3세대 조기경보기이며, 세계 최초로 디지털 레이더 기술을 적용한 조기경보기로서 2015년 초에 취역하였고, 공중 조기경보 및 지휘통제 임무를 맡고 있다.[61]

KJ(空警)-500은 KJ(空警)-200, KJ(空警)-2000 공중조기경보기와 비교할 때 탐지 범위가 넓고, 레이더 효율이 높으며, 지휘통제 능력이 뛰어나다. 항속거리는 약 5,700km, 체공시간은 8시간, 지휘통제 범위는 470km, 지휘통제 항공기는 100개까지 가능하다.[62] 2017년 말까지 중국군의 KJ(空警)-500 총생산 대수는 16

---

[58] 陸多用途運輸機運20已量產 將換裝國產發動機, 中時新聞網, 2019/03/19. https://www.chinatimes.com/realtimenews/20190319004493-260417?chdtv.

[59] 盧伯華, 「陸多用途運輸機運20已量產 將換裝國產發動機」, 2019年3月19日, https://www.chinatimes.com/cn/realtimenews/20190319004493-260417?chdtv.

[60] 陳光文, 「運油20成功首飛有何意義：可令中國空軍戰力提升3倍」, 2018年12月7日, http://mil.news.sina.com.cn/jssd/2018-12-07/doc-ihmutuec6948854.shtml. ；解放军"运油20"首次巡航台海 台军方人士：具备远程作战能力可对台进行战略包围,《中国新闻》CCTV中文国际, 2021. 11. 30. https://www.youtube.com/watch?v=GQ2wrTQp0L0.

[61] 編號"30076" 解放軍第6架空警-500預警機曝光, ETtoday, 2018年07月19日. https://www.ettoday.net/news/20180719/1216131.htm.

대 정도로 알려져 있다.63

마. HQ(紅旗)-9B 지대공미사일

2017년 중국군 창설 90주년 열병식에 처음 등장한 HQ(紅旗)-9B 지대공미사일은 중국이 자체 개발한 제3세대 방공미사일이며, HQ(紅旗)-9을 개량하여 육지기반형과 해상기반형으로 생산되었다.64

HQ(紅旗)-9B는 HQ(紅旗)-9과 외관상 크게 다르지는 않으나 사거리를 원형모델의 120km에서 200km로 늘려 현재 중국 국토방공 및 미사일 방어 작전의 주요 장비로 사용하고 있다.65 한편 2018년 5월 미국 CNBC TV의 보도에 따르면, 중국이 남중국해의 영서초(永暑礁: Fiery Cross Reef)와 저벽초(渚碧礁: Subi Reef), 미제초(美濟礁: Mischief Reef)에 HQ(紅旗)-9B 지대공미사일을 이미 배치한 것으로 추정되며, 도서 주변 200km 범위에 위협을 형성하고 있다.66

바. J(殲)-16D 전자전기

2021년 9월 28일 중국은 제13회 중국국제항공전람회(주하이에어쇼)에서 J(殲)-20 전투기, H(轟)-6K 폭격기, Y(运)-20 수송기, KJ(空警)-500 공중조기경보기, HQ(紅旗)-9B 지대공미사일을 전시하였고, 신형 전자전기 J(殲)-16D와 무인정찰기 WJ(无侦)-7을 처음으로 공개하였다.67

---

62 「中国最强预警机空警-500，雷达360度无死角，全新设计做工精湛」, 厉害了我的国 军事频道,: 2019. 12. 17. https://www.youtube.com/watch?v=cxqY3Pgjc5w.

63 晨曦,「又生產了一堆空警500!我國預警機數量已接近40架」, 2018年12月8日, https://kknews.cc/zhtw/military/2xaa2ar.html.

64 殲16D战机"咆哮狼"称呼正式公开 已装备部队投入训练, Sina新浪军事, 2021年10月08日, https://mil.news.sina.com.cn/china/2021-10-08/doc-iktzqtyu0232091.shtml ;〈中國紅旗9B優於俄S400為何還引進因為S400更便宜〉, http://mil.news.sina.com.cn/jssd/2018-05-29/doc-ihcffhsu9999225.shtml.

65 馬昌,「空軍主戰裝備速覽」, 人民日報, 2018年11月日, 版6. ;〈海量细节公开!近距离接触HQ-9BE 独家揭秘中国防空导弹的硬核实力〉, 军迷天下, 2021-10-03, https://www.youtube.com/watch?v=-ojMj5kGlpU.

66 蘋果新聞網,「懷疑南沙部署導彈爭制空權」, 2018年5月4日, https://hk.news.appledaily.com/international/daily/article/20180504/20380707.

중국관영 중앙TV(CCTV)는 2021년 10월 7일 국방군사채널의 공식 웨이보를 통해 J(殲)-16D 전자전기를 설명하는 짧은 영상을 올렸다. 이 영상에서 J(殲)-16D 전자전기에 대해 '포효랑(咆哮狼, 포효하는 늑대)'이라는 표현을 공식적으로 사용하였다. 이는 미군 전자전기 E/A-18G 'Growler'를 중화권에서 '포효자(咆哮者, 포효하는 사람)'로 쓰는 것과 비교된다. 영상에 따르면 J(殲)-16D는 중국산 J(殲)-16 전투기 시리즈 중 방공억제 임무로 특화하여 개발한 최근 모델이다. J(殲)-16 전투기는 중국이 자체 개발한 복좌, 쌍발 엔진의 3.5세대 전투기로서 중국공군이 장비한 다른 전투기에 비해 화력통제시스템, 레이더시스템, 운용체계 등에서 질적으로 발전해 있다고 한다. J(殲)-16D '포효랑(咆哮狼)' 전자전기는 J(殲)-16 전투기의 기수 오른쪽 전방의 '적외선 탐지 및 추적장치 IRST(Infra-Red Search and Track)'와 날개 오른쪽의 30mm 기관포를 제거하는 등 기체에 불필요한 것은 빼고 전자교란장치를 장착하였다고 한다. J(殲)-16 전투기에 장착된 대형 능동위상배열레이더, 최첨단 항전시스템, HUD(Head up Display) 등은 현존하는 중국 최고의 전투기 기술로 알려져 있다.[68]

Ⅳ 종합분석

군대개혁 이후 중국공군의 건설은 거의 모두 '실전공군(實戰空軍)', '전환공군(轉型空軍)', '전략공군(戰略空軍)' 등과 같은 키워드에 집중되어 있으며, 공천일체(空天一體), 공방겸비(攻防兼備)의 전략목표 달성을 위해 건설의 발걸음을 가속화하고 있

---

[67] 《瞭望》新闻周刊,「历史性跨入战略空军门槛, 中国空军御风而翔」, 新华网, 2021年11月10日, http://www.news.cn/mil/2021-11/10/c_1211440172.htm.

[68] 曾炟,「歼16D电子战机"咆哮狼"称呼正式公开, 已装备部队投入实战化训练」, 东方网, 2021-10-07, https://j.021east.com/p/1633599421035833 ; 多款电子战飞机集中亮相!歼-16D详细信息再度公开 打击能力超强!看超级"电磁猎手"如何发射看不见的"弹药"!, 军迷天下, 2022-05-12. https://www.youtube.com/watch?v=v0R3HfX8pW8.

다.[69] 종합 분석으로 중국공군의 군대개혁 특징, 주목해야 할 부분 등을 포함하였고, 아울러 군대개혁에도 불구하고 중국공군이 여전히 극복해야 할 도전도 살펴보았다.

1. 지휘체계의 슬림화 추세

중국군의 체제편제(體制編制) 개혁은 조직, 관리, 장비, 훈련, 동원, 인사 등의 전 분야에 관련되어 있어 '머리털 한 오라기를 끌어당겨 온몸을 움직이게 하는 격'으로 군대 건설에 상당한 영향을 주고 있다.[70] 중국공군의 체제편제 개혁은 먼저 기존에 존재하던 '기지(基地)'를 재조정하여 전구공군(戰區空軍) 체제에서 새롭게 그 위상과 직능을 부여하였고 아울러 각종 작전요소를 융합하여 그 기능을 개선하였다. 이에 따라 기지(基地)는 중국공군의 주력이 되었다. 한편 항공병(航空兵)은 사단(師)을 여단(旅)으로 개편하면서 기존의 '사단-연대-대대-중대(師-團-大隊-中隊)'의 4급 체제가 '여단-대대-중대(旅-大隊-中隊)'의 3급 체제로 조정되었고, 공강병(空降兵) 또한 기존의 '군단-사단-연대-대대(軍-師-團-營)'의 4급 체제가 '군단-여단-대대(軍-旅-營)'의 3급 체제로 개편되었다. 이렇듯 지휘 단계를 줄여 조직이 슬림화되면 지휘체계의 효율이 향상되고 신속대응능력의 증대 효과를 기대할 수 있다.

2. '공천일체, 공방겸비' 전략의 발전

가. 공천일체(空天一體)

2004년 중국공군은 '공천일체(空天一體), 공방겸비(攻防兼備)' 전략을 확립하였는데, 이는 중국공군이 항공형에서 항공·우주일체형으로 전환하는 데 직접적인 근거로 제시되고 있다. '공천일체(空天一體)'란 항공역량의 건설, 운용과 우주역량의 건설, 운용을 긴밀하게 결합하여 하나의 유기적인 전체를 형성하는 것을 말하며, 실질적으로는 통일된 지휘 하의 세 가지 일체화(三個一體化)를 가리키는 것이다. 세 가

---

[69] 李建文,「人民空軍戰略轉型開啟加速跑」, 解放軍報, 2018年11月12日, 版1.
[70] 戰玉, 資訊條件下陸軍轉型研究(北京 : 軍事科學出版社, 2009年), 頁244.

지 일체화(三個一體化)는 ① 항공우주일체화 전장(空天一體化戰場), ② 항공우주일체화 역량(空天一體化力量), ③ 항공우주일체화 작전(空天一體化作戰)을 말한다.[71] 중국의 학자들은 여기서 한 걸음 더 나아가 '공천일체(空天一體)'란 공군의 역량구조와 작전활동으로 ① 항공(航空)과 우주(航天)를 일체화하고, ② 방공(防空)과 우주방어(防天)를 일체화하는 것이라고 지적한다. 즉, 공군의 편성과 작전은 항공체(航空體) 부대를 포괄하여 사용하는 것일 뿐만 아니라 지대지 탄도미사일, 각종 기능의 인공위성, 궤도공간정거장, 우주왕복선, 에너지무기, 레이저무기 등을 서로 다른 정도로 포괄하여 사용하는 것이며, 이러한 역량을 과학적으로 편성하여 체계화함으로써 작전 수행에 있어 협조·일치된 행동을 이끌어내는 것이다.[72]

최근 십여 년 동안 중국공군은 '공천일체(空天一體)'를 공군 발전의 핵심 축이자 추구하는 명확한 비전으로 삼고, 시종일관 "공군은 항공우주를 주도하는 주체역량이며, 실천의 인솔자이다", "공군은 국가 항공우주 안전과 발전이익 확장에 복무하는 전략적 책임을 부여받고 있다"고 여겨 왔다.[73] 이렇듯 중국공군이 항공우주 주도권을 확보하기 위해 총력을 기울이면서 각종 매체와 문헌을 통해서도 공개적으로 표명하고 있지만, 고위층의 인식, 군종 간의 경쟁, 자원 확보 등 객관적 요소들의 제한을 받아 '공천일체(空天一體)' 전략의 이행은 아직까지 기대에 못 미치고 있는 것으로 보인다.

이 중 자원 확보에 있어서 군대개혁 이전 중국군의 우주 자원은 대부분 총장비부(總裝備部)가 보유하고 운용해 왔다.[74] 군대개혁 이후에도 우주자원은 전략지원부대, 로켓군 등의 군종에 대부분 분산되어 중국공군은 여전히 '서비스를 받는(被服務)' 대상에 머물고 있다. 따라서 중국공군이 중국군의 우주자원과 임무를 완전히 장악할 수 있을지에 대해서는 적어도 단기간 내 명쾌한 해답은 없을 것으로 보인다. 특히 군대개혁 이후 육군, 공군, 해군, 전략지원부대, 로켓군이 중국군의 5대 군종으로 분류되어 서로 위상이 평등해짐에 따라 중국군의 우주 전력이 점차 성숙해지고 작전기능

---

[71] 尚金鎖, 空軍建設學 (北京 : 解放軍出版社, 2009年), 頁547-551.

[72] 革文先, 現代空軍論 (北京 : 藍天出版社, 2005年), 頁244.

[73] 朱暉, 空軍戰略問題研究 (北京 : 藍天出版社, 2014年), 頁71-76.

[74] 黃文啟譯, Roger Cliff等著, 21世紀中共空軍用兵思想(臺北 : 國防部史政編譯局, 2011年), 頁81.

을 갖추기 시작할 때에 어느 군종이 우주자원을 주도할 것인가를 두고 군종 간 치열한 경쟁이 벌어질 수밖에 없다고 예상된다.

나. 공방겸비(攻防兼備)

국가마다 군사전략이 다르기 때문에 공군전력 건설은 일반적으로 공격형, 방공형, 공방겸비형의 세 가지 기본모델로 구분할 수 있다. 이 중 '공방겸비형' 공군은 공격 전력을 강화하면서도 방공 전력도 강화하여 공격과 방어 작전 능력을 동시에 갖춘 공군을 말한다.[75] 대략 2000년대부터 중국공군은 첨단 과학기술 전쟁의 충격과 적극방어 전략방침의 요구에 따라 기존의 국토방공형을 공방겸비형으로 전환하기 위해 부단히 노력해 왔고, 현재 '공방겸비'는 중국공군의 주요 전략목표가 되었다. 구체적으로 최근 20년간 중국공군은 공방겸비에 요구되는 무기장비, 체제편제, 교육훈련, 군사이론, 군수지원, 인력양성 등을 적극적으로 발전시켜 일정 정도의 성과를 보고 있다.

특히 군대개혁 이후 중국공군은 J(殲)-20, Y(運)-20, H(轟)-6K 등 신형 작전기를 잇달아 부대에 배치하고 각종 훈련에 참가시키고 있다. 예를 들면, H(轟)-6K 폭격기를 포함한 여러 기종의 작전기 편대가 미야코해협(Miyako Strait), 바시해협(Bashi Channel), 대만 주변 해역 및 대한해협과 동해를 통과하고 있고, Y(運)-20 수송기는 공강병부대(空降兵部隊)와 합동으로 공중낙하 및 공중투사 훈련에 참가하고 있으며, J(殲)-20 스텔스 전투기는 작전부대에 배치된 뒤 실전화 훈련을 본격화하고 있다.[76] 방공(防空) 부문에 있어서는 자체 개발한 HQ(紅旗)-9B를 포함한 다종의 방공미사일을 전력화하여 베이징(北京)을 포함한 수도권, 양자강 동남부의 발전된 연해지역인 장강삼각주(長江三角洲) 및 동중국해와 대만해협에 우선적으로 배치하고, '원거리·중거리·근거리, 고고도·중고도·저고도'의 면밀한 방공망을 구축하고 있다.[77] 이와 같이 중국공군은 작전기 작전반경을 증대하고, 원거리 투사 및 수송 능력을 증강

---

[75] 尙金鎖, 空軍建設學 (北京 : 解放軍出版社, 2009年), 頁537.

[76] 李建文, 「戰略空軍的新航跡」, 解放軍報, 2018年5月9日, 版1.

[77] 中華民國106年國防報告書編纂委員會編, 中華民國106年國防報告書(臺北 : 國防部, 2017年), 頁36.

하여 훈련 범위를 확대하고 있다. 따라서 공방겸비에 있어서 중국공군은 이전의 능력을 점차 뛰어넘어 신속히 발전하고 있다고 평가할 수 있다.

3. 전략공군의 문턱

2018년 11월 중국공군은 '전략공군(戰略空軍)' 3단계 로드맵을 발표하고 이를 발전시키겠다고 하였다. 로드맵 중 첫 번째 단계로서 2020년에 전략공군의 문턱에 진입한다는 계획은 주목할 만한 가치가 있다. 이에 대해 중국공군은 자료를 제시한 바 있다. 즉 2018년 현재 병력이 39만 8,000명에 이르고, 5,200여 대의 군용기를 보유하고 있으며, 이 중 3,750대가 전투기, 폭격기 및 공격기이다. 특히 전략공군의 '大전제'인 J(殲)-20 스텔스 전투기와 Y(運)-20 대형 수송기 및 H(轟)-6K 전략폭격기를 보유하고 있어 기본적으로 전략공군의 문턱에 도달하였다.[78] 반면, 비록 이러한 '大전제'를 동시에 갖추는 것이 전략공군의 중요한 지표이기는 하지만, 세계 주요 군사 강국의 전략 공군에 대한 보편적인 정의는 다음과 같다. 공천일체(空天一體), 공방겸비(攻防兼備), 정보화력일체(資訊火力一體)를 갖추고 이공제공(以空制空: 공중에서 공중통제), 이공제해(以空制海: 공중에서 해상통제), 이공제지(以空制地: 공중에서 지상통제)할 수 있어야 하며, 각종 작전형태를 전면적으로 참여시켜 원거리 대응이 가능한 공군이어야 한다.[79] 이 표준으로 현재 중국공군을 평가하면, '공격형' 기종(예: 전략폭격기 등)이나 '지원형' 기종(예: 공중조기경보기, 수송기, 공중급유기 등)의 규모, 효율, 전투력 및 작전이론 등 측면에서 여전히 갈 길이 멀다고 할 수 있다. 반면 2021년 8월 31일 중국공군 대변인 션진커(申进科)는 중국국제항공전람회(주하이에어쇼) 브리핑을 통해 "중국공군이 역사적인 전략공군(战略空军)의 문턱을 넘었다"고 밝혔다.[80] 중국공군의 전략공군에 대해서는 제3장 전략공군으로의 발전에서

---

[78] 褚文,「中國空軍公佈戰略路線圖 第一步已摸到門檻」, 2018年11月11日, http://news.dwnews.com/china/big5/news/2018-11-11/60097436.html.

[79] 每日頭條網,「轟20逐漸揭開神秘面紗, 解放軍距離戰略空軍還有多遠」, 2017年8月16日, https://kknews.cc/zh-tw/military/53k8353.html.

[80] 中国"跨入战略空军门槛", 专家：朝着建成现代化战略空军目标迈进. 环球网. 2021-09-02.

좀 더 세부적으로 살펴보았다.

4. 훈련 강화의 함의

최근 중국공군은 원해(遠海), 고원(高原) 및 5대 명칭 실전화 훈련 등을 상시화, 체계화, 실전화하며, 그 강도와 규모, 범위를 과거보다 훨씬 강화하고 있다. 상시화는 항상 방심하지 않는 전비태세를 유지할 수 있고, 훈련성과를 쉽게 축적할 수 있으며, 상대방에게는 평소처럼 여기도록 하여 경각심을 잃게 할 수 있다. 체계화는 폭격기, 전투기, 정찰기, 공중조기경보기, 공중급유기 등 다기종, 다수의 작전기 합동 훈련을 통해 지휘, 통제 및 조정 능력을 향상시킬 수 있으며, 또한 종합 작전능력을 진일보 향상시킬 수 있다. 실전화는 "전쟁이 발생하는 곳에서 훈련하라"는 시진핑의 요구를[81] 관철하기 위해 실제 작전이 발생 가능한 시간, 공간, 강도에 맞추어 서태평양 및 남중국해 등지에서 훈련하고 있고, 최근에는 러시아와 함께 대한해협을 통과하며 동해까지 훈련 해역을 넓히고 있다. 한편 이러한 훈련은 전장 환경에 좀 더 익숙해지기 위한 목적 외에도 주변국의 반응을 알아보고, 각국의 동태를 파악하여 무력충돌이나 돌발사태에 사전 대비하기 위한 목적도 있다고 할 수 있다.

5. 무기장비의 도약식 발전

무기장비의 발전은 국방 건설의 중요한 구성 부분으로서 역대로 각국으로부터 집중적인 관심을 받아왔다. 약 20년 전부터 중국은 항공기술 측면에서 힘들게 세계적 수준을 따라잡기 시작하였고, 공군의 무기장비를 '도약식(跨越式)'으로 발전시키고 있다. 오늘날 중국공군은 전략 투사 및 타격, 공중 지휘정찰 및 다층방공 일체의 현대 공중작전체계를 기본적으로 갖추었다고 볼 수 있다. 이 중에서 J(殲)-20 스텔스 전투기의 배치와 전력화는 미·러 등 강대국 전투기와의 격차를 빠르게 단축시킨 가

---

[81] 宋如鑫, 「三軍統帥習近平定調 仗怎麼打兵就怎麼練」, 2018年1月5日, http://news.dwnews.com/china/big5/news/2018-01-05/60033848.html.

장 중요한 지표이다. 또한 '공천일체(空天一體), 공방겸비(攻防兼備)'의 전략적 요구의 실현, 세계 일류의 전략공군 건설, '장비 1세대, 설계 1세대, 연구개발 1세대'를 뛰어넘는 장비발전 개념[82] 하에 중국공군의 무기장비는 지속적으로 개량, 정진, 돌파의 길로 나아갈 것이며, 나아가 다른 강대국들과 군비경쟁도 진행할 것으로 예상되므로, 이 또한 향후 지속적으로 관찰할 가치가 있다.

V 결론

군대개혁 이후 중국공군은 중국군의 영도체제와 합동작전체제에서 새로운 위상을 갖게 되었으며, 이로써 역사의 새 장을 열고 '공천일체(空天一體), 공방겸비(攻防兼備)'의 전략적 요구 하에 점차 전략공군과 현대화된 공군 목표를 향해 매진하고 있다. 체제편제 측면에 있어서, 중국공군은 5대 전구(戰區)에 '기지(基地)'를 조정, 설치하였다. '기지'는 그 기능이 강화되었을 뿐만 아니라 '전역방향(戰役方向)의 공군 합성지휘기구(空軍合成指揮機構)'로서의 위상을 갖추며 공군의 주력이 되었다. 또한 중국공군은 지휘단계 축소와 신속대응을 위하여 항공병(航空兵)과 공강병(空降兵) 모두 사단(師)을 여단(旅)으로 개편하였다. 부대훈련 측면에 있어서, 실전화 훈련에 중점을 두고 특히 상시화, 체계화, 실전화를 위한 원해(遠海) 및 대항(對抗) 훈련을 실시하며 부대의 실전 및 종합 작전능력을 향상시키고 있다. 인력양성 측면에 있어서, 조종사 훈련체제를 '교육기관(院校) - 훈련기지 기종전환(改裝基地) - 작전부대(作戰部隊)'의 3급제로 조정하고, J(殲)-7 등 작전기를 교육기관 교육에 투입하여 조종사 양성교육 주기를 7년에서 5년으로 단축시켰으며, 2018년에는 제3세대 최신형 JL(教練)-10 훈련기를 투입하여 3급제의 조종사 양성훈련체계를 발전시키고 있다. 무기장비 측면에 있어서, J(殲)-20, Y(運)-20, H(轟)-6K 등 신형 작전기를 잇달아

---

[82] 楊幼蘭,「5代機沒望 陸要靠6代機擊敗老美」, 2019年2月12日, https://www.chinatimes.com/realtimenews/20190212003417-260417?chdtv.

부대에 배치하여 작전화하고 훈련에 참가시키면서 중국공군을 점차 "전략성 군종(戰略性軍種)'으로 발전시키고 있다.

이밖에 '공천일체(空天一體)' 측면에 있어서는 현재까지 아직은 이상(理想) 단계에 머물러 있다고 평가할 수 있으며, 특히 군대개혁 이후 중국군의 우주자원이 각 군종에 분산되어 중국공군이 이를 주도하려면 아직 갈 길이 먼 상태로 보이고 있다. 중국공군은 2020년에 '전략공군(战略空军)'의 문턱에 진입할 계획이었고, 2021년 8월 "역사적인 전략공군의 문턱을 넘었다"고 밝혔다. 하지만 '전략공군' 지표의 '大전제' 중에서 아직까지는 작전기만 보유했을 뿐이다. 따라서 중국공군이 '전략공군'에 부합하기 위해서는 앞으로 '전략공군'의 '大전제'에 부합하는 기종, 규모, 효율, 전투력 및 작전이론, 군수지원 등을 모두 갖추어야 한다. 따라서 현재까지 발전 상황을 보자면 '전략공군'과는 다소의 거리가 있다고 볼 수 있다. 그럼에도 불구하고 군대개혁 이후 중국공군의 '도약식(跨越式)' 발전은 확실히 괄목상대하다.[83] 만약 이대로 계속 발전해 나간다면 현대화된 공군 건설 목표도 머지않아 달성할 수 있을 것으로 본다.

---

[83] 〈大国之翼 战略空军转型进行时〉, B站UP沧海九霄, 2021. 11. 8. https://www.youtube.com/watch?v=7w4oMBxTCug.

제3장
전략공군으로 발전하는 중국공군

제3장

전략공군으로 발전하는 중국공군

차례
- I. 서론
- II. 중국이 전략공군을 발전시키는 동인
- III. 중국이 전략공군을 발전시키는 의도
- IV. 전략공군으로의 발전을 제한하는 문제들
- V. 결론

요 약

중국이 '전략공군(戰略空軍)'을 발전시켜야 하는 가장 중요한 이유는 국가안보 위협과 이익 확장에 대한 지도자의 판단이며, 지도자가 중국공군에 새로운 임무를 부여했기 때문이다. 다른 측면에서 중국공군 또한 임무의 요구에 따라 군사력 발전을 새로운 비전으로 삼아 더 많은 국방자원을 확보하여 군종(軍種)에서의 위상을 높이고자 하기 때문이다. 중국공군은 현대화된 전력을 갖춘 전략군종을 희망하고 있다. '공천일체(空天一體: 항공-우주 일체)'의 자원을 지원받아 원거리 '공방겸비(攻防兼備: 공격-방어 겸비)' 전력을 구축하고, '정보화 국지전(信息化局部戰爭)'에서의 승리를 통하여 중국 영공의 안전을 확보하는 한편 국경 밖에서의 타격임무 수행 능력을 갖추어 도서(島嶼)의 주권과 해상 수송로 안전을 확보하고, 나아가 미군의 개입까지 억제할 수 있기를 기대하고 있다. 한편 중국공군은 이미 원거리 작전능력을 갖추고 끊임없이 제1도련(第一島鏈)을 통과하며 서태평양 및 남중국해 해역에서 훈련하고 있다. 이러한 추세는 지역의 제공권 균형에 영향을 미칠 것이며, 지역의 안보 정세에도 도전 요소를 작용할 것이다.

keyword 중국공군(中國空軍), 전략공군(戰略空軍), 공천일체(空天一體), 공방겸비(攻防兼備)

I 서론

2015년 3월 중국공군의 H(轟)-6 폭격기가 처음으로 제1도련(第一島鏈)을 넘어 서태평양 지역에서 훈련하였고, 이어 2016년 5월에는 남중국해 영서초(永暑礁: Fiery Cross Reef))까지 초계비행을 하였다. 이후 같은 해 11월에는 대만(臺灣) 본섬을 선회 비행하였고, 2019년 7월에는 러시아 공군(TU-95MS, A-50 기종)과 최초로 연합 초계비행을 실시하며 한국의 동해와 동중국해를 통과하였다. 그동안 일련의 비행 정보들을 종합해 보면, 중국공군은 이미 국토 영내에서의 훈련에서 벗어나 국경 밖에서의 비행훈련으로 전환하고 있으며, 훈련 형태 또한 단기, 다수기 편대, 해군함정과 합동훈련, 외국군과의 연합훈련 참여 등 점진적으로 훈련의 폭과 난이도를 높여 더욱더 실전 상황에 근접하고 있다. 이러한 훈련을 분석해보면, 일시적인 행위가 아니라 계획적이고 절차적이며 조직적이고 목표가 있는 행위이며 또한 미국, 일본, 한국, 대만 및 기타 주변국의 관심을 불러일으키고 각국의 반응에 대해 각각 상대적인 대응 조치를 취하고 있는 것으로 판단된다.[1] 이밖에 주목해야 할 것은 중국공군이 신형 작전기, 장거리 레이더, 방공 및 미사일 방어 시스템, 각종 정밀무기 탄약 등을 지속적으로 전력화하고, 다기종 편대를 구성하여 원거리지역 초월훈련을 실시하고 있다는 점이다. 나아가 중국공군은 미-소 냉전시대의 전략폭격기 항행 모델을 모방하고, 특히 미 공군의 '글로벌 경계(Global Vigilance)', '글로벌 도달(Global Reach)', '글로벌 파워(Global Power)'의 역할과 비전을 벤치마킹하여 원거리 정보·감시·정찰, 전략수송 및 정밀타격 시스템 구축에 초점을 맞추고 원거리 작전능력 향상을 도모하고 있다. 이는 중국공군이 '전략공군' 모델을 적극적으로 발전시키고 있다는 것을 보여준다.[2]

---

[1] Derek Grossman, Nathan Beauchamp-Mustafaga, Logan Ma, Michael S. Chase, China's Long-Range Bomber Flights Drivers and Implications (Santa Monica, CA: RAND Corporation, 2018), pp. 13-26. ; Franz-Stefan Gady, "China, Russia Conduct First Ever Joint Strategic Bomber Patrol Flights in Indo-Pacific Region," The Diplomat, July 23, 2019, 〈https://thediplomat.com/2019/07/china-russia-conduct-first-ever-joint-strategic-bomberpatrol-flights-in-indo-pacific-region/〉. accessed July 31, 2019.

전략 공군력(Strategic air power)에 대해 옥스퍼드(Oxford) 사전은 "분쟁에서 결정적인 정치적 결과를 얻기 위해 전장(battlefield)을 우회하기 위해 공중 플랫폼을 사용하는 군사전략 중 하나"이며, "가장 분명한 것은, 이것은 전쟁을 할 수 있는 적국가의 무력을 없애는 대신에 경제적 능력을 파괴하려고 시도함으로써 적에 대한 강요를 포함한다"고 정의하고 있다.[3] '전략공군(戰略空軍)'에 대해 대만의 『국군군사용어사전(國軍軍語辭典)』은 "전략작전을 수행하기 위해 편성된 공군부대를 말하며, 그 편성은 각종 유형의 장거리 항공기, 미사일 및 이와 관련한 비행조종인력, 기능지원인력, 군수지원인력을 포함한다"고 정의하고 있다.[4] 한편, 중국공군의 군사이론 연구진은 '전략공군'에 대해 "육·해군과의 합동작전을 통해 항공·우주전력을 통합하여 국방, 전쟁 및 기타 군사투쟁에서 전략적 역할을 수행한다"고 정의하고 있다.[5] 전략학자와 군사전문가들은 이 개념에 대해 각자의 견해를 피력하고 있다. 예를 들어 일부 전문가들은 현대화와 정보화된 항공·우주 능력을 반드시 갖추고, 독자적으로 혹은 합동작전의 지도적인 위치에서 국가의 전략목표를 달성할 수 있어야 한다고 강조한다.[6] 또 일부 전문가들은 적의 본토 또는 전략적 요충지에 대한 전략적 억제와 정밀타격 능력의 보유가 필수적이라고 주장하기도 한다.[7] 그리고 일부는 공군의 운용이 국가의 의지를 보여줄 수 있느냐 그리고 국가의 전략목표를 직접 달성할 수 있느

---

[2] Scott W. Harold, Defeat, Not Merely Compete: China's View of Its Military Aerospace Goals and Requirements in Relation to the United States (Santa Monica, CA: RAND Corporation, 2018), p. 1.

[3] Oxford Bibliographies, 〈Strategic air power〉, https://www.oxfordbibliographies.com/view/document/obo-9780199743292/obo-9780199743292-0066.xml?rskey=lf5SUp&result=4&q=strategic+air+force#firstMatch

[4] 國防大學軍事學院,《國軍軍語辭典(九十二年修訂本)》(臺北:國防部, 2004年), 頁6-116.

[5] Cristina L. Garafola, Timothy R. Heath, The Chinese Air Force's First Steps Toward Becoming an Expeditionary Air Force (Santa Monica, CA: RAND Corporation, 2017), p. 3.

[6] Murray Scot Tanner, "The Missions of the People's Liberation Army Air Force," in Richard p. Hallion, Roger Cliff, and Phillip C. Saunders eds. The Chinese Air Force: Evolving Concepts, Roles, and Capabilities (Washington, D.C.: NDU, 2012), pp.133-148.

[7] 亓樂義, 〈解放軍「戰略空軍」的探索與實踐〉,《台北論壇》, 2017年1月4日, 〈http://www.taipeiforum.org.tw/view_pdf/335.pdf〉.

나를 전략공군의 판단 기준으로 제시하기도 하며,[8] 일부는 다음과 같은 능력을 반드시 구비해야 한다고 주장하기도 한다. 첫째 명확한 전략과 임무로서 국가목표 달성 및 국가이익 수호에 기여할 수 있어야 하다. 둘째 강력한 위상을 상징하는 공격 및 방어 능력을 갖춘 첨단 플랫폼과 시스템을 갖추고 있어야 한다. 셋째 전략 군종의 제도와 역할에 부합해야 한다.[9] 이 같은 관점들을 종합해 보면 '전략공군'은 반드시 국가의 강력한 위상으로 상징되어야 하며, 국가이익을 확보할 수 있는 장거리 전략투사능력을 갖춘 독립 군종이며, 통합된 항공·우주 역량의 지원 하에 독립적으로 또는 합동작전을 주도하며 적에 대해 전략적 위협이나 정밀타격을 실시함으로써 국가의 전략목표를 달성할 수 있어야 한다.

위와 같은 '전략공군'에 대한 정의를 통해 중국공군을 검토해 보면, 중국공군은 대국(大國) 위상에 부합하는 군사적 실력을 갖추기 위해 과거 '국토방공' 임무에 전념하던 사고에서 이미 탈피하였고, 현재는 '공천일체(空天一體), 공방겸비(攻防兼備)'의 전략적 요구에 기초하여 우주역량의 지원 하에 역외 군사력 투사능력을 향상시키고 있다. 이는 중국공군이 원거리 전략 위협과 정밀타격 임무를 독자적으로 수행할 수 있도록 하고 있다. 특히 최근 국경 밖 원거리 항행훈련을 실시하고 있는데, 이는 전장 환경에 적응할 수 있음은 물론 지역 내 국가의 방공정보를 수집하여 미래 예상되는 작전을 준비하고 있는 것으로 보인다. 게다가 J(殲)-20 스텔스 전투기, H(轟)-20 폭격기, Y(運)-20 수송기 등 작전기를 적극 발전시키고 있는 것은 국가이익 확보를 위해 역내 충돌사태에 대응하고 나아가 미군의 역내 개입을 억제하기 위한 것으로도 보인다. 따라서 중국의 '전략공군'으로의 발전과 이와 관련되는 요소를 연구하는 것은 중국공군의 의도와 행위를 파악하고 역내 국가의 방위작전을 수립하는 데 도움이 될 것이다.

---

[8] Michael S. Chase, Cristina Garafola, "China's Search for a Strategic Air Force," China Brief, Volume XV, Issue 19, October 2, 2015, pp. 5-10.

[9] Derek Grossman, Nathan Beauchamp-Mustafaga, Logan Ma, Michael S. Chase, China's Long-Range Bomber Flights Drivers and Implications, pp. 27-28.

Ⅱ 중국이 전략공군을 발전시키는 동인

중국의 군사 현대화의 발전방향은 대부분 정치적으로 결정되어 왔다. 특히 각 시기 집권 지도자는 당시의 국제정세와 안보위협에 대한 판단을 통해 군사전략의 함의와 군대임무의 전환을 요구하였다. 중국공군을 전략 군종으로 발전시키고 원거리 작전 능력력을 향상시키는 것 또한 정치적인 영도(領導)와 구도(構圖) 하에 형성된 것이다. 또한 중국공군도 전략적 군종으로서의 위상을 갖추기 위해 노력하고 있다. 특히 해상방향으로의 전력 발전에 적극적이며, 역내 영토·주권 분쟁으로 인한 충돌에 대비하는 것은 물론 나아가 미군의 개입 가능성까지도 대비하고 있다. 이러한 요소들은 중국이 '전략공군'을 발전시키는 중요한 동인(動因)이라 할 수 있다.

1. 지도자의 의지

중국의 각 시기 지도자들은 국제정세와 안보도전 및 미래에 발생 가능한 전쟁 양상에 대해 서로 다른 견해를 보여 왔다. 또한 지도자 개인이 '중국인민해방군'의 절대 권력을 장악하고, 당에 대한 절대 충성을 요구하기 때문에 군대의 발전방향과 임무 부여에도 중대한 영향을 끼쳐 왔다. 1947년 12월 마오쩌둥(毛澤東)은 공군 창설 구상을 제시하고,[10] 1949년 7월 대만(臺灣)과 해남도(海南島, 하이난다오) 해방작전을 위해 공군을 최대한 빨리 창설하라고 여러 번 지시하였다.[11] 이에 따라 그해 11월 공군사령부가 창설되었다. 그러나 이후 부정적인 사건들이 발생하였다. 예를 들면, 1971년 9월 공군사령관 우파셴(吳法憲)이 '린뱌오(林彪) 사건'에[12] 연루되어 17년형을 선고받았고 이후 2년 동안 신임 공군사령관이 임명되지 않았다. 게다가 문화대

---

[10] 中央文獻硏究室, 軍事科學院編, 《毛澤東軍事文集第四卷》(北京 : 中央文獻, 軍事科學出版社, 1993年), 頁340.

[11] 戴金字, 《空軍戰略學》(北京 : 國防大學出版社, 1995年), 頁68.

[12] 당시 중국의 2인자였던 린뱌오가 마오쩌둥 암살 계획이 실패로 돌아가자 소련으로 망명을 시도하다가 타고 있던 비행기가 1971년 9월 13일 몽골 상공에서 추락하여 사망한 사건을 말한다.

혁명(文化大革命) 기간의 파괴는 공군의 사기와 발전에 심대한 영향을 끼쳤다.[13] 1978년 12월 덩샤오핑(鄧小平)이 정권을 잡은 지 얼마 되지 않아 1979년 2월 중국은 중월전쟁(懲越戰爭, 중국에서는 베트남을 징벌한 전쟁이라는 뜻으로 '징월전쟁')을 일으키고 700여대의 작전기를 국경에 배치하였으나 지상부대에 대한 공중지원은 이루어지지 않았다. 이러한 이유는 자료에 따르면 중국의 고위층에서 충돌의 격상을 우려하였고, 또한 공군의 작전능력을 의심하였기 때문이라고 한다. 이는 정치적 의사결정이 최종적으로 군사작전의 결과에 끼치는 영향을 보여준다.[14] 한편 덩샤오핑은 중월전쟁을 통해서 중국공군이 과거 '린뱌오(林彪) 사건'으로 인해 전력이 저하되어 있고, 장기간 지상군 위주의 중국군에서 공군은 단지 지원부대 역할에만 머물러 있음을 발견하고, 이러한 잘못된 사고를 개선하고자 하였다. 이에 따라 중국공군의 개혁과 현대화 작업이 적극적으로 추진되었다.[15] 그러나 마오쩌둥과 덩샤오핑 집권 시기 '적극방어(積極防禦)' 전략의 중점은 '유적심입(誘敵深入: 적을 영토 깊숙이 유인하는 전략)'에 기초하여 중국의 광대한 국토를 이용하고 '인민전쟁(人民戰爭)'을 수행하려 했기 때문에 중국공군의 전략 중점은 여전히 '국토방공(國土防空)'에만 집중되었다. 이는 중국 국토의 영공 안전을 보위하고 적기의 침입을 거부하는 하는 것으로써 중국공군의 전력 발전에는 막대한 제한이 되었다.

1991년 걸프전(Gulf War)에서 미군의 뛰어난 활약은 중국 고위층을 놀라게 하였고, 첨단 과학기술전쟁에 대응하기 위한 군대 현대화를 적극 추진하도록 만들었다. 1993년 장쩌민(江澤民)은 '신시기 적극방어 군사전략 방침(新時期積極防禦的軍事戰略方針)'을 제정하고, 군대는 반드시 '첨단기술 조건 하 국지전(高技術條件下的局部戰爭)'에서 승리할 준비를 해야 한다고 강조하였다. 이어 1997년에는 기존의 '국토

---

[13] Kenneth W. Allen, Glenn Krumel, Jonathan D. Pollack, China's Air Force Enters the 21st Century (Santa Monica: RAND, 1995), pp. 72-73.

[14] Xiaoming Zhang, "The PLAAF's Evolving Influence within the PLA and upon National Policy," in Richard p. Hallion, Roger Cliff, and Phillip C. Saunders eds. The Chinese Air Force: Evolving Concepts, Roles, and Capabilities (Washington, D.C.: NDU, 2012), pp. 71-92.

[15] Roger Cliff and others, Shaking the Heavens and Splitting the Earth: Chinese Air Force Employment Concepts in the 21st Century (Santa Monica, CA: RAND Corporation, 2011), p. 40.

방공형'에서 '공방겸비형'으로 전환할 것을 공군에 제시하였다.[16] 2004년 후진타오(胡錦濤)는 '신세기 신단계 군대의 역사적 사명(新世紀新階段軍隊歷史使命)'을 제시하고, 이를 중국군의 군사변혁과 현대화 건설의 지도(指導)로 삼을 것을 요구하였다. 아울러 '정보화 조건 하의 국지전(信息化條件下的局部戰爭)' 승리에 입각한 군사작전 준비에 박차를 가할 것을 강조하였다.[17] 아울러 중국이 전 세계적으로 경제, 정치, 안보 등의 이익을 확장함에 따라 '해외이익'이 전통적인 영토안보와 함께 수호해야 할 새로운 역사적 사명으로 부각되었다.[18] 중국공군은 이러한 사명에 따라 '전략공군' 구조 계획에서 신형 작전기, 방공 및 미사일 방어 무기, 지휘통제시스템 등을 적극 발전시켜 공중타격, 방공 및 미사일 방어, 조기경보정찰 및 전략투사 능력을 향상시켰다.[19] 2008년에 이르러 중국공군은 공중공격 및 방어, 원거리 정밀타격 및 전략투사 능력을 갖춤으로써 다병종(多兵種)으로 구성된 초보적인 전략군종으로 발전하였고, 현대화된 전략공군 건설에 더 큰 기대를 걸게 되었다.[20] 그러나 부정적인 상황도 형성되었는데, 예로 들면 후진타오는 집권 기간 동안 실질적으로 군권(軍權)을 장악하지 못했기 때문에 중국공군이 2004년 중앙군사위원회에 제안한 '공천일체(空天一體: 항공-우주일체)' 방안은 중국군 내부의 우주관할권 논쟁에서 결코 채택될 수 없었다. 이것은 시진핑 집권 후에야 확정되었고, 2015년 발간된 『중국의 군사전략(中國的軍事戰略)』 백서에 처음으로 포함되어 발표될 수 있었다.[21]

---

[16] 胡建民, 《江澤民國防和軍隊建設思想與人民空軍》(北京：藍天出版社, 2004年), 頁31.

[17] 國務院新聞辦公室, 〈2004年中國的國防〉, 《國務院新聞辦公室》, 2004年12月27日, 〈http://www.scio.gov.cn/zfbps/ndhf/2004/Document/307905/307905.htm〉.

[18] National Air Space Intelligence Center, People's Liberation Army Air Force 2010 (OHIO: NASIC, 2010), p. 4.

[19] 國務院新聞辦公室, 〈2006年中國的國防〉白皮書, 《新華社》, 2006年12月29日, 〈http://big5.xinhuanet.com/gate/big5/news.xinhuanet.com/mil/2006-12/29/content_5546516.htm〉.

[20] 國務院新聞辦公室, 〈2008年中國的國防〉白皮書, 《新華社》, 2009年1月20日, 〈http:www.gov.cn/jrzg/2009-01/20/content_1210075.htm〉.

[21] The National Institute for Defense Studies, NIDS China Security Report 2016: The Expanding Scope of PLA Activities and the PLA Strategy (Tokyo: NIDS, 2016), p. 23, National Institute for Defense Studies, 〈http://www.nids.mod.go.jp/publication/chinareport/pdf/china_report_EN_

2012년 시진핑은 민족부흥을 위한 '중국몽(中國夢)' 구상을 제시하고, '국방 및 군대개혁 심화(深化國防和軍隊改革)'를 적극 추진하면서 '싸울 수 있고, 싸우면 이길 수 있는(能打仗, 打勝仗) 군대' 건설을 요구하였다.[22] 또한 시진핑은 미래 정보화 전쟁양상에 맞추어 전쟁준비를 '정보화 국지전(信息化局部戰爭)'에서의 승리로 조정하고, 해상 군사작전에 중점을 둔 군대 전환 작업을 가속하였다.[23] 2014년 4월 시진핑은 공군지휘기구를 시찰하면서 공군이 전략성(戰略性) 군종임을 강조하고, '공천일체(空天一體), 공방겸비(攻防兼備)'의 강력한 공군 건설에 박차를 가할 것을 주문하였다.[24] 2015년 2월 16일 시진핑은 폭격기 부대를 시찰하면서 H(轟)-6 폭격기에 탑승하여 장비 성능과 운용 방식을 직접 확인하였다.[25] 같은 해 3월부터 중국공군은 H(轟)-6 폭격기로 제1도련(第一島鏈)을 넘어 서태평양에 이르는 훈련을 시작하였고, 이를 통해 전략공군으로 발전하겠다는 결심을 드러냈다.[26]

최근 중국 지도자들은 중국공군을 미래전쟁의 승리를 주도하는 중요한 동량으로 인식하고, 우주기술을 통합하는 '공천일체(空天一體)'의 작전능력을 갖추어 정보화 전쟁에 부응할 수 있기를 기대하고 있다. 이처럼 중국공군의 '공방겸비(攻防兼備)' 능력이 강조되고 있는데, 그 강조의 중점은 주로 공세적 행동을 취하는 것에 있다. 아울러 대국(大國)의 상징적 위치에 걸맞은 '전략공군'으로의 발전을 기대하고 있으며, 이러한 적극적인 지지와 지도는 중국공군의 현대화 발전 과정에 긍정적인 의미

---

web_2016_A01.pdf.〉. accessed April 30, 2016.

[22] 習近平,《習近平談治國理政》(北京：外文出版社, 2014年), 頁219.

[23] 國務院新聞辦公室,〈中國的軍事戰略〉,《新華社》, 2015年5月26日,〈http://big5.gov.cn/gate/big5/www.gov.cn/zhengce/2015-05/26/content_2868988.htm〉.

[24] 〈習近平視察空軍機關指揮樓觀摩空情處置演練〉,《新浪網》, 2014年4月15日,〈http://slide.mil.news.sina.com.cn/k/slide_8_37786_28985.html#p=1〉.

[25] 章節, 劉洋,〈習近平主席視察轟-6部隊引外媒關注〉,《中國軍網》, 2015年2月26日,〈http://www.81.cn/jwgz/2015-02/26/content_6366829.htm〉.

[26] 〈中共航空兵首赴西太平洋作戰訓練〉,《中央通訊社》, 2015年3月30日,〈https://tw.news.yahoo.com/%E4%B8%AD%E5%85%B1%E8%88%AA%E7%A9%BA%E5%85%B5-%E9%A6%96%E8%B5%B4%E8%A5%BF%E5%A4%AA%E5%B9%B3%E6%B4%8B%E4%BD%9C%E6%88%B0%E8%A8%93%E7%B7%B4-102815372.html〉.

를 제공하고 있다.

2. 군사력 발전의 요구

1990년대 이전까지 중국공군의 주요 임무는 중국의 영공을 방어하는 것이었다. 그러나 2000년대에 들어와서는 국제 안보정세 변화에 대응하기 위하여 비약적인 군사력 전환을 추진하고 있다. 중국의 지도자들은 육지 국경 분쟁, 도서 영토문제 및 해양경계 분쟁을 국토안보의 위협으로 인식하고 있으며, 특히 미국의 기함(旗艦)이 중국 본토에 접근하여 정찰하거나 남중국해 도서와 암초의 해상 및 공중으로 진입하는 것을 위협으로 인식하고 있다. 아울러 해외이익 또한 지역적 혼란, 테러리즘, 해적활동 등으로 피해를 입고 있다고 여기고 있다. 이에 따라 국가의 지속적인 발전을 뒷받침하기 위해서는 국가의 주권과 영토의 완전을 확보하고 나아가 해외이익까지 수호해야 하며, 반드시 중국의 국제적 지위에 걸맞고 국가의 안전과 발전 이익을 보장할 수 있는 강력한 군대를 건설해야 한다고 인식하고 있다.[27]

따라서 중국의 군사력 발전목표는 다음과 같이 정리할 수 있다. 먼저, 가장 도전적인 것은 동중국해, 대만해협 및 남중국해 등과 같은 해역에서의 충돌에 대한 준비이며, 가장 주요한 전략방향은 중국의 동남방향 연해(沿海), 특히 대만문제로 야기되는 미국과의 군사적 충돌에 대비하는 것이다. 다음으로는 지역 밖으로의 원거리 투사능력을 발전시키는 것이며, 도서(島嶼)의 주권 및 해상 수송선을 보호하고, 가능성 있는 중·인 국경충돌에도 대비하는 것이다.[28] 이를 통해 중국공군이 영토주권과 해상권익 확보를 위해 단기적으로는 제1도련(第一島鏈) 이서(以西) 지역의 공중우세 탈취를 목표로 하고, 장기적으로는 제2도련(第二島鏈)과 인도양 방향으로의 확장을 목표로 한다는 것을 알 수 있다. 이것은 역내 미국, 일본, 대만, 베트남, 인도 등의 공군

---

[27] 國務院新聞辦公室, 〈新時代的中國國防〉, 《新華社》, 2019年7月24日, 〈http://www.xinhuanet.com/politics/2019-07/24/c_1124792450.htm〉.

[28] Lonnie D. Henley, "Whither China? Alternative Military Futures," in Roy Kamphausen, David Lai eds. The Chinese People's Liberation Army in 2025 (Carlisle, PA: SSI, 2015), pp. 31-50.

력 도전을 불러올 것이다. 따라서 중국공군이 미래 발생 가능한 충돌에 완벽하게 대비하기 위해서는 역외 원거리 작전능력을 적극적으로 향상시켜 역내 국가들을 억제할 수 있어야 하고, 나아가 심각한 상황에서는 상대방을 공격하여 패퇴시킬 수 있는 수준이 되어야 할 것으로 보인다.

지역정세와 군사력 발전의 요구에 기초하여 중국공군은 '국토방공'에서 '공천일체, 공방겸비' 전략으로 전환하였고, 그 역할과 임무 또한 적기(敵機)의 침입을 거부하는 국토방위에 중점을 두던 것에서 적(敵) 전략목표 공격에 중점을 두는 것으로 전환되었다. 그러나 아직까지 원거리 공격능력이 부족하여 부득이 로켓군(火箭軍)의 탄도미사일에 의존해야 적의 방공시스템과 전략목표 공격 등의 임무를 수행할 수 있다. 다만, 중국공군이 향후 원거리 작전능력을 갖추게 되면 미래의 원거리 타격 임무는 더욱더 융통성을 갖게 될 것이다.[29] 한편 중국해군의 임무는 중국의 영토를 수호하고 전 세계적으로 경제적 이익을 보호하는 것이다. 중국해군의 외국 항구 방문, 원양훈련, 다국적 훈련 및 평화유지활동 참여 등은 점차 원양형 해군으로 전환하여 '근해방어(近海防禦), 원해방위(遠海防衛)'라는 전략목표를 실현하기 위한 것이다.[30]

중국해군은 이러한 임무를 수행하기 위해 항공모함 건조에 더욱 적극적이며, 이를 통해 함대 안전을 위한 공중 엄호를 제공하고자 한다. 그러나 해상작전의 중요성을 부각시키기 위해서는 공군이 해상방향의 제공권을 반드시 확보해야만 하고 또한 해·공군 합동작전을 통해 적(敵)의 해상목표를 공격할 수 있어야 한다. 따라서 중국공군이 로켓군(火箭軍)의 의존에서 벗어나 독립작전을 통해 해상방향의 제공권을 선제적으로 탈취하는 등 해군작전을 지원하기 위해서는 '전략공군'의 전력구조를 갖추고 원거리 작전능력을 향상시켜야 한다. 중국공군은 2030년까지 국토에서 3,000km 반경 내 공중전역(空中戰役)을 독립적으로 수행할 수 있고, 기존의 방공, 봉쇄 및 지

---

[29] Mark A. Stokes, "The Chinese Joint Aerospace Campaign: Strategy, Doctrine, and Force Modernization," in James Mulvenon, David Finkelstein, eds. China's Revolution in Doctrinal Affairs: Emerging Trends in the Operational Art of the Chinese People's Liberation Army (Alexandria, VA: Center for Naval Analyses, 2005), pp.221-305.

[30] Christopher H. Sharman, China Moves Out: Stepping Stones Toward a New Maritime Strategy (Washington D.C.: INSS, 2015), p. 8.

원 임무로부터 해상 전략공격 임무로 전환할 수 있기를 기대하고 있다.[31] 이밖에도 중국공군은 신시대의 군대 사명을 이행하기 위해 전통적인 임무 외에 평화 시기의 '非전쟁군사행동(非戰爭軍事行動: Military Operations Other Than War (MOOTW), 전쟁 이외의 군사작전)'[32] 임무를 부여받고 있다. 이 임무는 지리적 범위의 확장과 다중 임무에 바탕을 둔 원거리, 신형 작전능력을 발전시켜야만 완수할 수가 있다.[33] 최근 시진핑 중앙군사위원회 주석은 2022년 6월 15일부터 시행되는 『군대의 非전쟁군사행동 요강(시범시행)』에 서명하였다.[34]

한편 중국공군은 2018년 11월 11일 주하이(珠海)에서 중국공군 창설 69주년 기자회견을 통해 『강력하고 현대화된 공군 건설 로드맵(建設强大現代化空軍路線圖)』을 발표하였다. 내용은 시진핑의 군대 현대화 '3단계(三步走)'[35] 발전전략의 요구에 부응하여 제1단계인 2020년에 전략공군의 문턱을 넘어 '공천일체, 공방겸비'의 구조를 갖추고, 제2단계인 2035년까지 정보화 작전 능력을 증강하여 현대화된 전략공군이 되고 더욱더 높은 차원의 전략능력을 갖추며, 제3단계인 2050년까지 전면적인 발전을 통해 세계 일류의 전략공군이 된다는 것이다.[36]

---

[31] Richard A. Bitzinger, Michael Raska, "Capacity for Innovation: Technological Drivers of China's Future Military Modernization," in Roy Kamphausen, David Lai eds. The Chinese People's Liberation Army in 2025 (Carlisle, PA: SSI, 2015), pp. 129-155.

[32] 「非전쟁군사행동」은 1. 對해적과 같은 대항적 행동 2. 국제평화유지와 같은 법 집행적 행동 3. 재해·재난구조와 같은 구호적 행동 4. 국제 연합군사연습과 같은 협력적 행동으로 구분된다. 軍事科學院軍事戰略硏究部編,《戰略學(2013年版)》(北京：軍事科學出版社, 2013年), 頁162-163.

[33] Daniel M. Hartnett, "The"New Historic Missions": Reflections on Hu Jintao's Military Legacy," in Roy Kamphausen, David Lai, Travis Tanner eds. Assessing the People's Liberation Army in the Hu Jintao Era (Carlisle, PA: SSI, 2014), pp. 31-80.

[34] 中國共産黨新聞網,〈中央軍委主席習近平簽署命令發布《軍隊非戰爭軍事行動綱要(試行)》〉, 2022年06月14日. http://cpc.people.com.cn/BIG5/n1/2022/0614/c64094-32445496.html

[35] 「三步走」發展戰略為2020年實現機械化, 信息化建設, 2035年達到國防和軍隊現代化, 2050年成為世界一流軍隊.

[36] 黃書波, 于曉泉,〈中國空軍公布建設强大現代化空軍路線圖〉,《新華網》, 2018年11月11日, http://www.xinhuanet.com/politics/2018-11/11/c_129991031.htm

<표-1> 중국공군의 3단계 발전전략 로드맵

단계	목표연도	목표 내용	비 고
제1단계	2020년	전략공군의 문턱에 진입 공천일체·공방겸비 전력구조	"전략공군의 문턱을 넘었다"고 발표 (2021.8.31.)
제2단계	2035년	정보화 작전 능력을 갖춘 현대화된 전략공군	보다 고차원적인 전략공군
제3단계	2050년	세계 일류 공군	금세기 중엽까지 전면적 발전

* 출처: 黃書波, 于曉泉, 〈中國空軍公布建設強大現代化空軍路線圖〉, 《新華網》, 2018年11月11日.,; 中国 "跨入战略空军门槛", 专家 : 朝着建成现代化战略空军目标迈进. 环球网. 2021年09月02日.

중국공군이 '공천일체(空天一體), 공방겸비(攻防兼備)'의 전략적 요구와 '정보화 국지전(信息化局部戰爭)'에서 승리할 수 있는 작전 준비를 완전하게 갖추기 위해서는 앞으로도 전략 조기경보, 공중타격, 방공 및 미사일 방어, 정보대항, 공수작전, 전략투사 및 종합군수지원 능력을 강화해야 한다.[37] 일체화(一體化)된 작전 요구를 달성하기 위해서는 공격기, 전투기, 폭격기, 무인기를 위주로 한 공격역량, 전투기를 위주로 한 방어역량, 정찰기, 공중조기경보기, 전자전기, 공중급유기를 위주로 한 지원역량, 항공·우주·지/해상을 일체화한 방공조기경보 및 타격체계를 갖추어야 한다. 이 모두를 갖추어야 '공방겸비(攻防兼備)'라는 전략목표에 도달할 수 있다.[38] 이러한 목표를 달성하기 위해 중국공군은 J(殲)-20, J(殲)-31 전투기, H(轟)-20 폭격기, KJ(空警)-500 공중조기경보기, Y(運)-20 수송기, CH(彩虹) 및 공격용 무인기 시리즈, S-400 장거리방공미사일 시스템 등을 포함한 원거리 투사 전력을 적극적으로 발전시키고 있으며, Y(運)-20 수송기를 공중급유기와 공중조기경보기로 개조를 추진하는 등 전략 군종으로서의 전력구조를 갖추기 위해 매진하고 있다.

로드맵 발표 이후 3년째인 지난 2021년 8월 31일 중국공군 대변인 선진커(申进科)는 주하이(珠海)에어쇼 브리핑을 통해 "중국공군이 역사적인 전략공군(战略空军)의 문턱을 넘었다"고 발표하였다.[39] 이는 중국공군이 전략공군 3단

---

[37] 國務院新聞辦公室, 〈新時代的中國國防〉, 同前註27.

[38] 肖天亮, 《戰略學》(北京 : 國防大學出版社, 2015年), 頁359.

[39] 中国 "跨入战略空军门槛", 专家 : 朝着建成现代化战略空军目标迈进. 环球网. 2021-09-02

계 발전전략의 제1단계를 완수했다는 공식적인 선언이다. 앞으로 중국공군은 '14·5(2021년~2025년)' 기간[40] 국방 및 군대 현대화 건설전략에 따라 필요한 기획과 검증 및 임무의 연계를 통해 제2단계 목표인 정보화 작전 능력을 완비해 나갈 것이다.[41]

Ⅲ. 중국이 전략공군을 발전시키는 의도

중국은 국제정세와 국가이익 발전의 필요에 따라 전략공군을 적극적으로 발전시켜 원거리 작전능력을 향상시키고 있다. 이는 중국 주변의 영토분쟁으로 인한 군사적 충돌에 대비하고, 무엇보다 미군의 가능성 있는 개입을 저지하는 데 집중하고 있다. 이를테면 중국공군은 최신 전투기를 적극 발전시키고, 중국 본토를 초월하여 해양방향으로 비행훈련을 진행하고 있다. 이 과정에서 폭격기를 위주로 다른 기종과 조합한 대형 공중전 편대를 구성함으로써 대형 공중전 편대의 원거리 폭격 능력을 드러내 보이고 있다. 이는 미국과 역내 국가들에게 보내는 전략적 억제 메시지로서 중국의 영토주권과 관련된 분쟁을 적극적으로 해결하겠다는 강력한 의지를 강조하는 것이다. 한편 중국의 해외이익이 지역의 테러리스트로부터 공격을 받을 수 있고 혹은 국제적인 '非전쟁군사행동(非戰爭軍事行動, MOOTW)'에 참여할 수 있기 때문에 이 모두는 중국의 원거리 군사력 투사 능력을 필요로 한다. 이 또한 중국이 '전략공군'을 발전시키는 중요한 의도이다.

---

[40] 중국공산당 19기 5중전회에서 발표된 〈국민경제사회발전 제14차 5개년 규획(2021~2025)과 2035년 장기목표에 대한 건의〉는 전면적인 사회주의 현대화 국가 건설을 목표로 하는 중국 '사회주의 발전 2단계'의 주요 경제정책에 대한 방향을 제시하고 있음. 이 〈건의〉에서는 2035년까지 과학기술 자주혁신, 산업구조 고도화, 녹색성장, 문화 소프트파워 강화, 국방 현대화, 국민의 삶의 질 제고 등 종합적인 국가역량을 키워 혁신형 선진국 대열에 합류하겠다는 목표를 제시하였음. "중국 14차 5개년 규획(2021~25)의 경제정책 방향과 시사점", KIEP대외경제정책연구원, https://www.kiep.go.kr/gallery.

[41] 〈人民空军成立72周年 向世界一流奋飞|《中国新闻》CCTV中文国际〉, 《CCTV中文国际》, 2021. 11. 12. https://www.youtube.com/watch?v=lfFwMLkSlT4.

1. 국가이익 발전의 수호

중국은 국가이익을 '한 국가가 생존과 발전을 의존하는 객관적인 물질적 수요와 정신적 수요의 총합이며, 국가의 모든 행위의 출발점이자 귀결점'이라고 정의하고 있다.[42] 그런데 국가의 발전에 따라 이익이 확장되고 나아가 전략 공간의 범위도 상대적으로 넓어지게 되므로 중국공군은 국가의 이익과 국가의 전략공간을 수호할 수 있는 능력을 반드시 갖추고자 한다. 여기서 전략공간은 ① 공중, 지상 및 해상의 영토, ② 자원개발과 행정관리에 국가의 권력이 미치는 해양, 예를 들면 배타적 경제수역(EEZ: exclusive economic zone), 대륙붕 및 기타 해역, ③ 개방된 육지, 공중 공간 및 외우주공간, ④ 국가이익을 위한 기타 지역을 포함한다.[43] 중국공군은 전략공간의 확장에 대비하여 원거리 투사능력을 갖추는 것이 '전략공군'의 기본요소가 되며, 병력운용은 반드시 원거리 조기경보, 정찰, 공중통제, 타격, 투사 및 군수지원 등을 수행할 수 있어야 한다고 여긴다. 또한 전국 배치, 전 국경 도달, 전 영역 대응을 실현하고, 전력을 모든 영토와 전략공간으로 확장해야만 가능한 상황에 대처할 수 있고 국가의 이익과 발전을 확보할 수 있다고 인식한다.[44]

또한, 중국은 해외이익도 국가이익의 일부이자 군대 임무의 하나로 여기고 있다. 특히 '일대일로(一帶一路)'를 확장함에 따라 지역 불안, 테러리즘, 해적활동 등의 위협으로부터 핵심 인프라와 계획의 안전성을 보호하기 위해 원거리 투사능력과 해외기지 등에 주목하고 있다.[45] 그런데 중국은 1979년 '중월전쟁(懲越戰爭)' 이후 지금까지 군대를 외국에 파견하지 않았고, 공군의 해외 군사배치는 모두가 '非전쟁군사행동(MOOTW)' 임무로 한정되었다. 외국군과의 연합훈련, 교민철수, 인도적 구호,

---

[42] 張嘯天,《國家利益拓展與軍事戰略》(北京：時事出版社, 2010年), 頁103.

[43] Cristina L. Garafola, Timothy R. Heath, The Chinese Air Force's First Steps Toward Becoming an Expeditionary Air Force (Santa Monica, CA: RAND Corporation, 2017), p. 3.

[44] 軍事科學院軍事戰略研究部編,《戰略學(2013年版)》, 頁226.

[45] The National Institute for Defense Studies, NIDS China Security Report 2020: China Goes to Eurasia (Tokyo: NIDS, 2019), pp. 19-22, National Institute for Defense Studies, 〈http://www.nids.mod.go.jp/publication/chinareport/pdf/china_report_EN_web_2020_A01.pdf〉. accessed January 31, 2020.

재해재난구조, 수색구조, 국제군사연습대회, 에어쇼 등의 임무는 대부분 수송기에 의한 물자와 인원 수송에 의존하고 있다. 반면 이러한 임무 수행과정에서 항공기 기종과 수량, 정비와 후방 군수지원 등의 문제로 임무수행 빈도와 범위에 제약을 받아왔다. 이는 중국공군이 대형 수송기와 공중급유기를 구비하고 원거리 투사 능력을 향상시키도록 촉진하고 있다.[46] 2020년 2월 코로나-19가 전 세계적으로 만연하던 때에 중국공군은 세 가지 중요한 임무를 수행하였다. 먼저 H(轟)-6 폭격기, J(殲)-11 전투기 및 KJ(空警)-500 공중조기경보기로 대만을 선회 비행하는 작전을 수행하였고, 둘째 IL-76, Y(運)-9, Y(運)-20 등 다수의 수송기를 동원하여 대량의 의료물자를 우한(武漢) 지역으로 수송하였으며, 마지막으로 '팔일(八一) 에어쇼팀'을 처음으로 싱가포르 에어쇼에 참여시켰다. 이 같은 움직임은 국경 내·외의 원거리 투사능력을 통해 '전략공군'으로 성장하고 국익을 지키겠다는 의지를 보여주는 것이다.[47]

2. 전략억제 능력의 향상

전략억제 수단은 주로 핵 억제와 재래식 억제로 구분된다. 핵 억제는 핵 무기로 적의 행동을 억제하며, 재래식 억제는 전통적인 재래식 군사력으로 적의 행동을 억제한다. 한편 재래식 무기의 사정거리 증가와 정밀도 향상 및 살상력 확대, 게다가 재래식 억제 수단이 통제가 용이하고 융통성이 있으면서도 위험은 적은 특징으로 인해 군사 강대국들은 여전히 재래식 군사력을 주요 억제 수단으로 삼고 있다.[48] 특히 공중전력은 넓은 범위와 짧은 반응 시간, 높은 기동성과 효과성으로 인해 우선적으로 사용되는 수단이 되어 왔다. 위기 발생 시 공중전력의 전개는 적에게 전략억제로 작

---

[46] Cristina L. Garafola, Timothy R. Heath, The Chinese Air Force's First Steps Toward Becoming an Expeditionary Air Force (Santa Monica, CA: RAND Corporation, 2017), p. 12.

[47] Liu Xuanzun, "Intensive Missions Signal Chinese Air Force's Transformation into Strategic Force," Global Times, February 20, 2020, 〈https://www.globaltimes.cn/content/1180298.shtml〉. accessed April 15, 2020.

[48] 肖天亮, 《戰略學》, 頁121-122.

용할 뿐만 아니라 적을 굴복시켜 소망하는 목표를 달성할 수 있다. 즉 손자병법의 싸우지 않고 적을 굴복시키는 '부전이굴인지병(不戰而屈人之兵)'에 도달할 수 있다. 나아가 전쟁이 발발했을 때는 적 전략목표에 즉각적인 공격을 수행할 수 있고, 합동작전에서 제공권을 탈취할 수도 있으며, 육·해군의 작전을 지원함으로써 신속히 적을 무찌르고 아측의 사상자를 줄여 전체적인 작전 승리를 거둘 수 있다.[49] 중국의 재래식 억제 전력을 예를 들면, 로켓군의 DF(東風)-21 전술탄도미사일은 서태평양의 항공모함을 공격할 수 있고, DF(東風)-26은 괌(Guam) 기지를 사정권에 두고 있다. 해군의 원거리 투사 능력은 아덴만 항행수호 임무, 아프리카 지부티(Djibouti) 기지 설치 및 두 번째 항공모함 전력화에 따라 점차 원양해군으로 확장되고 있다. 더구나 2022년 6월에는 세 번째 항공모함 진수 및 명명식까지 가졌다. 이와 상대적으로 중국공군은 적극적으로 '전략공군'을 발전시키고 재래식 억제 능력을 향상시켜야 다른 군종과 경쟁할 수가 있다.

한편, 핵 억제 측면에서 중국은 핵 무기의 제한적 수량 유지, 생존 능력 및 반격 능력 확보를 목표로 하고, 핵 무기 '선제 불사용' 정책을 시종일관 선전하고 있다. 그러나 적이 재래식 무기로 핵 시설을 공격할 경우 이런 정책을 고수할지는 의문이다.[50] 어쨌든 중국은 '자위방어(自衛防禦)' 핵 전략이 생존을 우선적으로 확보할 수 있고, 반격할 능력이 충분하다는 점을 강조하면서 이러한 상정(想定)에 기초하여 핵 투사 능력을 가진 로켓군과 해군 외에도 반드시 '전략공군'을 발전시켜 핵 투사 능력을 갖추고 전략 억제 및 보복 임무를 수행해야 한다고 여기고 있다.[51] 중국공군은 현재 H(轟)-20 장거리 스텔스 폭격기를 발전시키고 있다. 자료에 따르면 H(轟)-20은 항속

---

[49] 章儉, 管有勛, 《15場空中戰爭 : 20世紀中葉以來典型空中戰爭評介》(北京 : 解放軍出版社, 2003年), 頁414.

[50] David C. Gompert, Astrid Stuth Cevallos, Cristina L. Garafola, War with China: Thinking Through the Unthinkable (Santa Monica, CA: RAND Corporation, 2016), p. 30.

[51] Defense Intelligence Agency, China Military Power: Modernizing a Force to Fight and Win (Washington D.C.: DIA, 2019), p. 37, U.S. Defense Intelligence Agency, 〈https://www.dia.mil/Portals/27/Documents/News/Military%20Power%20Publications/China_Military_Power_FINAL_5MB_20190103.pdf〉. accessed January 31, 2019.

거리가 8,500km를 초과하고 탑재중량은 최소 10톤으로 알려져 있다. 이밖에 두 종류의 신형 공중발사 탄도미사일을 개발하고 있는데, 그 중 하나는 핵 탄두를 탑재할 수 있어 전략 억제 능력을 갖추게 될 것이라고 한다. 이렇게 되면 중국의 육·해·공 삼위일체의 핵 무기 전략 억제가 형성될 것이다.[52] 이에 대해서는 제6장에 좀 더 자세히 살펴보았다.

3. 지역 분쟁에 대처

중국 국방건설의 주요 목표는 국가주권 수호와 영토보전에 있으며, 현재는 조어도(钓鱼岛 댜오위다오, 센카쿠열도)와 남중국해 및 대만 독립경향 등 영토 주권과 관련된 중요 쟁점들에 직면하고 있다. 중국은 이러한 쟁점들의 배후에는 미국의 교란 요인이 깔려 있어 예상하지 못한 군사적 충돌이 발생할 수 있다고 여기고 있다.[53] 미국 외교협회(Council on Foreign Relations, CFR)가 발표한 '2020년 예방 우선순위 설문조사(Preventive Priorities Survey 2020)'에 따르면 중국의 경우 남중국해에서 한 개 또는 다수의 도서·암초에 영유권을 주장하는 국가와의 충돌을 1단계로, 대만 문제로 인한 미·중 충돌을 2단계로 분류하고 있다.[54] 또한 중국과의 오랜 국경 영토 분쟁을 겪고 있는 인도가 인도양에서의 영향력을 적극적으로 확대하고 있어 중국의 해상 에너지 수송로에 위해를 끼칠 수 있다고 보고 있다.[55] 이에 따라 중국공군은 지역 분쟁사태로 발생할 수 있는 군사적 충돌에 대비하기 위해 ① 중국 영공 수호, 특

---

[52] Office of the Secretary of Defense, Military and Security Developments Involving the People's Republic of China 2019 (Washington, D.C.: DOD, 2019), p. 67, U.S. Department of Defense, 〈https://media.defense.gov/2019/May/02/2002127082/-1/-1/1/2019_CHINA_MILITARY_POWER_REPORT.pdf〉. accessed May 10, 2019. 47 國務院新聞辦公室,〈新時代的中國國防〉, 同前註25.

[53] 國務院新聞辦公室,〈新時代的中國國防〉, 同前註25.

[54] Paul B. Stares, John W. Vessey, Preventive Priorities Survey 2020 (New York: CFR, 2019), pp. 6-7. Council on Foreign Relations, 〈https://cdn.cfr.org/sites/default/files/report_pdf/PPS_2020_12162019_CM_single_0.pdf?_ga=2.152762559.789599071.1577110280-277889024.1576825160〉. accessed December 23, 2019.

[55] National Air Space Intelligence Center, People's Liberation Army Air Force 2010, p. 3.

히 베이징(北京), ② 대만에 대한 기습작전 준비, ③ 남중국해 및 태평양 제2도련(第二島鏈)까지의 전력 투사와 같은 세 가지 핵심임무를 발전시키고 있다.[56] 이러한 임무를 수행하기 위해서는 장거리 전략투사 능력이 필요하기 때문에 중국공군은 공중급유, 대함미사일, 해역을 초월한 비행훈련, 해상초계, 정보수집, 전략폭격 등의 발전을 강조하고 있다.[57]

최근 중국공군은 핵심 임무수행을 위해 현대화의 발걸음에 더욱더 박차를 가하고 있다. 구체적으로는 전 국경지역 훈련을 실시하고 점차 서태평양 및 동중국해 경계 초계비행, 남중국해 전투 초계비행 및 도서 선회비행 위주의 훈련을 실시하고 있다. 또한 선진화된 무기장비를 획득하여 수적인 증대에서 질적인 향상으로 전환하고, 장거리 군사력 투사 및 공격임무 수행 능력을 향상시키고 있다.[58]

이밖에도 중국은 남중국해의 남사군도(南沙群島 난샤췬다오, Spratly Islands) 영토 확장과 기반 건설에 적극적이다. 특히 남사군도의 미제초(美濟礁 메이지자오, Mischief Reef), 저벽초(渚碧礁 주비자오, Subi Reef), 영서초(永暑礁 융수자오, Fiery Cross Reef)를 확대하여 해군 및 공군의 전력 투사를 용이하게 하고, 남중국해의 내해화(內海化)를 기도하고 있다.[59] 한편 서사군도(西沙群島 시샤췬다오, Paracel Islands)에 있어서는 영흥도(永興島 융싱다오, Woody Island)에 활주로와 격납고를 확충하고, J(殲)-11 전투기, JH(殲轟)-7 전투폭격기 등 작전기와 HQ(紅旗)-9 방공미사일 및 대함미사일 등을 배치하고 있다.[60] 중국공군은 2018년 5월 영흥도에서 처

---

[56] Richard Halloran, "A Revolution for China's Air Force," AIR FORCE Magazine, February, 2012, pp. 44-48.

[57] Phillip C. Saunders, Erik Quam, "Future Force Structure of the Chinese Air Force," in Roy Kamphausen, Andrew Scobell eds. Right Sizing the People's Liberation Army: Exploring the Contours of China's Military (Carlisle: SSI, 2007), pp. 377-436.

[58] Mark R. Cozad, Nathan Beauchamp-Mustafaga, People's Liberation Army Air Force Operations over Water: Maintaining Relevance in China's Changing Security Environment (Santa Monica, CA: RAND Corporation, 2017), p. 21.

[59] Ross Babbage, Countering China's Adventurism in the South China Sea: Strategy Options for the United States and Its Allies (Washington, D.C.: CSBA, 2017), p. 27.

[60] Asia Maritime Transparency Initiative, "The Paracels: Beijing's Other South China Sea Buildup,"

음으로 H(轟)-6 폭격기 이착륙 훈련을 실시하였고,[61] 2019년 6월에는 영흥도에 J(殲)-10 전투기 4대를 배치하였다.[62] 이와 같이 중국은 남중국해를 점차 군사화하고 남중국해까지 공중전력의 범위를 연장함으로써 미군의 항행의 자유를 위협하고 나아가 서태평양과 인도양 및 호주까지 위협을 확대하고 있다. 상술한 내용을 종합하면, 중국공군은 중국몽(中國夢)과 강군몽(强軍夢)을 실현하고자 하며, 조종사들의 실전훈련을 강화하고 있다. 주목할 것은 중국이 동중국해와 남중국해 도서, 암초의 주권을 수호하고 해상수송선의 안전을 보장하기 위해 전략 억제 능력과 의지를 시현한다는 것이다.[63]

4. 미군의 군사개입 저지

중국은 미군이 오랫동안 서태평양 지역의 해·공군 우위를 지배하고 있어 대만문제, 동중국해 및 남중국해 도서·암초 분쟁이 지속되고 있다고 보고 있다. 따라서 이 지역에서 전략적 이익을 추구하기 위해서는 미군의 우위를 제거할 수 있어야 하며, 그러기 위해서는 반드시 공군전력을 적극 발전시키고, 미래에 발생 가능한 미·중 충돌에 대비할 수 있어야 한다고 여기고 있다.[64] 중국은 1967년 아랍과 이스라엘의 6일전쟁(Six-Day War), 1991년 걸프전(Gulf War), 1999년 코소보전(Kosovo War)의 교훈을 통해 "적절한 공군력 운용은 정치와 군사적 목표를 동시에 달성할 수 있고 나

Center for Strategic and International Studies, February 8, 2017, 〈https://amti.csis.org/paracels-beijings-otherbuildup/?lang=zh-hant〉. accessed February 11, 2017.

[61] Ministry of Defense, Defense of Japan 2019 (Tokyo: MOD, 2019), p. 76. Japan Ministry of Defense, 〈https://www.mod.go.jp/e/publ/w_paper/pdf/2019/DOJ2019_Full.pdf〉. accessed February 17, 2020.

[62] Brad Lendon, "South China Sea: Satellite Image Shows Chinese Fighter Jets Deployed to Contested Island," Hong Kong (CNN), June 21, 2019, 〈https://edition.cnn.com/2019/06/20/asia/china-fighters-satellite-imagewoody-island-intl-hnk/index.html〉. accessed February 5, 2020.

[63] Derek Grossman, Nathan Beauchamp-Mustafaga, Logan Ma, Michael S. Chase, China's Long-Range Bomber Flights Drivers and Implications, p. 4.

[64] Mark R. Cozad, Nathan Beauchamp-Mustafaga, People's Liberation Army Air Force Operations over Water: Maintaining Relevance in China's Changing Security Environment, p. 13.

아가 단일한 공중공격 작전으로도 필요한 정치적 효과를 낼 수 있어 공중무력(空中武力)은 이미 국가의 의지를 실현하는 중요한 수단이 되었다"고 인식하고 있다.[65] 이에 중국공군은 공군력이 승리를 결정한다는 공권제승(空權制勝) 개념에 따라 적극적으로 공군력을 발전시키고 있다. 이는 대만 공군력 무력화 등 대만에 대한 무력 사용을 주요 목표로 하며, 나아가 미군의 개입 작전을 억제하기 위해 미군부대까지 격파하고자 한다.[66] 한편 중국은 미국이 조어도(釣魚島, 댜오위다오, 센카쿠열도)를 '미·일안보조약(U.S.-Japan Treaty of Mutual Cooperation and Security)'에 포함시켰고, 남중국해 지역에서 항행의 자유나 주변국가 또는 역외 국가들과의 군사훈련을 통해 남중국해 도서·암초 논란에 동맹국들을 끌어들이고 군사적 존재를 과시함으로써 중국의 제해권 확장을 억제하고 있다고 여기고 있다.[67] 이를 바탕으로 중국은 미국의 아태지역 군사배치는 미국의 동맹국과 우방국이라는 틀을 통해 중국의 부상과 영토·주권 분쟁에 대한 중국의 개입을 막기 위한 것이며, 이에 따라 중국이 미군의 개입을 저지하기 위해서는 반드시 장거리 투사 전력을 발전시켜야 한다고 믿고 있다.[68]

중국공군은 미군의 개입을 저지하기 위해서는 중국공군이 공중 군사작전을 통해 공중전력의 능력과 공중전에 대한 결의를 현시함으로써 미국이 쉽게 전쟁에 개입하거나 감히 공중 교전을 시도하지 못하도록 의지를 꺾어야한다고 여기고 있다.[69] 세부적으로는 걸프전의 미군 용병모델에 따라 먼저 공중전력을 발전시켜 미군기지와 항

---

[65] Randall Schriver, Mark Stokes, Evolving Capabilities of the Chinese People's Liberation Army: Consequences of Coercive Aerospace Power for United States Conventional Deterrence (Arlington, VA: Project 2049 Institute, 2008), p. 8.

[66] Scott W. Harold, Defeat, Not Merely Compete: China's View of Its Military Aerospace Goals and Requirements in Relation to the United States, p. 20.

[67] 北京大學海洋研究院, 〈2019年美軍在南海及周邊…地區…的軍事演習〉, 《南海戰略態勢感知》, 2019年 12月 11日, 〈http://www.scspi.org/sites/default/files/reports/2019nian_mei_jun_zai_nan_hai_ji_zhou_bian_di_qu_de_jun_shi_yan_xi_.pdf〉.

[68] Defense Intelligence Agency, China Military Power: Modernizing a Force to Fight and Win, p. 9

[69] 戴金宇, 《空軍戰略學》, 頁68.

모전단을 위협하고, 그 다음 전체적으로 방공 및 미사일 방어 능력을 향상시켜 미국의 중국 기습을 방지해야 한다는 것이다.[70] 따라서 중국공군은 앞으로 '전략공군'을 지속적으로 발전시키며 군사적 능력을 현시할 것이며, 이를 통해 미국과 역내 미국의 동맹국 및 우방국을 위협하고, 미국이 지역 분쟁에 개입하는 것을 막으려 할 것이며, 나아가 아시아·태평양 지역에서 미국의 영향력을 점차 대체하고자 할 것이다. 중국공군의 한 예비역 대령은 이 같은 전략구상을 달성하기 위해서는 중국공군이 3,000km의 방어종심을 반드시 구축해야 한다고 주장하면서 "이 방어종심은 미국이 괌(Guam)을 허브로 삼아 중국의 연해경제지구에 파괴적인 공격을 수행할 수 있는 거리이다. 따라서 중국공군이 방어종심을 구축해야만 향후 전쟁이 발발할 경우 전쟁의 불길을 적국의 경내로 밀어 넣을 수가 있다"고 하였다.[71] 중국공군은 이미 CJ(長劍)-20 순항미사일 6발을 장착하고 미국의 괌 기지를 공격할 수 있는 H(轟)-6K 폭격기를 보유하고 있다. 또한 현재 개발하고 있는 신형의 H(轟)-20 스텔스폭격기는 핵 폭탄을 장착할 수 있고, 미국의 하와이기지까지 공격할 수 있으며, 2025년에 취역하여 전략억제 능력을 향상시킬 것으로 예상되고 있다.[72]

Ⅳ. 전략공군으로의 발전을 제한하는 문제들

중국이 '전략공군(戰略空軍)'을 발전시키려는 결심은 무기장비를 획득하고 훈련지역을 확장하면서 점진적으로 실행되고 있으며, 이는 중국공군의 현대화와 장거리 작전능력을 가속적으로 향상시키고 있다. 반면 중국공군의 전력 운용은 지리적 제한과 해외기지의 부족으로 인해 장거리 전력 투사에 한계를 보이고 있다. 또한 중국공

---

[70] Eric Heginbotham and others, The U.S.-China Military Scorecard: Forces, Geography, and the Evolving Balance of Power 1996-2017(Santa Monica, CA: RAND Corporation, 2015), p. 97.
[71] 戴旭, 《不戰之困》(武漢 : 武漢出版社, 2011年), 頁392.
[72] Office of the Secretary of Defense, Military and Security Developments Involving the People's Republic of China 2019, p. 41.

군은 주력 항공기와 지원 항공기와의 배비에서 공중조기경보기, 공중급유기, 수송기, 폭격기 등이 부족하여 종합적인 전력으로서 장거리 임무 수행이 어려운 상태이다. 게다가 군용 항공산업의 연구개발은 아직까지 핵심 기술을 확보하지 못하고 있어 전투기 개발의 중요한 난관을 돌파하지 못하고 있다. 이러한 문제들은 전략공군으로의 발전에 영향을 끼치고 있고, 앞으로도 한 동안 중국공군의 전력 발휘에 제한을 줄 것으로 예상된다.

1. 군사력 투사를 봉쇄하고 있는 도련(島鏈)

아시아·태평양 지역의 지리적 특징으로 볼 때, 중국은 동쪽 방향으로는 태평양 지역의 섬을 남북으로 이은 쇠사슬 제1도련(第一島鏈)과 제2도련(第二島鏈)으로 포위되어 있다. 미국은 섬을 이은 쇠사슬 도련(島鏈) 형태로 일본, 대만, 필리핀 및 동남아시아 국가들과 연합하여 정밀한 해·공군 타격 망을 구축하고 봉쇄의 태세를 갖추고 있어 중국의 군사력 투사에 장애를 주고 있다.[73] 미국의 3개 항공대는 서태평양 지역의 한국, 일본, 괌, 하와이, 알래스카 기지에 주둔하며 작전 항공기 약 300대를 배치하고 있어 중국의 군사적 모험을 억제할 수 있을 것으로 평가되고 있다.[74] 한편, 미국은 최근 '인도-태평양전략(Indo-Pacific Strategy)'을 적극적으로 추진하고 있다. 이는 전방 군사력 배치, 동맹국의 역량 강화, 새로운 우방국 관계 수립, 지역 네트워크 향상 등의 방식을 통해 주로 중국의 군사적 위협에 대응하는 것이며, 중국공군의 장거리 전력 투사를 견제할 수 있을 것으로 평가되고 있다.[75] 이에 따라 중국공군이 평상시에는 미야코해협(宮古海峽, Miyako Strait)과 바시해협(巴士海峽, Bashi

---

[73] Thomas G. Mahnken, Travis Sharp, Billy Fabian, Peter Kouresos, Tightening the Chain: Implementing a Strategy of Maritime Pressure in the Western Pacific (Washington, D.C.: CSBA, 2019), p. 15.

[74] 中國南海研究院,《美國在亞太地區的軍力報告2016》(北京：時事出版社, 2016年), 頁19.

[75] Office of the Secretary of Defense, Indo-Pacific Strategy Report: Preparedness, Partnerships, and Promoting a Networked Region (Washington, D.C.: DOD, 2019), p. 3, U.S. Department of Defense, 〈https://media.defense.gov/2019/Jul/01/2002152311/-1/-1/1/DEPARTMENT-OF-DEFENSE-INDO-PACIFIC-STRATEGYREPORT-2019.PDF〉. accessed June 10, 2019.

Channel)을 통해 제1도련(第一島鏈)을 넘어 서태평양 지역까지 원거리 비행훈련을 하는 것이 가능하겠으나 전시(戰時)에는 괌이나 해상 목표물을 대상으로 장거리 공격을 시도할 경우 미국, 일본, 대만의 방공시스템을 뚫어야 하며, 방공시스템의 공격을 다행히 회피할 수 있다하여도 제1도련(第一島鏈)과 제2도련(第二島鏈) 해역에 배치된 미 해군 항공모함이나 함정의 공격을 받아 대단히 큰 피해를 입을 수 있다.[76]

2. 군사력 투사에 필요한 해외기지의 부족

해외기지는 작전 항공기의 원거리 정비와 보급 등 후방 군수지원은 물론 병력 운용에 탄력성을 높여주기 때문에 공군의 장거리 전력투사에 필수적이다. 또한 공중급유기에 대한 의존도를 낮추면서도 공중전력 발휘와 임무 수행을 보장해 주기 때문에 매우 유용하다. 그러나 중국은 방어적 국방정책과 타국에 대한 내정 불간섭 외교정책 등으로 미국과 같은 전 세계적 해외기지가 부족하다. 이에 따라 중국공군의 국가를 초월하는 작전은 제한된다. 예를 들어 2010년 9월 중국공군은 처음으로 SU-27 전투기 4대와 IL-76 수송기 1대를 터키에 파견하여 '아나톨리안 이글(Anatolian Eagle)' 훈련에 참가하였다. 그러나 터키로 비행 중에 파키스탄과 이란에 착륙하여 재급유를 해야 했다.[77] 또한 2011년 2월 IL-76 수송기 4대를 리비아에 파견하여 교민철수 임무를 수행하였는데, 이때에도 5개 국가를 넘어 9,500km를 비행하면서 파키스탄과 수단에 착륙하여 재급유를 해야 했다.[78] 이러한 사례들은 중국이 사전에 우

---

[76] Eric Stephen Gons, Access Challenges and Implications for Airpower in the Western Pacific (Santa Monica, CA: RAND Corporation, 2011), p. 72.

[77] Chris Zambelis, "Sino-Turkish Strategic Partnership: Implications of Anatolian Eagle 2010," The Jamestown Foundation, January 14, 2011, 〈https://jamestown.org/program/sino-turkish-strategic-partnership-implications-ofanatolian-eagle-2010/〉. accessed December 11, 2019.

[78] Gabe Collins, Andrew Erickson, "The PLA Air Force's First Overseas Operational Deployment: Analysis of China's Decision to Deploy IL-76 Transport Aircraft to Libya," China SignPost, March 1, 2011, 〈http://www.chinasignpost.com/2011/03/01/the-pla-air-forces-first-overseas-operational-deployment-analysis-of-chinasdecision-to-deploy-il-76-transport-a〉. accessed December 11, 2019.

방국들의 외교적 협조를 받아야 하고, 아울러 장거리 비행은 기상, 항법장비 등의 영향을 받으며 또한 적대 국가의 방해도 있을 수 있는 등 다양한 불확실성 요소들로 인해 공중작전은 영향을 받을 수 있다.[79] 전시(戰時)의 경우는 더 심각하여 공중항로와 공역이 적에 의해 봉쇄되거나 적 우방국의 압력으로 기지가 개방되지 못하면 공중급유기를 갖추고도 원거리 작전을 효과적으로 수행할 수 없게 된다.[80]

3. 임무수행에 영향을 미치는 종합적인 항공전력의 부족

중국은 공군 현대화를 가속하기 위해 해외조달, 합작생산, 자체개발의 경로를 통해 신식 무기장비를 획득하여 왔고, 전체 전력은 이미 기본적으로 향상되었다.[81] 중국공군의 전투서열을 종합적으로 관찰해 보면, 미국을 참조할 경우 공격, 방어, 지원의 작전기 배비는 2:1:1이어야 한다. 특히 전시(戰時)에는 공중 조기경보기, 전자전기, 급유기, 정찰기의 운항 비율이 더 높기 때문에 중국공군의 작전기 배비는 여전히 심각한 불균형 상태에 있음을 보여준다.[82] 중국공군은 충분한 규모의 장거리 조기경보기, 공중급유기, 수송기를 갖추지 못했고, 폭격기의 성능도 낙후되어 있어 장거리 기습작전 등 미래의 전략임무를 담당하기에 부족하다.[83] 예를 들어 중국공군은 약 2,700대의 각종 작전기를 보유하고 있어 아시아 1위와 세계 3위의 실력을 갖췄지만 공중급유기는 소수의 HU(轟油)-6과 IL-78MIDAS만을 보유하고 있어 군사력 투사가 극도로 제한된다.[84] 또한 H(轟)-6K 폭격기로 괌을 공격할 경우 항속거리가 제한된

---

[79] Andrew Scobell, Arthur S. Ding, Phillip C. Saunders, and Scott W. Harold, The People's Liberation Army and Contingency Planning in China (Washington D.C.,: NDU, 2015), p. 310.

[80] Abraham M. Denmark, "PLA Logistics 2004-11: Lessons Learned in the Field," in Roy Kamphausen, David Lai, Travis Tanner, eds. Learning by Doing: The PLA Trains at Home and Abroad (Carlisle, PA: SSI, 2012), pp. 297-335.

[81] 蔡明彥,《中共軍力現代化的發展與挑戰：從武獲政策分析》(臺北：鼎茂圖書, 2005年), 頁89.

[82] 肖天亮,《戰略學》, 頁351.

[83] Michael S. Chase and others, China's Incomplete Military Transformation: Assessing the Weaknesses of the People's Liberation Army (PLA) (Santa Monica, CA: RAND Corporation, 2015), pp. 104-105.

다. 제1도련(第一島鏈)의 지상레이더 탐지를 회피하기 위해서는 저고도 비행을 해야 하나 저고도 비행은 연료소모가 많아 이를 선택할 수가 없고 또 고고도 비행을 선택할 경우 스텔스 성능을 갖추지 못했기 때문에 미국, 일본 및 대만의 레이더에 쉽게 포착되어 전투기나 미사일의 공격을 받게 될 것이다. 더구나 중국공군의 전투기도 항속거리 제한으로 폭격기를 엄호할 수 없기 때문에 H(轟)-6K 폭격기로 괌을 공격할 경우 성공 확률은 크게 낮아진다.[85]

4. 군용 항공산업 능력의 한계

최근 20년간 중국공군의 전투기 개발은 분명 진일보 발전하였다. 그런데 외형만 놓고 보자면 신형 전투기는 거의 미국 카피(copy)에 가깝다. 예를 들어 J(殲)-20, J(殲)-31 스텔스전투기는 F-22와 F-35에 해당하고, CH(彩虹)-4 무인공격기는 MQ-9과 유사하고, Y(運)-20 수송기는 C-17과 흡사하다. 이에 미 정보당국에 의해 중국이 관련 기술을 절취했다는 의혹을 사고 있다.[86] 심지어 2018년 10월 중국의 국가안전부(國家安全部) 관리는 미국의 민수용, 군수용 항공기 및 엔진과 관련한 기밀기술을 절취했다는 혐의로 고발까지 당했다.[87] 이는 중국이 간첩활동을 통해서 미국의 군사기술을 절취하고 신형 전투기를 개발하고 있지만 항공기술은 상당히 복잡하고 정밀한 기술적 통합으로 이루어지기 때문에 절취나 모조만으로는 혁신적인 돌파구를 마련하기 어렵고 지속적인 연구개발 성과를 낼 수 없다는 것을 보여준다. 이를

---

[84] Jonathan G. McPhilamy, "Air Supremacy: Are the Chinese Ready," Military Review, January-February, 2020, 〈https://www.armyupress.army.mil/Journals/Military-Review/English-Edition-Archives/January-February-2020/McPhilamy-Air-Supremacy/〉. accessed February 5, 2020.

[85] Mark R. Cozad, Nathan Beauchamp-Mustafaga, People's Liberation Army Air Force Operations over Water: Maintaining Relevance in China's Changing Security Environment, p. 46.

[86] Ellen Loanes, "China Steals US Designs for New Weapons, and It's Getting Away with 'The Greatest Intellectual Property Theft in Human History'," Business Insider, September 24, 2019, 〈https://www.businessinsider.my/esper-warning-china-intellectual-property-theft-greatest-in-history-2019-9/〉. accessed January 10, 2020.

[87] Office of the Secretary of Defense, Military and Security Developments Involving the People's Republic of China 2019, p. 104.

테면 중국이 자체 개발한 엔진은 서방국가의 동급 엔진에 비해 일반적으로 오버홀(overhaul, 공장정비 대수리) 주기가 짧고 가속 성능이 느린 단점이 있다.[88] 신형 엔진 개발에 있어서도 러시아의 기술 지원을 벗어날 수가 없어 J(殲)-31 스텔스전투기와 H(轟)-20 스텔스폭격기는 핵심 엔진기술의 제약으로 취역이 연기될 수도 있다.[89]

V 결론

중국공군은 현재 '국토방공'의 요구 수준을 넘어 '전략공군' 모델로 발전하고 있다. 기본적으로 장거리 작전능력을 갖추고 있어 국가이익 수호와 역내 영토·주권 분쟁 해결 시 주도적인 역할을 할 것이며 나아가서는 미국의 세력까지도 배제시키려 할 것이다. 그러나 전 세계적 수준의 전략공군으로 발전하려면 여전히 관찰해야할 지표가 남아 있다. 먼저 중국공군이 장거리 작전 임무를 수행하기 위해서는 전투기와 폭격기 외에도 작전을 지원할 수 있는 지원기 기종의 확충이 필수적이다. 예를 들어 공중조기경보기, 전자전기, 공중급유기, 수송기와 같은 플랫폼에 대한 투자가 반드시 필요한 것으로 보인다. 다음으로 중국공군의 항공작전훈련은 항공기 성능의 향상에 따라 병종 협동훈련 및 군종 합동훈련 등의 형태로 해상방향의 실전훈련을 강화해야 하고, 태평양 지역으로 점차 확대해야 한다. 다시 말하면 중국공군이 전략적 투사 임무를 위해 현재 남중국해 도서·암초에 비행장과 활주로를 건설했지만 전략적 이익 지역을 포괄하기에는 부족한 것으로 나타난다. 특히 중동과 아프리카 등이 그러하다. 따라서 중국공군은 향후 중국해군과 유사한 모델을 참고할

---

[88] Shen Pin-Luen, "China's Aviation Industry: Past, Present, and Future," in Richard p. Hallion, Roger Cliff, and Phillip C. Saunders eds. The Chinese Air Force: Evolving Concepts, Roles, and Capabilities (Washington, D.C.: NDU, 2012), pp. 257-270.

[89] David Axe, "China's Air Force Is Going All in on Stealth (As in New Stealth Fighters and Stealth Bombers)," The National Interest, May 6, 2019, 〈https://nationalinterest.org/blog/buzz/chinas-air-force-going-all-stealth-newstealth-fighters-and-stealth-bombers-55932〉. accessed January 9, 2020.

가능성이 높다. 이를테면 일대일로(一帶一路) 계획구역에서 우방을 찾아 공군 군수지원기지를 건설해야 전략공군의 임무 요구를 충족시킬 수 있다. 그러나 중국이 발전시키는 '전략공군'의 구조와 능력은 무엇을 목표로 하는가? 중국공군이 '전략공군'으로 발전하려는 의도가 대만 통일만을 목표하는 것이 아닌 것은 분명하다. 국경 밖에서 항공작전훈련을 적극적으로 진행하며 주변국에게 공중방어를 압박하고 나아가 인도·태평양의 군사력 변화를 조장하는 것은 중국에 대한 부정적 이미지는 물론 지역의 긴장 정세를 더욱 높일 수밖에 없다. 중국공군은 여러 가지 제한에도 불구하고 전략공군의 문턱을 넘어 이제 '세계 일류 공군'을 목표로 성장하고 있는 만큼[90] 중국 자신뿐만 아니라 동북아의 평화와 안정에 기여하는 긍정적인 역할을 발휘해야 할 것이다.

---

[90] 〈人民空军成立72周年：信息量极大!独家探访空军首支歼-20部队!从"首支威龙"看"世界一流"!〉,《军迷天下》, 2021.11.11. https://www.youtube.com/watch?v=CfVQdijPGsA

제4장
중국공군의 실전 경험과 5대 명칭 실전화 훈련

제4장

중국공군의 실전 경험과 5대 명칭 실전화 훈련

차례

Ⅰ. 서론
Ⅱ. 실전화 훈련 개념
Ⅲ. 중국공군의 실전 경험
Ⅳ. 실전화 훈련으로의 전환
Ⅴ. 5대 명칭 실전화 훈련
Ⅵ. 강약점 분석
Ⅶ. 결론

요 약

실전화 훈련은 중국이 추진하는 '국방과 군대개혁 심화'의 일환이며, 강군몽(强軍夢)을 실현하는 중요한 수단의 하나이다. 중국공군은 실전화 훈련의 요구에 부응하여 인력에 대한 정예화 훈련을 실시함으로써 전반적인 작전능력을 향상시켜 '공천일체(空天一體), 공방겸비(攻防兼備)'의 전략목표를 달성하고자 한다.

중국공군이 실전화 훈련을 강조하는 다른 측면은 1979년 중월전쟁 이후 실전 경험을 해보지 못했기 때문이기도 하다. 중국공군이 참여한 전쟁은 1950년의 한국전쟁, 중화민국(대만) 국민당 정부와의 1955년 일강산전역(一江山戰役)과 1958년 대만해협전역(臺灣海峽戰役) 그리고 1979년의 중월전쟁 등 네 개의 전쟁이다. 이러한 실전 경험은 중국공군의 전략과 전력 발전에 중요한 영향을 끼쳤다.

현재 중국공군이 실시하고 있는 대표적인 실전화 훈련은 ① 홍검(紅劍, Red sword, 레드스워드) 체계대항, ② 금색헬멧(金頭盔, 금두회, Golden helmet, 골든헬멧) 자유대항공중전, ③ 금색다트(金飛鏢, 금비표, Golden dart, 골든다트) 긴급방어 · 긴급타격, ④ 남색방패(藍盾, 남순, Blue shield 블루실드) 방공 및 미사일 방어, ⑤ 경전(擊電, 칭덴) 전자전(electronic warfare, EW) 연습 등 5대 명칭훈련이며, 각 병과(특기) 인력에 대한 훈련을 통해 현대화된 전력을 갖춘 전략공군으로 발전하고 있다.

최근 중국공군은 서태평양 진출, 동중국해 초계비행, 남중국해 전투초계, 대만(臺灣) 선회 비행, 중 · 러 동해 연합훈련 등 전 지역 훈련을 실시하며 그 전략적 의도를 현시하고 있다. 이러한 추세의 발전은 오랫동안 유지되어 온 대만해협 군사력 균형은 물론 동중국해 및 남중국해 영유권 분쟁국과 주변 관련국에 도전 요소가 되고 있다. 중국공군을 상대해야 하는 관련 국가나 기관에서는 이러한 동향에 특별히 주목할 필요가 있다.

keyword 중국공군(中共空軍), 실전화 훈련(實戰化訓練), 5대 명칭 훈련(五大品牌訓練)

I 서론

2021년 1월 중국공산당 중앙군사위원회는 훈련 개시 동원령을 발령하며 실전훈련을 강조하였다. 세부적으로는 "전쟁으로 훈련을 명령하고, 훈련으로 전쟁을 촉진한다는 '이전영훈(以戰領訓), 이훈촉전(以訓促戰)'을 견지하고, 작전과 훈련의 일체화를 실현하여 부대 훈련의 실전화 수준과 전쟁에서 승리할 수 있는 능력을 향상시킬 것"을 주문하였다.[1] 이러한 실전화 훈련의 개념은 바로 중국이 추진하는 '국방 및 군대 개혁 심화(深化國防和軍隊改革)'의 일환이며 강군몽(强軍夢)을 실현하는 중요한 수단의 하나이다. 실전화 훈련은 전쟁준비에 초점을 맞추어 실전과 같이 연습하고 전쟁에 필요한 것은 무엇이든 단련하여 '부르면 바로 오고(김之卽來), 오면 전쟁을 할 수 있고(來之能戰), 전쟁을 하면 반드시 승리하는(戰之必勝)' 정병 강군을 실현하는 것이다.[2]

최근 중국공군은 서태평양 진출, 동중국해 초계비행, 남중국해 전투초계, 대만 도서(島嶼) 선회비행, 중·러 군용기 동해 연합훈련 등 전 지역 훈련을 실시하며 중앙군사위원회의 실전화 훈련 요구에 부응하고 있다. 중국공군은 미국이 조어도(釣魚島 댜오위다오, 센카쿠열도)와 대만 및 남중국해 도서 갈등에 개입하는 문제에 대응하기 위해 중국공군에 요구되는 능력을 발전시켜야 하고, 그 능력은 미군의 개입 의지를 억제할 수 있어야 할 뿐만 아니라 군사 충돌이 발생했을 때는 미군을 격퇴시킬 수 이어야 한다.[3] 이에 따라 중국공군의 계획은 2035년까지 '현대화된 전략공군(現代化 戰略空軍)'이 되어 한 차원 높은 전략 능력을 갖추고, 2050년까지 전면적인 '세계 일류 전략공군(世界一流 戰略空軍)'으로 발전하는 것이다.[4] 이러한 목표를 달성하기 위

---

1 劉上靖, 〈習近平簽署中央軍委2021年1號命令 向全軍發布開訓動員令〉, 《中華人民共和國國防部》, 2021年1月4日, 〈http://www.mod.gov.cn/big5/shouye/2021-01/04/content_4876468.htm〉

2 習近平, 《習近平談治國理政第二卷》(北京：外文出版社, 2017年), 頁416-417.

3 Scott W. Harold, Defeat, Not Merely Compete: China's View of Its Military Aerospace Goals and Requirements in Relation to the United States (Santa Monica, CA: RAND Corporation, 2018), p. 37.

해 중국공군은 현대화된 무기·장비뿐만 아니라 세계 일류의 인력도 갖추어야 한다. 따라서 ① 홍검(紅劍, Red sword, 레드스워드) 체계대항, ② 금색헬멧(金頭盔, 금두회, Golden helmet, 골든헬멧) 자유대항공중전, ③ 금색다트(金飛鏢, 금비표, Golden dart, 골든다트) 긴급방어·긴급타격, ④ 남색방패(藍盾, 남순, Blue shield 블루실드) 방공 및 미사일 방어, ⑤ 경전(擎電, 칭뎬) 전자전(EW) 연습 등 5대 명칭 실전화 훈련을 만들어 부대의 작전 능력을 향상시키고 있다.

중국공군은 현대화의 과정을 통해 '공천일체(空天一體, 항공-우주 일체), 공방겸비(攻防兼備, 공격-방어 겸비)'의 전략적 요구에 부응하여 '전략공군(戰略空軍)'으로 발전하고, '정보화된 국지전'에서 승리할 수 있기를 희망한다. 따라서 무기체계 성능은 이미 일정 수준으로 발전시켰으며, 현재는 인력의 자질과 기능 향상에 매진하고 있다. 중국공군이 인력과 무기체계의 긴밀한 결합을 통해 전력을 대폭적으로 향상시킨다면 더욱 적극적으로 서태평양을 향해 군사력을 투사할 것이다. 이는 관련 국가에 긴장을 유발할 것이다. 따라서 중국공군의 실전화 훈련 방식과 전술 내용, 인적 자질, 전력 발전 등을 이해하는 것은 관련 국가의 공군 훈련에 참고가 될 것이다.

Ⅱ 실전화 훈련 개념

중국군의 실전화 훈련은 실제 전쟁 과정과 상황에 근접한 군사훈련을 가리키며, 훈련 과정은 부대의 실전 능력을 연마하기 위해 진행하는 훈련이므로 반드시 실전 기준에 따라 진행되어야 함을 강조한다.[5] 중국군은 정보화 전쟁 양상에 부응하기 위해 '정보화 국지전(信息化 局部戰爭)' 승리를 위한 군대 정예화에 초점을 맞추면서 다음과 같은 실전화 훈련 개념에 중점을 두고 있다. ① 근본적인 목적은 정보시스템의 체계적

4　黃書波, 于曉泉, 〈中國空軍公布建設强大現代化空軍路線圖〉, 《新華網》, 2018年11月11日, 〈http://www.xinhuanet.com/politics/2018-11/11/c_129991031.htm〉

5　張惟, 〈釐清"實戰化"與"實案化"的關係〉, 《中華人民共和國國防部》, 2019年7月25日, 〈http://www.mod.gov.cn/big5/jmsd/2019-07/25/content_4846529.htm〉

인 작전능력을 향상시키는 것이다. ② 중점적인 내용은 정보화전쟁에서 승리할 수 있는 새로운 전법을 연구·개발하는 것이다. ③ 주도적인 형식은 전 시스템의 전 요소를 통합한 합동훈련이다. ④ 기본적인 방법은 체계통합 및 대항훈련(對抗訓練) 모델을 구축하는 것이다. ⑤ 기초적인 조건은 정보화 전장 환경을 있는 그대로 투영하는 것이다.[6] 중국군은 실전화 훈련을 군대의 전환을 촉진하고 부대 전력을 향상하는 중요한 방식으로 여기고 있다. 따라서 정보주도, 정밀작전, 융합·통합, 합동제승 등의 개념을 실전화 훈련에 접목시킬 것을 강조한다. 특히 지휘대항, 실병대항, 복잡한 전장 환경에서의 훈련대항에 초점을 맞추고 있다.[7] 아울러 실전화 훈련의 성과를 높이기 위해 모의실경훈련(模擬實景訓練), 정보시뮬레이션훈련, 실병(實兵) 대항훈련, 지휘훈련 및 군병종(軍兵種) 합동훈련을 강조하고, 복잡한 전자기 환경과 생소한 지역 및 낯선 기상 조건에서의 훈련 강도를 더욱 강화해야 한다고 요구하고 있다.[8]

중국공군은 실전화 훈련의 개념에 기초하여 훈련과 실전을 결합한 목표를 달성하기 위해 부대 전체 전력을 향상시키고 있다. 이에 관한 주요 조치는 ① 훈련내용 개혁의 심화 및 훈련지원 법규 완비, ② 비행 이론과 기술 기초에 바탕을 둔 훈련 강화, ③ 실전화 훈련의 비중 증대, ④ 훈련 심사·평가 방법의 세분화, ⑤ 광범위한 직무별 병사훈련 활동 전개, ⑥ 엄격한 정치훈련 실시 및 검사 전개, ⑦ 훈련 기강 개선 및 강화 등을 포함한다.[9] 또한, 외국군의 전쟁 경험, 이를테면 1982년 포클랜드전(Falkland Islands War), 1991년 걸프전(Gulf War), 1999년 코소보전(Kosovo War), 2001년 아프가니스탄전(Afghanistan War), 2003년 이라크전(Iraq War) 등에서 현대전의 요구를 학습하고 있으며, 조종사의 경우 공방겸비(攻防兼具)의 실전능

---

[6] 王朝田, 〈釐清實戰化訓練的本質內涵和標準要求〉, 《新浪軍事》, 2014年6月9日, 〈http://mil.news.sina.com.cn/2014-06-09/0530783571.html〉

[7] 國務院新聞辦公室, 〈中國武裝力量的多樣化運用〉白皮書, 《新華社》, 2013年4月16日, 〈http://big5.gov.cn/gate/big5/www.gov.cn/jrzg/2013-04/16/content_2379013.htm〉

[8] 國務院新聞辦公室, 〈中國的軍事戰略〉, 《新華社》, 2015年5月26日, 〈http://big5.gov.cn/gate/big5/www.gov.cn/zhengce/2015-05/26/content_2868988.htm〉

[9] 空軍司令部軍訓部, 〈2014年空軍實戰化訓練七大舉措〉, 《人民網》, 2014年2月20日, 〈http://politics.people.com.cn/n/2014/0220/c70731-24413342.html〉

력을 향상시키기 위해 미(未) 설정 조건에서의 훈련, 가상적 훈련, 복잡한 전자전 환경에서의 훈련, 전천후 비행, 야간비행, 수상비행, 원거리 공격 및 방어, 연속비행, 낯선 공역 및 예비공항 훈련, 다(多)기종 대항훈련, 조종사 주도의 조건 선택 하에서의 훈련 등 실전적 훈련 과목을 대폭적으로 강화하였다.[10]

중국공군은 최근 들어 너무나 경직되고 구태의연한 과거의 비행훈련 방식, 예를 들어 지상관제와 설정된 훈련 각본에 지나치게 의존하여 조종사들이 능동적인 정신을 발휘하지 못하고, 이에 따라 전장의 불확실한 상황에 대처하지 못하는 상황을 개선하고 있다.[11] 즉, 실전화 훈련 방식에 있어서 그동안의 설정된 훈련 각본을 폐기하고 '자유 공중전' 및 '未 설정 조건' 모델을 적용하여 조종사와 지상 인력 및 지휘관을 훈련시키고 있다. 이는 전쟁의 불확실한 상황에 직면했을 때 능동적으로 반응하고 결정을 내릴 수 있도록 하기 위함이다.[12] 특히 각 명칭훈련의 경연을 통해 실전적 훈련에 참여하는 부대의 수와 횟수를 늘리고, 조종사들이 실전과 같은 경험을 쌓아 전장 상황에 능동적으로 적응할 수 있도록 하고 있다.[13]

Ⅲ 중국공군의 실전 경험

실전 경험은 군종(軍種) 전략과 전력 발전에 영향을 미치는 중요한 요소이다. 중국공군은 1949년 11월에 창설되었는데, 처음에는 각종 항공기 159대만을 보유하였

---

[10] National Air Space Intelligence Center, People's Liberation Army Air Force 2010 (Dayton, OH: NASIC, 2010), p.63.

[11] Lyle J. Morris, "China's Air Force Is Fixing Its Shortcomings," The RAND Blog, October 14, 2016, 〈https://www.rand.org/blog/2016/10/chinas-air-force-is-fixing-its-shortcomings.html〉. accessed January 6, 2021.

[12] Lyle J. Morris, Eric Heginbotham, From Theory to Practice: People's Liberation Army Air Force Aviation Training at the Operational Unit (Santa Monica, CA: RAND Corporation, 2018), p. 24.

[13] Michael S. Chase, Kenneth W. Allen, Benjamin S. Purser Ⅲ, Overview of People's Liberation Army Air Force "Elite Pilots" (Santa Monica, CA: RAND Corporation, 2016), p. 2.

었다. 이후 6·25 한국전쟁에 참전하면서 소련의 지원을 받아 급속히 발전하였고, 1953년까지 불과 4년 사이에 각종 유형의 작전기 약 3,000대를 보유했을 뿐만 아니라 선진화된 제트 전투기도 갖추게 되었다.[14] 중국은 한국전쟁이 끝난 후 당시까지 여전히 중화민국(中華民國) 통치 하에 있던 중국 동남 해안의 도서를 탈취하기 위해 1955년 일강산전역(一江山戰役, 이장산 전역)을 일으켰고 1958년에는 대만해협 전역(臺灣海峽戰役)을 일으켰다.

그 후 1960년대 중·소 분쟁, 1966년~1976년 문화대혁명, 1971년 린뱌오(林彪) 사건 등은 중국공군의 발전에 중대한 영향을 끼쳤다. 이때 특히 조종사 훈련이 대폭 감소되거나 중단되었고 항공산업도 심각하게 낙후되었다. 이에 따라 연료의 부족과 부품, 정비 등의 문제까지 발생하여 중국공군 전력은 거의 황폐해지는 지경에 이르렀다.[15]

1979년 중국이 월남(베트남)을 징벌한 전쟁이라고 일컫는 징월전쟁(懲越戰爭, 중월전쟁)을 일으켰으나 중국공군에 대한 정치적 신뢰의 부족과 작전 능력에 대한 의구심으로 인해 제대로 된 역할을 발휘하지 못했다.

현재까지 중국공군이 참여한 전쟁은 한국전쟁, 일강산전역(一江山戰役), 대만해협전역(臺灣海峽戰役), 중월전쟁 등 네 개의 전쟁이며, 이를 요약하면 다음과 같다.

1. 한국전쟁

1950년 10월 중국은 6·25 한국전쟁에 개입하였고, 중국공군은 본래 지상군의 작전을 지원할 계획이었으나 전력의 부족과 미국 위주의 극동공군이 북한 영공을 장악했기 때문에 한반도 북서부에 미그회랑(米格走廊, MiG Alley)을 설정하여 지상의 주요 수송로와 군사 및 공업시설 목표를 보호하였다.[16] 중국공군은 인력이 부족하고 장

---

[14] Kenneth W. Allen, Cristina L. Garafola, 70 Years of the PLA Air Force (Montgomery, AL: CASI, 2021), p. 37.

[15] Roger Cliff, "The Development of the PLAAF's Doctrine," in Richard p. Hallion, Roger Cliff, and Phillip C. Saunders eds. The Chinese Air Force: Evolving Concepts, Roles, and Capabilities (Washington, D.C.: NDU, 2012), pp. 149-164.

비가 노후화된 상황에서 창설되어 황급히 한국전쟁에 투입되었으나 소련의 원조를 받아 신속하게 신식 전투기로 전환하였고, 소련 조종사의 도움을 받아 미 극동공군에 적극적으로 도전하였다. 중국공군은 인력과 훈련이 부족하였지만 실전에서의 단련을 통해 상당히 귀중한 경험을 얻음으로써 미래 발전에 견실한 기초를 다지게 되었다. 여기에는 주로 다음 여섯 가지가 포함된다. ① 유리한 상황에서 공군을 적극적이고 온당하게 사용한다. ② 정신전력은 공중작전의 결정적 요소이다. ③ 고도의 기술은 공중작전 승리의 관건이다. ④ 지휘능력 향상으로 공중작전의 승리를 확보한다. ⑤ 무기장비의 우열은 공중작전 성패의 중요한 요소이다. ⑥ 정치공작(政治工作, Political Warfare)은 부대 전력의 근본 보장이다.[17]

한국전쟁을 통해 중국공군은 지휘 기구를 설립하고 적합한 비행장을 찾아 정비하고 복구하였으며, 대량의 선진 전투기와 실제 작전 경험을 얻었다. 이후 1957년 중국은 공군과 방공군(防空軍)을 통합하였다. 이로써 조직이 간소화되고 전력도 실질적으로 증가되었지만, 중국공군은 지상부대를 지원하는 데 상대적으로 능력이 부족하다고 인식되어 대공작전 능력 향상에 주력하였다.[18] 특히 중국공군은 미국의 극동

---

[16] Kenneth W. Allen, "The PLA Air Force:1949-2002 Overview and Lessons Learned," in Laurie Burkitt, Andrew Scobell, Larry M. Wortzel eds., The Lessons of History: The Chinese People's Liberation Army at 75 (Carlisle PA: SSI, 2003), pp. 89-156.

[17] 戴金宇, 《空軍戰略學》(北京 : 國防大學出版社, 1995년), 頁173-177. 저자의 견해는 중국군의 정치공작은 한국전쟁에서 그리 성공적이었다고 볼 수는 없다. 왜냐하면 종전회담 기간 중 중공군 포로의 2/3가 본국 송환을 거부했기 때문이다. "'중국인민지원군'이라는 명칭으로 한국전쟁에 참전한 중공군은 3년 여간 전쟁을 수행하였고, 대규모 인원이 동원되었기 때문에 공산 측 포로수용소에는 중공군 포로도 포함되어 있었다. 휴전회담이 시작된 이후 가장 오랜 시간 동안 논의되었던 주제는 회담 의제 제4항인 포로송환 문제였고, 이는 중공군 포로의 2/3가 본국 송환을 거부하였기 때문이다.", "1954년 2월초 조사한 포로숫자는 14,335명이었으나, 그 후에도 타이완으로 온 포로가 있었기 때문에 최종인원은 14,342명이었고, (중략) 중화민국 국군으로 근무했던 경력이 있던 사람은 64%였다.", "최종적으로 포로들의 (중화민국) 국군 편제는 (1954년) 4월 11일부터 육·해·공군, 병참 각 부분으로 나뉘어 선발되었는데, 육군 11,111명, 해군 994명, 공군 496명, 병참 796명 모두 13,397명이었다. 그리고 포로 중 원래 (중화민국) 국군 및 공산군의 군관 직에 있었던 포로, 우수한 포로들은 일률적으로 제14군관전투단(第14軍官戰鬪團)으로 편입되어 간부교육을 받았다. 이로써 타이완을 선택한 중공군 포로의 대부분은 중화민국 국군으로 편성되었다." 박영실, 〈타이완행을 선택한 한국전쟁 중 공군 포로 연구〉, 《아세아연구》, 제59권 1호 (2016년). pp.181-182. p.201. p.209.

[18] Shikha Aggarwal, "Understanding China's Military Strategy: A Study of the PLAAF," AIR POWER

공군 전투기에 대응하기 위해 '1역 다층 44제(一域多層四四制)' 전술을 고안하였다. 이는 전투기 집중의 우세와 제트 전투기의 고속 특성을 결합한 것으로서 지상 지휘관의 엄격한 통제에 따라 전투기가 사다리꼴(echelon) 편대를 이루어 적기를 교대로 공격하는 것이다.[19] 그러나 조종사와 지휘관 모두 공중전 경험이 부족하고 또 MiG-15 전투기의 성능을 제대로 발휘하지 못해 중국공군은 혹독한 대가를 치르게 되었다. MiG-15는 F-86과의 공중전에서 10:1로 격추되었다.[20]

〈표-1〉 한국전쟁 공중전 전과 비교(중국군 VS 유엔군)

구분	중국군 항공기			유엔군 항공기	
	격추	격추 개연성	손상	격추	손상
중국공군 자료	330		95	231	151
유엔군 자료	976	193	1,009	1,041 (대공포 포함)	
F-86 VS MiG-15	792(MiG-15)			78(F-86)	

* 출처: Kenneth W. Allen, Glenn Krumel, Jonathan D. Pollack, China's Air Force Enters the 21st Century (Santa Monica, CA: RAND, 1995), p. 52.

2. 일강산전역(一江山戰役)

한국전쟁이 끝나고 1953년 7월 중국은 군사력을 중국대륙 남동부 해안지역의 상하이(上海), 닝보(寧波) 일대로 이동시켰다. 그 목표는 중화민국 국민당 정부가 장악하고 있던 다천다오(大陳島, 대진도)와 이장산(一江山, 일강산)을 점령하는 것이었다.

1954년 3월부터 중국공군은 이장산전역(一江山戰役, 일강산전역, Battle of Yijiangshan Islands)을 지원하기 위해 저장성(浙江省) 동부지역의 제공권을 쟁탈하였으나, 정치적 요인과 기술적 한계로 대만에 위치한 공군기지를 기습 공격하지 못

Journal, Vol. 6, No. 2, April-June 2011, pp. 169-191.

[19] 喬夢, 〈第一個空戰戰術原則 : "一域多層四四制"〉, 《中國軍網》, 2019년 12월 3일, 〈http://www.81.cn/big5/jsdj/2019-12/03/content_9688591.htm〉

[20] Kenneth W. Allen, Glenn Krumel, Jonathan D. Pollack, China's Air Force Enters the 21st Century (Santa Monica, CA: RAND Corporation, 1995), pp. 49-55.

했다. 한편 중화민국(대만) 공군도 이 지역이 대만에서 멀리 떨어져 있어 효과적으로 작전을 지원할 수 없었다. 따라서 양측은 소수의 전투기로 공중 쟁탈전을 벌였고, 이후 중국공군은 공중우세를 획득하고 지상 및 해상작전 지원임무로 전환하였다.[21]

〈그림-1〉 대만본섬과 일강산(一江山) 거리 250해리(463km)
* 출처: http://librarywork.taiwanschoolnet.org/cyberfair2016/anho2016/04pos.htm. 을 참조하여 필자가 재작성

중국공군은 1954년 11월부터 1955년 1월까지 이장산(一江山) 일대를 공략하는 동안 이장산(一江山)과 다천다오(大陳島, 대진도)의 무기 진지와 방어시설을 공격하고, 그 주변 해역의 군함과 함께 상륙작전에 유리한 여건을 조성하는 임무를 수행하였다.[22] 특히 중국공군은 1955년 1월 10일 전투기를 동원하여 다천항(大陳港, 대진항)에 정박 중이던 중화민국(대만) 국군 함정을 격파함으로써 중국군이 제공권과 제해권을 모두 장악할 수 있도록 하였다. 이에 중국군은 1월 18일 상륙작전을 개시하여 섬 전체를 점령하였다.[23] 이장산전역(一江山戰役)은 중국군 최초의 육·해·공군

---

[21] 戴金宇, 《空軍戰略學》, 頁180.

[22] Kenneth W. Allen, Glenn Krumel, Jonathan D. Pollack, China's Air Force Enters the 21st Century, pp. 58-61.

합동작전이며, 중국공군이 이 전역을 통해 얻은 경험은 다음 세 가지를 포함한다. ① 압도적인 전력을 동원하여 적의 화력진지 및 지휘·통신의 중심을 공격한다. ② 전투기의 수적 우위를 이용하여 전투기의 항속거리와 체공시간이 짧은 단점을 보완한다. ③ 지휘관은 지상부대의 요구에 따라 전력을 탄력적으로 운용하고 목표를 선택한다.[24]

3. 대만해협전역(臺灣海峽戰役)

마오쩌둥(毛澤東)은 1957년 12월 중화민국(대만) 군용기의 중국대륙 침입 활동에 대응하여 중국공군이 1958년 푸젠성(福建省, 복건성)에 진입하여 이러한 태세를 반전시킬 것을 요구하였다.[25] 한편 중국은 1958년 8월 미국의 중화민국(대만) 방위 약속과 미군의 레바논(Lebanon) 개입에 대한 반응을 타진하기 위해 진먼다오(金門島, 금문도) 포격을 결정하였다.[26] 중국공군은 제공권을 탈취하고 진먼다오(金門島)를 포격하는 지상부대의 안전을 엄호하기 위해 한 달 전인 7월에 실전경험이 있는 부대들을 푸젠성(福建省)과 광둥성(廣東省)에 주둔시키고, 푸저우군구(福州軍區, 복주군구)에 공군사령부 지휘부를 설립하였다. 작전지휘를 명확히 하기 위해 중국공군이 하달한 조치는 다음과 같다. ① 전략적으로는 적은 수로 많은 수를 이기고, 전술적으로는 많은 수로 적은 수를 이긴다. ② 한국전쟁에서 학습한 공중전 경험과 전술을 적용한다. ③ 군사위원회의 작전규정을 엄격히 이행한다. ④ 정치지도(政治指導)에 반드시 복종한다.[27]

---

[23] 曲寶林, 〈一江山島戰役：開創我軍聯合作戰先河〉, 《中華人民共和國國防部》, 2019年4月11日, 〈http://www.mod.gov.cn/big5/education/2019-04/11/content_4839241.htm〉

[24] Roger Cliff, John Fei, Jeff Hagen, Elizabeth Hague, Eric Heginbotham, John Stillion, Shaking the Heavens and Splitting the Earth: Chinese Air Force Employment Concepts in the 21st Century (Santa Monica, CA: RAND Corporation, 2011), pp. 37-38.

[25] 中央文獻研究室, 軍事科學院編, 《毛澤東軍事文集第六卷》(北京：中央文獻, 軍事科學出版社, 1993年), 頁373.

[26] Henry Kissinger, On China (New York, NY: The Penguin Press, 2011), p. 178.

[27] 鐘兆雲, 〈1958年國共空軍搶奪台灣海峽制空權大寫真〉, 《人民網》, 2010年11月14日, 〈https://web.archive.org/web/20101114035518/http://cpc.people.com.cn/GB/64162/64172/85037/85039/6224052.html〉

중화민국(대만)공군은 중국의 군사위협에 대응하여 전면적인 초계와 정찰 임무를 수행하였다. 이후 1958년 7월부터 10월까지 중화민국(대만)과 중화인민공화국(중국) 양측 공군 간에 '대만해협전역(臺灣海峽戰役)'이 발발하였다. 중국공군의 전력은 단기간에 급속히 팽창하여 조종사의 기량이 들쭉날쭉하였고, 소련의 교리에 영향을 받아 지상의 통제를 엄격히 준수하였다. 이로 인해 전체적으로 공중작전에 융통성이 부족하였다.[28] 이밖에도 중국공군은 정치적인 제한에 따라 육·해군의 진먼다오(金門島, 금문도) 포격 및 차단작전을 엄호하는 임무를 주로 담당하였고, 500여대를 배치하고도 심지어 과반수의 전투기를 기지방어를 위해 잔류시켜 공중에서는 수적 우세를 발휘하지 못했다. 이와 상대적으로 중화민국(대만)공군은 미국으로부터 신형 전투기와 미사일을 지원받았고, 조종사도 미국식 훈련을 받아 비행시간 및 기량이 우수하였다. 결국 중국공군은 절대적인 공중우세를 확보하지 못하고 진먼다오(金門島, 금문도)를 점령하는 데 실패하였으며, 중화민국(대만)공군은 여전히 대만해협의 공중우세를 장악할 수 있었다. 공중전 전과를 보면, 중국공군의 자료에 따르면 13차례 공중전이 발생했으며 대만공군 전투기 14대를 격추시켰고 9대를 손상시켰다. 이밖에 7차례 대공포(AAA) 교전으로 대만공군 전투기 2대를 격추시키고 2대를 손상시켜 전체적으로 대만공군 전투기 27대를 격추시키거나 손상시켰다. 반면 미공군과 중화민국(대만)공군의 자료에 따르면 25차례 공중전이 발생했으며 중국공군 전투기 32대를 격추시켰고 3대가 격추되었을 것이며 10대를 손상시켰다. 그리고 중화민국(대만)공군은 전투기 3대가 공중전에서 격추되었다.[29]

---

[28] 李俊融, 李靜宜, 〈1950至1960年代臺海長空戰記—國共空軍發展及戰果差異之比較〉, 《檔案季刊》, 第12卷第2期, 2013年 6月, 頁46-65.

[29] Roger Cliff, John Fei, Jeff Hagen, Elizabeth Hague, Eric Heginbotham, John Stillion, Shaking the Heavens and Splitting the Earth: Chinese Air Force Employment Concepts in the 21st Century, pp. 38-39.

〈표-2〉 1958년 대만해협전역 공중전 전과 비교(중국군 VS 대만군)

자료출처	전과 구분	중국공군	대만공군
중국공군(PLAAF) (공중전 13회)	격추	5	공중전 14, 대공포 2
	격추 개연성	–	0
	손상	5	공중전 9, 대공포 2
미국/대만(U.S./ROC) (공중전 25회)	격추	32	3
	격추 개연성	3	–
	손상	10	–

* 출처: Kenneth W. Allen, Glenn Krumel, Jonathan D. Pollack, China's Air Force Enters the 21st Century (Santa Monica, CA: RAND, 1995), p. 67.

미공군 및 중화민국(대만)공군 자료의 공중전 격추 기록만 놓고 보면 중국공군: 중화민국(대만)공군의 격추된 전투기 수는 32: 3이다. 자료마다 약간의 차이가 있는데, 중화민국(대만) 공군의 한 예비역대령은 공대공미사일 AIM-9B Sidewinder가 비밀병기로서 공중전 승리의 열쇠가 됐다면서 "중화민국(대만)공군: 해방군(중국)공군의 전투기 손실은 2:32"라고 하였다.[30]

4. 중월전쟁

1979년 2월 중국은 월남(베트남)을 징벌한다는 뜻의 징월전쟁(懲越戰爭, 중월전쟁)을 일으켰다. 중국공군은 국경지역의 15개 기지에 700여대의 작전기를 배치하였지만, 중국공산당 고위층에서는 충돌을 꺼려하였고 게다가 공군의 군수지원, 유지보수, 정찰 및 지휘통제 등의 결여로 임무수행이 심각히 제한되었다. 이로 인해 국경지역 초계, 지상부대 구호 및 수송 임무에만 전력을 투입하였을 뿐 지상부대의 작전을 직접 지원하지는 못했다.[31] 중월전쟁을 통해 중국공군은 문화대혁명(文化大革命)과 린뱌오사건(林彪事件)이 공군에 끼친 폐해를 인식하게 되었다. 중국공군 고위층에서

---

[30] 陳偉寬, 〈論「八二三臺海戰役」中之空軍作戰〉, 《空軍軍官雙月刊 (高雄縣岡山: 空軍軍官學校)》, 2018年8月(第201期). pp. 2-16.

[31] Kenneth W. Allen, Glenn Krumel, Jonathan D. Pollack, China's Air Force Enters the 21st Century, p. 79.

검토·분석한 중월전쟁의 중요 경험은 다음과 같다. ① 정찰 및 조기경보 능력을 개선해야 한다. ② 전국의 후방 군수지원체계 및 작전 기반시설을 새롭게 건설해야 하다. ③ J(殲)-6(Mig-19 중국산) 전투기의 항속거리가 짧기 때문에 후속 J(殲)-7(Mig-21 중국산) 및 J(殲)-8 전투기 개발을 가속화해야 한다. ④ 국경지역에 각 부대를 교대로 파견하여 작전환경을 경험시켜야 한다.[32] 중국의 고위층은 중국공군의 공중작전 능력이 취약함을 인식하고, 공군 현대화 계획을 추진하였다. 이 계획에는 전투기, 방공미사일 및 무기체계 향상을 비롯하여 조직, 인력, 교리, 군수지원(병참), 유지보수(정비) 개선까지 포함되었다.[33]

전체적으로 중국공군이 참여한 전쟁 중에서 이장산전역(一江山戰役, 일강산전역)에서만 공대지 및 공대해 직접 지원 임무를 수행하였고, 나머지는 모두 공대공 작전만을 수행하였다. 이때 중국공군 기지는 중국대륙 내에 위치하였고, 적대적 쌍방이 정치적 제한에 따라 상호 공군기지에 대한 공격작전을 취하지 않아 공군기지의 전력이 보호됨으로써 실전 경험은 공중작전에만 국한되었다. 따라서 대만해협전역의 공중작전에서 인적 기량, 비행시간/소티, 작전교리 등은 모두 혹독한 대가를 치를 수밖에 없었다. 이밖에 중국공군은 처음부터 지상 전장을 지원하는 부속 전력으로 간주되었고, 게다가 국토방공(國土防空)과 육·해군 지원임무의 속성은 공군의 전체적인 발전을 제한하였다. 또한 중·소분쟁, 문화대혁명, 린뱌오사건(林彪事件)까지 더해져 중국공군의 전체적인 전력은 물론 장병의 사기, 전비태세에도 부정적인 영향을 끼쳐 중월전쟁에 제대로 대응할 수 없었다. 중국공군은 방대한 편제와 장비를 갖추고 있었지만 전략적 사고, 인력 훈련, 무기 장비, 실전 경험 등은 미래전쟁의 요구에 부응하지 못하였다. 이후 중국공군은 점차 현대화를 추진하기 시작하였다.

---

[32] Kenneth W. Allen, "The PLA Air Force:1949-2002 Overview and Lessons Learned," pp. 89-156.
[33] Vishal Nigam, "PLAAF in Transition: 1979-93," AIR POWER Journal, Vol. 5, No. 3, July-September 2011, pp. 37-75.

Ⅳ 실전화 훈련으로의 전환

　1978년 12월 집권한 덩샤오핑(鄧小平)은 미래전의 중요성을 인식하고 있었다. 우선적으로 잠재적 위험상태에 있던 공군을 면밀히 통제하기 위해 인력 훈련의 부족과 항공기 품질불량 등의 문제를 개선하는 데 주력하였다.[34] 이에 따라 1980년대 중국공군은 훈련 패러다임을 바꾸기 시작하였다. 합동훈련과 협동훈련을 강조하며 비행훈련을 더욱더 실전에 가깝게 개선하였고, 특히 1982년에는 '남군부대(藍軍部隊, 중화민국(국민당) 청천백일기(靑天白日旗)의 남색을 대표하는 가상적부대)'를 각 군구마다 1~3개씩 설립하여 가상적으로서의 역할을 담당하도록 하였다. 그러나 J(殲)-7과 J(殲)-8 전투기의 성능 한계 및 미리 짜인 긴밀한 연습각본과 엄격한 지상통제에 따른 요격훈련은 중국공군을 진정한 실전화 훈련 수준에 이르지 못하게 하였다.[35] 1987년 중국공군은 허베이성(河北省) 창저우(滄洲)에 '비행시험훈련센터(飛行試驗訓練中心)'를 설립하고, 전투기 개발시험, 조종사 훈련, 공중전 전술개발 등을 시작하였으며, 이후 개발된 전술을 비행부대로 전파하여 전체 작전능력을 향상시켰다.[36] 또한 최초로 설립된 '남군부대(藍軍部隊, Blue Army)'를 통하여 가상적의 공방(攻防) 전술을 시뮬레이션하고, 다른 항공병(航空兵) 부대와의 훈련을 통해 전투기량을 향상시켰다.[37]

　1991년 걸프전에서 미군을 비롯한 다국적 연합군부대의 활약은 중국군의 고위층을 놀라게 하였다. 그 중에서 공중전력의 능동적이고 신속하며 신출귀몰한 특성은 중국공군의 교리 개혁과 현대화를 촉진시켰고, 특히 전투기의 공중 지휘·통제 능력

---

[34] John Wilson Lewis, Xue Litai, "China's Search for a Modern Air Force," International Security, Vol. 24, No. 1, Summer 1999, pp. 64-94.

[35] Kenneth W. Allen, Glenn Krumel, Jonathan D. Pollack, China's Air Force Enters the 21st Century, p. 131.

[36] Vishal Nigam, "PLAAF in Transition: 1979-93," pp. 37-75.

[37] Kenneth W. Allen, "PLA Air Force Operations and Modernization," in Susan M. Puska eds., People's Liberation Army After Next (Carlisle PA: SSI, 2008), pp. 189-253.

을 향상시켰다.³⁸ 1996년 중국공군은 간쑤성(甘肅省) 주취안시(酒泉市) 딩신(鼎新, 정신) 비행장의 '딩신시험훈련기지(鼎新試驗訓練基地)'를 확장하여 전술훈련센터를 설립하였다. 전술훈련센터에는 활주로, 미사일, 화포, 레이더, 지휘소, 유류저장시설, 탄약고 등이 실제 비율에 맞게 설치되었고, 공군부대의 실전화 훈련에 제공되었다.³⁹ 1996년 '대만해협 미사일 위기' 이후 중국공군은 J(殲)-7과 J(殲)-8 전투기를 대만과 인접한 푸젠성(福建省) 지역에 정기적으로 교대하여 배치하였다. 이를 통해 신속한 부대 배치 및 낯선 전장 환경을 숙달시켰다. 또한 대만과 인접한 난징군구(南京軍區) 조종사들은 반드시 해상 상공에서 공대공 미사일 사격훈련을 실시하도록 하였다.⁴⁰ 1996년에서 1999년까지 중국공군은 '첨단기술 조건 하 국지전(高技術條件下局部戰爭)에서의 승리'라는 지침에 부응하여 일련의 전술개발 훈련을 실시하였고, 첨단기술 공중전 하의 임무수행 능력을 향상시켰다.⁴¹ 1998년부터는 서태평양과 남중국해 위협에 더욱더 초점을 맞추고, 해양을 건너가는 장거리 항행훈련을 점차 증가하여 해상작전능력을 향상시켰다.⁴²

2000년 이후 중국공군은 구형 전투기를 신형 전투기로 교체하면서 조종사의 훈련 기준도 이에 맞게 상향하였다. 중국공군 지도층은 소티 당 비행시간과 비행거리를 늘릴 것과 수상(해상), 야간, 저공비행 및 복잡한 전자기 환경에서의 비행능력을 향상시킬 것을 요구하였다. 나아가 실전화 훈련 모델을 강조하였는데, 여기에는 좀 더 사실적인 장소·환경, 좀 더 구체적이지 않은 훈련 각본, 가상적 '남군부대(藍軍部隊)'의 증가, 적대적이고 복잡한 전자기 환경에서의 운용 등을 포함한다.⁴³ 2001년 중국공군은 『군사훈련 지도사상(軍事訓練指導思想)』을 개정하였는데, 그 중에서 본

---

38 Shikha Aggarwal, "Understanding China's Military Strategy: A Study of the PLAAF," pp. 169-191.
39 Lawrence "Sid" Trevethan, "Brigadization" of the PLA Air Force (Dayton, OH: NASIC, 2018), p. 31.
40 Kenneth W. Allen, "PLA Air Force Operations and Modernization," pp. 189-253.
41 顧軍, 《大閱兵 : 中國正在成為軍事強國》(紐約 : 明鏡出版社, 2009年), 頁48.
42 Kenneth W. Allen, Cristina L. Garafola, 70 Years of the PLA Air Force, p. 254.
43 National Air Space Intelligence Center, People's Liberation Army Air Force 2010, p. 8.

래 1987년의 '개혁을 견지하고(堅持改革), 효과를 제고하며(提高效益), 안정적으로 전진하고(穩步前進), 안전을 보장한다(保證安全)'는 내용을 '실전에 근접하게(貼近實戰), 대항이 표출되게(突出對抗), 어렵고 엄격하게(從難從嚴), 과학기술을 충분히 반영하여 훈련한다(科技興訓)'로 바꾸었다. 이는 중국공군이 훈련의 중점을 그동안 안전을 중시하던 것에서 실전화를 강조하는 방향으로 전환하였음을 나타낸다.[44] 이에 따라 중국공군은 예정하여 설정하던 가상적 훈련각본을 중단하였고, 또 공방(攻防) 양측이 사전에 열었던 훈련조정협력회의도 개최하지 않기로 하였다. 동시에 조종사들이 공중조작을 보다 능동적으로 시도해 볼 수 있도록 하였으며, 특히 2002년 이후에는 부대 비행훈련과정에 이(異) 기종 간 대항과목을 증가시켰다.[45]

2004년 중국공군은 공군전략을 '국토방공(國土防空)'에서 '공방겸비(攻防兼備)'로 전환하고, 훈련도 이에 부합되도록 지속적으로 심화하였다. 여기에는 장거리 지역초월기동, 전장전환, 타 지역 주둔훈련, 야간비행, 이(異) 기종 간 요격, 각 병과(특기)와의 공지(空地) 대항 등이 포함되며, 조종사들이 임전(臨戰) 상황을 적극적으로 경험할 수 있도록 하였다.[46] '정보화 조건 하 국지전(信息化條件下的局部戰爭)에서의 승리'라는 지침에 부응하기 위해 2008년 중국공군은 부대건설의 방향을 '전략공군(戰略空軍)'으로 설정하고, 훈련 체제와 방식을 더욱 정예화 하였다. 특히 복잡한 환경에서의 전기전술(戰技戰術) 훈련, 다(多)병과·다(多)기종 협동훈련 및 합동훈련을 강조하고, 겨냥성 맞춤형의 대항훈련을 실시하였으며, 기지화(基地化), 모의화(模擬化), 네트워크화(網絡化) 훈련의 비중을 높였다.[47] 2009년 중국공군의 고위층은 비행부대의 실전기술을 향상시키기 위해 '자유공중전' 훈련개념을 제안하였고, 2010

---

[44] Kevin M. Lanzit and Kenneth, "Right-Sizing the PLA Air Force: New Operational Concepts Define a Smaller, More Capable Force," in Roy Kamphausen, Andrew Scobell eds., Right Sizing the People's Liberation Army: Exploring the Contours of China's Military (Carlisle PA: SSI, 2007), pp. 437-478.

[45] National Air Space Intelligence Center, People's Liberation Army Air Force 2010, pp. 84-85.

[46] 國防部「國防報告書」編纂委員會,《中華民國93年國防報告書》(臺北 : 國防部, 2004年), 頁33.

[47] 國務院新聞辦公室,〈2008年中國的國防〉白皮書,《新華社》, 2009年1月20日,〈http://www.gov.cn/jrzg/2009-01/20/content_1210075.htm〉

년부터 일부 신입 조종사들의 훈련프로그램에 이를 적용하기 시작하였다. 2011년에는 '자유공중전' 훈련과 경연대회를 전군 각 부대 단위로 확대, 시행하였다.[48]

2012년부터 중국공군은 비행사단을 '기지(基地) – 여단(旅)' 체제로 전환하는 조직 개혁을 시작하였다. 이는 중국공군의 현대화 목표를 달성하기 위한 것으로서 훈련 부문에 있어서는 기동성, 해상비행, 공중급유, 전천후 및 복잡한 기상 조건 하에서의 비행, 야간비행, 이(異) 기종 간 대항 등의 과목을 강화하였다.[49] 2012년 10월 J(殲)-10 전투기 최초의 기상적 부대를 창설하였다. J(殲)-10 전투기는 가성적 '남군(藍軍)'을 맡아 홍(紅) ↔ 남(藍) 대항훈련을 수행하며 조종사의 실전능력을 향상시켰다.[50] 이 밖에 중국공군은 병과 협동작전능력 향상을 위한 실전화 훈련으로서 대항훈련 방식을 강조하였다. 즉, 훈련기지에 복잡한 전장환경을 구축하고, 각 병과부대가 홍군(紅軍)과 남군(藍軍)을 구성하여 체계대항 훈련을 실시함으로써 훈련의 실효성과 병과부대의 대항능력을 향상하였다.[51]

2014년 2월 중국공군은 실전화 훈련을 지도하기 위해 『공군 실전화 훈련 조치(空軍實戰化訓練舉措)』를 발간하고, 이에 따라 부대 훈련을 통일적으로 시행할 수 있도록 하였다.[52]

2017년 11월 중국공군은 『신세대 군사훈련법규(新一代軍事訓練法規)』의 개정을 완료하였다. 이 법규의 주요 목적은 부대의 전투력 향상에 있으며, '실전공군(實戰空軍), 전환공군(轉型空軍), 전략공군(戰略空軍)'의 건설 목표를 추진하기 위한 것이다. 이에 따라 '모든 훈련은 작전을 위한 것'이라는 개념을 더욱 강조하고, 실탄 훈련과

---

[48] Michael S. Chase, Kenneth W. Allen, Benjamin S. Purser Ⅲ, Overview of People's Liberation Army Air Force "Elite Pilots", pp. 9-10.

[49] 鄧秋陽, 《中國霸權：軍事和外交》(紐約：哈耶出版社, 2013年), 頁36-37.

[50] 張力, 黃子岳, 〈中國空軍首支殲-10專業假想敵部隊亮相〉, 《新浪軍事》, 2012年10月20日, 〈http://mil.news.sina.com.cn/2012-10-20/1104704225.html〉

[51] 國務院新聞辦公室, 〈中國武裝力量的多樣化運用〉白皮書, 《新華社》, 2013年4月16日, 〈http://big5.gov.cn/gate/big5/www.gov.cn/jrzg/2013-04/16/content_2379013.htm〉

[52] 空軍司令部軍訓部, 〈2014年空軍實戰化訓練七大舉措〉, 《人民網》, 2014年2月20日, 〈http://politics.people.com.cn/n/2014/0220/c70731-24413342.html〉

조종사 자율작전 능력을 함양함으로써 공군의 전비태세와 작전능력을 향상시키고 있다.[53]

최근 중국공군은 '전략공군(戰略空軍)'으로 발전하기 위해 전략방향을 해양으로 전환하고, 장거리 작전능력을 향상시키고 있다. 특히 동중국해, 대만해협, 남중국해 등의 분쟁지역에 대응하기 위하여 해상 공중작전에 초점을 맞추고, 이러한 지역에서의 실전화 훈련을 통해 위협 대응능력을 향상시키고 있다. 예를 들면, 2013년 11월 중국은 동중국해방공식별구역을 설정하고, 당일 여러 기종의 작전기를 파견하여 초계임무를 수행하였다.[54] 2015년 3월 중국공군 H(轟)-6 폭격기가 처음으로 제1도련(第一島鏈)을 넘어 서태평양지역까지 장거리 항행훈련을 하였고, 2016년 5월 H(轟)-6 폭격기가 남중국해 용수자오(永署礁, 영서초, Fiery Cross Reef)에 전투초계비행을 실시하였다. 같은 해 11월 H(轟)-6 폭격기 2대, Y(運)-8 수송기 1대, Tu-154 전자정찰기 1개가 대만 본섬을 선회하여 비행하였다.[55] 2018년 5월 H(轟)-6 폭격기가 남중국해 남사군도(Paracel Islands)의 용싱다오(永興島, 영홍도, Woody Island)에서 이착륙 훈련을 실시하였다.[56] 2019년 7월 중국공군의 H(轟)-6 폭격기 4대와 러시아 공군 TU-95 폭격기 2대가 연합초계비행을 실시하며 한국의 동해(東海, East Sea)에서 중국의 동중국해(東海, East China Sea)로 항행하였다.[57] 중국공군은 2020년 2월부터 전투기를 빈번하게 파견하여 대만 방공식별구역(ADIZ)의 남서쪽 모퉁

---

[53] 張玉清, 黃書波,〈空軍新一代軍事訓練法規重塑戰鬥力生成模式〉,《中華人民共和國國防部》, 2018年 3月 9日,〈http://www.mod.gov.cn/big5/power/2018-03/09/content_4806414.htm〉

[54] 李開強,〈空軍發言人：空軍將繼續實施東海防空識別區空中警巡〉,《人民網》, 2016年11月5日,〈http://military.people.com.cn/BIG5/n1/2016/1105/c1011-28837027.html〉

[55] Mark R. Cozad, Nathan Beauchamp-Mustafaga, People's Liberation Army Air Force Operations over Water: Maintaining Relevance in China's Changing Security Environment (Santa Monica, CA: RAND Corporation, 2017), p. 23.

[56] Ministry of Defense, Defense of Japan 2019 (Tokyo: MOD, 2019), p. 76. Japan Ministry of Defense,〈https://www.mod.go.jp/e/publ/w_paper/pdf/2019/DOJ2019_Full.pdf〉. accessed February 17, 2020.

[57] 羅文璇, 柯軍, 董帥, 楊帥, 霍俊宇,〈中俄首次戰略巡航提升兩軍戰略協作水…平〉,《中華人民共和國國防部》, 2019年8月29日,〈http://www.mod.gov.cn/info/2019-08/29/content_4849376.htm〉

이를 침범하며 훈련을 실시하고 있다.[58]

이밖에 중국공군은 외국군의 경험을 배우기 위해 외국군 부대와의 연합훈련이나 경연대회에 참가함으로써 해외 병력투사의 경험뿐만 아니라 타국 훈련의 장점을 보고 배우며 작전능력을 향상하고 있다. 예를 들면, 2007년 8월 러시아에서 개최된 '평화사명(和平使命, Peace Mission)' 연습에 최초로 전투기를 파견하여 참가하였고,[59] 2010년 9월 카자흐스탄에서 개최된 '평화사명' 연습에는 더 많은 전투단을 우루무치(烏魯木齊) 인근 기지에서 이륙시켜 참가시켰다. 이때 중국공군은 우루무치 인근 기지에서 이륙하여 카자흐스탄의 연습 지역을 직접 왕복비행하며 실탄 공격훈련을 실시하였다.[60] 2010년 9월 터키에서 개최된 '아나톨리안 이글(安納托利亞之鷹, Anatolian Eagle)' 연습에 전투기를 파견하였고, 2011년 3월 파키스탄에서 개최된 '독수리(雄鷹, Shaheen)' 연합공중전 연습과 2014년 7월 러시아에서 개최된 '항공다트(航空飛鏢, Aviadarts)' 경연대회에도 전투기를 파견하였다. 2015년 8월 러시아에서 개최된 '공수부대(空降排, Airborne Platoon)' 경연대회에 공강병부대(空降部隊)를 파견하였고, 2015년 11월 태국에서 개최된 '팰콘 스트라이크(鷹擊, Falcon Strike)' 연습에 전투기를 파견하였다. 2016년 8월 러시아에서 개최된 '하늘의 열쇠(天空之鑰, Keys to the Sky)' 경연대회에 방공미사일부대를 파견하였고,[61] 2018년 9월 러시아에서 개최된 '동방(東方)-2018(Vostok-2018)' 연습에 JH(殲轟)-7 전투폭격기를 파견하였으며,[62] 2019년 9월 러시아에서 개최된 '중부-2019(中部-2019, Tsentr-2019)' 연습에 H(轟)-6 폭격기, JH(殲轟)-7 전투폭격기 및 J(殲)-11 전투기

---

[58] Kenneth W. Allen, Cristina L. Garafola, 70 Years of the PLA Air Force, p. 349.

[59] 李大光,〈解放軍在「和平使命-2007演習中的「第一次」〉,《文匯報》, 2007年8月24日,〈http://paper.wenweipo.com/2007/08/24/PL0708240003.htm〉

[60] Daniel M. Hartnett, "Looking Good on Paper: PLA Participation in the Peace Mission 2010 Multilateral Military Exercise," in Roy Kamphausen, David Lai, Travis Tanner eds., Learning by Doing: The PLA Trains at Home and Abroad (Carlisle PA: SSI, 2012), pp. 213-258.

[61] China Aerospace Studies Institute, PLA Aerospace Power: A Primer on Trends in China's Military Air, Space, and Missile 2nd Edition (Montgomery, AL: CASI, 2019), pp. 73-76.

[62] 蔡鵬程, 李祥輝,〈"東方-2018"戰略演習中俄聯合戰役演練正式展開〉,《中華人民共和國國防部》, 2018年9月11日,〈http://www.mod.gov.cn/big5/action/2018-09/11/content_4824732.htm〉

등을 파견하였다.[63]

또한 2021년 8월 중국의 닝샤회족자치구에서 개최된 중·러 '서부·연합(西部·联合)-2021' 연합훈련에 중국공군은 J(歼)-20 스텔스 전투기 4대를 포함하여 J(歼)-11, J(歼)-16 전투기, JH(歼轰)-7A 전투폭격기, Y(运)-20, Y(运)-9 특수목적 수송기 등을 참가시켰다.[64]

Ⅴ 5대 명칭 실전화 훈련

중국공군은 인력 훈련의 정예화와 전체 작전능력의 향상 및 '공천일체(空天一體), 공방겸비(攻防兼備)'의 전략목표를 달성하기 위해 5대 명칭 실전화 훈련 모델을 적용하고 있으며, 이를 통해 각 병과의 훈련을 촉진하고 부대 전력의 진정한 변혁을 도모하고 있다. 중국공군의 고위층에 따르면 이러한 명칭 훈련은 사명(使命) 임무계획의 훈련내용, 실전 환경에 맞게 구성된 훈련조건, 작전 절차에 요구되는 조직훈련, 전쟁에 요구되는 작전능력 평가에 따라 훈련을 실시하고 있다고 한다.[65] 전체적으로 훈련의 주요 목표는 다음과 같다. ① 조종사를 복잡한 전자기 전장 환경에 적응시켜 실전 시 불확실한 상황에 대처할 수 있도록 한다. ② 현행 전술·전법을 평가하고, 이에 대한 의견을 개진하거나 또는 새로운 전술을 연구·개발하여 제공한다. ③ 공군 각 병과의 공동훈련을 통합하고, 전체적인 작전능력을 증진한다. ④ 무기·장비 및 조종사 능력의 결함을 발견할 수 있도록 돕는다.[66] 각 명칭별 실전화 훈련을 요약하

---

63 羅順裕, 涂靈, 〈"中部-2019"演習拉開帷幕〉, 《中華人民共和國國防部》, 2019年9月16日, 〈http://www.mod.gov.cn/big5/action/2019-09/16/content_4850440.htm〉

64 新华社记者 刘芳, 「"西部·联合-2021"演习正式开始」, 《新华网》, 2021年08月09日, http://www.xinhuanet.com/politics/2021-08/09/c_1127744656.htm

65 〈人民空軍成立71周年 '築夢空天 向戰而行〉, 《CCTV-7國防軍事》, 2020年11月13日, 〈https://www.youtube.com/watch?v=Z-rN8hPM51s〉

66 Jana Allen, Kenneth, The PLA Air Force's Four Key Training Brands (Montgomery, AL: CASI, 2018), p.7.

면 다음과 같다.

〈표-3〉 중국공군의 5대 명칭 실전화 훈련

명칭	주요내용
레드스워드연습 (紅劍演習)	각 전구공군 지휘기구와 예하 작전부대가 참가하는 체계대항 훈련이며, 중국공군 최대 규모의 합동훈련
골든헬멧 연습 (金頭盔演習)	중국공군의 비행기량을 겨루는 훈련이며, 전투비행 상황에서 우수자를 선발하는 대항적 성격의 연례 비행경연대회
골든다트 연습 (金飛鏢演習)	조종사의 공중공격 및 긴급방어·긴급타격 작전능력을 향상시키기 위한 훈련이며, 중국공군이 긴급방어·긴급타격(突防突擊) 능력을 평가하면서 평가 우수자에게 '긴급타격명수(突擊能手)'라는 칭호를 부여
블루실드 연습 (藍盾演習)	방공병(防空兵)의 방공미사일 실전화 훈련이며, 정찰·타격·방호 등을 종합한 통합훈련
경전(擎電) 전자전 연습 (擎電演習)	중국공군의 전자전 능력을 향상하는 데 목적을 두고 실시하는 전역(戰役) 수준의 전자대항 및 전자억제 연습

* 출처: 劉錦洋, 「四大品牌訓練享譽空天戰場」, 解放軍報, 2017年 5月 20日, 版1., 張泪泪, 李襲, 〈空軍實戰化訓練推出 "擎電"新品牌提升電子戰能力〉, 《新華網》 등을 참조하여 필자가 재작성

1. 체계대항훈련: 레드스워드 연습

레드스워드(紅劍, 홍검, Red sword) 연습은 공군사령부가 주도하는 예하 전역(戰役) 계층의 홍(紅) ↔ 남(藍) 체계대항 훈련으로서 2007년에 처음 시행하였다. 연습목적은 전구공군(戰區空軍) 지휘기구의 작전정비, 용병지휘 및 임기응변 능력을 연마하는 데 있다. 구체적으로 공군부대가 담당하는 정찰·조기경보, 전자교란, 방공제압, 화력타격, 합동방공 등의 작전임무를 연계하여 실전화 훈련을 수행함으로써 현대화 전쟁의 도전에 대응하는 것이다.[67] 연습방식은 2개의 공군 방어기지에서 각각 홍(紅), 남(藍) 쌍방을 담당하고, 각각 전투기, 조기경보기, 정찰기 등 각종 작전기와 레이더병, 지상방공병, 공강병(空降兵, 공수낙하병), 전자대항부대, 정보통신부대 등 각 병과·부대를 배치한다. 연습편성은 대부분 예속 관계에 있지 않은 부대를 임시로

[67] 張泪泪, 程果, 付震, 〈"精兵制勝"—空軍"紅劍-2018"演習助力作戰指揮能力建設提升〉, 《新華網》, 2018年 5月25日, 〈http://www.xinhuanet.com/politics/2018-05/25/c_1122889824.htm〉

차출하여 구성한다. 전체 연습과정에는 연습각본이 없고, 예행연습도 없으며, 정보와 자료를 제공하지도 않는 완전한 실전 상황에 근거한다. 또한 24시간 전천후로 진행하여 부대의 작전지휘능력과 훈련기준을 전면적으로 검증한다.[68] 양측의 연습 지휘관은 전장정보에 따라 전술·전법 판단, 공격목표 선정, 전장상황 평가 및 후방 군수지원, 무기 및 탄약 사용, 작전 효과 평가 등을 담당한다.[69] 연습 승패의 판단은 적기 격추의 수량만으로 비교하는 것이 아니라 쌍방이 대항과정에서 수행한 작전목적, 지휘계획, 목표선정, 전술운용, 전과평가 및 인력, 무기, 탄약 등의 집행 상황이 반영된 데이터를 교차 비교하여 승패의 결과를 도출한다.[70]

레드스워드(紅劍) 연습은 실전화 상황 하에서 계속 발전하고 있다. 이미 전술(戰術) 수준에서 전역(戰役) 수준으로, 단일병종에서 다병종·다기종으로, 재래식 훈련에서 정보화 훈련으로 전환하였으며, 실전화 정도가 가장 높은 연습이 되었다.[71] 연습내용도 단일병종·단일기종의 단순 조건에서의 대항훈련에서 다병종·다기종의 복잡한 전자기 환경에서의 대항훈련으로, 그리고 다시 전(全) 요소 미지(未知)의 조건에서의 체계대항훈련으로 발전하는 3단계 발전단계를 거쳤다. 이로써 중국공군의 가장 많은 작전 단위부대가 참여하는 실전화 훈련이 되었다.[72]

2018년 '레드스워드(紅劍)-18' 연습에는 J(殲)-20 스텔스 전투기가 최초로 참가하여 미군의 대만 군사개입을 모의한 '등군(橙軍, 오렌지군)'을 담당하였고, 장거리 급습으로 대규모 공중투하를 수행함으로써 훈련범위를 지상작전으로까지 확대시켰다. 이처럼 전체적인 연습내용은 더욱더 실전 상황에 근접하고 있다.[73] 이밖에 정치공작(政治工作)이 처음으로 평가항목에 포함되었는데, 부대전력에

---

[68] 李建文, 程果, 〈空軍"紅劍-2018"演習致力提升體系制勝能力〉, 《中國軍網》, 2018年5月24日, 〈https://81-cn.newsproxy.vip/kj/2018-05/24/content_8040506.htm〉

[69] Jana Allen, Kenneth, The PLA Air Force's Four Key Training Brands, p. 23.

[70] 紀夢楠, 〈專訪「紅劍-2018」演習總導演景建鋒〉, 《壹讀》, 2018年5月28日, 〈https://read01.com/zhtw/oLNOg0e.html#.YE7KiFUzbIU〉

[71] 倪光輝, 郭洪波, 〈空軍"紅劍-2017"實戰演練打響〉, 《人民網》, 2017年11月29日, 〈http://military.people.com.cn/BIG5/n1/2017/1129/c1011-29673495.html〉

[72] Jana Allen, Kenneth, The PLA Air Force's Four Key Training Brands, pp. 19-20.

대한 정치공작의 공헌도를 계량화하여 평가하였고, 평가결과는 연습 쌍방이 개선책을 강구할 수 있도록 제공함으로써 전시(戰時) 정치공작의 효과를 증진하였다.[74]

2. 자유공중전 훈련: 골든헬멧 연습

골든헬멧(金頭盔, 금두회, 금색헬멧, Golden helmet) 연습은 2011년에 처음 시행하였고, 전투기 조종사를 대상으로 공중전을 겨루어 우승자에게 골든 헬멧(金頭盔, Golden helmet)이라는 명칭을 부여하고, 부상으로 '골든 헬멧(Golden helmet)'을 수여하는 경연대회이다.[75]

연습목적은 경연대회 방식을 통해 조종사의 공중전 능력을 증진하고, 실전화 훈련의 효과를 향상하는 데 있다. 이밖에 중국공군은 현행 또는 새로 개발한 전술·전법을 평가하여 개선안을 건의하고, 나아가 장비의 성능이나 조종사의 능력을 검증하는 데도 골든헬멧 경연대회를 활용하고 있다.[76] 2011년 첫 번째 경연대회는 자유공중전 개념을 적용하여 기존에 안전을 위해 설정했던 공중전 진입고도 차이를 폐지하였다. 2014년에는 기존의 단기 대항에서 2기 편대 대항 방식으로 전환하였다. 2015년에는 이(異) 기종 간 대항 방식을 채택하고, '천응배(天鷹盃, 하늘매 컵, Sky Hawk Cup)'이라는 단체상을 신설하였다. 2017년에는 모든 참가 기종을 Su-27, Su-30, J(殲)-11, J(殲)-10 등과 같은 중국 기준의 제3세대 신예 기종으로 변경하고, 근접 공중전 평가 확대, 지상 지휘관 관여 축소, 전투기 외부탑재 제한 폐지 등의 조치를 취했다. 전투기 외부탑재 제한 폐지에는 미사일의 수량, 전자대항 파드(ECM,

---

[73] 王兆陽, 〈解放軍空軍擧行「紅劍-2018」演習增設橙軍模擬第三方介入〉, 《卽時中國》, 2018年5月25日

[74] 張玉淸, 張汨汨, 〈生命線全方位融入紅藍體系對抗—空軍"紅劍-2018"演習探索戰時政治工作特點規律〉, 《新華網》, 2018年5月30日, 〈http://www.xinhuanet.com/mil/2018-05/30/c_1122914359.htm〉; 〈空军"红剑－2018"体系对抗演习掠影〉, 《解放军报》, http://www.mod.gov.cn/power/2018-07/17/content_4819438.htm

[75] 〈「金頭盔」在大地上飛翔〉, 《大公網》, 2017-05-29. 〈http://www.takungpao.com.hk/international/text/2017/0529/85204.html〉

[76] Jana Allen, Kenneth, The PLA Air Force's Four Key Training Brands, pp. 6-7.

Electronic Counter Measures POD) 등이 포함된다. 한편 골든헬멧 경연대
회에 참가하는 조종사의 수가 매년 증가함에 따라 상대적으로 입상 가능성
도 낮아져 상호 경쟁이 더욱 심화되고 있다. 이밖에 남해함대 해군항공병(海軍航空
兵) 조종사 3명이 최초로 참가하여 군종 간 교류 증진과 공중전 기량 향상에 기여하
였다.[77]

2021년 골든헬멧 경연대회에는 J(殲)-20 스텔스 전투기가 최초로 참가하
였다. 중국관영 CCTV 공식 웨이보(중국판 트위터)는 9월 8일 "최근 '골든헬
멧-2021' 공중전이 치열하게 벌어지고 있다. 중국공군은 건제 단위별로 다양한 기
종으로 혼합편대를 구성하여 합동작전 효율을 높이고 있다"고 전하며, J(殲)-20 스
텔스 전투기의 공중전 화면을 방영하였다.[78]

골든헬멧 경연대회에 참가하는 조종사는 본래 소속부대에서 선발하여 파견하던
것에서 대회 보름 전에 공군사령부가 무작위로 추첨하여 선발하는 방식으로 변경되
었다. 또한 처음 참가하는 인원수가 전체 참가 인원수의 50% 이하가 될 수 없도록
하였다. 이는 이미 증명된 우수 조종사를 위해 경연하거나 그 조종사에게 훈계 받는
일을 피하고, 가능한 전체 조종사의 능력을 광범위하게 평가하기 위함이다.[79] 경연
내용은 가시거리 밖 작전, 근거리 전투, 동(同) 기종 대항 및 이(異) 기종 대항, 전자
대항(ECM) 등이다.[80] 승패를 판정하는 기준은 본래 '점수제'에서 '격추제'로 변경되
었다가 다시 현재의 '임무제'로 변경되었다. '임무제'는 조종사가 상대방을 격추하는

---

[77] 郭媛丹,〈實戰性越來越强, 以"金頭盔"比武看中國空軍戰力〉,《環球網》, 2018年7月25日,〈https://mil.huanqiu.com/article/9CaKrnKaJzp〉;〈蔣佳冀的彪悍人生：中國空軍「金頭盔」三冠王, 39歲已是大校〉,《虹軍事》, 2020/12/03, https://read01.com/5nN0mkQ.html#.YtGgO0UzaUl 原文網址：https://read01.com/5nN0mkQ.html

[78] 布藍,〈央視播出殲20「金頭盔」考核畫面 空軍推動多種機型聯合作戰〉,《香港01》, 2021-09-11, https://www.hk01.com/ ;〈殲-20加入"金頭盔-2021"空中對抗〉,《dyfocus.com》, 2021-09-08, https://dyfocus.com/news-military/147395.html

[79] 郭媛丹,〈解放軍金頭盔飛行員身份曝光享專屬塗裝戰機〉,《新浪軍事》, 2014年9月21日,〈http://mil.news.sina.com.cn/2014-09-21/1026802253.html〉

[80] Michael S. Chase, Kenneth W. Allen, Benjamin S. Purser Ⅲ, Overview of People's Liberation Army Air Force "Elite Pilots", p. 11.

것에 그치지 않고 반드시 부여된 임무를 완수함으로써 실전적 요구에 부합하는 것을 말한다.[81]

3. 긴급방어·긴급타격 훈련: 골든다트 연습

골든다트(金飛鏢, 금비표, Golden dart) 연습은 공대지, 공대해 긴급타격 임무를 수행하는 공격기 및 폭격기 부대 위주의 훈련으로서 2014년 처음 시행하였다. 연습 목적은 경연방식을 통하여 비행부대의 공중공격 및 긴급방어·긴급타격 능력을 향상하고, 전술·전법을 검증·개선하며, 실전적 환경에서 무기·장비의 효과와 비행요원의 능력을 평가하는 데 있다.[82] 연습내용은 실전 기준 제정, 긴급방어 고도 개방, 전 과정 실탄 사용 및 실시간 영상자료 방영 등을 적용한다. 비행요원은 긴급타격 항로, 전술·전법, 전자전 장비 장착 등을 반드시 자체적으로 계획하고, 목표지역 밖의 레이더, 미사일, 전자전 체계의 탐지 및 요격을 돌파하여 최종적으로 1회 진입, 1회 조준, 1회 공격을 실시한다. 1회 공격으로 목표를 명중시키지 못하면 '0점' 처리된다.[83]

가상적 남군(藍軍)을 담당하는 지상 방공부대는 자체적으로 공격 방향과 전술을 연구하여 진지를 설치할 수 있으며, 장거리와 근거리 화력의 조화를 통해 공격기에 대한 요격 임무를 수행한다.[84]

전체 경연 과정은 각 체계를 통합한 작전능력을 발전시키는 데 초점을 두기 때문에 경연에 직접 참여하는 공격기 및 폭격기 외에도 무인기, 조기경보기, 전자전기의 동원 및 부대경비, 운항관리, 전자전, 레이더, 기상, 항공관제, 시설공사의 지원 등 참여부대의 모든 요소를 평가한다.[85]

---

[81] 許毅, 李建文, 〈"金頭盔"因戰而變：從"擊落制"到"任務制" 從一對一到編隊纏鬥〉, 《中華人民共和國國防部》, 2017年12月23日, 〈http://www.mod.gov.cn/big5//shouye/2017-12/23/content_4800554.htm〉

[82] Jana Allen, Kenneth, The PLA Air Force's Four Key Training Brands, pp. 10-11.

[83] 張力, 閆國有, 〈空軍組織突防突擊競賽性考核練硬功 藍天勇士爭當"金飛鏢"〉, 《中華人民共和國國防部》, 2014年10月5日, 〈http://news.mod.gov.cn/pla/2014-10/05/content_4541534.htm〉

[84] 李建文, 郝茂金, 〈空軍"金飛鏢-2018"突防突擊競賽考核拉開戰幕〉, 《中華人民共和國國防部》, 2018年4月19日, 〈http://www.mod.gov.cn/big5/power/2018-04/19/content_4809816.htm〉

2015년 '골든다트' 연습은 처음으로 동부해역 해상훈련으로 실시되었고, 주로 비행요원들의 해상작전 적응 훈련에 중점을 두었다. 이는 중국이 향후 서태평양지역 충돌에 대비하여 비행부대의 해상공격 능력을 강화하고 있는 것으로 평가된다.[86]

2018년 '골든다트' 연습은 중국 동북지역에서 실시되었다. 중국공군 참모부 훈련국 관계자는 "실전 환경 구축에 더욱 중점을 두며, 작전환경 배치, 전 과정 실탄 사용, 주야간 지속, 예정 및 임시 목표물 타격, 조종사의 저고도 침투 전술, 복잡한 환경에서의 빠른 목표 탐색, 무기별 연속 타격 능력 등 부대의 공격작전과 훈련수준을 전반적으로 점검한다"고 하였다. 2018년 연습에는 10여개 항공병부대에서 200여명의 조종사가 참가하였고, 수백 여회의 비행 소티로 남군(藍軍) 방공부대 방공망을 돌파하는 훈련을 진행하였다.[87] 중국군의 해방군보(解放軍報)는 "최근 몇 년간 훈련 지역은 고비사막에서 협곡, 해상, 초원으로 확대되었고, 정보 공방(攻防), 체계 대항, 전자기 환경 등의 요소들이 지속적으로 융합되었다. 골든다트 경연대회는 갈수록 난이도가 높아지고 차원이 높아져 공군부대의 실전 능력을 검증하고 연마하는 데 효과적인 플랫폼이 되고 있다"고 밝혔다.[88]

4. 방공 및 미사일 방어 훈련: 블루실드 연습

블루실드(藍盾, 남순, 남색방패, Blue shield) 연습은 공군 지상방공부대의 작전능력을 검증하기 위해 2002년에 처음 시행하였다. 연습중점은 미사일, 레이더, 정보 등의 체계이며, 연습내용은 단순 화력사격, 기지훈련 심화 등의 초기 방식에서 현재

---

[85] 李建文, 楊偉科, 〈"金飛鏢"開戰!五大戰區空軍誰更強〉, 《中國軍網》, 2016年7月21日, 〈http://www.81.cn/big5/jmywyl/2016-07/21/content_7168406.htm〉

[86] 陶社蘭, 〈中國空軍2015年"金飛鏢"比武首次在海上方向組織〉, 《中國新聞網》, 2015年9月8日, 〈http://www.chinanews.com/mil/2015/09-08/7511911.shtml〉

[87] 〈大陸空軍"金飛鏢"演習! 空地對戰逼真演練〉, 《中視新聞》, 20180509, https://www.youtube.com/watch?v=mOJ5oTrepww

[88] 李建文, 郝茂金, 〈空軍"金飛鏢-2018"突防突擊競賽考核拉開戰幕〉, 《解放軍報》, 2018-04-19, http://www.mod.gov.cn/big5/power/2018-04/19/content_4809816.htm

실병·실탄 대항 방식으로 전환하였다. 즉, 전체 방공작전 체계를 실전적으로 검증하고, 새로운 항공·우주 위협에 대응한 작전 형태로 개선하고 또한 '정찰, 타격, 기동, 방호, 지원'을 통합하는 방식으로 방공 및 미사일 방어의 실전화 훈련 체계를 구축하였다.[89] 이밖에 러시아에서 개최하는 '하늘의 열쇠(天空之鑰, Keys to the Sky)' 국제군사경연대회를 참조하여 2017년부터 '블루실드(金盾牌, 금순패, Golden shield)'와 '블루실드 첨병(藍盾尖兵, 남색방패 첨병, Blue shield cutting edge soldier)'이라는 경연대회를 신설하였다. 이러한 경연대회의 경연항목은 기존 5개 항목을 바탕으로 현재 12개로 항목으로 확대되었다. 12개 경연항목에는 작전지휘, 공지대항, 야간기동, 실탄사격, 야전 통신망 구축, 특수차량 운전, 경병기 사격, 군사체능 등이 포함된다. 또한 경연항목의 난이도를 높였는데, 예를 들면 ① 방공부대는 지정된 위치로 이동하고 반드시 공격이 시작되기 전에 작전 정비를 완료해야 한다. ② 훈련 기간 동안 가상적의 수, 공격시간, 공격방향, 공격고도 등의 정보는 제공하지 않는다. ③ 대항 쌍방은 각각 독립적으로 작전하며, 상대방의 정보자료를 제공하지 않는다. 이러한 조건은 방공부대로서 반드시 갖추어야할 핵심역량을 강화하고, 기존의 취약점을 시정하기 위한 것이다.[90]

블루실드의 연습방식은 홍(紅) ↔ 남(藍) 대항으로 진행된다. 가상적을 담당하는 남군(藍軍)은 전투기, 전자전기, 무장헬기 및 무인기 등으로 구성되고, 주야간, 저공, 다수의 공격편대군, 상이한 공격방향 등의 전술로써 방공부대로 구성된 홍군(紅軍) 진지에 기습공격을 가하며, 홍군(紅軍) 부대는 긴밀한 협력을 통해 목표물을 신속하게 탐색 및 획득하고, 즉각 모의공격을 실시해야 한다.[91] 2018년 '블루실드-18' 연습은 공군 방공병(防空兵) 부대와 육·해군 및 로켓군 군종과의 합동방공훈련으로 확대하여 진행하였다. 이 연습은 각 군종 지상합동방공체계 구축, 작전운용 및 전법 검증, 각 군종·병과를 초월한 협동작전능력 및 기지방공작전 지휘

89　李洪鵬, 張力, 〈激戰10餘天, 空軍"金盾牌"花落誰家〉《中國軍網》, 2017年4月15日, 〈http://www.81.cn/big5/jmywyl/2017-04/15/content_7563548.htm〉

90　Jana Allen, Kenneth, The PLA Air Force's Four Key Training Brands, pp. 14-16.

91　Jana Allen, Kenneth, The PLA Air Force's Four Key Training Brands, p. 16.

능력 향상에 중점을 두었다.[92]

5. 전자전(EW) 훈련: 경전(擎電, 칭뎬) 연습

2019년 중국공군은 '경전(擎電)', 중국어로 '칭뎬(qingdian)' 연습을 새롭게 실전화 훈련에 포함시켰다. 경전(擎電) 연습은 전역(戰役) 수준의 전자대항(ECM) 및 전자억제 연습으로서 중국공군의 전자전(Electronic warfare, EW) 능력을 향상하는 데 목적을 두고 있다.[93] 그런데 여기서 새롭게 출현한 중국공군 용어 '경전(擎電)'은 앞의 '紅劍, 훙젠(hongjian)'처럼 우리말 '홍검'이나 영어 'Red sword'로 쉽게 번역되지 않는다. 필자의 지인이면서 중국어가 모국어인 현역 외국 공군 장교는 "칭뎬(擎電, 경전)은 단지 고유명사일 뿐 한자 그대로의 뜻은 없다. 칭뎬(擎電)은 중국공군에서 '전자전(電) 능력이 가장 뛰어난 사람(擎) 혹은 최고의 사람(擎)'이라는 뜻이다. 이것은 중국공군이 연습 명칭으로 제시한 5번째 용어이다. 2018년까지는 4개였다. 擎(경, qing(칭))은 '높게 들거나 떠받들다'는 뜻으로 예를 들면 '一柱擎天(일주경천)'은 '기둥 하나가 하늘을 떠받친다'는 뜻이다. 따라서 경전(擎電)은 '전자전 능력을 한껏 치켜들어 최고조로 발휘하라 또는 최고조로 발휘하는 사람'이라는 뜻이 되지만, 이는 미화된 문구일 뿐 중국어 표준 용법은 아니다"고 설명하였다.

경전(擎電) 전자전 연습은 용어 해석뿐만 아니라 아직까지 연습과 관련된 자료도 부족한 상태이다.[94] 다만 지금까지 소개된 중국군의 전자전 원리와 사례로 볼 때, 주로 다음 세 가지 형태를 복합적으로 적용하여 연습할 것으로 추정된다.

① 전자정찰: 중국의 전자정찰기가 적에 대해 전자정찰을 실시할 때, 일반적으로 무전침묵(radio silence)을 유지하면서 방공위협 외곽에서 임무를 수행하거나 혹은

---

[92] 王日, 張鶴, 劉川, 〈空軍"藍盾-18"地面聯合防空打響〉, 《中華人民共和國國防部》, 2018年6月6日, 〈http://www.mod.gov.cn/big5/2018lbbz/2018-06/06/content_4820595.htm〉

[93] 張汩汩, 李糵, 〈空軍實戰化訓練推出"擎電"新品牌提升電子戰能力〉, 《新華網》, 2019年10月13日, 〈http://m.xinhuanet.com/2019-10/13/c_1125099612.htm〉

[94] 〈推出「擎電」提升電子戰能力〉, 《文匯報》, 2019-10-14, http://paper.wenweipo.com/2019/10/14/CH1910140019.htm

저공비행으로 원하는 위치까지 비행한 후 갑자기 고도를 높여 정찰·수집 임무를 수행한다.[95]

② 전자공격: 중국공군이 공중공격을 실시할 때, 폭격기, 전투기, 공격기, 전자전기를 편성하여 적 방공체계를 교란하거나 파괴하는 대공제압 편대군 임무를 수행한다.[96] 예를 들어 중국공군의 신형 Y(運)-9 전기전기(高新-11)는 적의 방공레이더와 통신시스템을 원거리에서 교란할 수 있다.[97]

③ 전자방어: 중국은 방공미사일 진지의 안전을 확보하기 위해 초소형 발사기를 개발하여 진지 주변에 배치하였는데, 이 초소형 발사기는 방공미사일 진지를 공격하는 대레이더미사일(Anti-Radiation Missile)을 유인함으로써 방공미사일 진지가 피격되는 것을 방지한다.[98]

이밖에 중국에서 발간된 『레이더 대항 원리(雷達對抗原理)』에는 항공모함 공격편대군의 전자전 공격 사례가 서술되어 있는데. 이를 통해 중국공군의 전자대항 훈련 상황을 추정할 수 있다. 전자전 공격 방식을 요약하면 다음과 같다.

공격 편대는 20대 이상의 각종 전자전기로 구성한다. ① 먼저 조기경보기가 항모전투단의 위치를 확인한 후 공격편대에 전달한다. ② 다음으로 전자교란기가 함정레이더를 교란하고, 대레이더미사일(Anti-Radiation Missile)을 장착한 전투기가 공격 임무를 수행한다. ③ 이어서 폭격기가 레이더를 교란하는 금속 조각 채프(chaff)를 공격회랑에 방사하여 공격편대를 엄호하는 한편 정밀유도 미사일로 항모전투단을

---

[95] 耿志雲, 《攻防兼備 : 中共空軍電戰系統發展之研究》(臺北 : 高手專業出版社, 2012年), 頁89.

[96] Roger Cliff, John Fei, Jeff Hagen, Elizabeth Hague, Eric Heginbotham, John Stillion, Shaking the Heavens and Splitting the Earth: Chinese Air Force Employment Concepts in the 21st Century, p. 94.

[97] Office of the Secretary of Defense, Military and Security Developments Involving the People's Republic of China 2020 (Washington D.C.: DOD, 2020), p. 51, U.S. Department of Defense, ⟨https://media.defense.gov/2020/Sep/01/2002488689/-1/-1/1/2020-DOD-CHINA-MILITARY-POWER-REPORT-FINAL.PDF⟩. accessed September 3, 2020.

[98] 白邦瑞(Michael Pillsbure)著, 林添貴譯, 《2049百年馬拉松 : 中國稱霸全球的秘密戰略》(The Hundred-Year Marathon: China's Secret Strategy to Replace America as the Global Superpower) (臺北 : 麥田出版社, 2015年), 頁221.

공격한다. ④ 마지막으로 전자교란기가 임무를 전환하여 적 화력통제 레이더, 미사일 유도시스템 및 지휘링크 등을 교란한다. ⑤ 모든 공격 과정이 끝날 때까지 전자교란을 지속한다.[99]

Ⅵ 강약점 분석

1. 강점

① 중국공군의 실전화 훈련은 대부분 '딩신시험훈련기지(鼎新試驗訓練基地)'에서 실시되고 있다. 이곳은 중국의 북서부 사막지역(간쑤성 주취안)에 위치하여 보안성이 좋고, 공역(空域)이 넓으며 시설도 완비되어 있어 대규모 병력 연습, 실탄 사격 및 복잡한 전자기 환경 조성 등의 훈련에 적합하다.[100]

② 중국공군의 실전화 훈련 내용은 점차 최적화되고 있다. 무(無) 연습각본 및 복잡한 전자기 환경에서의 대항훈련으로서 훈련 내용을 더욱더 다원화하고 단일 병종・병과 대항에서 다중 병종・병과 체계대항으로 전환하고 있다. 예를 들면, '골든헬멧' 연습은 자유공중전에 공중조기경보, 전자대항(ECM) 등이 추가되었고, 심지어 '명칭훈련과 명칭훈련' 대항으로까지 격상되었다. 예를 들어 '골든다트'와 '블루실드'를 결합하여 연습을 실시하면 인력과 부대의 전투력을 효과적으로 향상시킬 수 있다.[101]

---

[99] Zi Yang, "Blinding the Enemy: How the PRC Prepares for Radar Countermeasures," China Brief, Vol.18, Issue 6, April 9, 2018, 〈https://jamestown.org/wp-content/uploads/2018/04/Read-This-Issue-in-PDF.pdf?x45558〉. accessed May 2, 2021.

[100] Michael S. Chase, Kenneth W. Allen, Benjamin S. Purser Ⅲ, Overview of People's Liberation Army Air Force "Elite Pilots", p. 6.

[101] 楊偉科, 李建文, 〈空軍以實戰化訓練品牌為牽引持續創新升級〉, 《中華人民共和國國防部》, 2020年 11月 24日, 〈http://www.mod.gov.cn/big5/power/2020-11-24/content_4874503.htm〉

2. 단점

① 비행부대 훈련과 '골든헬멧' 경연대회는 훈련내용이 연계되지 않아 상호 괴리가 있다. 중국군 해방군보(解放軍報)의 보도에 따르면, 경연대회 참가 조종사들을 인터뷰했을 때 젊은 조종사들은 고난도의 훈련 경험이 부족하기 때문에 "놀라움에 식은땀을 흘렸다"고 공통된 소감을 전했으며, 10년차 조종사도 "스스로 능력의 부족을 느꼈다"고 한다. 이는 조종사의 부대 훈련이 실전 상황에 부합되지 않기 때문이며, 이에 따라 경연대회에 참여할 때 기량 부족과 심리적 부담이 큰 것으로 나타난다.[102]

② 부대가 상을 받는 것을 지나치게 중시하여 부대 훈련이 경연대회를 위한 훈련으로 변질되었다. 부대 지휘관은 각 단위부대의 명예를 쟁취하기 위하여 '골든헬멧', '골든다트', '블루실드' 등과 같은 경연대회에 많은 시간을 들이면서 오히려 마땅히 해야 할 부대의 실전훈련은 소홀히 하였다.[103]

③ 비행부대와 방공부대는 초저공 기습전술을 지나치게 중시한다. '골든다트'와 '블루실드' 경연대회를 관찰해 보면, 비행부대는 초저공 전술을 자주 사용하여 방공 레이더 탐지 및 미사일 공격을 회피하였고, 이에 따라 지상 방공부대로 하여금 저공 목표물 탐지 및 공격 능력을 강화하도록 유도하였다.[104] 그러나 이러한 공격 방식은 1960년대 전술·전법으로서 전자전과 스텔스 기술의 적용을 강조하는 현재의 전장에 부합되지 않을 뿐만 아니라 발전하는 무기체계에 대응하기에는 너무나 낡고 효용성이 적어 미래전의 작전 패턴을 감당할 수가 없다.[105]

④ 실전화 훈련의 내용은 여전히 실전 상황과 상당한 괴리가 있다. 중국공군의 실전화 훈련은 홍(紅) ↔ 남(藍) 대항모델로 진행되고 있지만, 무기·장비나 전술·전법 모두 가상적(미·일 등)을 완전하게 모방할 수 없어 실제 전쟁에서 작전 승산과 훈련

---

[102] 範江懷, 王天益, 〈空軍"金頭盔"比武進化史的調查與思考〉, 《中華人民共和國國防部》, 2018年7月24日, 〈http://www.mod.gov.cn/big5/power/2018-07/24/content_4820236.htm〉

[103] Jana Allen, Kenneth, The PLA Air Force's Four Key Training Brands, p. 26.

[104] 王力, 耿禎, 〈"金飛鏢"日記：來看飛行員的所思所感〉, 《中國軍網》, 2018年11月13日, 〈http://www.81.cn/kj/2018-11/13/content_9343253.htm〉

[105] 崔長琦主編, 《21世紀空襲與反空襲》(北京：解放軍出版社, 2002年), 頁129-131.

효과는 떨어질 수밖에 없다. 또한 훈련 내용도 과거의 작전 사례로 설정되어 있어 비록 전장 상황을 체험할 수는 있겠지만 미래의 새로운 작전 패턴에는 부합하지 못할 수 있다.

Ⅶ 결론

실전화 훈련은 시진핑 집권 이후 적극적으로 추진하는 강군 건설의 일환이다. 최근 들어 중국공군은 동중국해, 대만해협, 남중국해에서의 충돌 및 미군의 개입 가능한 위협에 대응하여 적극적으로 신형무기를 구매하고 있으며, 아울러 실전화 훈련을 통해 부대 전체의 전투력을 끌어올리고 있다.

그러나 중국공군은 1979년 중월전쟁(懲越戰爭) 이후 실전에서의 작전 경험이 없으며, 공대공 작전 경험의 경우는 1958년 '대만해협전역'이 마지막이다. 게다가 비행훈련은 오랫동안 엄격한 지상 통제와 설정된 각본에 의존하였고, 심지어 전략적 사고도 '국토방공'에 편중되어 미·일의 공군전력에 비해 크게 낙후됨으로써 현대전의 요구에 부응하지 못하였다.

이제 중국공군은 선진 국가와의 전력 격차를 좁히거나 뛰어넘기 위해 서방국가의 전쟁 경험을 흡수함은 물론 미군의 레드플래그(Red Flag) 연습을 모방하여 '블루실드(藍盾)', '레드스워드(紅劍)', '골든헬멧(金頭盔)', '골든다트(金飛鏢)', '경전(擊電, 칭뎬) 전자전(EW)' 연습의 5대 명칭 실전화 훈련을 진행하고 있으며, 이를 통해 각 병종·병과의 협동작전 능력을 강화하고 있다.[106] 또한 남중국해, 동중국해, 동해 해역 및 서태평양에 공중전력을 투사하여 선제적으로 공중전력 정돈 및 전장 숙련을 도모하고 있으며, 나아가 러시아를 비롯한 외국군과의 연합훈련 교류를 통해 실전적 경험을 누적하고 있다.

---

[106] 〈斩获"金头盔"!又夺"金飞镖"!揭秘解放军王牌飞行员如何造就 看国产战机歼-16挂弹升空 轰击地面目标!〉, 《军迷天下》, 2021. 09. 14. https://www.youtube.com/watch?v=VEwiMBQgHlA

제5장
중국군의 고정익 무인기 군집작전

제5장

중국군의 고정익 무인기 군집작전

차례
- I. 서론
- II. 중국군 무인기 군집작전의 발전 맥락, 개념 및 현황
- III. 중국군 무인기 군집작전 관련 기술과 작전 방식
- IV. 중국군 무인기 군집작전의 특징과 약점
- V. 결론: 인식과 대응

요 약

　이 연구는 중국군의 무인기 군집작전의 발전 맥락과 개념 및 현황에 대한 분석을 통하여 무인기 '군집작전(클러스터작전)' 관련 기술 및 작전 방식을 알아보고, 그 특징과 약점에 따른 대응방안을 논의하고자 한다. 최근 중국군은 저장(浙江), 푸젠(福建), 광둥(廣東) 등 대만과 인접한 공군기지에 최신식 전투기와 무인기를 잇달아 배치하며 대만을 겨냥한 공중전력 운용의 유연성을 높이고 있다. 따라서 중국군의 무인기 군집작전은 향후 대만해협(台湾海峡) 무력사용에 있어 중요한 장비가 될 것으로 예상된다. 이렇듯 중국군의 무인비행체(UAV)는 대만군의 방위작전에 위협을 가중시키고 있어 대만군의 대응연구 또한 활발히 진행되고 있다. 따라서 이 연구는 중국문헌 뿐만 아니라 대만군의 연구 자료를 통해 중국군의 고정익 무인기 군집작전에 관한 내용을 파악하고자 하였다.

keyword　무인기 군집작전(無人機集群作戰), 무인비행체(UAV)

I 서론

    중국군의 무인기 군집작전에 대한 연구는 무인비행체(Unmanned Aerial Vehicle, UAV)의 발전에서 시작되었으며, 미군의 영향을 상당히 많이 받았다.[1] 1990년대 말 미군이 먼저 '군집작전(클러스터작전)' 개념을 제시하였고, '벌떼작전(蜂群作戰, Swarming Warfare)'이라고도 하였다.[2] 미군이 개발한 벌떼 무인기시스템은 기본적으로 초소형, 소형 무인기로 은닉성이 뛰어나 방공체계를 쉽게 돌파할 수 있다. 이 벌떼 무인기시스템은 휴대용 전자, 광학, 적외선 등 각종 정찰탐지 장비를 운용하여 전장상황을 감지하거나 또는 우군의 작전체계 탐지기로부터 정보를 지원받는다. 또한 벌떼 무인기 간 링크를 통해 정보를 릴레이 하여 작전에 신뢰성 있는 정보를 제공한다. 정보가 복잡하고 치열하게 대결하며, 임무도 다변화하는 불확실한 미래의 전장 환경에 대응하기 위해서는 비행체가 전장상황을 스스로 감지하고 인지할 수 있는 능력을 갖추는 것이 필요하다.[3] 이는 중국군의 무인비행체(UAV)에 대한 다양한 발전을 촉진시켰고, 육·해·공군 및 로켓군의 입체 전력에 중요한 존재로서[4] '무기장비 현대화'의 일부분이 되었다. 이는 시진핑(習近平) 중앙군사위원회 주석이 강조한 '네 가지 현대화'[5] 즉, ① 군사이론 현대화, ② 군대조직형태 현대화, ③ 군사인력 현대화, ④ 무기장비 현대화의 일환이기도 하다.

    다른 한편으로, 중국은 대만에 대한 무력 사용 의지를 공공연하게 언급하고 있다. 2019년 1월 시진핑 중국공산당 총서기는 '대만동포에게 고하는 문서(告台灣同胞書)' 발표 40주년을 맞아 양안의 평화통일에 대한 외부세력의 간섭 및 극소수 '대만독립'

---

1 《中國軍網》, http://www.81.cn/big5/theory/2017-08/29/content_7734925.htm.
2 韓光松, 王忠, 李萍, 〈無人機集群反艦作戰與反集群對策研究〉, 《艦船電子工程》, 第6期, 2018年, 頁1.
3 萬華翔, 張雅艦, 〈蜂群無人機對戰場環境的影響及對抗技術研究〉, 《飛航導彈》, 第4期, 2019年, 頁69-70.
4 蔡志詮, 〈共軍無人飛行載具發展現況與我海軍因應作為〉, 《海軍學術雙月刊》, 2020年4月, 第54卷第2期, 頁26.
5 중국의 국방 및 군대 건설의 「네 가지 현대화」: 「군사이론 현대화, 군대조직형태 현대화, 군사인력 현대화, 무기장비 현대화. 시진핑, 《전면적 샤오캉사회(小康社會)를 건설하여 신시대 중국 특색 사회주의의 위대한 승리를 쟁취하자》, 《해방군보(解放軍報)》, 2017年10月28日, 版1.

분열세력에 대해 무력 사용의 포기를 약속하지 않는다고 하였고,[6] 2020년 5월 29일 중국의 '반국가분열법(反分裂國家法)' 제정 15주년 좌담회에서 리잔수(栗戰書) 중앙정치국 상무위원도 "대만에 대한 무력 사용을 포기하지 않는다"고 밝혔으며, 리쭤청(李作成) 중앙군사위원회 참모장은 "군대는 모든 수단을 동원하여 영토의 보전을 확보하겠다"고 강조하였다.[7] 중국군은 2016년 말부터 군용기로 대만 주변을 빈번히 교란하기 시작하였고,[8] 2020년 6월부터는 대만 남서쪽 외곽 공역에서 활동 빈도를 높이고 있다.[9]

이렇게 볼 때 중국군의 무인기 군집작전의 성과는 향후 중국군의 대만해협(台湾海峡) 무력 운용상에 있어 전쟁의 양상을 바꿀 수 있는 중요한 장비가 될 수 있다. 특히 중국군은 저장(浙江), 푸젠(福建), 광둥(廣東) 등의 공군기지에 최신식 전투기와 무인기를 잇달아 배치하며 대만을 겨냥한 공중전력 운용의 유연성을 높이고 있다.[10] 이렇듯 중국군의 무인비행체(UAV)는 대만군의 방위작전에 위협을 더욱 가중시키고 있어 대만군의 대응연구 또한 활발히 진행되고 있다. 따라서 중국군의 무인비행체(UAV) 운용과 대만군의 대응연구를 동시에 파악하면서 중국군에 접근하는 것은 유용한 연구방법이 될 것이다.

---

[6] 시진핑이 발표한 "무력사용의 포기를 약속하지 않는다"는 문구의 전체 문장을 생략 없이 소개하면 다음과 같다. 「중국인은 중국인을 공격하지 않는다. 우리는 평화통일의 비전을 위해 최대한의 성의를 가지고 최선을 다할 용의가 있다. 왜냐하면 평화적인 방식으로 통일하는 것이 양안 동포와 전 민족에게 가장 유리하기 때문이다. 우리는 무력 사용의 포기를 약속하지 않으며, 모든 필요한 조치를 취할 선택을 보류한다. 이는 외부세력의 간섭과 극소수 '대만독립' 분리주의자 및 그들의 분열 활동을 겨냥하는 것이다. 결코 대만 동포를 겨냥하는 것이 아니다. 양안 동포는 공동으로 평화를 도모하고 평화를 수호하며 평화를 향유해야 한다.」,〈習近平：在《告台灣同胞書》發表40周年紀念會上的講話〉,《人民網》, 2019年01月02日. http://cpc.people.com.cn/BIG5/n1/2019/0102/c64094-30499664.html.

[7] 習近平,〈為實現民族偉大復興, 推進祖國和平統一而共同奮鬥-在《告臺灣同胞書》發表40周年紀念會上的講話〉,《解放軍報》, 2019年1月3日, 版1；國防部,《中華民國108年國防報告書》(臺北：國防部, 2019年9月), 頁40.

[8] 綜合規劃處主稿,〈對臺政策〉,《大陸情勢季報》, 2020年7月, https://ws.mac.gov.tw/Download.ashx?u.

[9] 塗鉅旻, 蔡宗憲,〈共機頻擾台, 國軍後勤成本激增〉,《自由時報》, 2020年9月10日, 版2.

[10] 塗鉅旻,〈國防部：共軍資通電作戰, 具癱瘓我軍能力〉,《自由時報》, 2020年9月1日, https://news.ltn.com.tw/news/politics/paper/1396824

이 연구는 이러한 인식을 바탕으로 문헌분석 연구방법을 사용하였다. 중국군의 해방군보(解放軍報) 등 정기간행물과 대만군의 전문적인 군사학술논문에 따르면 중국군은 미래전을 선도하기 위해 무인기 기술 발전에 전력을 다하고 있다.[11] 여기서는 관찰 가능한 정도에서 중국군의 무인기 군집작전의 발전 맥락과 개념 및 현황을 설명하고, 이어서 무인기 군집작전 관련 기술과 작전 방식을 정리할 것이며, 이를 통해 그 특징과 약점을 분석할 것이다. 이 연구가 중국군의 무인기 군집작전을 인식하고 대응책을 마련하는 데 참고가 되기를 기대한다.

Ⅱ 중국군 무인기 군집작전의 발전 맥락, 개념 및 현황

관련 문헌에 따르면,[12] 중국군의 UAV 발전은 전면적이고 전체적이며 다양한 성과를 거두어 무인기 군집작전에 물질적 기초와 관련 기술을 제공하였다. 예를 들면 인공지능, 마이크로전자산업, 그룹망기술, 플랫폼 소형화 등의 기술이며, '군집(클러스터)' 무인기 수의 증가, 유인(有人) 작전단위와의 협동 등 복잡한 작전 임무를 완수하는 데 큰 영향을 주었다.[13] 따라서 그 발전의 맥락과 개념 및 현황은 향후에도 좀 더 추적하여 정리할 필요가 있다.

---

[11] 〈無人機改變未來戰爭：中國大力投入新武器〉, 2017年9月19日, https://www.bbc.com/zhongwen/trad/science-41322015

[12] 應紹基, 〈中國大陸軍用無人機發展之現況與展望〉《空軍學術雙月刊》, 第657期, 2017年4月100-115；許然博, 〈中共無人飛行載具發展對我海軍威脅〉《海軍學術雙月刊》第51卷, 第5期, 頁115-134；謝游麟, 〈共軍對於人工智慧(AI)之發展與政策建議〉, 《陸軍學術雙月刊》, 第55卷, 第568期, 2019年12月, 頁61-80；吳⋯姝璿, 〈中共無人飛行載具發展對我防衛作戰威脅之研究〉《陸軍學術雙月刊》, 第55卷, 第568期, 2019年12月, 頁81-99；孫亦韜, 〈中共無人飛行載具發展與運用〉, 《海軍學術雙月刊》, 2020年4月, 第54卷第2期, 頁6-21；蔡志詮, 頁22-38.

[13] 範彬, 楊書奎, 〈小型無人機集群作戰的關鍵技術分析〉, 《無線互聯科技》, 第17期, 2019年9月, 頁132.

1. 중국군 무인기 군집작전의 발전 맥락과 개념

1960년대 베트남전으로 거슬러 올라가 보면, 미군은 베트남 전장에서 '파이어비(Firebee, 火蜂, 불벌) BQM-34' 무인기를 사용하여 정찰과 전자전 임무를 수행하였고, 중국의 영공을 자주 넘었다고 한다. 1964년 11월 15일 중국공군의 J(殲)-6 (MiG-19 중국산) 전투기가 최초로 BQM-34 무인기 1대를 격추시키는 기록을 세웠다.[14]

중국군은 이후 BQM-34(일부 문헌은 AQM-34로 기록하고 있음)를 자주 격추시켰다. 중국공군 통계에 따르면 미군 무인기는 1964년 8월부터 1969년 12월까지 5년여 동안 97차례 중국 영공에서 정찰활동을 벌이다가 중국공군 전투기 부대에 14대, 지대공미사일 부대에 3대, 해군 항공병부대에 3대 등 모두 20대가 격추되었다.[15] 중국군은 BQM-34의 잔해를 수거한 후 북경항공항천대학(北京航空航天大學, 베이징항공우주대학교)에서 모방연구를 진행하였고, 이는 CH(長虹, 창홍)-1호 무인기의 모태가 되었다. CH(長虹)-1 무인기는 1972년 11월 28일 첫 비행을 하였고, 1980년대 정형화를 거쳐 정식으로 부대에 배치되었다. 군용 모델은 WZ(無偵, 우전)-5 고고도 다목적 무인기(영문으로는 BUAA DR-5)로서[16] 중국 UAV 발전의 시작이 되었다.[17]

사실 UAV는 최초에는 방공시스템의 표적기나 교란을 위한 미끼 등으로 활용되었다. 1980년대 말 중국은 이스라엘로부터 파이어비(Firebee) AQM-34 무인기를 구입하여 포병의 사격위치 확인 및 사격교정 정찰에 사용하였다. 그러나 보유량이 많지 않아 특별한 실험 목적으로만 사용하면서[18] UAV 운용 경험을 누적하였다. 이는

---

14 應紹基, 頁100. ; 火云杂谈, 〈"看一眼就怀孕"中国无人机是如何从无到有的〉, 《存满娱乐网》, 2021-01-22. http://www.cunman.com/new/0f5c23617dc041b0a2984d87e0d2d894

15 〈中国首款"太空无人机"：代号无侦8, 能在大气层边缘"打水漂"〉, 2020-09-26. https://web.6parkbbs.com/index.php?app=forum&bbsid=2076&act=view&tid=886232

16 應紹基, 頁100.

17 〈长虹1系列无人机〉, 《无人机网》, 2015-11-10. https://www.youuav.com/news/detail/201511/963.html.

18 應紹基, 頁100.

이후의 무인기 군집작전 발전에 기반이 되었으며, 관련 개념을 정립하는 데 기여하였다.

전술한 UAV의 발전 맥락에서 중국은 미국의 영향을 받았으며, 초기에는 표적기, 교란미끼, 포병 사격위치 확인 및 사격교정 정찰 등의 용도로 사용하였다. 2000년대 이후에는 소형 무인기의 유효하중 소형화, 항속시간, 초가시거리 통신, 저비용화 등 방면에 계속해서 진전을 보았고, 군집기술, 독자기술, 협동기술 등 지능화 기술의 발전은 소형 무인기의 전력화를 견인하였다.[19] 현대전에서 무인기의 전장 출현 빈도가 점점 높아지면서 무인기 군집작전에 대한 개념도 생겨났다.[20] 주로 '무인', '무인비행체', '벌떼작전', '충성요기(Loyal Wingman)' 모델, '군집작전' 모델, '무인기 벌떼' 작전 등의 개념이다〈표-1 참조〉. 이에 따르면 '벌떼작전', '군집작전', '무인기 벌떼' 작전은 문자로서 표현 방식은 다르지만 그 개념은 동일거나 유사하다. 중국에는 아직까지 통일된 정의가 없는 것으로 파악되기 때문에, 본 연구는 무인기 '군집작전(集群作戰)' 이라는 개념을 적용하여 연구목적에 부합하도록 사용하였다. 중국의 무인기 군집작전 개념에 따르면 스마트 그룹 네트워크(智能組網, 지능조망)를 통해 소형 무인기 군집작전 효과를 단일한 대형 무인기보다 크게 높일 수 있고, 대형 무인기 또한 그룹 네트워크를 통해 군집작전 방식으로 운용하면 더욱 강력한 작전 능력을 발휘할 수 있다.[21] 이러한 개념에서 중국의 무인기 군집작전은 작전의 요구에 따라 다르게 편성할 수 있고, 유형의 크기에도 구애받지 않는다. 따라서 1950년대, 1960년대의 J(殲)-6,[22] J(殲)-7 전투기를 무인기로 개조한[23] 중국의 동향과 작전운용에 주목할 필요가 있다.

---

[19] 瑪律傑拉圖, 〈「蜂群」戰術是什麼?〉, 《飛行百科》, 2019年2月, 頁5.
[20] 方曉志, 〈無人機開啟作戰新模式, 仿生作戰概念 :「蜂群戰術」〉, 《熱點軍事》, 2018年9月30日, 頁28.
[21] 孫凱, 崔學志, 〈無人機蜂群戰術及對抗策略研究〉, 《中國科技縱橫》, 第10期, 2019年6月, 頁210-211.
[22] 平可夫, 〈我國面臨更大的空防壓力〉, 《漢和防務評論》, 第167期, 加拿大漢和資訊中心, 2018年9月, 頁26 ; 轉引自吳…姝璿, 〈中共無人飛行載具發展, 對我防衛作戰威脅之研究〉, 《陸軍學術雙月刊》, 第55卷第568期, 2019年12月, 頁85-86.
[23] John Allen and Amir Husain著, 王建基譯, 〈改變戰局的人工智慧〉, 《國防譯粹》, 第46卷第7期, 2019年7月, 頁8-9.

〈표-1〉 중국군의 무인기 군집작전과 관련한 개념 정의

순서	용어	개념 정의
1	무인 (無人)	주로 지휘관·참모가 배후에 은신한 상태에서 전장 일선의 무인화, 작전플랫폼의 무인화를 가리키며, 기계가 사람을 대체하여 위치하고 행동을 하며, 기계가 모든 것을 수행하고 완료한다.[24]
2	무인비행체 (無人飛行載具)	원격조종설비나 자체 제어장비에 의해 조종되는 지능형 비행기로서 약칭 '무인기'이다. 유인기에 비해 구조가 간단하고, 무게가 가벼우며, 크기가 작고, 원가가 낮고, 기동성이 뛰어나며, 은폐성이 좋으며, 유인기에 적합하지 않은 임무를 수행할 수 있다.[25]
3	군집 (集群)	공동의 목표를 가진 군체가 어떤 목적을 이루기 위해 시시각각 움직이는 조화로운 행동을 가리킨다. 군체 속의 객체는 간단한 움직임도 논리규칙을 따르며, 어떤 중심의 통제를 받지 않으면서도 군체는 거시적 지능 행위를 나타낸다.[26]
4	벌떼전술 (蜂群戰術)	무인기를 주체로, 네트워크화된 정보시스템을 기반으로 규모와 상호보완 효과를 이용한다. 협동태세 감지와 전장정보 공유를 통하여 고도의 지능화된 자율계획, 자율협동, 자율행동을 진행한다. 장비의 수적 우위로 적군을 제압한다. 즉 군집의 복잡성, 이질성 및 사람과 벌떼 군체 간 상호교류를 기반으로 풍부한 전술을 구사하여 실제 자연계의 벌떼와 같은 군집적 자생조직 수준에 도달함으로써 뚜렷한 전장 우위를 구현한다.[27]
5	충성요기 모델 (忠誠僚機模式)	무인기와 유인기의 협동을 가리킨다. 유인기 플랫폼이 편대의 장기를 맡고, 여러 대의 무인기가 요기로 운용되는 작전체계이다. 이러한 협동에서 무인 플랫폼, 감지기, 무기 등 자원에 대한 통제권은 모두 사람이 가진다. 사람의 작전 지시 하에 무인기는 원거리 태세 감지, 무기 투하, 기만 교란 등 각종 작전 임무를 수행한다. 이 모델에서 무인기는 단지 앞서 언급된 감지기와 사수(射手)일 뿐이다.[28]
6	군집작전 모델 (集群作戰模式)	소형 무인기 군체의 자율적인 협동작전을 가리킨다. 감지기를 통한 삼각 위치 지정을 이용하고 네트워크를 통해 군집 내 각 노드(node)를 플랫폼의 자신의 정보, 외부 하중 자료 등과 실시간으로 공유한다. 실제 교전 상황에 따라 할당된 하중과 임무를 신속하게 처리한다.[29]
7	무인기벌떼작전 (無人機蜂群作戰)	군집 중의 무인기 개체는 필요에 따라 임무별 하중을 탑재하고, 탈중앙화 방식으로 관리할 수 있다. 네트워크화 협동작전을 통해 전장 정찰, 통신 중계, 전자 교란 또는 거점 타격 등의 임무를 수행함으로써 무인기 간 고도로 지능화된 자율 협동 작전이 가능하다.[30]

* 출처: 陳津萍, 徐名敬, 〈中國大陸無人機集群作戰發展之研究〉, 《空軍學術雙月刊》, 第680期/2021年2月, 頁67.

---

[24] 何雷, 〈智能化戰爭並不遙遠〉, 《解放軍報》, 2019年8月8日, 版7.
[25] 國防大學科研部, 《軍事變革中的新概念》, 北京 : 解放軍出版社, 2004年4月, 頁336.
[26] 範彬, 楊書奎, 頁132.
[27] 範彬, 楊書奎, 頁132.
[28] 瑪律傑拉圖, 頁6-8.
[29] 瑪律傑拉圖, 頁7-8.
[30] 楊中英, 王毓龍, 賴傳龍, 〈無人機蜂群作戰發展現狀及趨…勢研究〉, 《飛航導彈》, 第5期, 2019年5月, 頁34 ; 孫凱, 崔學志, 頁210-211.

2. 중국군의 무인기 군집작전에 대한 인식과 현황

가. 중국군의 무인기 군집작전에 대한 인식

앞서 서술한 맥락과 개념 외에 중국군의 관련 문헌에 따르면, 군집작전에 대한 발상은 군체 생물의 생존전략에 기인한다. 그 발상은 자연계의 벌떼, 개미떼, 이리떼 등의 집단 행위에서 계발되었고, 이는 자신보다 몇 배나 큰 체형의 적을 막아내고 더 많은 양의 먹이와 생존 기회를 얻는 데 사용된다.[31] 군사분야에 있어서, 무인기 군집작전에 관한 개념의 발전은〈표-1 참조〉주로 인공지능, 무인통제, 군체지능, 무선네트워크 등 다양한 기술의 종합적인 운용에 바탕을 두며, 일정한 수량의 저비용, 소형화, 무인화된 작전 플랫폼 무인기로 우세한 분산 및 집단공격 모델을 형성하고 '군집 에너지 방출'의 방향을 정한다.[32] 그리고 수량 증가 능력, 비용 절감의 우세, 군집 대체 기동 등으로 공동의 작전목표를 달성한다.[33] 따라서 이는 전쟁의 형태를 바꾸는 '게임 체인저(Game Changer)'의 기술이 될 수 있다.

중국군 해방군보(解放軍報)에 따르면 무인기 '군집'은 현재는 주로 중·소형 무인기로 구성하고 있고, 향후에는 대형 스텔스 무인기로 구성할 수 있으며, 재래식 항공기를 개조하여 구성할 수도 있다. 중·소형 무인기로 구성한 '군집'은 비행 고도가 낮고, 기동 속도도 느린 반면 레이더 반사 단면적은 비교적 작다. 대형 스텔스 무인기로 구성한 '군집'은 비행 고도가 높고 기동 속도도 빠르며 레이더 반사 단면적 또한 그리 크지 않아 둘 다 탐지하거나 대응하기 어려운 특징이 있다. 따라서 전통적인 탐지 및 방어 수단으로는 대단히 큰 도전이 아닐 수 없다.[34] 무인기 군집작전의 주요 장비는 무인기의 유형에 구애받지 않고, 관련 기술과 작전에 필요한 요소들을 고려하여 결정할 수 있다. 이에 따라 중국군의 J(殲)-6, J(殲)-7 구형 전투기가 무인기로 개

---

[31] 國防大學科研部, 頁336 ; 範彬, 楊書奎, 頁132 ; 朱啟超,〈智能無人機蜂群或將改變作戰規則〉,《科技日報》, http://www.81.cn/big5/jskj/2017-03/29/content_7543473.htm ; 楊飛龍, 李始江,〈認知戰 : 主導智能時代的較量〉,《解放軍報》, 2020年3月19日, 版7.
[32] 楊飛龍, 李始江, 版7.
[33] 韓光松, 王忠, 李萍,〈無人機集群反艦作戰與反集群對策研究〉,《艦船電子工程》, 第6期, 2018年, 頁1.
[34] 孫宇, 孫家奇,〈如何反制無人機集群作戰〉,《解放軍報》, 2020年4月16日, 版7.

조되어 군집작전 형태로 출현할 수 있고 아니면 '충성요기' 형태로 가까운 장래에 동중국해, 남중국해 또는 대만해협 상공에 출현할 수도 있으며〈표-1 제5항 참조〉, 향후 한반도 상황이 악화될 경우에는 서해나 동해 상공에 나타날 수도 있어 그 발전 상황을 주목할 필요가 있다.

종합적으로는 중국의 국방백서가 이미 관련 내용을 담고 있어 그 중요성을 알 수 있다. 2015년 5월에 발표된 국방백서『중국의 군사전략(中國的軍事戰略)』에서 중국군은 무기장비의 지능화, 스텔스화, 무인화 추세가 뚜렷하고, 전쟁형태가 정보화전쟁 양상으로 가속적으로 변화하고 있으며, UAV가 그 발전의 추세를 이루고 있다고 강조하였다.[35] 2019년 7월 24일 발표된 국방백서『신시대의 중국국방(新時代的中國國防)』은 "정보기술을 핵심으로 하는 군사 첨단기술은 하루가 다르게 변화하고 있고, 무기장비의 원거리 정밀화, 지능화, 스텔스화, 무인화 추세가 더욱 뚜렷하며, 전쟁형태는 정보화전쟁 양상으로 가속적으로 변화하고 있으며, 지능화전쟁의 단초가 나타나고 있다"고 하였다.[36]

한편 2020년 6월 23일 중국은 베이더우(北斗) 전 지구 위성항법시스템을 완성하는 마지막 네트워크위성 1기를 발사하였고, 같은 해 7월 31일 개통을 완료하였다.[37] 베이더우 위성항법시스템은 전 지구적 범위에서 전천후로 사용자에게 높은 정확도의 위치결정, 항법, 시간안내 서비스 및 독자적인 단문 문자통신을 제공하고 있다.[38] 따라서 이는 무인기 군집작전을 새로운 이정표로 진입시켰다고 할 수 있다. 정보화에 기초한 UAV의 발전은 필연적인 추세로서 중국군 지도층과 이론가들에게 중요시되고 있으며, 발전을 위한 플랫폼을 거의 모두 갖추어가고 있다고 평가할 수 있다.

---

[35] 中華人民共和國國務院新聞辦公室,〈中國的軍事戰略〉,《解放軍報》, 2015年5月27日, 版4.

[36] 中華人民共和國國務院新聞辦公室,〈新時代的中國國防〉,《解放軍報》, 2019年7月25日, 版3.

[37] 〈习近平出席建成暨开通仪式并宣布北斗三号全球卫星导航系统正式开通〉,《来源：新华社》, 2020-07-31, http://www.gov.cn/xinwen/2020-07/31/content_5531676.htm

[38] 〈北斗三號全球衛星導航系統正式開通〉,《星島網》, 2020年7月31日, https://std.stheadline.com/realtime/article/

나. 중국군의 무인기 군집작전 발전 현황

중국군의 UAV에 대한 발전 맥락과 관찰 가능한 결과물은 주로 무인정찰기, 무인공격기, 정찰·공격일체 무인기로 구현되며, 각각의 적용 범위, 성능 제원, 대표 기종이 부각된다. 현재 중국군의 UAV 발전 방향과 작전 운용 추세는 다음 표와 같다.

〈표-2〉 중국군의 주요 무인비행체 발전 현황

구분	기종	주요 성능 및 발전 현황
무인 정찰기	ASN 계열 무인기 (ASN-206/207/ 209/212/215)	• 중국군 지상군이 운용하는 무인기로서 크기가 작고, 전장 정찰이나 포병 지원에 사용되며, 포병의 사격 정밀도를 높인다.[39] • ASN-206은 경량, 근거리 전술·다목적 무인기로서 주야간 공중정찰, 전자전, 전장감시, 목표선정, 화포(낙탄) 관측, 국경 순찰 등에 사용된다.[40] • ASN-207은 통신중계형과 포병사격통제형이 있으며, 항속시간이 16시간에 달한다.[41] • ASN-209 인잉(銀鷹)은 중고도, 중속 무인기로서 장거리 통신지원 및 전자전 용이다. 항속거리 200km, 항속시간 10시간이며, 위성통신을 지원하거나 미사일 목표물 조준을 유도할 수 있다.[42] • ASN-212, ASN-215 초소형 무인기는 전술정찰, 표적교정, 표적미끼 등의 임무를 수행하며, 단병 또는 소대, 중대급 부대에 배치된다.[43]
	BZK-005 창잉(长鷹) 무인정찰기	• 중·고고도 장거리 무인정찰기로 해군에 배치되었고, 순항속도 시속 150~180km, 최대 항속거리 2,400km, 순항고도 5,000~7,000m, 항속시간 40시간 이상이며, 공중급유가 가능하다.[44] • 스텔스 능력을 갖추고 있어 정찰 및 정보수집 임무에 주로 쓰인다.[45]

---

[39] 楊幼蘭,〈陸海空與火箭軍全面應用, 解放軍無人機發威〉,《中時電子報》, https://www.chinatimes.com/realtimenews/20180826001091-260417?chdtv

[40] 《全球無人機網》, https://www.81uav.cn/uav-news/200902/13/1156.html

[41] 〈ASN-207多功能戰術無人機〉,《在日本各國的軍事武器》, https://seesaawiki.jp/w/namacha2/d/ASN207 轉引自吳姝璇,〈中共無人飛行載具發展對我防衛作戰威脅之研究〉,《陸軍學術雙月刊》, 第55卷第568期, 2019年12月, 頁83.

[42] 楊幼蘭, 前揭文.

[43] 蔡志詮, 頁26.

[44] 楊幼蘭, 前揭文.

[45] 《東森新聞》, 2015年9月3日.

구분	기종	주요 성능 및 발전 현황
무인 정찰기	샹룽(翔龍) 고고도 장시간 정찰무인기	• 순항고도는 18,000~20,000m, 작전반경은 2,000~2,500km, 항속시간은 10시간에 달한다. • 전천후 조건 하 목표물에 대한 탐지, 식별, 추적 능력을 갖추고 있다. • 위성통신시스템, 자료링크시스템 등을 갖추고 있어 제공받은 정보를 지휘센터에 전달할 수 있다.[46]
무인 공격기	J(殲)-6, J(殲)-7	• 공군이 1950년대, 1960년대의 J(殲)-6,[47] J(殲)-7[48] 전투기를 무인기로 개조한 것이며, 자살용으로 사용하는 동향은 특별히 주목할 필요가 있다.
	군집공격	• 2017년 7월 총 119대의 고정익 무인기 군집비행 시험을 마쳤으며, 밀집사출이륙, 공중집결, 다중목표 분리조합, 편대포위, 군집행동 등의 동작을 성공적으로 보여주며 '무인군집'의 새로운 시대를 열었다.[49]
정찰·공격 일체형 무인기	이룽(翼龍) 계열 (翼龍-1D/2)	• 이룽(翼龍)-1은 순항고도 5,300m, 항속거리 약 4,000km로 중·저고도 장거리 무인기에 속하며 정밀유도 공대지 미사일 2기를 탑재할 수 있다. 주로 장시간 정보정찰, 감시용으로 사용하며, 화력타격을 포함한 다양한 임무를 수행할 수 있어 오늘날 세계 최신 무인기 중 하나로 알려져 있다.[50] • 이룽(翼龍)-1D는 이룽-1의 개량형으로 정보획득, 감시, 정찰, 대테러, 국경 순찰, 마약 및 밀수 단속 등 안전분야에 응용될 수 있다. 또한 최대 비행고도를 7,000m까지 높여 기상조건이나 지형, 자연광의 제한 없이 특정 지표면 물체의 레이더 영상을 획득할 수 있다.[51]

[46] 〈翔龍高空長航時無人機〉 https://www.itsfun.com.tw/翔龍高空長航時無人機/wiki-600673-279453

[47] 2018년 9월 캐나다 '칸와디펜스리뷰(漢和防務評論)'는 중국이 대만과의 중간선에서 직선거리 220km가 안 되는 푸젠성 후이안(惠安)에 J-6 무인기 18대를 배치했다고 보도하였다. 이밖에도 푸젠성 우이산(武夷山)공항에 50대, 2017년에 룽톈(龍田)공항에 23대, 롄청(連城)공항에 56대를 배치했다고 보도하였다. 平可夫,〈我國面臨更大的空防壓力〉,《漢和防務評論》, 第167期, 加拿大漢和信息中心, 2018年9月, 頁26；轉引自吳姝璇,〈中共無人飛行載具發展, 對我防衛作戰威脅之研究〉,《陸軍學術雙月刊》, 第55卷第568期, 2019年12月, 頁85-86.

[48] John Allen and Amir Husain著, 王建基譯,〈改變戰局的人工智慧〉,《國防譯粹》, 第46卷第7期, 2019年7月, 頁8-9.

[49] 潘維庭,〈陸119架固定翼無人機集群飛行〉,《旺報》, https://www.chinatimes.com/newspapers/20170726000676-260301?chdtv

[50] 《東森新聞》, 前揭文.

[51] 林永富,〈首款全複材翼龍I-D成功首飛〉,《旺報》, https://www.chinatimes.com/newspapers/20190102000156-260301?chdtv

구분	기종	주요 성능 및 발전 현황
정찰·공격 일체형 무인기	이룽(翼龍) 계열 (翼龍-1D/2)	• 이룽(翼龍)-2는 이룽(翼龍)-1의 개량형으로 중고도 장거리 정찰·공격 일체화 무인기이다. 성능은 위의 이룽-1 및 이룽-1D보다 우수하다. 그러나 생존성은 아래의 공격(攻擊)-11 스텔스 무인기에 미치지 못한다. 방공미사일, 현대화된 전투기 및 지대공미사일 공격에 취약하다는 점은[52] 중국군이 이를 시급히 구매하지 않는 이유이다.
	선댜오(神雕) 무인기	• 선댜오(神雕)는 고고도 장거리 무인기이며, 동체가 2개로 설계되어 기체가 크다. 고성능 對스텔스레이더를 탑재하고 있어 향후 중국군의 공격과 방어에 중요한 역할을 할 것이다. • 중국 영공을 위협하는 순항미사일과 스텔스폭격기 등을 탐지하는 조기경보 기능을 담당할 수 있고 또한 태평양 해역에서 항공모함 수색 임무도 수행할 수 있다.[53]
	차이훙(彩虹) 계열 (CH-1~CH6) 무인기[54]	• CH-1, CH-2는 주로 정찰과 감시 임무를 수행한다. • CH-3는 정찰·공격이 일체된 작전능력을 갖추고 있다. • CH-4의 항속시간은 30~40시간, 순항고도는 5,300m에 달하며, 정보, 감시, 정찰, 공중요격 및 전자전 등의 용도로 쓰인다. • CH-5의 항속시간은 40시간, 순항고도는 5,000m에 달하며, 장시간 정찰, 감시 임무를 수행할 수 있다. 정찰·공격이 일체된 무기체계 플랫폼이다. • CH-6는 최대이륙중량 7.8t, 최대 적재중량 300kg(정찰형) 또는 2t(정찰공격형), 연료용량 3.42t(정찰형) 또는 1.72t(정찰공격형)이다. 전장 15m, 전폭 20.5m, 전고 5m, 최대 수평비행속도 800km/시간, 순항속도 500~700km/시간, 순항고도 1만m, 최대 비행고도 1만 2000m, 최대 항속시간 20시간(정찰형) 또는 8시간(정찰공격형), 최대 항속거리 1만 2000km(정찰공격형), 최대 상승률 20m/초(정찰공격형)이다.[55]
	공격(攻擊)-11 스텔스 무인기[56]	• 중국군 공군과 해군 항공병을 위해 설계된 무인기이다. • 작전임무는 정찰·감시에만 국한되지 않으며, 적 방공체계 돌파 능력과 종심 고가치 표적 공격 능력을 갖추고 있다. • 공격(攻擊)-11 무인기는 스텔스 무인 폭격기로서 단기로 작전을 수행할 수 있고, J(殲)-20 스텔스 전투기의 충성요기를 맡아 스텔스 공격 편대군을 구성할 수도 있다. 전장 약 10m, 전폭 14m, 이륙 중량 약 10t, 중국 개발 WS-19 엔진 탑재, 작전반경 1,500km 이상, 항속시간 6시간[57]

* 출처: 陳津萍, 徐名敬, 〈中國大陸無人機集群作戰發展之研究〉, 《空軍學術雙月刊》, 第680期/2021年2月, 頁70-71. ; 〈大陸「彩虹6」大型無人機 現身珠海航空展〉, 《中時新聞網》, 2021年9月26日. ; 〈殲20戰機黃金搭檔攻擊11無人機陸隱形利劍呼之欲出〉, 《中時新聞網》, 2021年9月5日.

[52] 喻華德, 〈翼龍II無人機打靶全中, 中共為何不急於採購〉, 《中時電子報》, https://www.chinatimes.com/realtimenews/20180109004043-260417?chdtv

[53] 楊幼蘭, 〈詹氏:現身馬蘭基地, 陸神雕無人機疑已服役〉, 《中時電子報》, https://www.chinatimes.com/realtimenews/20181116001524-260417?chdtv

[54] 吳姝璇, 〈中共無人飛行載具發展對我防衛作戰威脅之研究〉, 《陸軍學術雙月刊》, 第55卷第568期, 2019年12月, 頁87-89.

[55] 〈大陸「彩虹6」大型無人機 現身珠海航空展〉, 《中時新聞網》, 2021年9月26日.

[56] 吳姝璇, 頁89.

[57] 〈殲20戰機黃金搭檔攻擊11無人機陸隱形利劍呼之欲出〉, 《中時新聞網》, 2021年9月5日.

2016년 11월 중국전자과학기술집단유한공사(中国电子科技集团有限公司)가 제11회 주하이(珠海) 에어쇼에서 소형 고정익 무인기 67대로 실시한 '군집' 비행시험을 발표하였다. 발표 내용을 보면 편대 이륙, 군집 비행, 동적 무중심 자율 네트워크망, 감지 및 회피, 자율 군집제어, 협동 탐지, 분산식 광역 감시, 포화(飽和)상태 타격 등의 임무를 완수하였다. 또한 이 회사는 여기서 한걸음 더 나아가 이듬해인 2017년 6월 소형 고정익 무인기 119대로 군집비행 실험을 완료하였다. 무인기 '군집'은 밀집 사출이륙, 공중집결, 다중목표 분리조합, 편대 포위, 군집행동 등 일련의 공중 활동을 성공적으로 시연함으로써 무인기 '군집' 기술 분야에서 중국이 중대한 난관을 돌파하였음을 보여주었다.[58] 이는 미래 전장이 더 이상 피를 흘리는 병사가 아니라 군체로 결합한 군집화 무기체계로 대체될 수 있다는 것을 보여주며, 무인 장비를 주체로 하는 지능화의 대결인 '무인군집'의 시대로 발전하였음을 시사한다. 무인기의 수량이 계속 증가할수록 더 발전된 군집 제어가 필요하며, 이 때 각 무인기는 '상호통신'으로 주변 환경에 따라 자율적으로 조정된다. 사람은 단지 임무를 지시하면 되며, 임무는 무인기 군집이 자율적으로 수행한다.[59] 2019년 10월 1일 중국은 정부수립 70주년 기념 열병식에서 정찰사출무인기, 소형근거리정찰 무인기, 중거리고속 무인기로 구성된 3개 방대(方隊)를 사열하였다.[60] 2020년 6월 20일 리비아 내전에서는 중국에서 생산된 이룽(翼龍)-2형 무인기가 터키에서 생산된 무인기보다 항속거리, 화력, 비행고도 측면에서 앞섰다는 보도가 있었다.[61] 2021년 9월

---

[58] 고정익 무인기와 4회전익 드론의 차이점: 비행 속도와 항속시간의 필요성으로 인해 고정익 무인기는 줄곧 군집 대항의 주요 구성체가 되고 있다. 4회전익 드론과 비교할 때 고정익 무인기의 편대비행 난이도는 대단히 높다. 이는 4회전익 드론은 공중에서 정체(hovering)할 수 있기 때문이며 정확한 위치 지정과 편대 제어가 상대적으로 매우 쉽다. 반면 고정익 무인기는 공중에서 정체(hovering)할 수 없기 때문에 군집비행 시 감지기와 위치지정 시스템 및 통신장비가 소통되어야 한다. 각 고정익 무인기는 자신의 위치 측정은 물론 인근 무인기와의 상대적 위치와 방향을 측정하고 수시로 주변 변화에 따라 자신의 위치와 방향을 조정해야만 충돌을 회피할 수 있다. 韓光松, 王忠, 李萍, 頁2.

[59] 潘維庭, 〈陸11 9 架固定翼無人機集群飛行〉, 《旺報》, https://www.chinatimes.com/newspapers/20170726000676-260301?chdtv

[60] 陳言喬, 〈中共建政70年, 習談兩岸：堅持和平統一, 一國兩制〉, 《中國時報》, 2019年10月2日, https://udn.com/news/story/11323/4080169

[61] 〈人類首次無人機戰爭, 利比亞成中國武器試驗場〉, 2020年6月20日, https://www.bbc.com/zhongwen/

제13차 중국국제항공우주박람회(주하이에어쇼)에서는 공격(攻击)-11 무인공격기와 WZ(无侦)-7 무인정찰기가 처음으로 공개, 전시되었고,[62] 뿐만 아니라 FH-901 순항 벌떼 무인기, FH-902 단기 고정익무인기, FH-91 정찰무인기, FH-96 장거리 무인기, FH-92A 정찰·공격 일체형 무인기, FH-95 중장거리 다목적 무인기 등 FH(飞鸿, 비홍) 시리즈 무인기 시스템이 총출동하였다. 특히 FH(飞鸿) 시리즈 중 차세대 고속 스텔스 다목적 무인기 FH-97의 1:1.5 비율 모델도 처음으로 선보였다.[63]

대·중·소형 무인기 중 어떤 것이 군집작전의 주요 장비가 될 것 인가. 이는 기술의 발전과 작전의 필요에 따라 다르기 때문에 모든 가능성이 열려 있다고 할 수 있다.

III 중국군 무인기 군집작전 관련 기술과 작전 방식

중국군의 주요 무인비행체 발전 현황은 〈표-2〉와 같으며, 그 적용 범위는 전장 적응의 요구에 따라 육·해·공군 및 로켓군까지 포함된다. 이는 무인기 군집작전의 관련 기술과 작전 방식이 점차 개선되고 있음을 시사한다. 분석내용은 다음과 같다.

1. 중국군 무인기 군집작전 관련 기술의 발전

전술한 중국의 무인기 군집작전 개념에 대한 인식과〈표-1〉, 중국군의 주요 UAV 발전 현황〈표-2〉에서 보듯이 그 후속 시험비행은 기술 발전에 기초를 제공한다. 2006년 11월과 2007년 6월 중국은 무인기 '군집' 관련 기술 발전을 위해 시험비행을

---

trad/world-53097510.

[62] 矫阳,〈多款新型无人机首次亮相珠海引爆热点〉,《中国科技网》, 2021-09-29. http://stdaily.com/index/kejixinwen/2021-09/29/content_1222938.shtml.

[63] 杨峰, 杨晨,〈工程师介绍飞鸿-97隐身无人机：兼具隐身和机动性, 可实施蜂群式饱和攻击〉,《新浪看点》, 2021年09月29日. https://k.sina.com.cn/article_1496814565_593793e5020014inw.html.

실시하였다. 주로 자율 중심 네트워크 구성, 감지 및 회피, 공중 집결, 군집 행동 등에 관한 일련의 시험비행으로 소형 무인기 군집작전의 요구에 부합하였다.[64] 군집작전의 요구는 다음과 같다. ① 무인기의 체적이 충분히 적어야 대규모 집결이 용이하고, 전 방위로 광범위한 공격을 구현할 수 있다. ② 무인기의 수량이 많고 가용 범위가 넓어야 적의 방공화력을 분산시키거나 방해할 수 있다. ③ 단일 무인기는 방공미사일보다 비용이 훨씬 적게 들기 때문에 적의 방어비용을 증가시킬 수 있고, 더 좋은 소모비율을 얻을 수 있다. ④ 가능한 한 낮은 원가에서 무인기의 인공지능 기술 수준을 최대한 높여서 '군집' 무인기 협동작전을 수행해야 한다. ⑤ 유연성이 뛰어나고 각종 고성능 '유인기 ↔ 무인기' 배합작전이 가능해야 미래 공중작전 발전추세가 될 수 있다.

중국의 무인기 군집작전 시험비행의 면면은 관련 요구에 부합하였고, 기존 UAV 기술 발전의 기초 위에 그간의 기술을 통합적으로 운용하는 추세를 보여주었다. 먼저 클라우드 컴퓨팅(cloud computing)의 광범위한 운용이다. 근·실시간 컴퓨팅 사고(computational thinking)와 스토리지 능력(storage capacity)을 구현하여 무인기 군집작전의 회피기술 발전을 뒷받침하였다. 둘째, 빅 데이터(big data)를 기반으로 한 자연어 이해(Natural-language understanding), 이미지·그래픽 인지, 생체인식 기술 등의 구현이다. 이를 통해 군집작전 중인 무인기가 듣고, 보고, 분별하고, 식별하여 사람과 충분히 직접 교류할 수 있도록 하였다. 결론적으로 편대 통제, 군집 감지, 태세 공유, 자율협동기술에 있어서 초보적인 발전이 있었다. 마지막으로 셋째는 딥 러닝 알고리즘(deep learning algorithm)으로 구동되는 지식 발굴(knowledge excavation), 지식 매핑(knowledge mapping), 인공 신경망(artificial neural network), 의사결정 트리(decision tree) 기술을 통해 점차 인지능력을 돌파해 나가고 있다. 이를 통해 UAV는 인간의 사고방식을 충분히 이해하고, 사고, 추리, 판단을 통해 의사결정을 할 수 있다.[65] 종합적으로 관련 기술을 분석하면, 충돌회피기술, 편대

---

[64] 郁一帆, 王磊, 〈無人機技術發展新動態〉, 《飛航導彈》, 第2期, 2019年, 頁40 ; 瑪律傑拉圖, 頁8.
[65] 熊玉祥, 〈AI軍事應用是一把雙刃劍〉, 《解放軍報》, 2018年11月8日, 版7 ; 李明海, 〈軍報發聲 : 是什麼在推動戰爭向智能化演變〉, 《解放軍報》, http://www.81.cn/rd/2018-11/05/content_9332004.htm

제어기술, 협동기술, 데이터보안기술 등이 포함된다〈표-3 참조〉. 이에 따르면, 컴퓨팅 기술을 기반으로 한 인공지능 분야에서 '감지기술'이 완성되어 최종적으로 '인지기술' 발전의 기초를 마련하였다. 이는 무인기 군집작전의 발전을 평가하는 기준이 될 수 있어 전체적인 진행상황은 계속해서 지켜볼 가치가 있다.

〈표-3〉 중국군의 무인기 군집작전 관련 기술 발전

순서	항목	기술 발전 내용
1	충돌회피기술	• 감지기(sensor): 감지기로 가시선시스템(line of sight system)을 구축하고, 일정한 경로규칙 원칙을 채택한다.: ① 각 개체는 이웃과 동일 방향으로 이동한다. ② 각 개체는 이웃과 근거리를 유지한다. ③ 각 개체는 이웃과의 접촉을 피한다. • 쌍방향 정보지원: '군집(클러스터)'에서는 무인기의 속도, 방향, 위치, 가속도 등에 대한 정보를 노드(node)로 전달하고, 그에 따른 실체층 및 링크층 기술을 사용하여 일정 범위 내의 다른 노드로 배포한다. 이를 통해 새로운 경로가 필요한지를 결정하여 충돌을 방지한다.
2	편대제어기술	• 편대 구성 및 재구성: 비행 이전 편대생성문제, 편대구성에서 장애 발생 시 편대분리 및 재구성 등의 문제 그리고 무인기 수를 증가 또는 감소시킬 경우 편대 재구성 문제 등을 가리킨다. • 편대유지: 비행 중 편대유지 문제를 가리키며, 주로 리더항법-팔로잉항법, 가상리더항법, 행위제어법이 있다.
3	협동기술	• 협동기술은 전술환경 하에서 무인기 '군집' 비행의 분업적 협력과 상호 조화를 구현하여 다양한 임무를 효율적으로 수행할 수 있도록 돕는다. • 상위 알고리즘은 분산식 의사결정 알고리즘, 임무분배 알고리즘, 분산식 융합 알고리즘 등이 있다. • 하위에는 쌍방향 정보지원 기술이 있다.
4	데이터 보안 기술	• 이 기술은 '군집' 핵심기술의 여러 단계에 융합되어야 한다. '군집' 내의 무인기가 포획될 때 민감한 데이터와 정보가 유출되어 군집시스템의 생존이 위협받지 않도록 해야 한다.
5	통제소	무인기 군집작전 수가 많은 것이 승리의 관건이다. 그러나 관제소에 의해 명령이 하달되어야 한다. 무인기 자율권한의 구분은 다음과 같다. • 고리 내의 인간: 무인기의 행동을 전적으로 인간이 결정하고 통제하는 것을 말한다. • 고리 위의 인간: 무인기는 명령에 따라 자율적으로 의사결정을 하고 실행하며, 인간이 필요에 따라 수시로 개입하여 의사결정권을 인수하는 것을 말한다. • 고리 밖의 인간: 무인기가 행동제한과 목표를 지정받아 자율적으로 의사결정을 하고 행동을 실행하는 것을 말한다.

* 출처: 沈壽林, 張國寧,〈認識智能化作戰〉,《解放軍報》, 2018年3月1日, 版7 ; 範彬, 楊書奎, 頁132 ; 牛軼峰, 肖湘江, 柯冠岩,〈無人機集群作戰概念及關鍵技術分析〉,《國防科技》, 第34卷第5期, 2013年10月, 頁40-41 ; 唐慶輝, 桑渤,〈制勝 : 地理資訊不可或缺〉,《解放軍報》, 2020年2月27日, 版7.

2. 중국군 무인기 군집작전의 방식

중국군의 무인기 군집작전은 관련 기술을 접목하여 전역공격, 침투정찰, 유인교란, 정찰·공격일체, 협동작전, 군집공격, 소모작전 등의 작전방식으로 발전하였다〈표-4 참조〉. 작전 용도의 다목적성과 광범위성은 수백 대의 무인기 시스템의 시너지 효과를 도모하는 것으로서 무인기의 서로 다른 다양한 탑재하중으로 각종 정찰, 감시, 공격 임무를 수행하여 전장의 형태를 변화시키는 것이다.[66] 다시 말하면, '군집'은 서로 다른 기능과 지능을 가진 다량의 무인 플랫폼의 집합체로서 개별 무기체계가 갖지 못한 독특한 운용방식을 갖는다.[67] 따라서 이는 중국과 적대적인 국가의 방위작전에 심각한 위협이 될 것이므로, 향후 발전과 운용을 연구, 분석할 가치가 있다.

〈표-4〉 중국군 무인기 군집작전의 운용방식

순서	작전방식	내용
1	전역공격 (全域攻擊)	• 작전 시 무인기 '군집' 플랫폼은 다량의 개체 무인기를 구성하여 전투군집으로 배치한다. 자료공유, 비행통제, 태세감지, 지능적 의사결정을 구현하여 전장의 돌발 상황에 유연하게 대처하고, 군집식 정찰, 대항, 공격 등의 각종 작전을 수행하여 적을 '공격할 수도 없고 방어할 수도 없는' 피동적인 상황에 빠트린다.
2	침투정찰 (滲透偵察)	• 무인기 '군집'은 매우 강한 은폐성이 있어 적의 방공체계를 돌파할 수 있다. 각종 모듈화된(전자, 광학, 적외선 등) 휴대 가능한 정찰탐지 장비를 운용하여 상대방의 방어가 엄밀한 지역에 침투하여 근접 정찰을 한다. 군집간의 데이터링크를 통해 정보를 릴레이로 전송하여 작전에 확실한 정보지원을 보장한다.
3	유인교란 (誘騙干擾) 〈전술양동〉 〈戰術佯動〉	• 미끼 역할: 적의 대공방어가 철저하기 때문에 이때는 저가의 소형 무인기를 미끼나 교란기로 사용하여 적이 방공탐지 장비를 가동하도록 유인하여 위치를 폭로시키거나 또는 적의 방공화력을 유인하여 방공탄약을 소모시킨다. • 엄호 역할: 무인기 '군집'은 전자교란 장비를 탑재하여 전방 전자전 편대를 구성한다. 적의 조기경보레이더, 유도무기에 대해 전자교란, 제압, 기만 등을 수행하고, 후속 작전전력을 위해 안전회랑(safety corridor)를 구축하여 공중공격에 신뢰할 수 있는 엄호를 제공한다.
4	정찰·공격 일체 (察打一體)	• 임무에 따라 '군집' 내에 정찰탐지, 정보처리, 미사일화력 등의 모듈을 배비하여 정찰·공격 편대를 구성한다. • 일부 무인기 '군집'은 각각 정찰, 화력 모듈로 배비하고, 나머지는 다시 대형 돌격편대로 배비한다. 적 종심 깊이 침투하여 핵심 목표 또는 고위험 목표에 대해 실시간 정찰·공격을 수행함으로써 전략적인 작전 목적을 달성한다.

---

[66] 方曉志,〈無人機開啟作戰新模式, 仿生作戰概念 : 「蜂群戰術」〉,《熱點軍事》, 2018年9月30日, 頁28.
[67] 趙先剛, 張鐵強,〈新概念牽引無人作戰新方向〉,《解放軍報》, 2020年9月1日, 版7.

순서	작전방식	내 용
5	협동작전 (協同作戰)	• 무인기 군집 협동작전: 작전의 위험과 비용을 절감하기 위해 대량의 저가 무인기를 운용한다. 다양한 종류의 감지기와 미사일을 탑재하여 전방 작전편대를 구성하고, 유인기는 후방에서 무인기 '군집'을 지휘·통제한다. 이를 통해 복잡하고 위험도가 높은 지역의 목표물을 타격한다. • 유인기↔무인기 협동작전: 공중작전의 필요에 따라 유인기↔무인기 편대를 구성한다. 유인기 조종사가 무인기 '군집'작전을 통제하고, 유인기 조종사 비행체의 안전을 엄호하도록 한다.
6	군집공격 (集群攻擊)	• 복안전술(무인기 플랫폼에 소형 레이더와 광전자 탐지 장비를 탑재하고, 데이터 링크 및 위성 채널로 상호 통신하는 전술)을 충분히 운용하여 대량의 무인기가 서로 다른 종류의 장비와 각종 탄약을 탑재할 수 있도록 한다. • 적에 대해 전자기 제압, 화력 방공망 돌파, 정찰 추적, 화력 타격 등을 실시한다. 전방위적이고 다각적인 포화상태의 집중공격(saturation attack)을 가하여 적이 대응하기 어렵도록 만든다. 이를 통해 적 방어선을 돌파하고, 적은 비용으로 작전 목적을 달성한다.
7	소모작전 (消耗作戰)	• 공격 측은 가격이 저렴하고 은닉성이 좋고 생존능력이 뛰어난 무인기 '군집'을 투하함으로써 방어 측의 방공망에 소모작전을 수행한다. • 적의 지상 방공시스템은 무인기 '군집'을 식별하더라도 무인기 '군집'이 탑재한 전자기 장비 및 각종 공격 탄약으로 인해 방공 안전의 위협을 받는다. 이에 따라 무인기 '군집'에 대한 대항이 불가피하여 필연적으로 탄약을 소모하게 되고, 전투력은 점차 쇠퇴하게 된다.

* 출처: 徐偉偉, 李歡, 〈無人機集群作戰的主要樣式〉, 《解放軍報》, 2020年1月23日, 版7; 趙先剛張鐵強, 版7; 燕清鋒, 楊建明, 前揭文; 萬華翔, 張雅艦, 頁69-70.

Ⅳ 중국군 무인기 군집작전의 특징과 약점

중국군 무인기 군집작전 관련 기술과 작전 방식〈표-3, 표-4 참조〉의 운용은 미래 전쟁 양상에 미치는 영향이 매우 클 것이다. 중국군 해방군보(解放軍報)는 "전쟁 양상이 지능화를 향해 가속적으로 변화함에 따라 무인기 군집작전은 미래 작전의 중요한 형태가 될 것이다. 창이 있으면 이에 대응한 방패가 있어야 한다. 미래 무인기 군집작전에 어떻게 대응할 것인가에 대한 심도 있는 연구, 검토와 실효성 있는 대책이 필요하다"고 하였다.[68] 무인기 군집작전과 이에 대응한 무인기 군집작전은 서로 맞물려 동반되어 탄생된 것이며, 서로 효과적인 공방체계(攻防體系)를 형성한다.[69] 따라

---

[68] 孫宇, 孫家奇, 版7.

서 중국군도 무인기 군집작전을 이미 거스를 수 없는 추세로 보고 그 특징과 약점이 군사분야에 미치는 영향을 주시하고 있다.

1. 중국군 무인기 군집작전의 특징

기술은 전술을 결정하고, 특히 게임 체인저(game changer) 기술은 기존의 작전 방식을 뒤집어 각 단계 지휘관에게 더 다양한 전략적, 전술적 선택을 제공한다. 무인기 군집작전은 군집생물들의 협동행위와 정보소통 패턴을 시뮬레이션하여 자율화와 지능화의 총체적 협동 방식으로 작전임무를 완수하는 것이다.[70] 다시 말하면, 중국군의 무인기 군집작전은 전술한 관련 기술〈표-3〉의 융합으로 그 특징을 형성한다. 개략적으로 나누어보면, 탈중심화, 자율제어, 군집복원, 다양한 기능성, 빠른 시효성, 강한 파괴 대응성, 우수한 경제성, 유연한 작전 양식, 사상자 제로(zero)화 등이 포함된다〈표-5〉. 이는 무인기 군집작전의 개념을 나타내며, 수많은 특징을 가지고 있어 미래 전쟁에서 일종의 게임 체인저 기술을 형성할 것이다. 반면 이를 상대해야 하는 측의 방위작전에 있어서는 무인기 군집작전이 전쟁의 돌파구를 마련하는 중요한 작전이 될 것이므로, 이에 대한 방위는 쉽지 않을 것이다.

〈표-5〉 중국군 무인기 군집작전의 특징

순서	항목	내용
1	탈중심화	• 무인기 군집은 군집 지능제어 알고리즘으로 무인기 간의 효율적인 시너지가 가능하도록 설계되어 있다. 무인기의 수량에 관계없이 무인기의 퇴출이나 합류가 군집에 영향을 주지 않는 전체 구조이며, 탈중심화된 자율 네트워크로 장애에 견딜 수 있는 능력을 갖추고 있다. • 대항 과정에서 일부 무인기가 교란되거나 파괴되었을 때 무인기 군집을 새롭게 다시 배비하고 작전 임무를 계속 수행하도록 하여 임무 수행에 영향을 주지 않는다.
2	자율제어	• 무인기 군집은 유연한 편대를 구성하고 있어 모든 개체는 개체의 행동만을 통제하고, 인접 개체의 위치를 관찰하여 상이한 환경에 적응하고, 서로 다른 기능으로 서로 다른 임무를 수행한다. • 군집 내 무인기는 감지, 컴퓨팅, 기동, 화력 등의 강점과 다양화된 기능적 용도를 통해 유기적인 결합을 이루고, 자율적으로 식별하며, 행동 범위를 확대하여 군집 내 무인기의 자율 협동제어 능력을 효과적으로 향상시킨다.

---

69 韓光松, 王忠, 李萍, 頁4.
70 燕清鋒, 楊建明, 前揭文 ; 楊飛龍, 李始江, 版7.

순서	항목	내용
3	군집복원	• 군집이 외력에 의해 군집의 구조와 위치가 변경될 때 새로운 군집 구조를 신속하게 자동적으로 형성하고 안정을 유지하여 대형의 제한을 극복한다.
4	다양한 기능성	• 무인기는 서로 다른 작전모듈로 배비된 뒤 정찰감시, 소프트·하드 타격, 작전평가 등 다중 기능을 동시에 갖추어 1 플러스 1이 2보다 큰(1+1 > 2) 효과를 실현한다. • 소형 무인기는 미끼로 사용하여 상대방의 고가치 공격 무기를 소모시키는 역할도 담당하게 할 수 있다.
5	빠른 시효성	• 전장 정보를 빠르게 전달하여 지휘자(사람)의 행동 의도를 정확하게 실현한다. • 전방의 개체 무인기는 적의 표적 정찰을 분석한 후 곧바로 군집 모기(母機)에 전파하고, 개체 무인기는 지령을 받은 후 즉시 행동을 전개한다. 또한 적시에 정보를 피드백하고 시효성을 확보하여 재공격을 진행한다.
6	강한 파괴 대응성	• 개체 무인기는 목표물이 작고, 충격과 초과 탑재에 잘 견디는 능력이 강하며, 비행 중 침묵 상태가 유지되고, 전장에서 은폐 효과가 좋은 장점이 있다. • 작전 과정에서 개체 무인기가 교란을 받아 차단될 때 다른 무인기들은 임무를 계속 수행하며 서로 충돌하지 않아 안전성이 높다.
7	우수한 경제성	• 무인기 군집은 작전 중에 장비를 안전하게 보호하기 위한 복잡한 보안시스템 및 방호 설비를 장착할 필요가 없다. • 작전 과정 전에 사람처럼 체계적인 훈련이 없어도 전투력 형성이 가능하다. 이것들은 모두 비용을 절약할 수 있다.
8	유연한 작전 양식	• 무인기는 임무에 따라 단일기 임무 혹은 군집작전은 물론 다른 군병종과의 합동 작전에 투입될 수 있으며, 향후 화력급, 전술급에서 전역, 전략 차원으로 확대하여 다원화된 임무를 수행할 수 있다. • 작전과정에서 개체 무인기는 후방 군수지원에 대한 의존도가 낮아 연료 주입과 유지 보수만을 필요로 하며, 또한 고온, 고습, 저온 등 악조건에서 장시간 운용이 가능하고, 전체 지속작전 능력을 향상시킬 수 있어 작전 양식 적용이 유연하다.
9	사상자 제로(0)화	• 무인기 군집작전은 의사결정의 문턱이 낮고 정치적 리스크도 적다는 장점이 있다.

* 출처: 燕清鋒, 楊建明, 前揭文 ; 韓光松, 王忠, 李萍, 頁3 ; 萬華翔, 張雅艦, 頁69 ; 徐偉偉, 李歡, 版7.

2. 중국군의 무인기 군집작전에 대한 대응

무인기 군집작전은 비록 양호한 작전 잠재력을 가지고〈표-5〉있지만, 이것이 또한 대응 작전(조치)의 착안점이 되는 한계도 있다. 예를 들면, 기동 및 방호능력이 약하고, 네트워크 신호가 약하며, 체공시간, 공격범위, 타격능력이 모두 제한되는 등의 문제가 있다.[71] 중국군의 관련 연구의 지적에 따르면, 여기에는 벌집 파괴, 밀집 요격, '군집' 대항, 전자기 파괴, 통제 납치 등의 대응방식이 포함된다〈표-6 참조〉.

[71] 燕清鋒, 楊建明, 前揭文 ; 朱啟超, 前揭文.

이는 이러한 항목에 대한 깊이 있는 연구를 통하여 효과적인 대응 작전(조치)을 취할 수 있다는 것을 설명한다.

〈표-6〉 중국군의 무인기 군집작전 약점 분석

순서	항목	내용	대응작전(조치)
1	벌집 파괴	무인기 군집작전은 기동력이 뛰어나지 않아 부득이 비교적 큰 공중 플랫폼을 이용하여 무인기 '군집'을 임무지역 인근공역에 투하하여야 한다. 이때 공중 운반 플랫폼이 무인기 '군집'의 벌집이다.	• 무인기 '군집'은 기동력이 뛰어나지 않은 특징에 따라 각종 조기경보탐지체계를 통하여 적의 운반 플랫폼을 조기에 발견할 수 있고, 복합 화력을 운용하여 전방위 타격을 실시하면 적의 '군집' 탑재 플랫폼을 파괴하거나 또는 투입 공역 밖에서 요격할 수 있어 무인기 군집작전을 어렵게 할 수 있다.
2	밀집 요격	밀집된 속사무기로 무인기 '군집'을 요격하는 것은 재래식 요격 방법이지만 가장 실용적인 방법이다.	• 탄·포 결합 시스템과 밀집 방공화포로 무인기 '군집'을 요격한다. • '밀집 방공시스템' 등 재래식 근거리 방공무기로 요격한다. • 레이저 광파로 무인기 '군집'에 손상을 가한다.
3	'군집' 대항	'군집'으로 '군집'에 대항하는 것은 저비용, 고효율의 대항 수단이다.	• 쌍방 '군집'이 접근 시 적·아를 즉시 식별한 후, 소형 무인기 탄약을 운용하여 공격하거나 혹은 무인기를 직접 충돌시켜 적의 '군집'을 파괴한다.
4	전자기 파괴	무인기 '군집' 내부 구성은 순전히 전자부품과 기판(wafer)의 결합체이다. 소형화, 저비용화를 추구하기 때문에 전자기 방호능력이 비교적 약하다. 따라서 전자기를 공격하는 방식을 취하면 무인기 '군집'을 마비시켜 무력화할 수 있다.	• 순간적인 고출력 전자기 펄스나 마이크로파 에너지를 방출하는 마이크로파탄, 전자기펄스탄 등 지향성 무기로 공격하면 전자부품을 파괴하거나 소각시킬 수 있고, 무인기 에너지를 소실시켜 무인기 '군집' 파괴의 목적을 달성할 수 있다. • 지상의 고출력 전자교란 시스템을 운용하여 저고도 무인기 '군집'에 지속적으로 고출력 전자교란 또는 전자제압을 진행하고, 통신 링크를 차단하여 관련 명령어가 수신되거나 전송되지 못하도록 하여 통제 불능 상태로 만들어 무인기 '군집'을 마비시킨다.
5	통제 납치	무인기 '군집'에 사용하는 개방형 무선네트워크 통신은 신호가 미약하고 교란이나 제압에 대단히 취약하다. 이 취약점은 네트워크 침투 방식으로 공격할 수 있다.	• 전자전 항공기로 무인기 '군집'에 접근하여 맞춤형 전자교란, 전자제압, 전자기만을 실시함으로써 무인기 '군집'의 내부 및 지휘통제센터와의 통신을 차단한다. • 무선 네트워크 주입 기술을 운용하여 무인기 '군집' 자율 시스템에 제어명령이나 바이러스를 주입하여 무인기를 포획하거나 자폭시킨다.

* 출처: 燕清鋒, 楊建明, 前揭文; 韓光松, 王忠, 李萍, 頁4; 李浩, 孫合敏, 李宏權, 王晗中, 〈無人機集群蜂群作戰綜述 及其預警探測應對策略〉, 《飛航導彈》, 第11期, 2018年, 頁49-50.

V 결론: 인식과 대응

중국군의 무인기 군집작전의 발전은 주요 '무인비행체' 발전 현황〈표-2〉, 관련 비행 기술의 시험〈표-3〉, 작전 운용 방식〈표-4〉, 특징〈표-5〉을 통해 그 가능한 작전 운용 방향과 위협 능력이 드러난다.

1. 위협 인식

중국군의 주요 UAV 발전 현황〈표-2〉은 그 발전 과정과 능력을 나타내며, 충돌회피 기술, 편대제어 기술 등 관련 기술의 성숙도와 작전운용의 실현 가능성은 기계와 기계와의 협동, 인간과 기계와의 협동이라는 두 가지 경향을 나타낸다. 이에 기초한 무인기 군집작전 운용 방식의 연구는 실질적인 위협 지향의 표현으로서 전역공격, 침투정찰, 유인교란, 정찰·공격일체, 협동작전, 군집공격, 소모작전 등의 작전 방식〈표-4〉을 다루고 있다. 이는 관련 기술의 다른 표현이자 수세방어 측이 반드시 인식해야 하는 것이다.

검토 자료에 따르면 중국군은 J(殲)-6 무인기(J-6W)를 푸젠성(福建省)의 후이안(惠安)에 18대, 우이산(武夷山)에 50대, 룽톈(龍田)에 23대, 렌청(連城)에 56대를 배치한 것으로 관측된다.[72] 대표적인 무인기의 다른 기종으로 ASN 계열 무인정찰기(206/207/209/212/215), BZK-005 창잉(长鹰) 무인정찰기, 샹룽(翔龍) 고고도 장시간 정찰무인기, 이룽(翼龍) 정찰·공격 일체형 무인기 계열(翼龍-1D/2) 및 차이훙(彩虹) 계열(CH-1~CH5) 무인기, 공격(攻擊)-11 스텔스 무인기〈표-2〉모두 군집작전의 핵심이 될 수 있다.

---

[72] 平可夫, 〈我國面臨更大的空防壓力〉, 《漢和防務評論》, 第167期, 加拿大漢和資訊中心, 2018年9月, 頁26 ; 轉引自吳…姝璿, 頁85-86.

2. 위장과 기만

중국군이 향후 UAV에 베이더우(北斗) 전 지구 위성항법시스템을 결합시킬 수 있다면 목표에 대한 정확한 위치 추적 및 항법 그리고 UAV 목표별로 서로 다른 무장을 탑재하여 정밀타격능력을 향상시킬 수 있어 1 플러스 1이 2보다 큰(1+1 〉 2) 시너지 효과를 발휘할 수 있다. 현재와 미래에 중국군을 상대해야 하는 측은 중국군의 무인기 군집작전의 위협에 직면하고 있다고 할 수 있다. 이는 보호해야 할 고가치 목표에 심각한 위협일 뿐만 아니라 일단 방위작전이 시작되면 방공자원의 상당부분을 소모시킬 것이다. 이에 대해 대만군의 한 논문은 경제적이고 효과적인 대응방법으로서 위장과 기만을 제안하였다. 예를 들어 모조모형(dummy)을 제작할 수 있는데, 전차, 무인차량, 미사일, 군용막사, 중요 설비 등의 가짜 모형으로 UAV의 정찰에 혼란을 주고 공격을 회피할 수 있다는 것이다.[73] 이는 이전 전쟁들에서 이미 사용되었던 고전적인 방법이지만 고비용·대규모의 첨단 시스템적, 대칭적 대응이 어려운 상황에서는 비대칭적 방법이 여전히 유효한 방안이 된다는 것이다.

3. 무인기 군집작전으로의 발전

대만 국방부의 2021년도 국방예산서에 따르면 '전술형 근거리 무인비행체(UAV)' 50세트를 구매하여 합동 조기경보 및 반응시간 확보에 필요한 사항을 충족시키겠다고 하였다.[74] 이는 대만군의 UAV 편제가 전장 정찰 위주임을 알 수 있게 해준다. 그러나 전쟁 양상의 변화 추세와 중국군의 무인기 군집작전 위협을 고려할 때 대만군이 보다 정진해야 할 분야가 많다는 것을 보여준다. 무인기는 유인기에 비해 구조가 간단하고 무게가 가벼우며, 크기가 작고 비용이 적게 들며, 위험성이 적고 기동성이 높으며, 은폐성이 양호하고 다목적으로 탑재하중을 변경할 수 있는 등 많은 특징이

---

[73] 陳津萍, 徐名敬, 〈中國大陸無人機集群作戰發展之硏究〉, 《空軍學術雙月刊》, 第680期/2021年2月, 頁77.

[74] Legislative Yuan(立法院), Republic of China(Taiwan), 《國防部主管110年度單位預算評估報告》, https://www.ly.gov.tw/Pages/List.aspx?nodeid=44225

있다. 이에 기초하여 대만군은 '방위고수(防衛固守), 중층억제(重層嚇阻)'의 전략 지도와 '혁신/비대칭'의 작전적 사고로서 UAV에 대한 사고를 군집작전으로 발전시켜야 할 필요성이 있다.[75] 방위작전에 있어서 중국군의 운용 방식〈표-4〉을 거울삼아 선택할 수 있다. 예를 들면, 유인기에 비해 상대적으로 경제적이고 체공 시간이 긴 무인기의 장점을 이용하여 무인기군 합동으로 영공 안전을 수호한다면, 비대칭 전력의 중요한 구성부분이 될 수 있다. 또한 무인기 군집작전 대응 관점〈표-6〉에서 대만군은 수세방어에 속하는 한 측이므로, 지형, 거리, 화력 등의 이점을 이용하고, 전력방호(戰力防護) → 연해결전(沿海決戰) → 해안섬멸(海岸殲滅)의 전체 방위구상에 따라 무인기에 서로 다른 무장을 탑재하여 화력공격 임무를 배당하면 실현 가능한 우세를 만들어 낼 수 있을 것이다.[76]

4. 무인기 식별 및 대응 절차 마련

중국군의 무인기 군집작전 개념〈표-1〉은 확장성을 보여준다. 예를 들어 유인기와 J(殲)-6(중국산 MiG-19), J(殲)-7(중국산 MiG-21) 무인기가 출현할 수 있는 '충성요기' 모델은 중국군을 상대해야 하는 측의 방공 화력을 대량으로 소모시킬 수 있다는 점에서 주목할 필요가 있다. 또한 전역공격(全域攻擊), 협동작전 등 무인기 군집작전 운용방식 7가지〈표-4〉 유형은 미래 전쟁형태에 새로운 변수로 작용할 수 있으므로 적을 예측할 수 있다는 전제하에 그 식별과 대응 절차를 중시할 필요가 있다.

끝으로 무인기 식별과 대응 측면에서 UAV는 그 특징으로 인해 아직까지 레이더로 완전하게 탐지할 수 없다. 이에 따라 중국군의 무인기 군집작전 약점 분석〈표-6〉을 참고하여 무인기 식별 및 대응에 관한 표준절차를 마련할 필요가 있다.

---

[75] 陳津萍, 徐名敬, 頁76-77.
[76] 陳津萍, 徐名敬, 頁77.

제6장
중국의 삼위일체 핵 전략과 H-20 스텔스 폭격기

제6장

중국의 삼위일체 핵 전략과 H-20 스텔스 폭격기

차례

　Ⅰ. 서론
　Ⅱ. 중국의 삼위일체 핵 전략
　Ⅲ. H-20 개발 현황
　Ⅳ. H-20 작전 능력과 위협
　Ⅴ. 결론

요 약

1945년 8월 일본 히로시마와 나가사키에 각각 원자폭탄이 투하되면서 인류는 이른바 열핵병기시대로 접어들었다. 이후 한국전쟁과 중·소 진보도(珍寶島, 전바오다오) 충돌에서 중국은 미국과 소련의 핵 협박과 핵 위협에 직면하게 되었고, 마오쩌둥(毛澤東)으로 하여금 핵 무기 발전을 결심하도록 만들었다. 1964년 10월 제1차 핵 실험 성공으로부터 2000년대 DF(東風)-41 시험발사 성공 및 제2세대 핵추진 탄도미사일 잠수함의 현역 투입까지 중국은 기본적으로 반(反) 핵 위협 능력을 갖추고 능동적 핵 위협 단계로 진입하였다. 그러나 공중 핵 타격 능력은 미국, 러시아 등에 비해 여전히 부족하기 때문에 육상·해상·공중의 삼위일체(三位一體) 핵 타격 능력을 충족시킬 수 없었다. H(轟)-20 장거리 전략폭격기는 이 같은 배경에서 탄생하였다. 이 연구는 H(轟)-20 폭격기의 현 단계 발전 현황 및 예상되는 능력에 대해 탐구하였다.

keyword H(轟)-20 폭격기, 삼위일체(三位一體) 핵 전략, 미사일, 전략 폭격기

I 서론

중국이 핵 무기를 보유하면서 핵 무기를 먼저 사용하지 않겠다는 핵 무기 선제 불사용(No First Use, NFU) 정책을 내세운 것은 당시 핵 무기 저장고가 부족하고 유효한 투사 능력에 한계가 있었기 때문이다. 오늘날에 와서도 중국은 육상 및 해상 기반 대륙간 탄도미사일을 잇달아 개발하여 중국군의 전투서열에 포함시키고 있지만 유독 공중 기반 장거리 투사 능력은 부족한 상태에 있다. 즉 미·러 양대 핵 무기 강대국에 비해 육상·해상·공중의 완전한 삼위일체(三位一體)의 핵 전략 능력을 갖추지 못한 것이다. 언론 보도에 따르면 중국군은 삼위일체 핵 전략의 결함을 보완하기 위해 2000년부터 장거리 스텔스폭격기 H(轟)-20을 개발하였고, 2016년에 이르러 일부가 외부에 발표되기도 하였다.[1] 만약 H(轟)-20이 중국공군 전투서열에 포함된다면 그 성능과 전력은 어떠할 것인가? 삼위일체 핵 전략이 갖춰지면 핵 무기 선제 불사용(No First Use, NFU) 정책은 변화될 것인가? 이러한 질문들이 이글의 주제이다. 중국은 핵 전력 발전에 대하여 줄곧 엄격하게 비밀을 유지해 왔기 때문에 관련 문헌과 참고자료가 부족한 상태이다. 따라서 이 연구는 상당부분 대만의 언론매체와 학자, 전문가들의 견해를 인용하여 분석함으로써 객관성을 높이고자 하였다. H(轟)-20 스텔스폭격기에 대해서는 중국의 삼위일체 핵 전략과 H(轟)-20 개발과의 관계성 및 그 작전 능력과 위협을 판단해 보고자 하였다.

II 중국의 삼위일체 핵 전략

1. 핵 위협 대응 및 핵 위협 전략사상

1950년 한국전쟁 발발 시 중국은 인민지원군(人民志願軍)을 파견하여 북한을 지원하였고, 미국을 비롯한 유엔군을 중국 국경으로부터 빠르게 격퇴시켜 한때 38도선

---

[1] 楊幼蘭, 〈搶占空優陸轟-20可獵殺美核航母〉, 中時電子報, 2018年10月21日. https://www.chinatimes.com/realtimenews/20181021001702-260417?chdtv

을 넘기도 하였다. 반면 맥아더 유엔군사령관이 핵 사용 가능성으로 위협하자 중국은 핵 타격을 받은 뒤 감당할 수 없는 손실을 인정하고 정전협정에 서명하였다. 이는 중국이 핵 무기 위협에 양보한 최초의 일이다. 뒤이어 벌어진 대만해협 2차 위기와 중·소 진보도(珍寶島, 전바오다오) 충돌에서 미국과 소련 모두 핵 무기를 사용하려는 의도가 있었다. 미·소 양대 핵 무기 강대국의 핵 위협과 핵 협박에[2] 맞서 중국은 핵 개발을 결심하게 되었다.[3] 이른바 위협이란 상대가 결과를 두려워하여 어떤 행동을 취하지 못하게 하는 것으로서, 적으로 하여금 그의 침략 행위로 인한 부정적 대가가 예상하는 긍정적 이익을 초과한다는 것을 믿게 하는 것이다. 핵 무기는 파괴력이 강하기 때문에 재래식 위협과는 근본적으로 다른 특징이 있다. 재래식 위협은 의존하는 실력의 크기가 상대적으로 극대화되어야 하므로 재래식 무기의 보유가 절대적 우위에 있을 때에만 가능하다. 그러나 핵 위협의 유효성은 핵 무기의 상대적 크기와는 상관관계가 그리 크지 않다. 단지 제2차 핵 타격 능력인 핵 보복 능력만 갖추면 핵 능력이 약한 일방도 다른 일방에 대해 효과적인 핵 위협 능력을 가질 수 있다. 핵 위협 이론은 일반적으로 순수위협파(純威懾派)와 전쟁대항파(戰爭對抗派)로 나뉜다. 순수위협파는 제2차 핵 타격 능력만 확보하면 핵심이익에 대한 적의 공격을 억제할 수 있다고 보며, 전쟁대항파는 핵 전쟁에서 적을 무찌르고 승리할 수 있는 대항력을 갖추어야만 신뢰할 수 있는 핵 위협 능력이 있다고 주장한다. 유엔의 핵보유 5개 상임이사국 중 미국과 러시아는 전쟁대항파에 속하고 영국, 프랑스, 중국은 순수위협파에 해당한다. 그러나 중국은 영국, 프랑스와 달리 핵 무기 선제 불사용 정책에 따라 핵 무기는 핵 공격을 억제하는 데만 사용됨을 표방하고(영국, 프랑스는 재래식 위협에도 핵 무기를 사용), 제2차 핵 타격에 필요한 매우 제한적인 핵 무기 규모를 유지하고 있다.[4] 1964년 10월 제1차 핵 실험 성공 이후 중국의 핵 전략사상의 변천은

---

[2] 핵 협박이란 중국이 핵 무기를 보유하지 않은 상황에서 외국이 국가관계와 국제문제에서 일상적이며 임의로 중국에 대해 핵 무기 위협을 가함으로써, 핵 무기로 중국에 양보를 압박함으로써 자신들의 소기의 목적을 달성할 수 있는 것을 가리킨다. 趙雲山, 〈中國導彈及其戰略〉(台北 : 三友圖書有限公司, 1999年月), 頁88.

[3] 夏立平, 〈論中國核戰略的演進與構成〉, 《當代亞太》, 2010年第4期, 頁83~113.

다음과 같이 대략 세 단계로 나눌 수 있다.[5]

가. 단순 핵 위협 단계(1964~1984)

쌍방이 대치할 때는 극히 제한적인 핵 무기로 상대방을 이해시키는 것이 특징이다. 예를 들어 상대방이 먼저 핵 무기를 사용하여 중국에 핵 공격을 가하면 상대방 역시 중국으로부터 핵 타격의 위협을 받는 것이다. 중국이 먼저 핵 무기를 사용하지는 않겠지만 적으로부터 먼저 핵 공격을 당했을 때는 어떤 투하 방식을 쓰더라도 핵 폭탄을 상대방의 인구밀집지역에 폭발시킨다는 것으로써, 상대방이 섣불리 핵을 사용할 엄두를 내지 못하도록 하는 것이다. 이 시기 중국의 핵 전략사상은 적이 감히 핵을 사용할 수 없는 조건 하에서 인민전쟁(人民戰爭)으로 적을 소멸시킬 수 있다는 것이다.

나. 실용적 핵 위협 단계 (1984~2000)

1984년 중국공산당 중앙군사위원회의 명령에 따라 제2포병(第二砲兵, 전략미사일부대)이 정식으로 전쟁준비 임무를 맡게 되었고, 이로써 중국의 핵 전략사상이 제1단계에서 실용적 핵 위협 단계로 접어들었다. 이 단계의 핵 위협 사상은 ① 핵 무기 방어를 非핵 무기 공격으로 한다는 사상, ② 적에 대해 핵 무기 위협을 가한다는 사상, ③ 핵 무기 공격을 당했을 때 그 적에게 핵 무기 보복을 가한다는 사상, ④ 핵 무기로 반격할 때 유효하게 파괴시킨다는 사상의 네 가지 부분으로 구성된다. 이 단계의 후반부는 중국의 국력이 크게 신장된 이후로서 미사일 탑재 핵 무기를 급격히 늘리는 것이 어렵지 않아졌고, 양과 질의 측면에서 미·러 양국의 핵 무기를 따라잡고 추월하는 것도 요원한 일이 아니었다. 이러한 힘의 배경 하에서 중국의 핵 전략사상은 자연스럽게 상응하는 변화와 조정을 거쳐 능동적 핵 위협 단계의 대응으로 변화되었다.

---

4 孫向麗, 〈中國核戰略性質與特點分析〉, 《世界經濟與政治》, 2006年第9期, 頁24~25.
5 趙雲山, 〈中國導彈及其戰略〉(台北 : 三友圖書有限公司, 1999年11月), 頁83~112.

다. 향후 능동적 핵 위협 단계(2000~)

중국은 1995년 제2세대 대륙간 탄도미사일 DF(東風)-31 시험발사에 성공하고[6] 제2세대 핵추진 탄도미사일 잠수함 또한 건조를 완료하여 현역에 투입하였다. 중국은 1996년 모든 핵 실험의 종료를 선언하였는데, 이는 중국의 핵 무기 기술이 핵 탄두와 운반수단 양쪽 모두에서 성숙단계에 이르렀음을 설명한 것이다. 핵 탄두와 운반수단이 전반적으로 성숙된 가운데 중국의 핵 전략사상은 새로운 단계인 능동적 핵 위협 단계로 발전하였다. 이 단계에서 중국은 상대방을 수동적으로 위협하는 것이 아니라 필요할 때는 상대방을 능동적으로 위협할 수 있게 되었다. 중국이 도덕적 우위에 있고 국제적 공리(公理)에서 유리한 위치에 있을 때, 예를 들어 중국이 상대방으로부터 기습공격을 당하는 등 적의 침략을 받은 후 전쟁에서 불리한 상황에 처했을 때는 적에 대해 먼저 핵 무기를 사용하여 타격을 가할 수도 있다. 이러한 경우의 타격은 전술 핵 무기를 사용할 수 있다. 예를 들면, 전술 핵미사일 타격, 순항 핵미사일 타격 및 전략 핵미사일을 전술형 무기로 삼아 해상의 항모전단 등을 타격할 수 있다. 단순 핵 위협 단계와 실용 핵 위협 단계에서 중국의 핵 위협 사상은 수동적일 뿐만 아니라 단순한 것이다. 즉, 적으로부터 핵 무기 공격을 받았을 때 전력을 다해 자신의 핵 탄두를 적의 대도시에 투척하는 것으로써 자신이 즉시 파괴되면서 적도 역시 즉시 파괴시키자는 것이다. 이는 어떤 완충작용의 여지나 중간단계도 없는 전략으로서 자신의 안전범위를 아주 작게 만드는 것이다. 그러나 능동적 핵 위협 단계에서는 상황에 변화가 생긴다. 즉, 핵 무기 수가 충분하고 종류도 다양하여 중국이 핵 무기를 사용할 때 다양한 선택을 할 수 있다. 전투(戰鬪) 규모가 수백 톤에서 수천 톤의 전술 핵 무기 위협으로부터 전역(戰役) 규모까지, 다시 전구(戰區) 규모까지, 그리고 마지막으로 국가전략 수준의 핵 위협까지 모두 네 단계의 능동적 핵 위협 단계 중에서 정책결정자가 다양하게 선택할 수 있다.

결론적으로 핵 무기 증강에 따른 중국의 핵 전략사상은 핵 무기 사용을 갈수록 어

---

[6] 중국은 "1995년 5월 29일 東風-31 시험발사에 성공하였다". 〈中國第二代東風飛彈發展史〉, 《每日頭條》, 2019-08-22. https://kknews.cc/military/rlml3yo.html

럽게 하는 것이 아니라 점점 더 쉽게 사용할 수 있는 방향으로 발전하고 있고, 전술적 단계에서는 핵 무기를 적극적으로 제한하여 사용하려는 추세로 보이고 있다.

2. 삼위일체(三位一體) 핵 역량

가. 핵 전략 생성 배경

1945년 7월 16일 미국은 뉴멕시코주에서 원자폭탄을 시험 폭발시켰다. 이로써 인류는 열병기(熱兵器) 시대에서 열핵병기(熱核兵器) 시대로 접어들었다. 이어 그해 8월 6일과 9일 미국은 일본 히로시마와 나가사키에 각각 원자폭탄을 투하하였고, 사망자와 실종자가 7만여 명에 달하는[7] 세계 최초의 열핵병기 위력은 일본의 항복을 재촉하였다. 핵 시대의 도래와 핵 무기의 끊임없는 진전에 따라 핵 전략은 이에 상응하며 생성되었다. 핵 전략이 위협 위주로 발전한 것은[8] 본래 상대방의 섣부른 핵 무기 사용을 억제하려는 의도에서 비롯되었다. 이른바 '억제'라는 용어는 '만류하여 멈추게 하는 것'이며, 군사분야에서는 일반적으로 '적이 감당할 수 없는 보복을 초래할 것을 두려워하여 감히 경거망동할 수 없게 하는 수단을 택하게 하는 것'이다.[9] 1960년대 말 소련이 핵 전력을 구축하자 미국은 소련의 핵 무기가 이미 미국과 대등하다고 판단하고 '상호확증파괴'에 기초한 '상호억제' 핵 전략을 발전시켰다. 이른바 '상호확증파괴'란 쌍방 모두가 상대방의 핵 무기 제1차 선제타격을 견디고 상대방에게 핵 무기 제2차 보복타격을 가하여 감당할 수 없는 손실을 야기하고, 나아가 이를 통해 상대방이 감히 핵 무기를 사용할 수 없게 한다는 의미이다.[10] 이에 기초하여 미국은 대륙간탄도미사일(ICBM), 잠수함발사탄도미사일(SLBM), 장거리 전략폭격기로 구성된 '삼위일체 핵 전략(Nuclear Triad)'의 전력 구조를 갖추었다. 이러한 전력 구

---

[7] 《空軍戰略論》(台北:三軍大學, 民78年), 頁80.

[8] 徐華炳, 〈淺評美國核威懾戰略的演變與走向〉, 《長春師範學院學報》, 2001年6月, 頁51.

[9] 日本岡崎研究所彈道飛彈防禦小組, 《新核武戰略及日本彈道飛彈防禦》(台北:國防部史政編譯室, 民93年), 頁4.

[10] 日本岡崎研究所彈道飛彈防禦小組, 《新核武戰略及日本彈道飛彈防禦》(台北:國防部史政編譯室, 民93年), 頁6~10.

조는 하나 또는 두 종류의 무기체계가 적에 의해 파괴되어 보복능력을 상실하여도 '제2차 보복타격' 능력을 확보하여 '상호확증파괴(mutual assured destruction, MAD)' 전략을 실현할 수 있는 근간이다. 미국은 2002년에 '新 삼위일체 핵 전략'을 제시했지만 주요 타격 전력은 여전히 위와 같으며, 다만 적의 핵 무기 공격에 대응하는 방어조치가 추가되었다.[11] 이에 대해서는 본 연구의 초점을 벗어나기 때문에 논의를 생략하고자 한다.

나. 핵 강대국 현황

이른바 핵 강대국이란 유엔안보리의 5개 상임이사국을 말한다. 이 국가들은 모두 핵 타격 능력을 가지고 있지만, 단지 몇몇 국가들만이 삼위일체의 핵 타격 능력을 보유하고 있다. 세부 내용은 다음과 같다.

(1) 미국

핵 전략이란 핵 역량의 발전과 운용을 기획하고 지도하는 방략(方略)이며, 군사전략의 범주에 속한다. 미국의 핵 전략은 모두 9번의 발전 시기를 거친다〈표-1 참조〉. 2005년 발표된 『합동 핵 작전교리』에 따르면 미국의 핵 역량의 개발, 배치, 사용은 적을 억제, 저지하기 위한 것이며, 우방국 동맹에 안전보장을 약속하고, 위협이 효과를 발휘하지 못할 때는 상대를 완전히 격파하기 위한 것이라고 밝히고 있다. 이는 미국이 평상시와 위기 및 전쟁 기간에 강조하는 핵 무기의 역할이다.[12] 삼위일체 핵 전략의 전력은 육상기반 탄도미사일(LGM-30G Minuteman-III), 해상기반 잠수함발사탄도미사일(UGM-133 Trident II) 그리고 공중기반 플랫폼(B-52, B-2 폭격기)으로 구성된다.[13] 미 워싱턴의 싱크탱크 '국제전략연구소(Center For Strategic and International Studies, CSIS)'에 따르면 현재 육상, 해상, 공중기반 발사 플랫폼 수는

---

[11] 余小玲, 劉華秋, 〈解讀美國「新三位一體」戰略構想〉, 《現代軍事》, 2002年4月, 頁54.

[12] 梁仁, 〈大國核戰略的對比分析〉, 《現代軍事》, 2007年4月, 頁6.

[13] 張濱, 馬建偉, 郝磊, 黃路煒, 李軼, 〈美軍洲際核力量指揮控制能力建設研究〉, 《飛彈導航》, 2017年第11期, 頁55~56.

육상기반 400기, 해상기반 240기, 공중기반 66기이며, 각종 핵 탄두 수를 종합하면 3,570발(해상 1,920발 + 공중 850발 + 육상 800발)이다.[14]

〈표-1〉 미국의 시기별 핵 전략

연 대	집권 대통령	전략방침
1945~1953	트루먼	억제전략
1953~1961	아이젠하워	대규모 보복전략
1961~1969	케네디	유연반응전략
1969~1981	닉슨, 포드, 카터	현실억지전략
1981~1989	레이건	신유연반응전략
1989~1993	조지 H. W. 부시	전방위 위협전략
1993~2001	클린턴	지도 및 예방 전략
2001~2009	조지 W. 부시	일방주의전략
2009~2017	오바마	비핵화전략

* 출처: 張濱, 馬建偉, 郝磊, 黃路煒, 李軼, 〈美軍洲際核力量指揮控制能力建設硏究〉《飛彈導航》, 2017年 第11期, 頁56.

〈표-2〉 미국의 삼위일체 핵 전력

탑재 플랫폼	사거리/항속거리	플랫폼 수	핵폭탄 탑재수	핵폭탄 총수
Minuteman-Ⅲ	10,000km	400	3	800
Trident Ⅱ	12,000km	오하이오급(Ohio class) 잠수함(총14척) 배치, 척당 24기, 총 240기 탑재 가능	8	1,920
B-2 폭격기	9,600km	총 20대, 1대당 B61x16, B83x16, AGM-129 ACMx16, AGM-131 SRAMx16 탑재 가능	1	850
B-52H 폭격기	14,000km	총46대, 1대당 ALCMx20, SRAMx12, B53x2 B-61x8, B-83x8 탑재 가능	1	

* 출처: https://chinapower.csis.org/china-nuclear-weapons/ ; 張濱, 馬建偉, 郝磊, 黃路煒, 李軼, 〈美軍洲際核力量指揮控制能力建設硏究〉, 《飛彈導航》, 2017年 第11期, 頁56 ; https://fas.org/nuke/guide/usa/bomber/b-52.htm ; https://fas.org/nuke/guide/usa/bomber/b-2.htm ; https://fas.org/nuke/guide/usa/bomber/b-2.htm ; https://fas.org/nuke/guide/usa/icbm/lgm-30_3.htm

[14] 〈How is China modernizing its nuclear forces?〉, 《CSIS》. https://chinapower.csis.org/china-nuclearweapons/.

(2) 러시아

2018년 발표된 미국의 『핵 태세 평가』에 따르면 러시아의 핵 전략과 이론은 군사 분야에서 무기의 잠재적이고 강제적인 운용을 강조한다. 또한 러시아는 핵 타격 위협이나 선제 핵 사용이 러시아에게 유리한 방식으로 충돌을 감소시키는 데 도움이 될 수 있으며, 제한된 범위 내에서 먼저 핵 무기를 사용하면 미국과 나토(NATO)를 마비시켜 러시아에 유리하게 충돌을 종결시킬 수 있다는 잘못된 인식을 하고 있다고 지적하고 있다. 반면, 같은 해인 2018년 10월 푸틴 러시아 대통령은 발다이 국제토론클럽(Valdai International Discussion Club)의 연설에서 러시아의 핵 무기는 선제공격 내용이 없고 반격할 때만 사용한다. 즉, 러시아나 동맹국들이 핵 타격이나 대량살상무기의 공격을 당하거나 재래식 무기를 사용한 침공으로 러시아의 생존이 위협받는 상황에서 핵 무기를 사용할 수 있도록 권한이 유보되어 있다고 하였다.[15] 또한 러시아는 트럼프 미 대통령의 중거리 핵전력 협정(Intermediate-Range Nuclear Forces Treaty, INF Treaty) 탈퇴 선언으로 미국의 중거리 및 단거리 핵미사일의 유럽배치 개시 가능성을 우려하고, 군부 고위층은 선제 핵 타격 원칙까지 고려할 수 있다고 밝혔다. 미국의 The National Interest지(誌)에 따르면 러시아는 신무기를 개발하고 있으며, 예를 들면 푸틴이 공언한 핵추진 순항미사일, 1메가톤급 핵미사일을 장착한 무인 잠수함 등이라고 지적하였다.[16] 이를 통해 러시아의 핵 이론이 위협에서 실전으로 넘어갔음을 알 수 있으며, 발표된 자료에 따르면 러시아의 삼위일체 핵 전력 플랫폼 수는 육상기반 318기, 해상기반 160기, 공중기반 68기이며, 각종 핵 탄두 수를 종합하면 2,671발(해상 720발 + 공중 786발 + 육상 1,165발)이다.[17]

---

[15] 伍浩松, 王樹, 〈俄羅…斯2019年核力量〉, 《國外核新聞》, 2019年3月, 頁8~10.

[16] 盧伯華, 〈俄「死神之手」末日核彈重返人間可能先發制人〉, 《中時電子報》, 2018年12月13日. https://www.chinatimes.com/realtimenews/20181213000107-260417?chdtv

[17] 〈How is China modernizing its nuclear forces?〉, 《CSIS》. https://chinapower.csis.org/china-nuclear-weapons/.

<표-3> 러시아의 삼위일체 핵 전력

탑재 플랫폼	사거리/ 항속거리	플랫폼 수	핵폭탄 탑재수	핵폭탄 총수
RS-20V Satan	16,000km	46	10	460
RS-18 Stilleto	10,000km	20	6	120
RS-12M Topol	10,500km	63	1	63
RS-12M1 Topol-M (기동식)	10,000~ 10,500km	18	1	18
RS-12M2 Topol-M (사일로식)	10,000~ 10,500km	60	1	60
RS-24 Yars (기동식)	11,000km	99	4	396
RS-24 Yars (사일로식)	11,000km	12	4	48
대륙간 탄도미사일 (ICBM) 소계		318		1,165
RSM-50 STINGRAY	8,000km	DeltaIII 잠수함(x1) 배치, 척당 16기, 총16기 탑재 가능	3	48
RSM-54 SKIF	8,300km	DeltaIV 잠수함(x6) 배치, 척당 16기, 총96기 탑재 가능	4	384
RSM-56 Bulava	8,000km	Borei 잠수함(x3) 배치, 척당 16기, 총48기 탑재 가능	6	288
잠수함발사 탄도미사일 (SLBM) 소계		10(잠수함)/160기		720
Tu-95 MS6 Bear	10,500km	25	AS-15A ALCM x 6	150
Tu-95 MS16 Bear	10,500km	30	AS-15A ALCM x16	480
Tu-160 Blackjack	14,000km	13	AS-15B ALCM x12	156
폭격기/무기 소계		68		786

* 출처: 伍浩松, 王樹, 〈俄羅斯2019年核力量〉, 《國外核新聞》, 2019年3月, 頁9.
https://fas.org/nuke/guide/russia/icbm/r-36m.htm ; https://www.rt.com/news/yars-missile-russia-launch-729/ ; http://www.russianspaceweb.com/bulava.html

(3) 영국

엄밀히 말해 영국에는 완전하고 독자적인 핵 전력과 핵 전략이 없다고 할 수 있다. 영국은 비록 핵 무기 개발에서는 각국을 앞질렀지만 핵 무기 제조기술을 확보한 뒤 미국과 공조하는 방식을 택했다. 1957년 10월 영·미는 공동으로 '상호의존' 핵 정책을 발표하면서 영국의 핵 전력 및 핵 전략은 미국에 의존하는 양상을 보였다.[18] 다만 영국의 핵 전략은 냉전 종식 이후 중대한 조정을 거쳐 '최소한도'의 핵 위협 전력을 유지할 것을 주장하고, 미국의 핵우산의 제약을 받지 않으면서 핵 강대국의 지위를 유지하는 것이다. 영국은 핵 사용 조건에 있어서 모호성 전략을 유지하고 있다.[19] 현재 영국은 해상기반 전략핵만 보유하고 있으며, 4척의 뱅가드급(Vanguard class) 핵잠수함이 각각 16기의 트라이던트(Trident D5) 미사일을 탑재하고 있으며, 각각의 미사일은 각각 3기의 핵 탄두를 장착할 수 있는 구조로 되어 있다.[20] 미 워싱턴의 싱크탱크 '국제전략연구소(Center For Strategic and International Studies, CSIS)'의 발표에 따르면 해상기반 플랫폼의 트라이던트(Trident) 미사일은 48기이며, 각종 핵 탄두 수를 종합하면 215발(해상 215발)이다.[21]

(4) 프랑스

프랑스는 세계에서 네 번째로 핵 무기를 성공적으로 개발한 국가이며, 핵 전력의 구축 원칙은 전쟁에서 승리하기 위한 것이 아니라 전쟁을 억제하기 위한 것이기 때문에 핵 전력 구축에 있어서 '충분성'과 '유효성'의 원칙을 따랐다. 이른바 '충분성'은 양적으로 미·러와 우열을 다투지 않고 국력과 재정이 뒷받침되는 가운데 일정 규모의 핵 전력을 구축하는 것이다. 그리고 '유효성'은 끊임없이 기술과 품질 향상에 노력하여 핵 무기의 생존능력, 돌파능력 및 정밀도를 제고함으로써 제2차 타격 능력을 확보하는 것이다. 삼위일체 핵 전력의 발사 플랫폼은 육상기반 0기, 해상기반 48기, 공중기반 50기이며, 각종 핵 탄두 수를 종합하면 290발(해상 240발 + 공중 50발)이다.[22]

---

[18] 鄭治仁, 〈英法核戰略〉, 《兵器知識》, 2003年第1期, 頁33~34.
[19] 宋丹卉, 〈世界主要國家核力量博奕趨勢及對我啟示〉, 《國外核新聞》, 2012年9月, 頁9.
[20] 〈TridentⅡ D5〉, 《FAS》, https://fas.org/nuke/guide/uk/slbm/d-5.htm.
[21] 〈How is China modernizing its nuclear forces?〉, 《CSIS》. https://chinapower.csis.org/china-nuclear weapons/.

<표-4> 프랑스의 삼위일체 핵 전력

탑재 플랫폼	사거리/항속거리	플랫폼 수	핵폭탄 탑재수	핵폭탄 총수
M45/M51형	6,000km	개선급(Triomphant class) 잠수함(x4) 배치, 척당 16기, 총48기 탑재	6~10	240
ASMP-A	300km	미라지(Mirage) 2000N 전투기 / 슈퍼 에탕다르(Super Étendard) 공격기 / 라팔(Rafale) 전투기 발사 가능, 총50발	1	50

* 출처: https://fas.org/nuke/guide/france/slbm/m-4.htm, https://fas.org/nuke/guide/france/slbm/m-5.htm, https://zh.wikipedia.org/wiki/ASMP%E9%A3%9B%E5%BD%88, https://chinapower.csis.org/china-nuclear-weapons/

(5) 중국

중국의 핵 무기는 끊임없이 핵 위협과 핵 공갈에 시달리는 역사적 배경에서 발전해 왔다. 따라서 핵 전략은 어떤 경우에도 먼저 핵을 사용하지 않겠으며, 비핵국가나 비핵지역에 대해서는 핵 무기를 사용하거나 핵 무기 사용으로 위협하지 않겠다는 약속을 한 것이 중요한 특징이다. 중국은 미·러처럼 상대에게 괴멸적인 타격을 주는 이른바 '상호확증파괴'를 추구하지 않고 '감당할 수 없는 타격'을 보복수단으로 채택하기 때문에 핵 전력에서 군비경쟁을 하지 않는다.[23] 중국의 삼위일체 핵 전력 발사 플랫폼은 육상기반 187기, 해상기반 48기, 공중기반 20기이며, 각종 핵 탄두 수를 종합하면 총286발(해상 48발 + 공중 20발 + 육상 218발)이다.[24]

<표-5> 중국의 삼위일체 핵 전력

탑재 플랫폼	사거리/항속거리	플랫폼 수	핵폭탄 탑재수	핵폭탄 총수
DF(東風)-4	5,500km	5	1	10
DF(東風)-5A	13,000km	10	10	10

[22] 〈How is China modernizing its nuclear forces?〉, 《CSIS》. https://chinapower.csis.org/china-nuclear-weapons/.

[23] 梁仁, 〈大國核戰略的對比分析〉, 《現代軍事》, 2007年4月. 頁17~18.

[24] 〈How is China modernizing its nuclear forces?〉, 《CSIS》. https://chinapower.csis.org/china-nuclear-weapons/.

탑재 플랫폼	사거리/항속거리	플랫폼 수	핵폭탄 탑재수	핵폭탄 총수
DF(東風)-5B	13,000km	10	10	30
DF(東風)-21	2,150km	40	1	80
DF(東風)-26	4,000km	68	4	34
DF(東風)-31	7,200km	6	3	6
DF(東風)-31A	11,200km	24	3	24
DF(東風)-31AG	11,200km	24	3	24
DF(東風)-41	15,000km	Unknown	6	
탄도미사일 소계		187		218
JL(巨浪)-2	8,000~9,000km	진급(晉級, Jin-class, type 094) 핵잠수함(x4) 배치, 척당 12기, 총48기 탑재 가능	1	48
잠수함발사 탄도미사일 (SLBM) 소계		4(잠수함)/48		48
H-6K	3,100km	20	한 대당 ALCMx 6기 탑재가능	20
폭격기/무기소계		20/20		20

* 출처: Hans M. Kristensen and Matt Korda, 〈Chinese nuclear forces, 2019〉, 《BULLETIN OF THE ATOMIC SCIENTISTS》, JUN, 2019, VOL. 75, NO.4, P-172. ; https://chinapower.csis.org/china-nuclear-weapons/ ; https://zh.wikipedia.org/wiki/%E8%BD%B0-6

    이 같은 핵 무기 강대국의 삼위일체 핵 전력 비교 자료에서 알 수 있듯이 현재 미국, 러시아, 중국만이 삼위일체의 핵 능력을 갖추고 있다. 중국은 공중기반 탑재 플랫폼에서 여전히 이전 세기에 설계된 H(轟)-6K 폭격기를 위주로 하고 있다. H-6K는 비록 여러 가지 구조변경을 거쳤지만 항속거리 약 4,000km로 CJ(長劍, 창젠)-20 공중발사 순항미사일을 탑재해도 여전히 미 본토에 위협이 되지 않기 때문에 핵 반격이나 핵 보복은 더 논할 필요도 없다. 따라서 미·러에 비해 완전한 삼위일체의 핵 타격 능력을 갖추지 못했다고 평가할 수 있다. 중국이 비록 일관되게 핵 무기 선제 불사용 정책을 고수하고 있다고는 하지만, 이는 핵 타격 능력이 미·러에 비해 여전히 열세에 처해 있기 때문이다. 전술한 바와 같이, 중국이 핵 탄두와 핵 타격 능력이 부족한 상태에서는 제한적 반격 및 보복공격의 핵 위협 수단만을 사용할 수 있다. 상대에게 핵 공격 포기를 압박하기 위해서는 삼위일체의 핵 타격 능력을 완전히 갖추어야 하며, 그 이후에야 능동적 핵 위협 목표를 실현할 수 있다. 미 국방정보국은 차세대 전략폭격기가 중국인민해방군 공군의 전투서열에 등재되지 않는 한 중국은 자신의 목표를 달성하기 어려울 것이라고 하였다.[25] 또한 미 국방부의 '2019년 중국 군사력 보고서'도 중국은 지상 및 잠수함 기반 핵 능력을 지속적으로 개선하고 있으며, 핵 능력을 갖춘 공중 발사 탄도 미사일 개발로 실행 가능한 핵 "삼위일체(triad)"를 추구하고 있다고 평가하였듯이[26] 삼위일체 핵 전력을 완전히 갖추기 위한 중국의 신형 폭격기 개발은 필연적이고 필수적일 수밖에 없다고 할 수 있다.

한편 미 국방부의 '2021년 중국 군사력 보고서'는 중국의 핵 무기 선제 불사용(No First Use, NFU) 정책에 대해 "현재 중국의 핵 전력에 대한 접근 방식은 공개적으로 선언한 핵 무기 선제 불사용(No First Use, NFU) 정책을 포함한다. 이 정책은 중국이 언제 어떤 상황에서도 핵 무기를 먼저 사용하지 않을 것이며, 중국은 어떤 비핵 국가나 비핵 지대에 대해서도 핵 무기를 사용하거나 위협하지 않을 것을 무조건 약속한다고 명시하고 있다. 반면 베이징(北京)의 NFU 정책이 더 이상 적용되지 않는 조건에 대해서는 일부 모호성이 있다. 물론 중국 국가 지도자들이 그것에 대해 첨언이나 뉘앙스 또는 경고를 공개적으로 첨부할 의사가 있다는 징후도 없었다. 그러나 핵 현대화 프로그램의 범위와 규모에 대한 중국의 투명성 부족은 중국이 더욱 향상되고 증강된 핵 전력을 배치함에 따라 그것의 미래 의도에 대한 의문을 제기한다. 일부 중국인민해방군 장교들은 재래식 공격이 중국인민해방군 핵 전력이나 중국공산당 자체의 생존을 위협하는 경우처럼 중국이 먼저 핵 무기를 사용해야 하는 경우에 대해 논의하였다"고 평가하고, 중국의 핵 능력에 대한 평가를 다음과 같이 여섯 가지로 요약하였다.[27]

---

[25] 〈How is China modernizing its nuclear forces?〉,《CSIS》, https://chinapower.csis.org/china-nuclear weapons/.

[26] DoD.〈ANNUAL REPORT TO CONGRESS; Military and Security Developments Involving the People's Republic of China 2019〉, https://media.defense.gov/2019/May/02/2002127082/-1/-1/1/2019_CHINA_MILITARY_POWER_REPORT.pdf.

<표-6> 미 국방부의 중국 핵 능력 평가 요약

순서	주요 내용
1	향후 10년 동안 중국은 핵 전력 현대화, 다양화 및 확장을 목표로 한다.
2	중국은 육상, 해상, 공중 기반의 핵 운반 플랫폼에 대한 투자를 확장하고 있으며, 이러한 핵 전력의 대규모 확장을 지원하는 데 필요한 기반 시설을 건설하고 있다.
3	중국은 또한 고속 증식로 건설과 재처리 시설을 통해 플루토늄 생산과 분리 능력을 향상함으로써 이 같은 확장을 지원하고 있다.
4	중국의 핵 확장 속도가 빨라짐에 따라 2027년까지 최대 700개의 핵 탄두를 보유할 수 있을 것이다. 중국은 2030년까지 최소한 1,000개의 탄두를 보유할 계획이며, 이는 미 국방부(DoD)가 2020년에 예상한 속도와 크기를 초과한다.
5	중국은 핵 능력을 갖춘 공중발사탄도미사일(ALBM) 개발과 지상 및 해상 기반 핵 능력 개선으로 이미 "핵 삼위일체(nuclear triad)"를 구축했을 가능성이 있다.
6	2020년의 새로운 발전은 중국이 사일로 기반 전력(silo-based force)을 확장하여 "예경반격(預警反击, Early Warning Counter Strike)"이라 불리는 "LOW(Launch on Warning) 경보발사태세"로 전환함으로써 핵 전력의 평시 대비태세 강화 의도를 시사한다.

* 출처: DoD. ⟨ANNUAL REPORT TO CONGRESS; Military and Security Developments Involving the People's Republic of China 2021⟩, https://media.defense.gov/2021/Nov/03/2002885874/-1/-1/0/2021-CMPR-FINAL.PDF

Ⅲ H-20 개발 현황

전략폭격기란 탑재한 무기를 고고도에서 지상으로 장거리에서 투하할 수 있는 대형 군용기를 가리키며, 이는 어떤 교전지역 내의 군부대나 군사 시설·장비를 폭격하기 위해 전술폭격기를 이용하는 것과는 다르다. 전략폭격기의 용도는 장거리 폭격과 전략적 폭격이며, 탑재 무기는 장사정, 고위력의 공대지 미사일 또는 핵 무기이다. 공격대상은 적 심장부의 전략 목표로서 주요 군사시설, 공장, 도시 등이며, 한 번의 폭격으로서 적의 전쟁능력을 대폭적으로 약화시킨다. 물론 전략폭격기는 전술폭격기의 용도로도 활용할 수 있다.

---

27 DoD. ⟨ANNUAL REPORT TO CONGRESS; Military and Security Developments Involving the People's Republic of China 2021⟩, https://media.defense.gov/2021/Nov/03/2002885874/-1/-1/0/2021-CMPR-FINAL.PDF.

현대 전략폭격기(strategic bomber)의 정의는 1990년 6월 1일 체결된 미·소의 '스타트 I, 전략무기 감축조약(START I, Strategic Arms Reduction Treaty)'에 따라 다음 두 가지 조건 중 하나를 충족하는 것으로 간주된다.[28]

① 항속거리 8,000km 이상: 공중발사 미사일의 경우 항속거리는 표준설계 모드에서 연료 소진 조건까지 도달할 수 있는 지표면의 최대 원호(arc) 거리이다. 탄도미사일의 경우 항속거리는 발사지점과 재진입체의 낙하지점 사이의 비행 궤적이 지표면에 투사되는 호(arc) 거리다. 항공기의 경우 항속거리는 무기 7,500kg을 탑재하고 공중급유 없이 가장 경제적으로 비행할 수 있는 최대 거리이며, 착륙 후 잔여 연료가 연료탱크 최대 용량의 5%보다 적어야 한다.

② 공중발사 장사정(長射程) 핵 탄두 순항미사일 탑재: 여기서 사정거리는 이와 같은 공중발사미사일의 사정거리로서 600km에 이르러야 한다. 이에 따라 현재 미국의 B-1B, B-2A, B-52G/H, 러시아의 Tu-95, Tu-160 등 5개 계열의 폭격기만이 전략폭격기에 해당한다.

일찍이 중국은 대형 항공기를 개발할 능력이 부족하여 장거리 전략폭격기를 생산할 수 없었고, 미·러 양국은 생산 능력은 있었지만 두 강대국의 이해타산에 따라 중국은 이를 구매할 수 없었다. 왜냐하면 전략폭격기는 전략억제무기로서 타국에 인도할 경우 자국의 국가안보를 위태롭게 할 수 있기 때문이다. 한편 1990년대 소련 붕괴 이후 중국은 러시아제 TU-22 전략폭격기를 원했지만 러시아가 위협을 고려하여 판매를 거부함에 따라 지금까지 장거리 전략폭격기를 보유하지 못했고, 이에 따라 중국공군도 전략공군의 요건을 갖추지 못하고 있다.[29]

한편 일반적으로 중국인민해방군이 일찍이 2000년부터 H(轟)-20 전략폭격기 개발에 착수했다고 알려지고 있었다. 2016년 9월에 이르러 당시 중국 공군사령관 마샤오텐(馬曉天)이 차세대 장거리 폭격기를 발전시키고 있다고 밝힘으로써 차세대 폭격기 개발 사실이 처음으로 확인되었다. 당시 차세

---

[28] 〈戰略轟炸機〉,《維基百科》https://zh.wikipedia.org/wiki/%E6%88%98%E7%95%A5%E8%BD%B0%E7%82%B8%E6%9C%BA.

[29] 馬振坤,《中國安全戰略與軍事發展》(台北縣 : 華立圖書股份有限公司, 2008年), 頁299.

대 전략폭격기의 이름이 H(轟)-20으로 명명될 것이라는 관측이 지배적이었다.[30] 이후 2017년 H(轟)-20으로 추정되는 위성사진이 인터넷에 공개되었고, 2018년 5월 시안항공공업(西安航空工業)이 회사 설립 60주년 기념 홍보영상을 발표하였는데, 회사의 역사와 생산 실적을 애니메이션 형식으로 보여주면서 맨 마지막에 천막을 씌운 항공기 한 대를 공개하였다. 온라인에서는 일반적으로 천막 속의 항공기가 바로 H(轟)-20이라고 믿어지고 있다.[31]

미국의 잡지 '내셔널 인터레스트(National Interest)'는 H(轟)-20의 성능을 예측하였는데, 공중급유 없이 최대 작전반경은 5,000마일(약 8,000km)을 초과하고 유효하중은 현재 보유하고 있는 H(轟)-6 폭격기의 10톤과 미국 B-2 폭격기 23톤의 사이라고 보도하였다. 중요한 것은 H(轟)-20이 이 같은 항속거리와 스텔스 능력을 갖춘다면 미국의 태평양기지와 함대가 중국공군의 타격범위에 포함될 수 있어 미·중 간 전략태세에 변화가 발생한다는 점이다. 중국에 있어 전략폭격기는 서태평양의 주도적 지위와 국가안보를 유지하는 데 매우 중요하다. 중국과 미국 본토는 비록 태평양으로 갈라져 있지만 미국은 이미 지난 세기부터 하와이와 괌 등을 전진기지로 삼아 공중과 해상에 장거리 타격전력을 배치해 오고 있다. 중국의 새로운 전략폭격기가 5,000마일을 작전반경으로 설정한다면 제2도련(第二島鏈)의 사슬을 뚫고 제3도련(第三島鏈)에 도달하는 것을 목표로 삼을 것이며, 나아가 하와이와 호주 해안까지 확장할 수 있을 것이다. 중국이 만약 미국과 충돌할 경우 미군의 공중전력을 무력화하는 것은 미군 항공기가 지상이나 갑판에서 아직 이륙하지 않은 상태에서 공격하는 것이 가장 좋다. 공격은 미사일로도 가능하지만 미사일은 요격당하기 쉽다. 이에 따라 스텔스 폭격기는 미군 기지나 항공모함에 접근하는 데 최적의 방식이며, 적의 방어시간을 단축시킬 수 있다. 그리고 무엇보다 중요한 것은 H(轟)-20이 핵 무기를 탑

---

30 張國威,〈陸首正名轟-20開啟空軍20時代〉, 中時電子報, 2018年10月10日. https://www.chinatimes.com/newspapers/20181010000190-260301?chdtv.

31 〈台媒：疑似解放軍新轟炸机轟-20卫星照曝光〉,《Sina新浪网》, 2017年08月16日, http://news.sina.com.cn/c/nd/2017-08-16/doc-ifyixhyw8754995.shtml ;〈空軍司令間接確認正發展「轟-20」〉,《當代中國》, 22/01/2022, https://www.ourchinastory.com/zh/3314.

재할 수 있어 완전한 삼위일체의 핵 타격 전력을 구축하게 되는 것이다. 베이징(北京)은 미국의 미사일방어 능력이 중국의 대륙간탄도미사일(ICBM)과 잠수함발사탄도미사일(SLBM)을 상쇄할 수 있으나 새로운 스텔스 폭격기는 요격하기 어려운 핵 타격 플랫폼이 될 수 있다고 여기고 있다.[32]

Ⅳ H-20 작전 능력과 위협

1. 작전능력

홍콩의 사우스차이나모닝포스트(South China Morning Post)에 따르면 H(轟)-20 스텔스 폭격기는 최대 이륙중량이 최소 200톤에 달하고 탑재중량은 최대 45톤이며 천음속 비행에서 핵 무기 외에 스텔스 또는 극초음속 순항미사일도 발사할 수 있다고 한다. 또한 스텔스 항공물질과 스마트 외피기술을 J(殲)-20 전투기에 일부 적용했기 때문에 H(轟)-20에도 적용하지 않을 리 없다고 분석하고 있다.[33] 전체적으로 H(轟)-20은 4대(좌우 각 2대)의 WS(渦扇)-18 엔진(WS-20 엔진의 사용 가능성도 있음[34]) 또는 러시아제 D-30KP2 엔진을 사용하여 전방향, 전주파수대 스텔스 특성을 갖추고 12발의 CJ(長劍)-20 순항미사일을 탑재할 수 있다.[35] 한편 미 국방정보국 정보자료에 따르면 공중발사형 미사일을 탑재할 수 있고,[36] 기존 중량 42톤에서 35

---

[32] Sebastien Roblin, 〈China's H-20 Strategic Stealth Bomber (Everything We Know Right Now)〉, https://nationalinterest.org/blog/buzz/chinas-h-20-strategic-stealth-bomber-everything-we-know-right-now-38922.

[33] Kristin Huang, 〈Why the new H-20 subsonic stealth bomber could be a game changer for China〉21 Oct, 2018. https://www.scmp.com/news/china/military/article/2169472/why-new-h-20-subsonic-stealth-bomber-couldbe-game-changer-china.

[34] 〈運-20原型機疑換裝渦扇-20試飛起飛推力60噸直逼C-17〉, ETtoday, 2019年02月27日. https://www.ettoday.net/news/20190227/1387646.htm.

[35] 楊幼蘭, 〈震懾鄰國陸轟-20匿蹤轟炸機傳準備首飛〉, 中時電子報, 2017年08月09日. https://www.chinatimes.com/realtimenews/20170809004592-260417?chdtv.

톤으로 줄인 중형 DF(東風)-31형 미사일도 탑재할 수 있다고 판단하고 있다.37

〈표-7〉 H(轟)-20 작전능력

항목	작전능력
항속거리	최하 12,000km, 공중급유 1회의 경우 18,000km까지 가능
작전반경	8,000km
무장	기체 내장형 탄약창에 재래식 폭탄 탑재, 이밖에 CJ(長劍)-20 순항미사일 12발 및 공중발사형 DF(東風)-31형 미사일 1발 탑재 가능
탑재중량	30~40톤
비행속도	약 마하 1

* 출처: 〈陸轟-20配核彈實現戰略空軍〉, https://www.chinatimes.com/newspapers/20170711000798-260301?chdtv

2019년 8월 미 국방부가 발표한 '2019년 중국 군사력 보고서'에 따르면 H(轟)-20의 항속 거리는 8,500km를 초과할 것이라고 하였다.38 하지만 일부 군사전문가들은 1만 2,000km를 초과할 수 있다는 의견은 내놓고 있으며, 이 경우 하와이를 타격 범위 내에 둔다는 뜻이 된다.

중국공군이 장거리 전략폭격기를 필요로 하는 이유는 태평양에서 타격 범위를 더욱 넓힐 수 있고, 이렇게 되면 제2도련(第二島鏈)을 타격할 수 있으며, 위기나 충돌 발생 시 외국군의 개입을 막을 수 있기 때문이다.39 일단 H(轟)-20이 전력화되면 단순 국토방공(國土防空)에서 공방겸비(攻防兼備)로 전환할 수 있고, 뛰어난 장거리

36　Michael S. Chase, 〈Nuclear Bomber Could Boost PLAAF Strategic Role, Create Credible Triad〉, 《China Brief》, Volume: 17, Issue: 9, July 6,2017. https://jamestown.org/program/nuclear-bomber-boost-plaafstrategic-role-create-credible-triad/

37　張國威, 〈陸神祕轟-20擬掛載空射版東風-31〉, 中時電子報, 2018年09月12日. https://www.chinatimes.com/newspapers/20180912000089-260301?chdtv.

38　DoD. 〈ANNUAL REPORT TO CONGRESS; Military and Security Developments Involving the People's Republic of China 2019〉, https://media.defense.gov/2019/May/02/2002127082/-1/-1/1/2019_CHINA_MILITARY_POWER_REPORT.pdf.

39　楊幼蘭, 〈搶占空優陸轟-20可獵殺美核航母〉, 中時電子報, 2018年10月21日. https://www.chinatimes.com/realtimenews/20181021001702-260417?chdtv.

타격 및 전략공군 능력을 갖추게 되어 중국공군의 전략에 변화가 발생함을 상징하게 된다. H(轟)-20의 설계 목표는 '핵·재래식 겸비'형 폭격기로서 핵 타격 능력과 재래식 정밀타격 능력을 갖추는 것이다. 현재 중국의 삼위일체 핵 전력 중에서 공중전력이 가장 취약하다. H(轟)-20은 이를 보충하며 전략 핵 전력을 질적으로 변화시킬 것이다. 먼저 스텔스 폭격기는 미국이라는 독점적 우위를 바꿀 것이고, 다음으로 H(轟)-20이 갖추고 있는 재래식 타격 능력으로 인해 주권·영토 문제에 있어서 일부 국가들의 중국에 대한 도전을 효과적으로 억제하는 등 확실히 주변지역에는 일정 정도의 영향을 미칠 것이다.[40]

2. 특징 및 약점

가. 특징

(1) 뛰어난 스텔스 성능

스텔스 성능은 제5세대 항공기의 특징으로서 주로 최적화된 외형설계와 레이더 흡수 소재의 운용을 통해 구현된다. 자료에 의하면 H(轟)-20은 B-2 폭격기의 외형 설계를 참고한 것으로 보인다. 즉 플라잉 윙(flying wing) 방식의 스텔스 날개 구조, DSI 흡입구(Diverterless Supersonic Inlet)[41], 대형 S자형 배기구 등은 모두 레이더 탐지를 감소시키는 곡면 구조로 설계되었다.[42] 스텔스 소재는 제5세대 항공기와 스텔스 전략폭격기 생산에 없어서는 안 될 핵심재료이다. 제17회 베이징국제항공박람회(北京国际航空展览会)에서 중국은 자체 개발한 제5세대 항공기의 '그래핀(Graphene) 파장흡수대'를 전시하였다. 통상 스텔스 소재 기술은 함부로 공개하지 않기 때문에

---

[40] 楊幼蘭,〈補強空擊核力量轟20將促陸戰略質變〉, 中時電子報, 2018年05月09日. https://www.chinatimes.com/realtimenews/20180509003014-260417?chdtv.

[41] 無附面層隔道超音速進氣道(DSI), 主要是透過在進氣道前設置一鼓包狀突起物, 可有效控制機首至進氣道口邊界層氣流, 為一種新型飛機進氣道設計, 有利減輕機體重量及隱形設計. 何應賢,〈大陸J-20型機性能與未來發展〉,《空軍學術月刊》, 民102年, 第632期, 頁95.

[42] 盧伯華,〈躋身超級大國陸盛傳轟20隱形轟炸機近期首飛〉, 中時電子報, 2019年07月01日. https://www.chinatimes.com/realtimenews/20190701001504-260417?chdtv.

중국이 실제로 습득한 기술은 이보다 더 높을 수 있다.[43] 또한 중국과학원(中國科學院) 광전기술연구소(光電技術硏究所)의 뤄셴강(羅先剛) 교수팀은 새로 개발한 기술로 메타 서페이스(Metasurface)라 불리는 필름 막을 제작하였는데, 이 필름 막은 새로운 스텔스 기술로서 0.3~40GHz의 레이더 반사 신호를 탐지 가능치 이하로 낮추는 데 성공하였다고 한다. 만약 중국이 J(殲)-20 등 스텔스 전투기에 이 같은 새로운 스텔스 기술을 적용한다면 모든 현용 군용 레이더에서는 완전히 사라질 것이다.[44] 상술한 내용을 종합하면, H(轟)-20에 이 같은 기술이 적용된다면 B-2보다 스텔스 성능이 더욱 향상될 것이며, 방공망 돌파 및 통과 작전에 절대적인 안전을 보장할 것이다.

(2) 기체 내부에 많은 무장 탑재

스텔스 항공기는 기체의 레이더 반사 단면적을 줄이기 위한 최적화된 기체 외형 그리고 무장 장착으로 인한 공기 저항과 레이더 반사 신호를 감소시키기 위한 기체 내장형 탄약창 설계가 필수적이다. 기체 내장형 탄약창은 비행 시 기체 내부에 무장을 탑재하고 목표 지역에 도착하거나 무장을 발사할 때에만 탄약창 도어(door)를 열어 스텔스의 완전성을 확보한다. 전술한 자료와 같이 H(轟)-20은 30~40톤의 탄약을 탑재할 수 있기 때문에 미국의 B-2와 유사한 회전발사행거(rotary launcher assembly, RLA)를 설계할 수 있다.[45]

이러한 8연장 회전발사행거는 여러 종류의 탄약을 호환할 수 있다. 예를 들면 2000파운드의 MK-84, GBU-31 JDAM(Joint Direct Attack Munition), B-61 전술핵폭탄, AGM-154 JSOW(Joint Standoff Weapon), AGM-158 / AGM-86 ALCM(air-launched cruise missile)을 각 행거에 1발씩 장착할 수 있다. 회전발사행거로 순항미사일 탑재의

---

[43] 黃麗蓉, 〈中國一項神密黑科技美, 俄感受到壓力〉, 中時電子報, 2017年09月22日. https://www.chinatimes.com/realtimenews/20170922005798-260417?chdtv

[44] 盧伯華, 〈殲20將有新隱形衣陸新技術要超越美F-22, F35〉, 中時電子報, 2019年07月23日. https://www.chinatimes.com/realtimenews/20190723004418-260417?chdtv

[45] 〈抵在敵國頭上的一把左輪手槍──戰略轟炸機的旋轉掛架簡介〉,《每日頭條》, 2019-02-09. https://kknews.cc/zh-tw/military/22m685g.html ; 原文網址 : https://kknews.cc/military/22m685g.html

난제를 해결함으로써 스텔스 폭격기는 방공망 돌파 능력을 완전하게 발휘할 수 있게 되었다.[46] 미국의 AGM-86 순항미사일의 제원은 길이 약 6.3m, 무게 약 1,430kg, 직경 약 62cm이고,[47] 중국의 CJ(長劍)-20 순항미사일 제원은 길이 약 8m, 무게 약 2.5톤, 직경 약 68cm이다.[48] 중국의 순항미사일이 미국보다 약간 크고 무겁기 때문에 H(轟)-20의 회전발사행거는 이에 맞게 조정될 것이며, 또한 탄약 탑재량을 줄여 내부 공간을 확보하고 CJ(長劍)-20 순항미사일 12발을 탑재할 것으로 예상된다.

(3) 강력한 전장 탐색 및 인식 능력

적외선 스텔스 기술이 진보하면서 공중 목표물에 대응하여 더 발전된 분산식 전자광학 조리개 시스템(DAS, Electro-optical Distributed Aperture System)이 필요하다는 의견이 2020년 이후 나오고 있다. 전 세계를 보자면 현재 F-35와 J(殲)-20 스텔스 전투기만이 백만 화소의 분산식 전자광학 조리개 시스템(DAS)을 갖추고 있다. F-22 스텔스 전투기라고 해도 개발연대가 빨라 DAS를 장착할 수 없으며, F-35의 성능 업그레이드는 DAS 업그레이드가 관건이다. 중국의 관련 기관에서도 이런 장비를 개발하는 데 주력하고 있으며, 다리테크놀러지(大立科技, DALI Technology)는 제21회 중국국제광전박람회(中國國際光電博覽會, CIOE)에서 최초로 중국산 600만 화소(3072×2048) 비냉각 적외선 열화상카메라를 발표하며 열화상시스템을 고해상도 시대로 진입시켰다. 따라서 J(殲)-20은 2020년 이후 기존의 100만 화소 열화상시스템을 600만 화소 열화상시스템으로 대체하여 스텔스 공중표적 탐지 능력을 강화할 것으로 추정되며,[49] 이 기술은 H(轟)-20에도 적용될 것으로 예상된다. 또한 감지기

---

[46] 〈抵在敵國頭上的一把左輪手槍戰略轟炸機的旋轉掛架簡介〉, 《KKNEWS》, 2019年02月09日. https://kknews.cc/military/22m685g.html.

[47] 〈AGM-86 Air-Launched Cruise Missile [ALCM]〉, 《FAS》. https://fas.org/nuke/guide/usa/bomber/alcm.htm.

[48] 〈獨家解讀中國首曝長劍20巡航飛彈, 進氣道和彈翼都去哪了?〉, 《KKNEWS》, 2016年02月27日. https://kknews.cc/military/rmaqr4.html.

[49] 楊幼蘭, 〈偵測隱形戰機能力升級殲20和F35拚了〉, 中時電子報, 2019年09月02日. https://www.chinatimes.com/realtimenews/20190902002421-260417?chdtv.

융합기술에 있어서 J(殲)-20은 '능동형 위상배열 레이더 플러스(+) 분산식 전자광학 조리개 시스템'을 핵심으로 하는 다중 감지(센서) 시스템을 장착하여 강력한 정보화 능력을 갖추고 있다.[50] 한편 지능표피(스마트 스킨, 智慧蒙皮(지혜몽피))는 1985년 미 공군이 제안한 핵심 항공기술로서 항공기 부품과 외피에 지능구조를 심는 것이다. 여기에는 탐지부품(감지센서), 마이크로프로세싱 제어시스템(신호처리장치), 구동부품(마이크로제어장치), 연결회로 등이 포함되며, 이들은 항공기의 물리적 상황(예를 들어 통증)을 감지할 뿐만 아니라 외부 환경(예를 들어 시각, 미각, 소리)에도 민감하게 반응하여 비행체의 신경망을 형성한다. 이를 위해 재료, 부품 나아가 전체 비행체 내에 자가 검출, 감지통제, 보정, 자가 적응 및 기억, 사고, 판단, 반응 등의 기능이 부여된다. 이를 통해 비행체의 회전, 상승, 방향전환 등의 기동을 빠르고 유연하게 할 수 있을 뿐만 아니라 기존의 재래식 강성 조작 방식을 대체할 수 있어 항공기의 신뢰성과 실용성을 극대화할 수 있다.[51] 현재 J(殲)-20에는 전장감지, 지능표피 등 여러 가지 첨단 기술이 적용되어 있어 향후 H(轟)-20에도 이러한 멀티센서와 지능표피 기술이 적용될 것으로 예상되며, 레이더 안테나, 광학 탐지기, 송신기, 수신기, 신호 및 정보처리기, 무선주파수 송출 케이블, 기타 센서 설비를 통합하여 폭격기 각 부위의 표피 또는 기체구조 내에 설치한다면 '센서가 곧 항공기'라는 설계 개념을 실현할 수 있다. 이렇게 되면 항공기는 360도 감지능력을 갖출 수 있게 된다.

나. 약점

(1) 고가의 생산 비용, 쉽지 않은 정비지원

B-2 스텔스 폭격기의 경우 1대 구매 가격이 20억 달러 이상이고(당시 미국의 니미츠급 핵추진 항공모함은 1척당 37억 달러), 1시간 비행하는 데 13만 5,000달러가

---

[50] 楊幼蘭,〈隱形剋星!陸6代機變超強感測器〉, 中時電子報, 2019年11月06日. https://www.chinatimes.com/realtimenews/20191106002911-260417?chdtv.

[51] 張國威,〈殲-20智慧蒙皮技術機身形狀可變〉, 中時電子報, 2017年01月20日. https://www.chinatimes.com/newspapers/20170120000831-260301?chdtv.

소요된다. 스위스 스톡홀름국제평화연구소(SIPRI)가 발표한 세계 각 국가별 국방비 지출 자료에 따르면, 2019년도에 미국은 군축과 국방비 삭감을 겪으면서도 세계 최강의 군사 강대국임을 보여주었다. 재정 축소와 각종 지출 감소에도 미국의 국방비 지출은 6,010억 달러로, 하위 9개국을 합한 것보다 많았다. 반면 중국의 국방비 지출은 미국의 3분의 1 수준인 2,160억 달러였다.

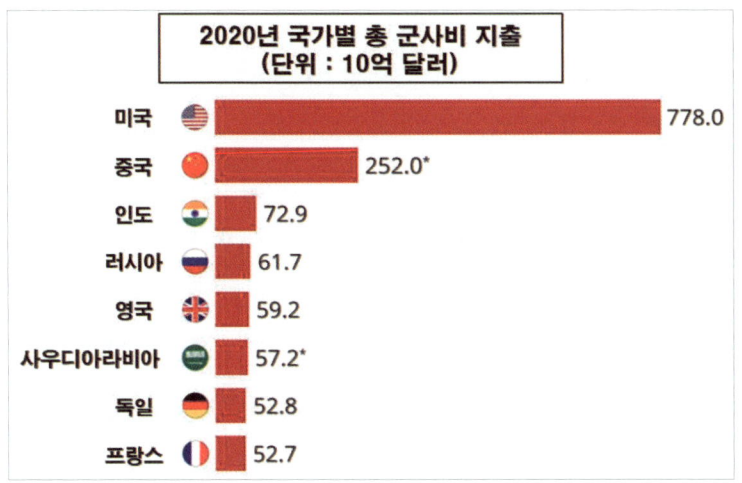

〈그림-1〉 2020년도 미국과 다른 국가와의 국방비 지출 비교
* 출처: Stockholm International Peace Research Institute, SIPPRI Militaty Expenditure Database, April 2021, www.sipri.org/databases/milex ; Forbes, Niall McCarthy, The Countries With The Highest Military Expenditure In 2020, Apr 28, 2021, https://www.forbes.com/sites/niallmccarthy/2021/04/28/the-countries-with-the-highest-military-expenditure-in-2020-infographic/?sh=35e0ff3e4e80 등을 종합하여 필자가 재작성

또한 2020년도에 미국의 국방비 지출은 전년 대비 대폭 증가한 7,780억 달러로, 세계 국방비 지출의 39%를 차지하며 부동의 1위를 차지하였다. 이는 하위 11개국 중국, 인도, 러시아, 영국, 사우디아라비아, 독일, 프랑스, 일본, 한국, 이탈리아, 호주의 국방비를 모두 합친 것 보다 많은 액수이다. 반면 중국은 2,520억 달러(한화 약 288조원)로 세계 국방비 지출의 13%로 2위를 차지하였지만 여전히 미국의 1/3에 불과하였다.[52]

---

[52] Stockholm International Peace Research Institute, SIPPRI Militaty Expenditure Database, April 2021, www.sipri.org/databases/milex, ; Peter G. Perterson Foundation, U.S. Defense Spending

미국의 국력과 국방예산으로 겨우 20대의 B-2를 유지하는 상황에서 3분의 1 수준에 불과한 중국은 어떻겠는가. 다음으로 B-2의 기체 표면은 매우 비싼 스텔스 소재로 코팅되어 있는데, 고속 비행 시 표면 코팅이 쉽게 마모되어 스텔스 성능이 떨어지게 된다. 이 때문에 B-2는 비행 후 기체 표면의 스텔스 코팅을 매번 수리해야 하며, 50시간 당 적어도 50만 달러의 비용이 든다. 또한 스텔스 코팅을 보호하기 위해 반드시 전용 항온·항습 격납고에 보관해야 한다.[53] 이에 따라 판단해 보건데, H(轟)-20이 전력화되면 중국은 이를 위한 전용 격납고를 건설해야 한다. 이때 반드시 고려해야 할 것은 중국의 연해지역에 너무 가까이 건설하여 적의 장거리 화력 공격을 받지 않도록 해야 하고, 그렇다고 적의 공격거리를 고려하여 중국의 너무 중심 깊은 지역에 건설해서도 안 된다. 인터넷 정보에 따르면 중국군의 폭격기 부대는 주로 안후이(安徽), 장쑤(江蘇), 후난(湖南), 광둥(廣東), 샨시(陝西) 등 다섯 개 성(省)에 주로 배치되어 있다고 한다.[54] 이에 따라 H(轟)-20이 배치될 것으로 예상되는 지역은 후난(湖南)과 샨시(陝西) 두 개 성(省)의 폭격기 기지로 예상되고, 그 곳에 관련 정비지원 시설도 갖추게 될 것이다. 따라서 생산 비용이 고가이고 정비지원이 쉽지 않은 조건에서 노후화된 H(轟)-6D와 H(轟)-6H 폭격기를 우선 교체할 것이며, 생산 대수는 약 30대 전후가 비교적 합리적일 것이다.[55]

(2) 해외 중계기지 부재로 인한 운용 탄력성의 제한

B-2 스텔스 폭격기는 생산비용이 고가이고 최첨단 기술이 집약되어 기밀과 안전

Compared To Other Countries, https://www.pgpf.org/chart-archive/0053_defense-comparison. ; 참고로 2022년 3월 5일 중국 재정부가 전국인민대표대회에서 밝힌 2022년도 중국의 국방예산은 1조 4,504억 5,000만 위안(약 2,290억 달러, 한화 약 280조원)이며, 이는 전년 대비 7.1%가 증가한 것이다. Bloomberg, China Defense Budget Rises 7.1%, Fastest Pace in Three Years, 2022.03.05. https://www.bloomberg.com/news/articles/2022-03-05/china-s-defense-budget-climbs-7-1-fastest-pace-in-three-years

[53] 熊佳, 〈中國新一代轟炸機暇想〉, 《兵器知識》, 2016年11期, 頁28.
[54] 〈中國人民解放軍空軍編制序列〉, 《維基百科》. https://zh.wikipedia.org/wiki/
[55] 何應賢, 吳俊緯, 〈備齊三位一體核戰略—論共軍轟-20型機發展與威脅〉, 《空軍學術雙月刊》, 第676期/2020年6月, 頁32.

유지를 위해 본래 미국 미주리주 화이트만 공군기지에 배치되었었다. 그러나 2004년부터 일부 B-2가 괌으로 이동 배치되었다.[56] 그 이유는 괌의 앤더슨 공군기지에 B-2와 관련한 정비지원 시설이 완비된 것도 있겠지만 가장 중요한 관건은 태평양 서쪽의 중국의 굴기(掘起)에 대비하기 위한 것이다. 만약 B-2가 미국 본토에서 이륙하여 중국을 타격하려면 반드시 공중급유를 받아야 한다. 그런데 태평양 상공의 공중급유기는 상대적으로 저속이며, 레이더 반사 신호가 강하여 적의 장거리 감시 레이더에 쉽게 탐지될 수 있다. 적은 이를 통해 B-2의 위치와 동태를 추적할 수 있다. 반면 B-2가 AGM-86 순항미사일을 탑재하고 미 본토에서 천리나 떨어진 괌 기지에서 이륙할 경우 공중급유 없이 다수의 중국 연안도시와 군사목표를 타격할 수 있다. 이에 비해 중국은 현재 태평양에 괌과 같은 해외기지가 없다. 따라서 전술한 바와 같이 H(轟)-20이 DF(東風)-31 공중발사형 미사일을 탑재하더라도 항속거리 제한으로 미국 서쪽 지역만을 겨우 타격할 수 있다. 결국 H(轟)-20이 미 본토 공격이라는 전략적 목적을 실현하기는 쉽지 않다.

(3) 저속 비무장으로 탐지될 경우 피격 가능

B-2 스텔스 폭격기는 외형 설계와 레이더 흡수 재료를 사용하여 적에게 탐지되지 않도록 하였지만 이를 위한 부가적인 조치로 레이더 등의 탐지 장비의 사용 빈도를 낮추거나 또는 사용하지 않음으로써 전자기 신호의 방출을 차단해야 한다. 이러한 방식으로 B-2는 별도의 엄호기 도움 없이 자체 스텔스 능력만으로 전장을 돌파하여 작전을 수행할 수 있다. 다만 공중에서 자체 레이더시스템으로 전장 상황을 인식하지 못하면(이는 H(轟)-20이 분산식 전자광학 조리개 시스템을 채택한 이유) 공중위협에 대한 대응은 제한될 수밖에 없다. 또한 상대적으로 저속인 비무장 폭격기가 적에게 일단 탐지되면 우군 엄호기가 없는 상황에서는 격추당할 가능성이 높다. B-2와 비교하자면 H(轟)-20이 탐지될 가능성이 다소 낮을 수는 있겠지만 미군은 전 세

---

[56] 〈美軍B-2隱形轟炸機關島墜毀〉, BBC中文網, 2008年02月23日. http://news.bbc.co.uk/chinese/simp/hi/newsid_7260000/newsid_7260200/7260254.stm.

계적으로 감시거점이 면밀하고 탐지 및 통신 기술이 중국보다 앞서 있다. 따라서 H(轟)-20의 스텔스 성능과 전장인식 능력이 B-2보다 뛰어나다하여도 아태지역에 정보·감시·정찰 시스템을 방대하게 구축한 미국을 상대로는 탐지될 경우 곧 격추될 가능성이 높다.

3. 위협 평가

가. 해상–공중 보급선 구축[57]

나폴레옹은 일찍이 '전쟁은 점령하는 위치'라고 말했고, 마한(Mahan)도 자신의 저서 『해군전략론』에서 집중, 중앙위치, 내선, 교통선의 전략적 가치와 중요성을 강조하며 나폴레옹의 말에 호응하였다.[58] 1942년 8월 7일 아침, 미군 해병대가 솔로몬제도를 탈취하기 시작했는데, 목표는 미국, 호주, 뉴질랜드 사이의 수송로를 보호하는 것이었다. 이는 또한 태평양전쟁에서 연합군이 전략적 반격을 개시하는 전환점이기도 했다.[59] 최근 들어 중국의 학자들은 솔로몬 전역(戰役)에 대한 연구를 재개했으며, 특히 일본의 패배 경험을 중시하고 있다. 이는 제2차 세계대전 중 미·일의 일련의 남태평양 전역이 중국군의 원해방위에 매우 중요한 전략적 지침을 제공할 수 있기 때문이다.[60]

최근 중국은 남태평양 도서(島嶼) 국가들과 경제교역과 수교를 통해 이 지역에 적극적으로 침투하고 있다. 군사적 측면에서 보면 그 궁극적인 목적은 바로 해·공군 기지를 건설하기 위한 것으로 볼 수 있다. 즉, 미국의 섬을 연결하는 도련(島鏈) 봉쇄전략을 돌파하려는 것이다. 그 구체적인 군사적 효과는 다음과 같이 나타날 것이다.

---

[57] 黃麗蓉, 〈陸轟-20近日為何密集曝光?中美戰略平衡恐將打破!〉, 中時電子報, 2017年10月6日. https://www.chinatimes.com/realtimenews/20171006006013-260417?chdtv.

[58] 楊珍譯, 《馬漢海軍戰略論》(民43年1月), 頁15~22.

[59] 連雋偉〈美對澳施壓 要求不得偏向陸〉, 中時電子報, 2019年12月11日. https://www.chinatimes.com/realtimenews/20191211000111-260301?chdtv.

[60] 連雋偉〈陸索建交後精研美日南太戰史〉, 中時電子報, 2019年12月11日. https://www.chinatimes.com/realtimenews/20191211000106-260301?chdtv.

① 남태평양의 어떤 도서 국가에 괌과 같은 기지를 설치하면 미국의 도련(島鏈) 봉쇄를 깨뜨릴 수 있을 뿐 아니라 미군도 배후에서 적을 갖게 된다. ② 이 기지는 중국에서 미국까지의 거리를 약 1만km에서 6,000~8,000km 정도로 줄일 수 있어 H(轟)-20의 작전 요구를 충족시킬 수 있다. ③ 이 기지의 094형 핵잠수함은 언제든지 북미대륙을 기습할 수 있다. ④ 이 기지에 공중급유기를 배치하면 중국군은 이 지역에서 수행하는 어떤 장거리 군사작전도 지원할 수 있다.

관련 분석에 따르면 중국은 이미 미크로네시아(Micronesia)에 군사기지 건설을 위한 사전 준비를 시작했다고 한다. 따라서 H(轟)-20이 작전화되면 중국은 남태평양지역의 종합기지를 인도받아 사용할 것이며, 그때는 더 이상 미국의 도련(島鏈)으로부터 봉쇄되지 않을 것이다. 중국이 전략폭격기와 핵잠수함의 타격 범위의 제한을 일단 해결하기만 하면 향후 아태지역은 물론 전 세계의 전략적 균형은 깨질 수도 있다.[61]

이러한 측면에서 2019년 남태평양의 솔로몬제도(Solomon Islands)와 키리바시(Kiribati)가 대만과의 외교관계를 단절하고 중국과 수교한 것에 대해 특별히 주목할 필요가 있다. 왜냐하면 솔로몬제도와 중국이 국교를 수립한 후 미국과 중국의 남태평양 전략 경쟁이 더욱 치열해졌기 때문이다.[62] 한편 2021년 12월 10일 대만의 수교국이었던 중남미의 니카라과(Nicaragua)는 대만과 단교를 선언하고, 이후 3시간 반 만에 중국과의 수교를 전격 발표하였다. 이로써 대만의 수교국은 14개국으로 줄었고 외교적 타격을 입었다.[63]

---

[61] 黃麗蓉, 〈陸轟20近日為何密集曝光?中美戰略平衡恐將打破!〉, 中時電子報, 2017年10月06日. https://www.chinatimes.com/realtimenews/20171006006013-260417?chdtv.

[62] 宋兆文, 〈台灣能抵禦中子彈?莫因無知而猖狂〉, ETtoday, 2020年01月20日. https://forum.ettoday.net/news/1629436?redirect=1.

[63] 藍孝威, 曾薏蘋, 楊孟立, 〈尼加拉瓜 二度與中華民國斷交〉, 中國時報, 2021/12/11. https://www.chinatimes.com/newspapers/20211211000325-260118?chdtv.

〈그림-2〉 남태평양지역 대만과 중국의 수교국
* 출처: 陳政錄, 〈國防部年編列13萬美元預算與薛瑞福「2049計畫」推國安交流〉, 2020/3/9 ; 〈尼加拉瓜二度與中華民國斷交〉, 《中國時報》, 2021/12/11. 및 구글지도를 참조하여 필자가 재작성

    2022년 5월 26일부터 6월 4일까지 중국의 왕이(王毅) 외교부장은 남태평양의 솔로몬제도를 시작으로 키리바시, 사모아, 피지, 통가, 바누아투, 파푸아뉴기니를 비롯해서 아시아의 동티모르까지 8개국을 순방하고, 피지에서는 10개국이 참여하는 '제2차 중국-태평양 도서 국가 외교장관회의'를 주재하였다. 이 같은 순방에 대해 미국, 호주 등 국가들은 역내 영향력을 확대하고 전략거점까지 만들려는 중국의 의도를 지적하며 긴장하는 모습을 보였다. 보도에 따르면 중국이 제시한 공동성명과 행동강령 초안을 10개국 외교장관이 만장일치로 받아들지는 않았지만 왕이 외교부장은 이번 방문을 통해 태평양 도서 국가들과의 정기적인 대화체를 마련하였고 중국-태평양 도서국가 간의 협력 영역도 넓혔다고 한다. 이는 중국이 태평양의 제2도련(島鏈)까지는 물론 그보다 더 먼 곳까지 외교적 공세를 펼치는 서막을 연 것이다.[64]

    중국은 대만과 남태평양 도서 국가들과의 단교를 압박하며 수교 국가 수를 늘려 나가고 있다. 이것은 통일의 대상인 대만의 국제적 생존공간을 축소시킬 수 있고, 중국의 해·공군 작전공간을 확장할 수 있어 일석이조의 계책이라 할 수 있다. 남태평

---

[64] 明報社評, 〈王毅太平洋島國行 中國外交近交遠攻〉, 《明報》, 2022年6月5日. https://news.mingpao.com/pns.

양 도서 국가들은 경제적 수요나 안보적 필요를 막론하고 결국 국가이익을 추구하며 중국으로 넘어가고 있다. 따라서 현재까지 대만과 수교 관계에 있는 남태평양의 투발루(Tuvalu), 나우루(Nauru), 마셜제도(Marshall Islands), 팔라우(Palau)가 조만간 중국으로 넘어갈지 주목하지 않을 수 없다.[65]

나. 핵 무기 정책 조정[66]

중국은 건국 이래 줄곧 핵 무기 선제 불사용(No First Use, NFU) 정책을 표방하였는데. 이는 핵 무기 공격 능력이 취약하기 때문에 단지 '적극방어(積極防禦)'와 '유한보복(有限報復)'의 핵 전략을 채택할 수밖에 없었던 것이다. 그러나 중국이 장거리 전략핵 폭격기를 갖추게 되면 미국은 지역안보에 미치는 중국군의 영향, 특히 동북아지역의 위협 확대와 전략적 불안정성을 고려할 것이고, 일본은 미국의 우방으로서 H(轟)-20의 다양한 핵 타격 능력을 우려할 것이다. 이러한 고려와 우려가 새로운 군사안보정책과 군사적 전력 증강으로 나타날 경우 중국은 이에 대응하기 위해 장기간 표방해 온 핵 무기 선제 불사용(No First Use, NFU) 정책을 버릴 수도 있을 것이다. 군사안보적 신뢰구축조치가 미비한 동북아지역에서 대국(大國) 간 상호 불신이 증폭되고 위협이 확대된다면 지역의 안보와 안정은 큰 도전에 직면하게 될 것이다.

다. 우방국 지원 리스크 증가

미국의 잡지 '내셔널 인터레스트(National Interest)'의 보도에 따르면, 만약 영토분쟁 중인 태평양에서 미·중 간 전쟁이 발생하면 중국은 일본과 괌 및 태평양에 배치된 미국의 전방부대를 먼저 공격하고, 이어서 서태평양 전구로 진입하는 미국의 증원부대를 공격할 것이다. 분석에 따르면, 미군은 중국의 반(反)접근/지역거부

---

[65] 陳政錄,〈國防部年編列13萬美元預算與薛瑞福「2049計畫」推國安交流〉, ETtoday, 2020年03月09日 https://www.ettoday.net/news/20200309/1663243.htm.

[66] Michael S. Chase,〈Nuclear Bomber Could Boost PLAAF Strategic Role, Create Credible Triad〉,《China Brief》, Volume: 17, 2017年7月6日. https://jamestown.org/program/nuclear-bomber-boost-plaaf-strategic-rolecreate-credible-triad/.

(Anti-access/Area Denial, A2/AD) 전략에 어떻게 대처해야 할지 고민해야 한다. 먼저 미군은 중국군의 1차 공격을 해결할 충분한 전력이 있어야 하며, 필요한 경우 장거리 전력으로 중국군을 제압하여 후속 미군에게 진입 통로를 제공해야 한다. 전통적인 개입 정책은 일반적으로 ① 전방부대의 생존능력을 향상시킬 수 있는 전구(戰區)의 피동적 방어전력, ② 충돌 초기에 중국군을 즉각 제압할 수 있는 전력, ③ 중국군의 기습을 받은 후 전구(戰區) 시설(예를 들어 비행장 활주로) 복구능력, ④ 복구 활주로를 이용하여 장거리 폭격기와 엄호 전투기를 서태평양 미군기지에 신속히 배치하고, 동시에 연료와 탄약을 보충할 수 있는 신속대응능력 등 네 가지 조건을 필요로 한다.[67]

미국의 싱크탱크 '적색경보(Command & Conquer: Red Alert)'의 분석에 따르면, 중국군은 그동안 개발한 각종 대함미사일과 다른 플랫폼과의 조합으로 600해리를 넘어 괌(Guam)에 이르는 반(反)접근 작전능력을 갖추었다. 따라서 앞으로 만약 동중국해, 남중국해, 대만해협에서 군사적 충돌이 발생하면 이 해역으로 출격하는 미 항공모함 전단은 심각한 위협을 받게 될 것이다. 미 워싱턴의 싱크탱크 '신미국안보센터(Center for a New American Security, CNAS)'의 보고서에 따르면, 중국군의 반(反)접근 작전체계는 주로 세 가지 거리로 구분된다. ① 단거리 부분은 S-300과 HQ(紅旗)-9 방공미사일, YJ(鷹擊)-83 대함순항미사일을 위주로 직접 대만해협을 공격한다. ② 중거리 부분은 잠수함, 수상함정 및 J(殲)-10 전투기가 대함순항미사일을 발사하여 공격한다. ③ 장거리 부분은 DF(東風)-21D, DF(東風)-26 등 대함탄도미사일과 공중발사형 YJ(鷹擊)-12 미사일로 공격한다. 이 체계는 북쪽으로는 일본, 남쪽으로 필리핀까지 동중국해와 남중국해 전체를 작전범위에 포함하며 동시에 제2도련(第二島鏈)까지 확장할 수 있다. 따라서 앞으로 미 항공모함이 중국군과 군사적 충돌을 맞게 되면 온전히 후퇴할 수 없을 것으로 보인다.[68] 미 워싱턴의 싱크탱

67　盧伯華, 〈共軍發動太平洋突襲美軍要如何對抗?〉, 中時電子報. 2019年06月05日. https://www.chinatimes.com/realtimenews/20190605004723-260417?chdtv.

68　蔡浩祥〈陸反介入擴至600浬威脅美航母〉, 中時電子報, 2016年03月21日. https://www.chinatimes.com/newspapers/20160321000647-260301?chdtv.

크 '국제전략연구소(Center For Strategic and International Studies, CSIS)'는 미 국방부의 의뢰에 따라 '아시아태평양 재균형 2025' 평가보고서를 작성하였다. 이 보고서는 미국의 아시아태평양 재균형 전략이 직면한 도전을 평가하면서 중국의 '반(反)접근/지역거부(A2/AD)' 능력의 향상을 끊임없이 언급하였다. 또한 중국이 남중국해 도서·암초 건설에 박차를 가하면서 다른 국가와의 마찰 위험이 용인할 수 있는 수준을 넘고 있다고 지적하였다. 아울러 중국군의 A2/AD가 기존에 대만을 겨냥하던 것에서 현재는 제2도련(第二島鏈)까지 확대되어 아시아태평양에서 미국의 동맹과 파트너는 물론 괌까지 영향을 받게 되었다고 밝혔다. 게다가 중국이 네트워크전(사이버전), 전자전, 정찰 능력 등을 향상시키는 것은 역내 분쟁에서 미국의 개입을 퇴출시키려는 의도이며, 이러한 능력은 미국의 서태평양 군사 시설과 해군 자산을 위험에 빠뜨릴 수 있다고 하였다. 따라서 미국 정책결정권자의 가장 직접적인 선택지는 공중방어 및 장거리 정밀타격의 핵심노드(Key-node)와 시스템 부문에서 중국의 A2/AD에 반격하는 것이다. 그러나 우수한 재래식 무기와 핵 보복 능력을 갖춘 핵 국가에 대하여 실질적이고 동태적인 타격을 가하는 것은 동반되는 부정적인 결과를 고려할 때 어떤 미국 대통령도 주저할 수밖에 없다. 특히 중국이 자국의 내정문제로 간주하며 분리될 수 없는 중국의 일부분으로 여기는 대만이 분명하게 독립을 향해 나아갈 때 그러하고 대만해협에서 충돌이 발생하는 상황에서는 더욱 그러할 것이다. 또한 미국의 우방들이 남중국해 영유권과 관련하여 미국의 기대와 달리 모호한 목소리를 낼 때도 그러할 것이다. 중국은 미국의 군사개입 셈법을 복잡하게 만들고 있다.[69]

라. 전술 핵 무기 사용

중국은 1965년과 1980년대에 중성자탄(Neutron bomb) 설계 기술과 핵 무기 소형화 기술을 잇달아 확보하였고, 현재 20개 안팎의 중성자탄을 보유하고 있는 것으

---

[69] 郭匡超, 〈大陸軍力擴至2島鏈南海將成中國湖〉, 中時電子報, 2016年01月25日. https://www.chinatimes.com/realtimenews/20160125002932-260417?chdtv.

로 알려져 있다. 중성자탄은 고에너지 중성자 방사선을 주요 살상력으로 하는 경량 전술 수소폭탄이며, 목적은 적의 인명을 살상하는 것이다. 건물과 시설에 대한 파괴가 비교적 적고 방사능 오염 기간이 상대적으로 짧아 비록 실전에서 사용된 적은 없지만 군사적으로는 전장의 '괴멸의 신'이라 불린다. 만약 중국이 공격을 당한 뒤 핵무기와 중성자탄으로 대만의 주요 병력을 공격한다면 이를 어떻게 막아낼 것인가?[70] 중국이 핵 무기 선제 불사용(No First Use, NFU) 정책을 표방하고 있는 가운데 중국의 핵 무기 사용에 관한 권위 있는 문헌을 찾기는 쉽지가 않다. 자오윈산(趙雲山)은 중국의 대만공격 전역(戰役)에서 다음과 같이 핵 무기를 사용할 수 있다는 견해를 내놓았다.[71] ① 외국군 非개입: 만약 대만공격 전역(戰役) 초기에 중국공군이 끝내 제공권을 획득하지 못하고, 이로 인해 이후 이어지는 제해권 획득과 상륙작전이 실현되지 못하고, 결국 대만공격 작전이 계획대로 계속해서 진행되지 못한다면 베이징(北京) 정권의 합법성이 흔들릴 것이다. 이는 베이징 정부로 하여금 전술 핵 무기를 사용하여 대만공군 전력을 마비시키고 제공권을 탈취하도록 압박할 것이다. 또한 이후 대만 상륙작전 시 대만의 반격에 큰 타격을 입으면 대만의 해안수비부대에 대한 전술 핵 무기 공격을 감행할 수 있다. ② 외국군 개입: 미국이 대만을 미국의 전략적 이익으로 여길 경우 미국은 군사력으로써 중국의 대만 침공을 막아내기로 결정할 것이다. 초기에는 주일(駐日), 주한(駐韓) 미군기지의 전투기로 대만군의 작전에 협력하고 이와 함께 3~5개 항모전단을 동원하여 작전을 지원할 것이다. 이때 베이징 당국은 미군의 공격을 격퇴하지 못하면 중국공산당 정권이 붕괴될 것으로 보고 핵 무기를 동원하여 미군의 후속작전을 저지할 것이다. 이는 선제공격의 기회일 뿐 아니라 미국에게 끝까지 싸우겠다는 의지를 보여줌으로써 미국이 대만 쟁탈을 위해 수많은 미국인의 목숨을 희생시킬 배짱이 있는지를 직시하도록 하는 것이다. 중국은 미 항모전단과 주일·주한 미군기지에 대한 핵 무기 공격을 감행할 것이며, 이후 대규모 핵 전쟁으로 이어질 가능성이 크다.

---

[70] 宋兆文, 〈台灣能抵禦中子彈?莫因無知而猖狂〉, ETtoday, 2020年01月20日. https://forum.ettoday.net/news/1629436?redirect=1.

[71] 趙雲山, 〈中國導彈及其戰略〉(台北：三友圖書有限公司, 1999年11月), 頁112~115.

자오윈산(趙雲山)의 위와 같은 두 가지 가설의 논리적 기초는 중국이 완전한 삼위일체의 핵 전략 능력을 갖추게 되면 핵 무기 사용 옵션이 더욱 다양해지고 탄력적으로 변할 수 있으며, 이렇게 되면 중국공산당 중앙군사위원회가 핵 무기 사용을 작전 선택지에 포함시켜 전술 핵 무기를 사용할 수 있다는 데 두고 있다.

V 결론

중국은 DF(東風)-41 대륙간탄도미사일과 094형 핵잠수함을 전력화함으로써 육상 및 해상 기반 핵 타격 능력을 미국과 러시아에 견줄 수 있을 정도로 향상시켰고, 이제 양적인 차이만 남았다. 그러나 공중 기반 핵 타격 플랫폼에서는 제한적인 전략 타격 능력만을 보유하고 있다. 중국공군이 앞으로 H(轟)-20 스텔스 폭격기를 전력화한다면 이러한 결함을 보완할 수 있고 완전한 삼위일체의 핵 타격 능력을 갖출 수 있다.

중국과 대만 간에 군사적 위기가 고조될 때마다 주한(駐韓) 미군기지의 전투기가 대만해협 개입을 위해 이동할 것이라든지, 중국이 위기에 몰리면 주한 미군기지에 핵 공격을 감행할 것이라는 등의 중화권 시나리오는 자오윈산(趙雲山)의『중국의 미사일과 그 전략(中國導彈及其戰略)』을 근거로 하는 경우가 많다. 이 책은 대만이 1996년 대만해협 미사일 위기를 겪은 직후 홍콩(1997)과 대만(1999)에서 출판된 것이다. 이렇게 볼 때 중국군을 연구할 때 양안관계(兩岸關係) 연구는 필수적이며, 특히 대만(군)의 연구 동향을 파악하는 것은 대단히 유용하다 할 것이다.

한편 앞서 살펴보았듯이 현 단계 미 국방부의 판단은 "현재 중국의 핵 전력에 대한 접근 방식은 공개적으로 선언한 핵 무기 선제 불사용(No First Use, NFU) 정책을 포함한다. 이 정책은 중국이 언제 어떤 상황에서도 핵 무기를 먼저 사용하지 않을 것이며, 중국은 어떤 비핵 국가나 비핵 지대에 대해서도 핵 무기를 사용하거나 위협하지 않을 것을 무조건 약속한다고 명시하고 있다. 반면 베이징(北京)의 NFU 정책이 더 이상 적용되지 않는 조건에 대해서는 일부 모호성이 있다. 물론 중국 국가 지도자들이 그것에 대해 첨언이나 뉘앙스 또는 경고를 공개적으로 첨부할 의사가 있다는 징후도 없다"는 것이다.[72]

다만 최근에는 대만해협 개입에 대한 미국의 시각이 예사롭지 않다. 대만이 요청할 때 주한미군이나 한국도 방어에 나서야 한다는 주장 등이 그것이다.[73] 이는 연구범위를 벗어나는 것이지만 전략적 안목을 가지고 주목할 필요가 있다.

---

[72] DoD. 〈ANNUAL REPORT TO CONGRESS; Military and Security Developments Involving the People's Republic of China 2021〉, https://media.defense.gov/2021/Nov/03/2002885874/-1/-1/0/2021-CMPR-FINAL.PDF.

[73] 워싱턴=문병기 특파원, 〈"대만 요청땐 주한미군-한국도 방어 나서야… 한미 새 연합작전계획에 中 대응책 반영 필요"〉, 동아일보, 2022-05-26, https://www.donga.com/news/Inter/article/all/20220525/113623450/1.

제7장
중국의 코로나-19 방역 공중수송작전과 Y-20 수송기

제7장

중국의 코로나-19 방역 공중수송작전과 Y-20 수송기

차례

Ⅰ. 서론
Ⅱ. 중국공군 Y-20의 코로나-19 방역 공중수송작전
Ⅲ. 중국 민항기의 코로나-19 방역 공중수송작전
Ⅳ. 중국군 코로나-19 방역 지휘체계와 Y-20의 미래 발전
Ⅴ. 결론
Ⅵ. 에필로그: 인천국제공항에 나타난 중국공군 Y-20

요 약

2019년 12월 중국 후베이성(湖北省) 우한(武漢)에서 코로나-19(COVID-19)가 발병하였다. 현지인들에게는 심리 및 건강상의 압박과 경제적 물자 제한이 초래되었고 동시에 코로나-19가 급속히 확산되면서 중국의 각 성(省), 시(市)가 차례로 피해를 입었다. 중국은 상황이 심각해지자 2020년 1월 23일 부득이 우한(武漢)에 대해 봉쇄조치를 발령하고, 1월 24일부터 2월 17일까지 4차에 걸쳐 중국공군 Y(運)-20 수송기 등 군용기 총 30소티와 민항기 수백 소티를 동원하여 우한시와 그 주변지역에 의료 인력과 물자를 공수하였다. 즉 코로나-19 방역 공중수송작전을 전개한 것이다.

이것은 미국공군의 '전쟁이외의 군사작전(Military Operations Other Than War, MOOTW)'을 연상케 한다. 중국군은 이를 '非전쟁군사행동'이라고 하며, 중국공군으로 보자면 '전구초월투사(跨區投送)', '특수임무결합(專案對接)' 작전으로서 군대개혁 이후 중국군의 의료보장체계와 중국공군의 공중수송작전 능력을 보여준다.

중국이 자체 개발한 Y(運)-20 대형 수송기는 중국공군의 자부심이다. 중국공군의 Y(運)-20은 2020년부터 인천국제공항에 나타나 6·25 한국전쟁에서 전사한 중국군 유해를 인도하고 있다. 이에 중국공군은 특별한 의미를 부여하고 있다.

keyword 신관폐렴(新冠肺炎, COVID-19), Y(運)-20, 비전쟁군사행동(非戰爭軍事行動, MOOTW), 전구초월투사(跨區投送)

I 서론

지난 2020년은 중국공산당 창당 100주년(2021)을 1년 앞둔 해로서 중국이 제시한 소강사회(小康社會)를[1] 건설하여 빈곤을 탈출하고 부유에 이르러야 하는 중요한 해였다.[2] 그런데 2019년 12월 중국 우한지역에서 갑자기 신종 폐렴(중국어로는 신관폐렴, 新冠肺炎)이 발생하여 의료체계를 긴장시켰고 사람들을 공포로 몰아넣었다. 전 세계적으로 코로나-19(COVID-19)의 충격은 여전히 가시지 않고 있다. 중국은 코로나-19가 확산되자 즉시 군용 수송기와 민항기를 동원하여 공중수송작전을 전개함으로써 질병의 전파를 억제하고자 하였다. 이 과정에서 중국공군 수송기를 방역 공중수송작전에 투입하는 전략적 함의가 드러나게 되었다.

코로나-19의 확산에 따라 중국공산당 중앙군사위원회는 '신관폐렴 대응 방역재난구조 영도소조(應對新冠肺炎抗疫救治領導小組)'를 구성하고 제반 업무를 담당하도록 하였다. 이 영도소조는 IL-76MD, Y(運)-9 및 Y(運)-20 수송기 총 30소티를 네 차례로 구분하여 5대 전구(戰區)에서 동원된 군대 의료 인력과 물자를 수송하였다. 이러한 공중수송작전은 중국공군의 비전쟁군사행동(非戰爭軍事行動)으로서 미군의 전쟁이외의 군사작전(Military Operations Other Than War, MOOTW)이라는 점에서 특별히 주목할 가치가 있다.

한편 중국의 민간항공사인 동방항공(東方航空), 남방항공(南方航空) 및 중국항공(中國航空)은 중국정부 관리 하의 중앙기업(中央企業) 민항회사로서 명령에 따라 멀

---

[1] 소강사회(小康社會)는 중국어 발음으로 샤오캉사회이며, '소강'이라는 단어는 《시경·대아·민노(詩經·大雅·民勞)》 중의 〈민역노지, 흘가소강(民亦勞止, 汔可小康): 백성이 고생도 멈추었으니, 그저 소강할 뿐이다.〉에서 유래하였다. 소강(小康, 샤오캉)은 "배불리 먹고 편안히 생활하는 상태"를 가리킨다. 영어로는 "moderately prosperous society"이며 "적당히 번영하는 사회" 정도로 해석된다.

[2] 시진핑 주석과 중국공산당은 창당 100주년이 되는 2021년까지 '전면적인 샤오캉 사회'를 만든다는 목표를 내세웠다. 이를 위해 2020년 국내총생산(GDP)을 2010년의 두 배로 늘리겠다고 공언해 왔다. 2010년 중국 1인당 GDP(GDP per capita, GDPPC)는 4,551 달러였고, 2019년에 10,276 달러였다. 2019년에 이미 목표로 했던 2배를 넘겼다. 〈小康社會 moderately prosperous society〉, 中國文化研究院, https://ls.chiculture.org.hk/tc/idea-aspect/78,

리 유럽과 미주 각국 및 아시아태평양 지역에서 각종 의료보호기구와 소모품을 광범위하게 조사하여 구매하였고, 전용 화물기나 여객기로 수송하여 지역을 초월하는 수송능력을 발휘하였다. 이와 함께 이들 항공사는 우한시 봉쇄시기에 맞추어 선양(瀋陽), 지난(濟南), 상해(上海), 저장(浙江), 난닝(南寧), 청두(成都), 쿤밍(昆明), 산시(山西), 신장(新疆) 등지로부터 의료 물자를 우한으로 수송하였다. 이는 중국군의 '특수임무결합(專案對接)' 모델로서 코로나바이러스 대응의 시급성으로 볼 때 결코 쉬운 일이 아니었다고 할 수 있다.

중국은 非전쟁군사행동(非戰爭軍事行動, MOOTW) 지침에 따라 다양한 군용 수송기와 민항기를 동원하여 '전구초월투사(跨區投送)'와 '특수임무결합(專案對接)' 작전을 수행하였다.[3] 이에 대해 본 연구는 우한 봉쇄 해제 이후 중국 국무원이 2020년 6월 7일 발표한 백서『신관폐렴 감염증에 대응한 중국 행동(抗擊新冠肺炎疫情的中國行動)』이하 약칭 '방역백서'를 근거로 하여[4] Y-20 대형 수송기의 코로나-19 방역 공중수송작전을 분석하였다. 아울러 후방 의료지원체계(중국군에서는 '보장체계'로 사용)의 구체적인 효과를 검토하여 '생물학적 바이러스 테러공격'에 대비한 모의 대응적인 작전으로서의 함의도 살펴보았다.

Ⅱ 중국공군 Y-20의 코로나-19 방역 공중수송작전

2019년 12월 8일을 돌이켜보면, 우한시에서 출처가 불분명한 폐렴 바이러스가 갑자기 출현하자 중국 지도층의 긴장과 인민의 공포를 동시에 불러 일으켰다.[5] 그리고 중국의 설 명절인 춘절(春節)을 맞아 동서남북으로 귀향하는 인파가 끊이지 않고 설

---

3   胡凱紅,〈國務院聯防聯控機制3月2日10時擧行新聞發布會〉,《中國政府網》, 2020年3月2日, http://big5.www.gov.cn/gate/big5/www.gov.cn/xinwen/gwylflkjz39/index.htm, 2020年7月12日.

4   賴錦宏,〈中共將發布《抗擊新冠肺炎疫情的中國行動》白皮書〉,《聯合報》, https://udn.com/news/story/7331/4615584, 2020年06月05日.

5   蔡文軒,「從COVID-19事件看中國大陸的治理」, 展望與探索, 第18卷第3期, 2020年3月, 頁25.

맞이 물품을 사려는 인민들로 인파와 물류가 교차하는 가운데 바이러스는 급속히 확산되어 갔다. 2019년 12월 30일 우한중심의원(武漢中心醫院)의 의사 리원량(李文亮)은 위챗(微信, 웨이신)을 통해 호루라기를 불면서 원인 불명의 폐렴을 경고하였고, 이어 중남로파출소(中南路派出所)로 소환되어 심문을 받으며 우한지역의 감염증이 외부로 폭로되었다.

2020년 1월 19일 중국국무원(中國國務院) 산하 중국공정원(中国工程院, Chinese Academy of Engineering)의 원사(院士: 원사는 중국정부가 수여하는 과학기술 분야 최고의 학술 칭호이며, 개인에게는 평생의 영예)인 종난산(鍾南山)이 "우한 폐렴은 사람에서 사람으로 전염될 우려가 있다"고 밝힌 후, 중국 공공위생체계의 긴장을 불러일으켰을 뿐만 아니라 중국 지도층을 놀라게 하였다.[6] 이런 상황에서 중국의 지도자 시진핑은 2020년 1월 20일 긴급방역회의를 소집하는 한편 중국의 각 성(省)·시(市) 및 기관·단체 나아가 개인에게까지 감염 확산을 극력 억제해야 한다고 호소하고, "인민전쟁(人民戰爭)의 정신으로 우한 폐렴과 그 바이러스를 신속히 이겨내야 한다"고 하였다.[7] 이와 함께 중국은 민항기를 동원하여 공중수송작전을 개시하였을 뿐만 아니라 특히 2020년 1월 23일 오전 10시를 기해 우한시에 '봉쇄' 조치를 단행함으로써 76일간에 걸친 감염증 방역작전이 시작되었다.

2020년 1월 24일 중국은 '군대의 돌발 공중보건사태 대응 합동방비·합동통제업무체제(軍隊應對突發公共衛生事件聯防聯控工作機制)'를 가동하고[8] 중국공군의 IL-76 중형 수송기 3대를 각 전구에 파견하여 육·해·공군 소속 의과대학 의료인력 총 450여 명을 우한으로 공중 수송함으로써 이번 공중수송작전의 시작을 알렸다. 이어서 2월 2일, 13일, 17일 세 차례에 걸쳐 중국공군의 수송기를 동원하여 우한 톈허(天河)국제공항의 코로나-19 방역 작전에 참여시켰다. 기간 중 2월 13일에 Y(運)-20 대형 수송기가 최초로 코로나-19 방역 공중수송작전에

---

[6] 王任賢,「從COVID-19事件看中國大陸防疫體制」, 展望與探索, 第18卷第3期, 2020年3月, 頁31.

[7] 蔡文軒,「從COVID-19事件看中國大陸的治理」, 展望與探索, 第18卷第3期, 2020年3月, 頁27.

[8] 張詩夢,〈軍隊支援地方抗擊新冠肺炎疫情新聞發布會文字實錄〉,《大陸國防部網站》, http://www.mod.gov.cn/big5/info/2020-03/02/content_4861343.htm, 2020年3月2日.

참여하였는데.⁹ 이것이 바로 본 연구의 초점이다.

 2020년 4월 30일 중국국방부 신문국(新聞局) 우첸푸(吳謙復) 대변인이 브리핑을 통해 중국공군의 코로나-19 방역 공중수송작전에 대해 설명하였고,¹⁰ 2020년 6월 7일 중국국무원(中國國務院)이 『신관폐렴 감염증에 대응한 중국행동(抗擊新冠肺炎疫情的中國行動)』 약칭 '방역백서'를 발표하였다.¹¹ 이로써 중국의 제1단계 코로나-19 방역 공중수송작전의 내용과 Y(運)-20 및 민항기의 코로나-19 방역 공중수송작전이 세상에 알려지게 되었다.

1. 제1일차 코로나-19 방역 공중수송작전(2020년 1월 24일)

 2020년 1월 24일 중국공군은 제4공중수송사단과 제13공중수송사단 및 소속 불명 항공연대의 IL-76MD 수송기 3대를 차출하여 각각 충칭(重慶)의 육군 제2의학원(第二醫學院), 상해(上海)의 해군 제2의학원(第二醫學院), 시안(西安)의 공군 제1의학원(第一醫院) 및 986의료진 각각 150명씩을 우한의 텐허(天河)공항으로 수송하는 제1일차 코로나-19 방역 공중수송작전을 전개하였다.¹² 각급 의료진은 '호흡기과, 감염성질환과, 병원체감염통제과, 중증간호실' 등 전문과 별로 편성되었고, 업무체계로는 '지휘조, 일반환자 치료분대, 위중증환자 치료분대'로 구분되었다. 이후 각급 의료진은 '전투임무요청서(請戰書)'에 서명한 후 중국공군 수송기에 탑승하여 당일 23시 44분에 우한 텐허공항에 도착하였다.¹³

 음력으로 정월 초하루를 맞은 2020년 1월 25일, 중앙군사위원회 '신관폐렴 대응

---

9 〈動真格了, 運20首次參…戰!11架運輸機運來大批物資和千名醫護人員〉, 《騰訊網》, https://new.qq.com/omn/20200213/20200213A0BXVU00.html, 2020年2月13日.

10 喬楠楠, 〈國防部：軍隊支援地方抗疫鬥爭取得重要成果〉, 《國防部網》, http://www.mod.gov.cn/info/2020-04/30/content_4864562.htm, 2020年4月30日.

11 梁書暖, 「新冠肺炎疫情下中國大陸內外部情勢」, 中共研究月刊, 第54卷第4期, 2020年7月, 頁63.

12 孫興維, 「解放軍3支醫療隊共450人除夕當晚抵達武漢開展救治」, 新浪軍事網, https://mil.news.sina.com.cn/china/2020-01-25/doc-iihnzhha4569426.shtml, 2020年1月25日.

13 孫興維, 「解放軍3支醫療隊共450人除夕當晚抵達武漢開展救治」, 新浪軍事網, https://mil.news.sina.com.cn/china/2020-01-25/doc-iihnzhha4569426.shtml, 2020年1月25日.

방역재난구조 영도소조(應對新冠肺炎抗疫救治領導小組)'의 전진소조(前進小組)는 톈허공항에 도착한 육군 의료진을 진인탄의원(金銀潭醫院)에, 해·공군 의료진을 한커우의원(漢口醫院)과 우창의원(武昌醫院)에 배치하였다. 코로나-19 방역 작전에 지원한 많은 의료진들 중에는 사스(SARs)나 에볼라바이러스(Ebolavirus)를 진찰한 경험이 있는 고수들도 적지 않았다. 그리고 중부전구 총의원(中部戰區總醫院), 해방군 제960의원(解放軍第960醫院), 해방군 총의원 산하 제5의학센터(第五醫學中心) 등 4개 병원이 우한과 가까운 곳에 위치해 있어 감염증 방역작전에 즉각 투입되었다.[14]

각 의료진은 중앙군사의학연구원 예하 '전군 감염병 분자진단신기술 중점실험실(全軍傳染病分子診斷新技術重點實驗室)'과 창사(長沙)에 위치한 '성상바이오텍유한공사(聖湘生物科技有限公司)'가 공동으로 개발한 '코로나-19 바이러스(2019-nCoV) 핵산검사키트(RT-PCR 형광검출법)'로 감염 검사를 하고, 환자를 치료하기 시작하였다.[15]

2. 제2일차 코로나-19 방역 공중수송작전(2020년 2월 2일)

우한을 봉쇄한 후 시진핑을 비롯한 중국 지도층은 우한에 의료 인력과 물자가 부족한 것을 감안하여 2020년 1월 25일 정치국 상무위원회를 개최하고 '중앙 감염증 대응업무 영도소조(中央應對疫情工作領導小組)'(약칭 '중앙감염증대응영도소조)를 설립하여 대응하기로 결정하였다.[16] 1월 26일 중앙군사의학원(中央軍事醫學院) 천웨이(陳薇) 소장(少將)이 우한에 도착하여 방역재난구조작전에 동참하였다.[17] 1월 27

---

[14] 〈軍改強化醫衛盾, 抗疫精銳奔前線〉,《大公報》, http://www.takungpao.com/news/232108/2020/0203/411984.html

[15] 徐宙超,〈習近平主持中央政治局常委會會議黨中央成立疫情工作領導小組〉, http://www.xinhuanet.com/politics/leaders/2020-01/25/c_1125501969.htm, 2020年1月25日. ; 張詩夢,〈習近平再次在京考察強調這件大事須臾不可放松〉, 中华人民共和国国防部, http://www.mod.gov.cn/big5/shouye/2020-03/03/content_4861423.htm

[16] 梁書暖,「新冠肺炎疫情下中國大陸內外部情勢」, 中共研究, 第54卷第4期, 2020年7月, 頁69.

[17] 賴錦宏, 羅印沖,〈八天完工火神山醫院今啟用〉,《聯合報》, 2020年2月3日, 版A2.

일 시진핑은 중국공산당 각급 지도부와 간부들에게 방역통제전선을 지원하라고 재차 지시하였다.[18]

이때 '중앙감염증대응영도소조'는 란저우(蘭州), 뤄양(洛陽), 스자좡(石家莊), 선양(瀋陽), 난징(南京), 광저우(廣州), 신양(信陽) 등지에서 950명의 의료 인력과 물자를 차출하여 철도와 도로를 통해 우한으로 수송하였다. 2월 1일 중국공군은 IL-76 수송기 8대를 선양(瀋陽), 란저우(蘭州), 광저우(廣州), 난징(南京) 등지의 공항에 투입하였고, 다음날인 2월 2일 의료진 795명과 58톤의 물자를 우한의 톈허공항으로 수송하였다.[19] 이때 공군군의대학(空軍軍醫大學)의 부속병원인 시징의원(西京醫院), 탕두의원(唐都醫院), 986의원(986醫院) 의료진은 '특수임무결합(專案對接)' 방식으로 '훠선산의원(火神山醫院: 신관폐렴의 광범위한 유행에 대응하기 위해 중국정부가 2020년 1월 23일부터 2월 2일까지 우한시 차이뎬구에 긴급히 건설한 야전병원이며, 중국인민해방군의 관리 하에 운영 중에 있다)'의 1,000여 명의 환자를 접수하였다.[20]

중국은 우한 코로나-19 방역 작전을 강화하는 한편 중부전구(中部戰區) 예하 모(某) 공중돌격여단(空中突擊旅)의 Z(直)-8 헬리콥터 2대를 우한 주변의 양양(襄陽)과 이창(宜昌)으로 파견하여 의료 기자재와 물자를 수송하였다.[21] 중국이 자체 개발한 Z(直)-8 헬리콥터의 탑재중량은 구소련제 MI-17 및 MI-171보다 안정적이지만 그 대수가 제한되므로 앞으로 대량 생산될 가능성이 있다. 이밖에 난징(南京), 광저우(廣州), 란저우(蘭州), 선양(瀋陽), 스자좡(石家莊), 뤄양(洛陽), 신양(信陽)으로부

---

[18] 揭仲, 〈共軍抗疫作戰所透露的訊息〉, 《風傳媒》, https://www.storm.mg/article/2362563, 2020年3月6日. http://www.mod.gov.cn/big5/action/2020-02/02/content_4859435.htm

[19] 孟紫薇, 「支援來了!空軍8架大型運輸機抵達武漢」, 央視新聞, ; 範顯海, 〈馳援戰"疫"一線 空軍8架運輸機抵達武漢〉, 《中華人民共和國國防部》, 2020-02-02. http://www.bjd.com.cn/a/202002/02/WS5e364225e4b002ffe99404e0.html, 2020年2月2日.

[20] 郭濤, 〈運-20上的白衣戰士有一張特殊機票〉, 百度網, http://www.bjd.com.cn/a/202002/17/WS5e-4a0572e4b0094948681413.html, 2020年2月17日.

[21] 黎雲…, 賈啟龍, 樂文婉, 〈空軍第四次向武漢大規模空運醫療隊員和物資〉, http://www.xinhuanet.com/politics/2020-02/17/c_1125586825.htm, 2020年2月17日.

터 공수한 물자는[22] 중앙군사위원회 후근보장부(後勤保障部) 운수투송국(運輸投送局)으로부터 지원받은 군용트럭 81대를 이용하여 272톤의 민생물자를 우한 시내 5개 시장으로 수송하였고, 인민들이 이를 구매할 수 있도록 하였다.[23]

3. 제3일차 코로나-19 방역 공중수송작전(2020년 2월 13일)

2020년 2월 11일 세계보건기구(WHO)는 신관폐렴을 코로나-19(COVID-19)로 명명하였다.[24] 중국군은 중앙군사위원회 후근보장부 운수지원국(運輸支援局)과 공군 수송기 항공병사단의 협조 하에 IL-76 수송기 3대, Y(運)-9 수송기 2대, Y(運)-20 수송기 6대를 파견하여 코로나-19 방역 공중수송작전을 진행하였다. 언론매체들의 보도를 종합하면, 중국은 충칭(重慶)의 장베이(江北)공항과 허베이(河北)의 장자커우(張家口)공항에 Y(運)-9 수송기를 각각 1대씩 배치하였고, 허난(河南)의 카이펑(開封)공항과 쓰촨(四川)의 충라이(邛崍)공항에 주둔해 있던 Y(運)-20 수송기를 청두(成都)의 쌍류(雙流)공항, 시닝(西寧)의 차오자바오(曹家堡)공항, 톈진(天津)의 빈하이(濱海)공항으로 각각 2대씩 이동 배치하였으며, 우루무치의 디워푸(地窩堡)공항과 선양(瀋陽)의 타오셴(桃仙)공항에는 IL-76 수송기 3대를 배치하였다. 중국공군 수송기 중 총 11대가 947명의 의료진과 74톤의 의료 물자를 우한의 톈허공항으로 수송하는 非전쟁군사행동(MOOTW)을 수행하였다.[25]

이번 작전에서 중국공군은 Y(運)-20의 완성된 작전체계로서 전구(戰區)를 초월하는 대규모 공중수송작전을 개시함으로써 처음으로 Y(運)-20 대형 수송기의 전략

---

[22] 賴瑜鴻,〈聯勤保障部隊高效投送醫療人員物資全力保障疫情防控〉,《解放軍報》, 2020年2月3日, 版3.

[23] 唐立辛,〈運-20飛抵武漢後, 外國媒體不淡定了〉, 2020年2月16日, https://www.jfdaily.com/wx/detail.do?id=211742

[24] 劉孜芹,「武漢肺炎WHO正名為COVID-19」, 青年日報, 2020年2月13日, 版7. CO代表冠狀(corona), VI代表病毒(virus), D代表疾病(disease); 至於疫情爆發的時間在2019年, 因此加註19.

[25] 郭媛丹, 王怡,〈空軍11架運輸機抵武漢, 6架運-20領銜〉, 環球時報網, https://m.huanqiu.com/article/9CaKrnKplQJ, 2020年2月13日. ; ETtoday, 2020年02月18日. https://www.ettoday.net/news/20200218/1647107.htm

수송능력을 보여주었다. 여기서 보다 중요한 것은 Y(運)-20 대형 수송기가 非전쟁 군사행동(MOOTW)을 수행했다는 것이다. 이같이 非전쟁군사행동은 중국이 제시한 '대테러안정, 긴급재난구호, 권익보호, 안보초계, 국제평화유지활동, 국제구호'에 부합하는 것이다. 중국공군이 Y(運)-20 대형 수송기를 의료 인력과 물자 수송에 투입한 기저에는 중국이 적극적으로 추구하는 강군몽(强軍夢)이 전쟁뿐만 아니라 非전쟁 상황에서도 인민의 생명과 재산을 보호한다는 것을 보여주기 위한 의미도 있는 것으로 분석된다.

4. 제4일차 코로나-19 방역 공중수송작전(2020년 2월 17일)

2020년 2월 17일 중국은 제4일차 非전쟁 군사공중수송작전을 개시하였다. 이때 중국공군은 Y(運)-20 4대, IL-76 1대, Y(運)-9 3대로 공중수송작전을 전개하였다. 언론매체의 보도에 따르면 IL-76 수송기는 선양(瀋陽)의 셴타오(仙桃)공항에서, Y(運)-9 수송기 3대는 산시(山西)의 다퉁(大同)공항, 광둥(廣東)의 잔장(湛江)공항, 신장(新疆)의 모 군용비행장에서 각각 이륙하였다. 또한 Y(運)-20 4대는 청두(成都)의 쐉류(雙流)공항, 상하이(上海)의 훙차오(虹橋)공항에서 총 1,200명의 의료 인력과 물자를 싣고 당일 오전 9시 21분 우한의 톈허공항에 모두 착륙하였다.[26] 이를 두고 서부전구(西部戰區) 중국공군의 모 항공병 사단장 두바오린(杜寶林)은 "Y(運)-20 수송기 자체의 우수한 성능은 물론 각기 다른 전구(戰區)와 주둔지에서 이륙하여 정확한 항공교통관제 하에 임무를 완수할 수 있는 능력을 보여준 것"이라고 하였다.[27]

중국민항망(中國民航網)에 따르면 Y(運)-20 수송기 2대는 의료 인력 170명과 의료 물자 16톤을 싣고 상하이 훙차오(虹橋)공항을 이륙하여 화둥국(華東局) 항공교통관제 하에 우한의 톈허공항에 착륙하였다.[28] 이와 함께 중부전구

---

[26] 「空軍第四次向武漢大規模空運醫療隊員和物資」, 新華網, http://www.chinanews.com/gn/2020/02-17/9094486.shtml, 2020年02月17日.

[27] 何欣, 「空軍第四次向武漢運送醫療人員和物資」, 中國經濟網, http://www.ce.cn/xwzx/gnsz/gdxw/202002/18/t20200218_34295702.shtml, 2020年2月18日.

[28] 董倩, 「空軍運-20首裝師長應叫他鯤鵬」, 中國航空網, http://www.cannews.com.cn/2020/0224/2090

(中部戰區)는 후베이(湖北)에 주둔하는 Z(直)-8 헬리콥터 2대를 급파하여 우한에서 마스크, 방호복, 장갑, 의약품 등 총 600점, 약 4톤의 의료물자를 양양(襄陽)과 이창(宜昌) 지역으로 수송하였다.[29]

또한 서부전구(西部戰區)도 시닝(西寧) 합동후근보장센터(聯勤保障中心)(2016년 9월 설립))가 주관하여 Y(運)-20 수송기로 의료 물자를 수송하였다. 아울러 군민융합(軍民融合) 구조 하에 중국병기공업집단유한공사(中國兵器工業集團有限公司) 야시연구원(夜視研究院)이 개발한 '20-I형 적외선 발열 군중 신속선별시스템(20-I型 紅外發熱人群快速篩選系統)'을 제공함으로써 의료진이 환자나 인파를 직접 접촉하지 않고 체온을 측정할 수 있도록 하여 의료진의 감염을 줄이는 데 기여하였다.[30]

〈표-1〉 중국공군의 코로나-19 방역 공중수송작전 일람표

단 계	이륙공항	대수	수송인원
제1일차 1월 24일	상하이 훙차오공항, 시안공항, 충칭 장베이 국제공항	IL-76×3대	군의관 450명
제2일차 2월 2일	선양 타오셴공항, 란저우 중촨공항, 광저우 바이윈공항, 난징 루커우공항	IL-76×8대	군의관 795명
제3일차 2월 13일	선양 타오셴공항, 우루무치 움보공항, 시닝 차오자바오공항, 톈진 빈하이공항 청두 솽류공항, 충칭 장베이공항, 허베이 장자커우공항	Y-20×6대 Y-9×2대 IL-76×3대	군 의료인력 1,400여 명
제4일차 2월 17일	청두 솽류공항, 선양 타오셴공항, 상하이 훙차오공항, 광둥 잔장공항, 란저우 중촨공항, 산시 다퉁공항, 톈진 빈하이공항, 신장 모 공항	Y-20×4대 Y-9×3대 IL-76×1대	군 의료인력 1,200여 명

* 출처: 姜天驕,「軍隊已派出四千多名醫護人員馳援武漢」, 中國經濟網-《經濟日報》, 2020年3月3日.; 施澤淵,「初探運-20參與新冠肺炎抗議救治行動」, 亞太防務月刊, 第144期, 2020年4月, 頁19.

55.shtml, 2020年2月24日.

[29] 黎雲, 賈啟龍, 樂文婉,「空軍第四次向武漢大規模空運醫療隊員和物資」, 新華網, http://www.xinhuanet.com/politics/2020-02/17/c_1125586825.htm, 2020年2月17日.

[30]「戰疫關鍵期, 大國重器走上主戰場」, 科技日報, http://www.cac.gov.cn/2020-02/17/c_1583484434989015.htm, 2020年02月17日.

Ⅲ 중국 민항기의 코로나-19 방역 공중수송작전

중앙기업집단(中央企業集團)은 중국의 국영기업을 말한다. 중국의 국영기업은 적어도 아래와 같은 몇 가지 특징이 있다. 첫째 자산으로, 재무부문이 중국정부인 재무부(財政部)에 포함된다. 둘째는 인사로, 인사관리가 중앙기업집단 인사부(人社部)에 포함되어 있고, 중국정부인 국무원(國務院)의 관리와 통제를 받는다. 셋째 경영전략으로, 경영전략이 중국정부의 국가계획(國家計畫)에 포함되어 있다(즉, 국무원이 직접 행정지시를 할 수 있다). 중국의 대표적인 중앙항공집단(央企航空集團)으로는 동방항공집단유한공사(동방항공), 남방항공집단유한공사(남방항공), 중국국제항공집단유한공사(국제항공), 중국상업용항공기유한책임공사, 중국민항정보집단유한공사 등이 있으며, 모두 국영 항공기업이다.[31]

간단히 말하자면, 중앙기업집단의 핵심은 자금원이 국무원 국유자산감독관리위원회(国有资产监督管理委员会)의 출자에 있고, 인사관리와 그 결정권은 국무원의 직접적인 지도를 받는다는 점이다. 따라서 중국은 우한을 봉쇄하면서 즉시 '동방항공', '남방항공', '국제항공'이 코로나-19 방역 공중수송작전에 참여토록 책임을 부여할 수 있었다. 그 주요내용은 다음과 같다.

1. 동방항공의 코로나-19 방역 공중수송작전

2020년 1월 25일 0시 1분, 중국동방항공(中國東方航空, China Eastern Airlines) MU-5000편은 폭우가 쏟아지는 가운데 상하이(上海) 지역 28개 시급(市級) 병원과 상하이시 5개 구(區) 30개 병원의 의료 인력 및 의료 물자 432건, 4,690kg을 싣고 상하이 훙차오(虹橋)공항을 이륙하였다. 이후 1시간 26분간의 비행 끝에 우한의 톈허(天河)공항에 착륙함으로써 우한 봉쇄 이래 민항기의 제1일차 코로나-19 방역 공중수송작전을 완수하였다.[32] 코로나-19 바이러스는 비록 우한의 화난시장(華南市場)

---

[31] 〈中央企業〉, 《維基百科》, https://zh.wikipedia.org/zh-hans/中央企業, 2020年7月18日.

에서 폭발했지만 물류의 이동과 여행, 학업, 취업 등의 요인으로 인해 우한시 주변을 둘러싸고 있는 어저우(鄂州), 셴타오(仙桃), 즈장(枝江), 첸장(潛江), 황강(黃岡), 츠비(赤壁), 징먼(荊門), 셴닝(咸寧), 황스(黃石), 당양(當陽), 언스(恩施), 샤오간(孝感), 이창(宜昌), 징저우(荊州) 등 14개 현(縣)으로 급속히 확산되어 의료물자 공급이 시급한 상태였다.[33]

2020년 2월 4일 오후 14시 58분 동방항공 MU-500(시닝-우한)편은 칭하이성(青海省)의 각 지역에서 소집된 의료 인력 102명과 의료 물자 196건, 2.1톤을 싣고 시닝(西寧)의 차오자바오(曹家堡)공항을 이륙하여 같은 날 오후 16시 45분 우한의 톈허공항에 착륙하였다. 또한 동방항공 윈난(雲南)지사의 MU-2000(쿤밍-우한)편도 이날 오후 17시 40분 윈난성 의료 인력 102명과 방역 의료 물자 3.1톤을 싣고 쿤밍(昆明)의 창수이(長水)공항을 이륙하여 2시간의 비행 끝에 오후 19시 12분 우한의 톈허공항에 착륙하였다.

2월 4일 동방항공의 의료물자 수송은 활발하였다. 동방항공 MU-299(은천-우한)편은 이날 오후 22시 00분 닝샤(寧夏, 닝샤회족자치구)의 의료 인력 128명과 의료 물자 2.8톤을 싣고 다음날 0시 0분 우한의 톈허공항에 착륙하였다. 이와 함께 동방항공 MU-2000(란저우-우한)편도 간쑤성(甘肅省)의 의료 인력 100명과 의료 물자 4.1톤을 싣고 란저우(蘭州)공항을 이륙하여 다음날(5일) 오전 1시 우한의 톈허공항에 착륙하였다.

우한 봉쇄 전후 코로나-19 방역 공중수송작전을 보자면, 동방항공 1개 항공사가 2월 5일 새벽까지 우한 전세기 18편과 해외물자 수송 20편을 운항하였다. 전체적으로 상하이(上海), 시안(西安), 타이위안(太原), 쿤밍(昆明), 란저우(蘭州), 시닝(西寧), 인촨(銀川), 난징(南京) 등지에서 2,113명의 의료 인력을 수송하였고,[34] 전용 화물기

---

32 吳⋯婷婷, 〈民航首個執行馳援任務包機航班抵達武漢〉, 《新京報》, http://ccnews.people.com.cn/BIG5/n1/2020/0125/c431590-31562267.html, 2020年01月25日.

33 許諾, 程子姣, 李雲琦, 白金蕾, 肖瑋, 朱玥怡, 林子, 程維妙, 陸一夫, 〈一隻抵達武漢的口罩, 有多難?〉, 《中國評論新聞網》, http://www.CRNTT.com, 2020年02月05日. ; 〈东航新闻〉, 中国东方航空公司, http://www.ceairgroup.com/contents/13/13459.html.

와 여객기 화물칸을 이용하여 프랑스, 미국, 호주, 네덜란드, 필리핀, 싱가포르, 일본, 미얀마 등 세계 각지에서 의료용 N95마스크, 고글(보안경), 방호복을 포함한 긴급방역물자 242톤을 수송하였다.[35] 이후 동방항공은 2월 12일까지 총 50편을 운항하여 우한 지역에 의료 인력 총 5,129명(누적인원)을 수송하였고, 전 세계 각지에서 긴급히 구매한 각종 방역 물자 총 1,359.5톤(누적톤)을 수송하였다.[36]

2. 남방항공의 코로나-19 방역 공중수송작전

중국남방항공(中國南方航空, China Southern Airlines)은 중국공산당 '신관폐렴 대응 방역재난구조 영도소조(應對新冠肺炎抗疫救治領導小組)'의 요구와 국무원 국가위생건강위원회(国家卫生健康委员会) 및 교통운수부(交通运输部)의 조정 하에 1월 27일(음력 1월 3일)부터 남방항공 지사가 있는 광시(廣西), 헤이룽장(黑龍江), 후베이(湖北), 구이저우(貴州)의 CZ-5241(난닝-우한), CZ-5243(하얼빈-우한), CZ-5242(하얼빈-우한) 3개 항공편을 운영하여 광시, 헤이룽장, 구이저우 지역의 의료 인력과 물자를 우한으로 수송하였다.

중국 정보시보(資訊時報)에 따르면, 남방항공은 우한이 봉쇄될 때 각종 사전 조치에 참여했다고 한다. 예를 들어 남방항공 CZ-5243편의 경우, 2020년 1월 27일 20시 11분 헤이룽장성의 의료 인력 137명을 싣고 하얼빈(哈爾濱) 타이핑(太平)공항을 이륙한 뒤 우한으로 직항했다. 이로써 남방항공은 제1일차 코로나-19 방역 공중수송작전 임무를 시작하였다. 또한 같은 날 20시 32분 남방항공 CZ-5241편은 난닝(南寧)공항에서 광시성 의료 인력 137명과 5톤의 수하물 및 의료 물자를 싣고 우한으로 향했다. 광시성이 조직한 우한지원 의료진은 인솔자 1명과 연락담당자 1명을 제외한

---

[34] 「出征之夜運-20上除了人員和物資, 還帶著…」, 央視新聞網, http://www.xinhuanet.com/politics/2020-02/18/c_1125591902.htm, 2020年2月18日.

[35] 〈12小時4架, 東航包機運送四省醫護人員及醫療物資再援武漢〉,《民航資源網》, http://news.carnoc.com/list/521/521473.html, 2020年02月05日.

[36] 中国东方航空集团有限公司, 〈中国东航：坚强"战斗堡垒" 为复工复产搭建"空中通道"〉, 2020-03-07. http://www.sasac.gov.cn/n2588030/n2588919/c13977768/content.html.

의사 40명과 간호사 95명이 상주하며 수시로 출근하여 업무를 신속히 처리함으로써 현장 실무능력의 우수성을 보여주었다. 이날 우한을 지원하는 마지막 항공편은 구이양(貴陽)에서 출발한 남방항공 CZ-5242편으로서 구이저우성 위생건강위원회 및 의료 인력 137명을 태우고 23시 45분 이륙하여 제2일차인 1월 28일 오전 1시 우한 톈허공항에 착륙하였다. 남방항공 후베이(湖北) 지사의 뤄충하이(羅忠海) 운항본부장에 따르면, 남방항공은 1월 27일 이전에 이미 550명의 의료 인력과 26톤의 수하물 및 의료 물자를 후베이성 우한으로 수송하였다. 1월 27일 당일 남방항공은 운항감독, 기체관리, 화물 상하역, 지상조업서비스, 정비지원, 운항정보서비스 등 관련분야의 수많은 인력이 출근하여 우한 지원을 위한 특별업무를 처리하였다. 이후 남방항공은 2월 10일까지 계속해서 전세기 40편을 운항하였고, 량광(兩廣), 랴오닝(遼寧), 지린(吉林), 충칭(重慶), 헤이룽장(黑龍江), 구이저우(貴州), 신장(新疆), 허난(河南) 등지에서 최소 4,900여 명의 의료 인력과 200여 톤의 의료 물자를 우한으로 수송하였다.[37]

이처럼 긴급하고 조밀한 공중수송작전은 우한시와 그 주변 지역의 코로나-19 바이러스 확산이 얼마나 심각했고 의료 인력과 물자 부족이 얼마나 심각했는지를 단적으로 보여준다.

3. 국제항공의 코로나-19 방역 공중수송작전

중국은 코로나-19 방역 공중수송작전에 동방항공과 남방항공은 물론 중국국제항공(中国国际航空, Air China)도 동원하였다. 언론매체의 보도에 따르면, 우한이 봉쇄되던 날 국제항공(国际航空) 시난(西南) 지사와 산둥항공(山东航空, Shandong Airlines)은 이미 국가위생건강위원회(国家卫生健康委员会)의 요청을 받았고, 봉쇄 당일(1월 25일) 청두(成都)와 지난(濟南)에 전세기 각 1대를 보내어 의료 인력과 물자를 싣고 우한으로 직항하였다. 국제항공 지난지사의 경우 에어버스 A321기로 이

---

[37] 〈南航1天执行9班特殊包机 运送超1200名医疗人员驰援武汉〉, 中国南方航空, 2020-02-09. http://www.air66.cn/hkyw/9/19710-1.html.

날 오전 쓰촨성(四川省) 의료 인력 138명과 의료 용품 500여점을 싣고 우한으로 향했다.[38] 또한 국제항공의 전용 화물기 CA-1002편은 1월 26일 새벽 2시 17분 캄보디아 프놈펜(Pnompenh)에서 16톤에 가까운 의료 물자를 싣고 이륙하여 우한의 톈허공항으로 직항하였다. 또한 국제항공 CA-041편은 1월 27일(음력 1월 3일) 베이징에서 의료 인력 제2진 71명을 태우고 우한에 착륙하였다. 이 밖에도 국제항공은 승객이 많은 설(春節, 춘제) 연휴기간이지만 보잉 737과 에어버스 A330 여객기 각 1대를 완전히 빈 채로 공항에 대기시키며 방역 대응 대기태세를 유지하였다. 1월 30일에는 13대의 전세기를 동원하여 의료 인력 1,179명과 의료 물자 80톤을 우한으로 수송하였고,[39] 2월 7일에는 CA-041편, CA-045편 전세기 2대로 의료 인력 668명과 방역 물자 28톤을 우한으로 수송하였다. 보도에 따르면, 2월 8일까지 국제항공이 운송한 누적 항공편은 25편이며, 총 2,700명의 의료 인력과 205톤의 의료 물자(소모품 포함)를 수송하는 등 높이 평가할 만한 코로나-19 방역 공중수송작전 능력을 발휘하였다.[40] 한편 국제항공 영업본부에 따르면, 1월 30일부터 2월 9일까지 캐나다 몬트리올에서 후베이(湖北), 충칭(重慶), 베이징(北京), 상하이(上海), 푸젠(福建), 장쑤(江蘇), 광둥(廣東) 간의 항공편 CA-880편은 19차례에 걸쳐 중국 방역기구에 의료구호물자 약 37.3톤을 전달하였다.[41] 이 기간 국제항공은 해외에서 중국으로 운항하는 340개 항공편을 이용하여 방역물자 605톤을 우한으로 수송하였다. 국제항공 화물기 CA-1001편도 캄보디아 프놈펜에서 의료 물자를 싣고 우한의 톈허공항에 착륙하였다.[42]

---

[38] 喬雪峰, 〈13架包機, 近80噸醫療物資 中航集團馳援武漢抗擊疫情〉, 《人民網》, http://finance.people.com.cn/BIG5/n1/2020/0131/c1004-31565908.html, 2020年01月31日.

[39] 郭陽琛, 石英婧, 〈民航企業馳援武漢：專機運送醫療隊物資, 包機接海外滯留旅客回家〉, 《中國經營報》, https://guba.eastmoney.com/news,cfhpl,900676804.html, 2020年2月1日.

[40] 〈13架包机, 近80吨医疗物资 中航集团驰援武汉抗击疫情〉, 人民网, 2020年01月31日. http://finance.people.com.cn/n1/2020/0131/c1004-31565908.html.

[41] 陳嘉佳, 〈萬里馳援國航系在行動〉, 《中國航空網》, 2020年02月13日, http://www.airchinagroup.com/cnah/shzr/shzrsj/02/540334.shtml.

[42] 成小珍, 南宣, 〈南航28日預計執行3班醫療支援包機〉, 《資訊時報》, http://wap.xxsb.com/content/2020-01/28/content_82984.html, 2020年01月28日.

종합적으로, 중국의 동방항공, 남방항공, 국제항공은 중앙기업집단의 통제 하에 우한 봉쇄와 음력설 연휴기간임에도 불구하고 수많은 의료물자를 외국으로부터 중국으로 수송하였을 뿐만 아니라 중국 내 각지에서 동원된 필요 인력과 물자를 우한으로 수송하는 코로나-19 방역 공중수송작전을 전개하였다. 이는 민항 공중수송 부문에 대한 전시 동원체제의 한 단면을 보여준 것이다. 이에 따라 중국이 만약 전시 전환체제를 가동할 경우 중국 민항사의 수송 능력은 결코 가볍게 볼 일이 아니라는 것을 알 수 있다.

Ⅳ 중국군 코로나-19 방역 지휘체계와 Y-20의 미래 발전

1. 중국군의 코로나-19 방역 지휘체계

2 2019년 12월 30일 우한에서 코로나-19가 발발하자 사람들은 공포에 휩싸였다. 이에 중국공산당 중앙군사위원회 후근보장부(後勤保障部)는 2020년 1월 20일 '바이러스 방역 및 억제전에서 단호히 승리하자(堅決打贏疫情防控阻擊戰)'며 동원령을 발표하고, '세 가지 통일(영도 통일, 지휘 통일, 지도 통일)'과 '네 가지 집중(환자 집중, 전문가 집중, 자원 집중, 구호 집중)'의 지휘운영체계를 가동하기 시작하였다.[43] 2020년 1월 23일 중국은 효과적인 바이러스 방역을 위해 우한에 대한 봉쇄를 단행하였다. 또한 중국군이 조직한 중앙군사위원회 '신관폐렴 대응 방역재난구조 영도소조(應對新冠肺炎抗疫救治領導小組)'는 중앙군사위원회 주석인 시진핑의 영도 아래 운영되었다.

2020년 1월 24일 중앙군사위원회 주석이자 국가주석 시진핑과 국무원 총리 리커창(李克強)은 이례적으로 음력 정월 초하루(1월 25일)에 신종바이러스 감염증(코로

---

[43] 黃恩浩,「新冠肺炎對習近平『軍改』的檢驗：以保障部隊爲例」, 中共研究, 第54卷 第4期, 民國109年 4月, 頁101.

나-19)에 대한 회의를 열고, 당·정·군 각급 조직과 지도간부 및 소속 인사들에게 엄중한 방역 대응과 행동을 요구하였다. 이런 상황에서 1월 26일 국무원도 '중앙 신종 바이러스 대응 방역업무 영도소조(中央應對新冠病毒疫情工作領導小組, 약칭 중앙방역영도소조)'를 설립하고, 리커창 국무원 총리가 조장을, 왕후닝(王侯寧) 중앙정치국 상무위원이 부조장을 맡았다.[44] 한편 후베이성(湖北省) 우한시(武漢市)에는 '우한지역 신종바이러스 대응 방역통제업무 지휘소조(武漢地區應對新冠病毒疫情防控工作指揮小組, 약칭 우한지역 방역업무소조)'를 구성하고, 쑨춘란(孫春蘭) 국무원 부총리가 조장을, 천이신(陳一新) 중앙정치국 정법위원이 부조장으로 맡았다.[45]

쑨춘란 국무원 부총리는 '중앙방역영도소조'의 구성원이자 '우한지역 방역업무소조'의 조장으로서 바이러스 방역정책, 감시통제, 긴급의료, 자원배분, 환자치료, 후방근무지원 등의 분야에서 여러 차례 상하 간 개념과 행동을 일치시키며 바이러스 통제와 환자 구제업무를 추진하였다.[46] 중앙군사위원회 '신관폐렴 대응 방역재난구조 영도소조'를 예를 들면, 중앙군사위원회 주석인 시진핑이 조장을, 부주석인 장여우샤(張又俠)가 부조장을 맡았다. 다만 시진핑이 신관폐렴 대응 방역재난구조 업무의 전체를 총괄하였기 때문에 중국공산당 정치국 상무위원회가 2020년 2월 23일 베이징에서 개최되기 전까지 군대의 방역업무는 대부분 장여우샤 중앙군사위원회 부주석이 담당하였다. 장여우샤는 부주석 이전에 중앙군사위원회 장비발전부 부장을 여러 해 동안 역임했기 때문에 후방근무지원 체계에 대해서도 효과적으로 통제할 수 있었다.[47]

---

[44] 蔡文軒, 「從COVID-19(武漢肺炎)事件看中國大陸的治理」, 展望與探索, 第18卷第3期, 民國109年3月, 頁27.

[45] 〈從防擴散到自衛, 中國封城出現3種模式〉, 《新浪網》, 2020年2月4日, 〈https://www.cna.com.tw/news/acn/202002040306.aspx〉

[46] 喬楠楠, 〈國防部：軍隊支援地方抗疫鬥爭取得重要成果〉, 《國防部網》, 2020年4月30日, http://www.mod.gov.cn/info/2020-04/30/content_4864562.htm.
以及丁樹範, 「共軍與COVID-19(武漢肺炎)軍改後勤動員的挑戰」, 展望與探索, 第18卷第3期, 民國109年3月, 頁4.

[47] 李如意, 〈剛剛!今天首架運-20降落武漢天河機場〉, 2020年2月17日, https://www.takefoto.cn/viewnews-2050230.html ; <刚刚!今天首架运-20降落武汉天河机场>, 《河北新闻网》2020-02-17. http://m.hebnews.

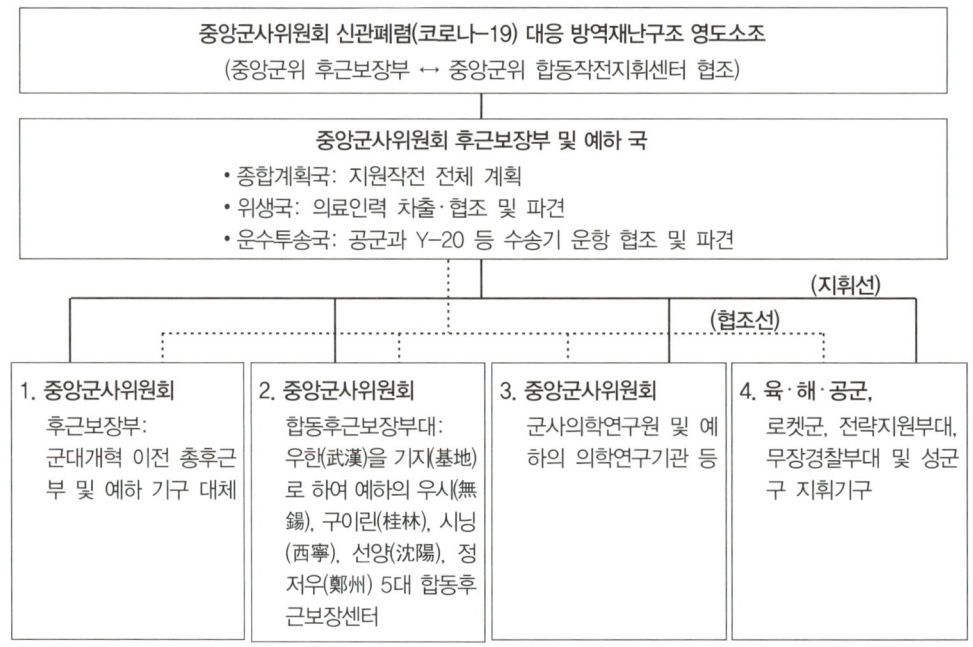

<표-2> 중국군 코로나-19 대응 방역재난구조작전 지휘체계

* 출처: 新華網, 〈騰訊網及維基百科資料調製〉; 《抗疫白皮》종합하여 작성[48]

2020년 2월 23일 중국공산당 중앙정치국 상무위원회를 통해 방역업무에 대한 군대와 행정기관의 권한이 시진핑으로 집중된 후 군대를 중심으로 하는 영도소조의 업무도 긴밀하게 전개되기 시작하였다. 이는 3월 2일 국무원의 브리핑을 통해서 알 수 있다. 브리핑에서는 시진핑이 "군대를 직접 지휘하고 직접 배치하고 여러 차례 회의를 주관하였으며, 바이러스 상황을 깊이 있게 파악하고 지도하여 군대의 방역재난구조 업무가 순조롭게 전개되었다"고 하였다.[49] 이러한 지휘는 중국군의 후방근무지원 의료체계가 각 부문의 반발 없이 신속하게 자원을 배분하고 우선순위를 결정하는 데 유리하게 작용하였을 것으로 보인다.

실무적인 운영 측면에서 중앙군사위원회 후근보장부(後勤保障部) 예하 종합계획

cn/world/2020-02/17/content_7701576.htm.

[48] 施澤淵, 「初探解放軍後勤保障體系暨軍醫救治機制」, 亞太防務月刊, 第148期, 2020年8月1日, 頁33.

[49] 〈國務院聯防聯控機制3月2日10時舉行新聞發布會〉, 《中國政府網》2020年3月2日, http://big5.www.gov.cn/gate/big5/www.gov.cn/xinwen/gwylflkjz39/index.htm.

국(綜合計劃局)은 지원 작전의 전체적인 계획과 협조를 담당하였고, 위생국(衛生局) 은 각 병원으로부터 의료 인력을 차출하여 파견하는 인사지원 임무를 담당하였으며, 운수투송국(運輸投送局)은 직접 공군 지휘부와 협조하여 각종 군용 수송기를 파견하고, 지원작전을 수행하는 임무를 담당하였다. 예를 들면 Y(運)-20 수송기에 대한 의료 인력 및 물자 탑재, 운항 항공편 조율, 각 항공편의 항공교통관제 및 안전관리에 대한 통제 및 협조 등이다.

우한 봉쇄 해제를 앞두고 3월 2일 시진핑은 다시 한 번 베이징의 군사과학원(軍事科學院)과 칭화대학(清華大學)을 방문하여 '용약(약의 사용)은 용병(병사의 사용)과 같고(用藥如用兵), 용의(의사의 사용)는 용장(장수의 사용)과 같다(用醫如用將)'고 하면서[50] 백신개발과 방역 연구에 대한 진행 상황을 확인하였다. 2020년 4월 8일 0시 중국은 우한 봉쇄를 해제하였다. 이후 시진핑은 다시 우한을 방문하여 신종바이러스 방역 및 환자치료 상황을 파악하였다. 지금까지의 언론보도와 중국정부의 발표를 종합하면 중국군의 코로나-19 대응 방역재난구조작전 지휘체계를 〈표-2〉와 같이 판단해 볼 수 있다.

2. Y(運)-20 공중수송 능력과 미래 발전

Y(運)-20 대형 수송기는 2007년 개발을 시작한 이래 시안항공기공업집단(西安飞机工业集團), 청두항공기공업집단(成都飞机工业集團), 샨시항공기공업집단(陝西飞机工业集團), 선양항공기공업집단(沈阳飞机工业集團)이 공동으로 연구·제작에 참여하였고, 2013년 1월 26일 첫 비행을 하였으며, 2014년 11월 주하이(珠海) 에어쇼에 처음으로 참가하였다.[51] 2016년 6월 중국공군 항공수송병(航空運輸兵)으로 인도된 뒤 같은 해 7월 6일 전투서열에 포함되었다.[52]

---

50 龔雪輝, 鬱振一, 彭漢明, 楊立峰, 邢彬, 〈習近平再次在京考察, 強調這件大事須臾不可放鬆〉, 2020년 3月3日, http://www.chinanews.com/gn/2020/03-03/9111742.shtml.

51 「中國國際航空航太博覽會」, 維基百科, https://zh.wikipedia.org/zh-hans/中國國際航空航太博覽會, 2016年11月2日.

52 「運-20列裝實現中國空軍戰略投送力量重大突破」, 解放軍報, https://mil.huanqiu.com/article/9CaK

Y(運)-20은 최대이륙중량 220톤, 적재중량 66톤, 최대항속거리 7,800km이며, 아음속(M 0.5~0.8) 영역에서 효율성이 높은 초임계 에어포일(Supercritical Airfoil)을 채택하였고, 미 공군의 C-17과 같이 음(-)의 상반각(Negative Dihedral)을 가진 고익기로 설계되었다. 따라서 두 기종의 외관이 상당히 유사하다.[53]

Y(運)-20의 본래 별칭은 장자(莊子)의 소요유(逍遙遊)에 나오는 '곤붕(鯤鵬: 크기가 몇 천리나 되는 곤이라는 물고기와 붕이라는 새)'이나 동체가 짧고 뚱뚱해서 '뚱녀(胖妞)' 라는 별명으로 더 많이 불려진다.[54] 대만의 왕보(旺報, Want Daily)의 보도에 따르면, 중국공군은 현재 각종 수송기 145대를 보유하고 있다. 중국은 1978년 개혁개방 이래 부족한 경제력과 군사전략의 영향으로 중국공군에 오랫동안 2개의 수송항공병사단과 수개의 독립수송연대를 유지해 왔다. 항공병사단 예하에는 3개 비행대대와 1개 정비대대가 있고, 각 비행대대 예하에는 3개 비행중대가 있고, 각 비행중대는 3~4개의 비행대로 편성된다(폭격기 부대는 2개 중대로 편성, 각 중대는 4개 공중근무조로 편성). 통상 각 항공병 연대는 27~36명의 조종사(24개 공중근무조)로 편성되며, 각 비행연대는 22~32대의 항공기를 보유하고 있다. 항공기와 조종사의 비율은 대략 1:1.2이다. 항공기는 연대본부가 통합 관리하고, 정비대대는 유지·보수만을 담당하며, 조종사 개인별로 지정된 전용 항공기는 없다.

〈표-3〉 Y-20 수송기와 세계 주요국 수송기 비교

수송기 기종	최대 탑재중량	화물칸 길이	화물칸 폭	화물칸 높이
An-124 (러시아)	150톤	36미터 (118피트)	6.4미터 (21피트)	4.4미터 (14피트)
C-5M (미국)	129.3톤	37미터 (121피트)	5.8미터 (19피트)	4.1미터 (13피트)
C-17 (미국)	77.5톤	26.83미터 (88.0피트)	5.49미터 (18.0피트)	3.76미터 (12.3피트)

rnK3eBY, 2017年6月2日.

[53] 「解放軍運-20同角度對比美軍C-17」, 每日頭條, https://kknews.cc/military/pve23bj.html, 2019-10-20.
[54] 「大陸閱兵在這裡! 揭密內蒙朱日和地」, 中國時報, https://www.chinatimes.com/realtimenews/20170730001177-260417, 2017年7月30日.

수송기 기종	최대 탑재중량	화물칸 길이	화물칸 폭	화물칸 높이
Y-20 (중국)	66톤	20미터 (66피트)	4미터 (13피트)	4미터 (13피트)
IL-76MD (러시아)	60톤	20미터 (66피트)	3.4미터 (11피트)	3.4미터 (11피트)
C-2 (미국)	37.6톤	16미터 (52피트)	4미터 (13피트)	4미터 (13피트)
A400M (에어버스)	37톤	17.71미터 (58.1피트)	4미터 (13피트)	3.85미터 (12.6피트)
C-390 (브라질)	23톤	18.5미터 (61피트)	3미터 (9.8피트)	3.4미터 (11피트)
C-130J (미국)	20톤	16.76미터 (55.0피트)	3.02미터 (9.9피트)	2.74미터 (9.0피트)
Y-9 (중국)	20톤	16.2미터 (53피트)	3.2미터 (10피트)	2.6미터 (8.5피트)

* 출처: 维基百科, 〈运-20运输机(Y-20)〉 [2022-04-10], https://zh.wikipedia.org를 참조하여 필자가 재작성

　왕보(旺報)에 따르면, Y(運)-20의 양산 대수를 300대로 가정하면 공중조기경보기와 공중급유기에 60~80대가 소요되고,[55] 이를 뺀 나머지 최소 200여 대의 Y(運)-20은 1개 공수여단의 장비와 물자를 이동시킬 수 있다. 한편 대만의 중국시보(中國時報, China Times)는 중국의 시나닷컴(sina.com, 新浪網)을 인용하여 청두엔진집단(成都發動機集團)이 2019년 말부터 엔진을 양산하기 시작했다고 보도하였다. 이 엔진은 청두엔진집단의 첫 번째 양산모델로서 중국공군의 '13차 5개년(2016년~2020년) 장비개발목표(十三五裝備發展目標)'의 핵심 항목인 WS(渦扇)-18 터보팬 엔진이며, 러시아제 D-30KP-2 엔진을 모방한 것으로 알려져 있다. 러시아제 D-30 엔진은 중국공군의 Y(運)-20 대형 수송기와 H(轟)-6K 및 H(轟)-6N 전략폭격기 등 다수의 항공기에 탑재되고 있다.[56]

　이후의 언론매체 보도에 따르면 중국에서 자체 제작한 WS-18 엔진은 바이패스비

[55] 洪肇君, 「運-20量產300架, 1/3改裝預警機」, 旺報, https://www.chinatimes.com/newspapers/20190825000121-260301?chdtv, 2019년 8월 25日.

[56] 楊幼蘭, 〈渦扇18傳年內量產 運20將換心〉, 《中國時報》, https://www.chinatimes.com/realtimenews/20200229004457-260417?chdtv, 2020年 2月 19日.

(bypass ratio, BPR)가 적고 추력이 부족하여 Y(運)-20의 성능을 발휘하는 데 상대적으로 제한되었다. 우한이 봉쇄된 이후 얼마 지나지 않아 중국의 '중항공업 제1항공기 설계연구원(中航工業第一飛行機計研究院)'의 위챗(微信, 웨이신)에 '엔진모델의 성공으로 인재가 된다'는 문장이 올려졌다.[57] 이에 따르면 WS(渦扇)-20 터보팬 엔진은 수년 전에 이미 IL-76 수송기(기체번호 763)에 장착되어 테스트되었다. 왼쪽 날개 안쪽에 지름이 굵고 길이가 짧은 WS(渦扇)-20 엔진을 장착하여 시험비행을 하였는데, 향후 시험이 안정되면 Y(運)-20 수송기의 공중수송 능력이 더욱 향상될 것이라고 기대하였다. 또한 다른 문장에 따르면, 러시아제 D-30KP 엔진의 추력이 약 10.5톤인 데 반해 WS(渦扇)-20의 추력은 14톤에 달한다고 한다.[58] 만약 이것이 사실이라면 중국공군이 전략공군으로의 발걸음을 한 걸음 더 나아갈 수 있을 것으로 보인다.

V 결론

Y(運)-20 대형 수송기가 투입된 2020년 중국의 '신관폐렴(코로나-19) 대응 방역 재난구조작전'은 5대 전구(戰區) 전체를 동원하거나 또는 어느 한 전구(戰區)가 전적으로 담당하지 않았다. 이는 2017년 내몽고 주르허(朱日和) 훈련기지에서 거행한 중국인민해방군 건군 90주년 열병식과 다르며, 더욱이 2019년 중국 건국 70주년 열병식 행사를 중부전구(中部戰區)가 전적으로 총괄한 것과도 다른 양상이다. 따라서 이러한 지휘체계가 작동하는 패턴은 '생물학적 테러공격'에 대응하는 생물방호전(生物防護戰)과 같다고 할 수 있다. 이에 대해서는 앞으로도 관심을 가지고 지켜볼 필요

---

[57] 〈官方確認運20已安裝渦扇20發動機, 還在打造秘密潛入的絕技〉,《鐵翼蒼穹網》, https://kknews.cc/military/8pqoe44.html, 2020年4月30日.

[58] 諸葛小徹, 〈運-20原型機疑換裝渦扇-20試飛起飛推力60噸直逼C-17〉,《ETtoday新聞雲》, 2019年2月27日. https://www.ettoday.net/news/20190227/1387646.htm#ixzz6WaevFeDL ; 〈渦扇-20開始在運-20上測試〉,《每日頭條》, 2019-02-25, https://kknews.cc/military/vvyxrql.html.

가 있다.

Y(運)-20과 관련해서는 2000년대 초까지 중국공군에 복역 중인 수송기 중에서 수송능력이 가장 뛰어난 중국산 수송기는 Y(運)-8과 Y(運)-9이었다. 이는 전 세계적으로 잘 알려진 미 공군의 C-130 중형 전술수송기와 비슷한 수준이며, 터보프롭 엔진을 채택하고 있어 운항속도가 제한되었다.

그러나 2016년 7월 6일 중국산 Y(運)-20 대형 수송기가 처음으로 중국공군에 인도되면서 여전히 엔진문제 등 몇 가지 논란이 있음에도 불구하고 중국공군은 세계적 수준의 전략공군의 면모를 갖출 수 있게 되었다. Y(運)-20 이전까지 전략 수송기로서 중국공군의 주력 기종은 러시아로부터 수입하거나 중고시장에서 구입한 20여 대의 IL-76MD로서 중국공군의 다양한 훈련과 국가급 긴급구호작전에 강도 높게 투입되었다. 중국은 그동안 대규모 홍수, 지진 등 긴급구조 상황이 발생하면 중국공군의 부족한 공중수송능력을 보완하기 위해 민항사 항공기는 물론 물류회사의 항공기까지도 동원하여 사용하였다. 따라서 중국산 Y(運)-20 대형 수송기가 중국공군에 인도되고 매년 그 수가 증가되면서 중국공군은 전략적 수준의 공중수송 임무를 더욱더 확대할 수 있게 되었다.

이 글을 마감하는 즈음에도 Y(運)-20에 대한 새로운 보도는 계속되고 있다. 2021년 2월 7일 Y(運)-20은 궈약그룹(国药集团)이 생산한 코로나-19 백신 BBIBP-CorV 60만 도스를 베이징에서 캄보디아 프놈펜 국제공항까지 수송하여 캄보디아 국민과 군이 긴급히 사용할 수 있도록 하였다.[59] 2022년 1월 27일 Y(運)-20 2대는 광저우(廣州) 바이윈(白雲)공항을 이륙하여 해저화산 폭발로 피해를 입은 태평양의 섬나라 통가(Tonga)에 구호물자를 수송하고 1월 29일 중국으로 귀환하였다.[60] 2022년 4월 9일부터 11일까지 Y(運)-20은 3차례 각 6쏘티를 운용하여 세르비아로부터 구입한 FK-3 방공미사일을 인도하였다. 이번 작전으로 Y(運)-20은 해외임무 수행 기록을 다시 한 번 갱신하였다.

---

[59] 西部网, 〈运-20携带中国援助柬埔寨首批新冠疫苗飞抵金边〉, 2021-02-07. ; 中国新闻网, 〈柬埔寨政府举行隆重仪式迎接中国新冠疫苗〉, 2021-02-07.

[60] 新華社, 〈中国空军两架运-20飞机完成赴汤加运送救灾物资任务后返部归建〉, 2021-01-29.

Ⅵ 에필로그: 인천국제공항에 나타난 중국공군 Y-20

Y(運)-20은 중국산으로서 중국공군은 물론 중국인민의 자긍심을 고양하는 데도 일조하고 있다. 대표적인 예는 6·25 한국전쟁에서 전사한 중국군 유해를 중국으로 송환하는 인도식에 Y(運)-20을 투입한 것이다. 중국군 유해 인도식은 한·중간 합의에 따라 2014년부터 매년 인천국제공항에서 거행되고 있으며, 2022년까지 총 9차례 거행되었다. 그런데 2014년 3월 28일 인천국제공항에서 거행된 제1차 인도식에 모습을 드러낸 항공기는 중국공군의 수송기가 아닌 민항사인 '중국화물항공(中国货运航空, China Cargo Airlines)'의 화물기였다. '중국화물항공(China Cargo Airlines)'은 상하이(上海)에 본사를 두고 푸둥(浦东)국제공항을 허브공항으로 삼고 있는 화물기 전용 항공사이다. 보유 화물기는 Boeing 747-400 2대와 Boeing 777 9대로 총 11대이다.[61] 2014년 제1차 중국군 유해 인도식에는 Boeing 747-400이 투입되었는데,[62] Boeing 747-400은 2005년 에어버스 A380이 나오기 전까지 4발 엔진을 장착한 세계에서 가장 큰 민간 항공기로서 전성기를 누렸다.

이후 2015년 제2차부터 2019년 제6차 중국군 유해 인도식까지 중국은 중국공군이 보유한 러시아제 IL-76MD 수송기를 투입하였다.[63]

2020년 9월 26일 제7차 중국군 유해 인도식에 이르러 중국은 중국공군이 보유한 중국산 Y-20 대형 수송기를 투입하기 시작하였다. 이와 관련하여 중국의 인민일보, 신화사, 중국중앙TV(CCTV) 등 관영 언론은 'Y-20 수송기 01호기가 한국에 도착하여 중국인민지원군 열사를 모시고 집으로 돌아온다'를 헤드라인으로

---

[61] 中国货运航空有限公司, www.ckair.com.

[62] 〈高清：中韩双方交接在韩中国人民志愿军烈士遗骸〉,《人民网》, 2014年03月28日, http://world.people.com.cn/n/2014/0328/c1002-24759043.html.

[63] 新华网, 〈中韩双方再次交接在韩中国人民志愿军烈士遗骸〉, 2015年03月20日 ; 人民网, 〈中韩交接第三批在韩中国人民志愿军烈士遗骸〉, 2016年03月31日 ; 凤凰图片, 〈中韩28具志愿军遗骸交接仪式〉, 2017年03月22日 ; 中国新闻网, 〈中韩交接第五批在韩志愿军烈士遗骸〉, 2018年03月28日 ; 新华网, 〈第六批在韩中国人民志愿军烈士遗骸交接仪式在韩国举行〉, 2019年04月3日. http://www.xinhuanet.com/world/2019-04/03/c_1124323027.htm.

잡아 '01호기'의 투입을 일제히 보도하였다.[64]

중국은 매년 거행되는 중국군 유해 인도식을 통해 중국인민의 단합과 충성심을 고취해 왔으며, 2020년에는 중국산 Y-20 수송기 01호기를 투입함으로써 더욱 발전된 중국의 국방산업과 군사력을 선전하였다. 물론 중국군 유해 인도식이 한·중간 화해·협력을 증진하는 데 그 어떤 행사보다 큰 역할을 하고 있다는 것은 부연 설명할 필요는 없을 것이다.

2021년 9월 2일 제8차 중국군 유해 인도식에는 제7차와 만찬가지로 Y-20 수송기가 투입되었고, 다만 01호기가 아닌 08호기가 파견되었다.[65]

한국에서 중국군 유해 인도식이 끝나면 중국공군은 2014년 제1차 때부터 매년 중국산 J-11B 전투기 2대를 발진시켜 중국군 유해를 실은 수송기가 선양(沈阳)의 타오셴(桃仙)국제공항에 안전하게 착륙할 때가 호위 비행을 한다.[66]

선양(沈阳) 타오셴(桃仙)국제공항에서는 중국의 당·정·군 고위인사가 참석한 가운데 최대한 엄숙하고 장엄하게 '중국군 유해 귀환 영접식'을 갖고, 영접식이 끝나면 유해를 항미원조열사능원(抗美援朝烈士陵园)으로 옮긴다. 마지막으로 항미원조열사능원에서 '중국군 유해 안장식'을 거행한다. 2021년도에는 한국에서 '중국군 유해 인도식'이 거행된 다음 날인 9월 3일 항미원조열사능원(抗美援朝烈士陵园)에서 안장 의식을 거행하였다.[67]

---

64 新华网,〈中韩双方交接第七批117位在韩中国人民志愿军烈士遗骸〉, 2020-09-27. ; CCTV中国中央电视台,「焦点访谈」〈祖国从未忘记 英雄终归故乡〉, 2020-09-28. ;〈编号01运20接志愿军烈士回家!〉, 2020. 9. 27, https://www.youtube.com/watch?v=DBsKRdvrCyI.

65 新华网,〈中韩双方交接第八批在韩中国人民志愿军烈士遗骸〉, 2021年09月02日. http://www.xinhuanet.com/2021-07/26/c_1127697439.htm ; https://www.youtube.com/shorts/aWW9LIQkkgI ; https://www.youtube.com/watch?v=gOjEy9zgwNU.

66 CCTV中文国际,〈浩气长存!英烈归来!109位志愿军烈士遗骸乘运-20回到祖国〉, 2021-09-02. https://www.youtube.com/watch?v=OBxuGDzdOSc ; CCTV中文国际,〈山河已无恙, 英雄归故乡! 第八批在韩中国人民志愿军遗骸迎回仪式举行〉, 2021.9.2. https://www.youtube.com/watch?v=49M4eTlkQM4.

67 新华社,〈第八批在韩中国人民志愿军烈士遗骸安葬仪式在沈阳举行〉, 2021-09-03. ; CCTV中文国际,〈第八批在韩志愿军烈士遗骸迎回安葬仪式特别报道〉 2021-09-03, https://www.youtube.com/watch?v=wXs0b-K3TGA ; http://www.gov.cn/xinwen/2021-09/03/content_5635135.htm.

한·중 수교 30주년인 올해 2022년의 '제9차 중국군 유해 인도식'은 9월
16일 인천국제공항에서 예년과 같이 거행되었다.68 올해 인도한 중국군 유해는 88구이며, 이로써 2014년 1차부터 올해 9차까지 총 913구의 중국군 유해를 인도한 것이다. 중국공군은 올해도 중국산 Y-20 대형 수송기를 투입하였는데, 기체번호는 20049였다. 지난해 08호기에서 오래 49호기를 투입한 것을 보면 기체번호만으로도 중국공군의 Y-20 대형 수송기 양산이 순조롭게 진행되고 있음을 알 수 있다.

아울러 중국공군은 중국군 유해를 실은 수송기 호위 비행에 지난해까지 J-11B 전투기 2대를 투입했던 것과는 달리 올해는 최초로 J-20 스텔스전투기 2대를 투입하였다. 중국공군의 J-20 스텔스전투기 조종사는 "태풍의 영향을 극복하고 사명 임무를 결연히 완수하였다"고 밝혔다.69 한편 '중국군 유해 안장식'은 9월 17일 선양의 항미원조열사능원(抗美援朝烈士陵园)에서 예년과 같이 엄숙히 거행되었다.70

---

68 대한민국 정책브리핑(www.korea.kr), 〈제9차 중국군 유해 인도식 개최〉, 2022.09.16. 외교부, https://www.mofa.go.kr/www/brd/m_4080/view.do?seq=372754.

69 全球大視野, 〈回家了!解放軍派2架殲-20護航「鯤鵬」運-20 接韓戰陸志願軍88名遺骸回國【360°今日大陸】〉, https://www.youtube.com/watch?v=Cibtyud52U4.

70 《今日环球》CCTV中文国际, 〈第九批在韩志愿军烈士遗骸安葬仪式举行〉, https://www.youtube.com/watch?v=Yj_jZMNZ7NU.

제8장

중국공군 J-20 스텔스기
vs
대만공군 F-16 Block-70

제8장

중국공군 J-20 스텔스기 vs 대만공군 F-16 Block-70

차례
- I. 서론
- II. 중국공군 J-20 스텔스 전투기 발전 과정
- III. J-20 스텔스 전투기와 F-16 BLOCK-70 성능 비교
- IV. J-20 대만공격 모델과 F-16 BLOCK-70 대응 전술
- V. 결론

요 약

2011년 중국공군 J(殲)-20 스텔스 전투기가 첫 비행을 한 후 중국과 인접한 대만공군은 이를 영공방위의 큰 위협으로 받아들였다. 미국이 F-35 스텔스 전투기를 대만에 판매하기를 꺼려하는 상황에서 대만공군이 새로 구매하는 F-16 BLOCK-70 전투기는 현 단계에서 중국공군의 J(殲)-20 전투기를 상대할 유일한 대안일 수밖에 없다.

대만공군은 2018년부터 단계적으로 '수명중기성능개량(壽命中期性能提升)' 사업을 진행하여 대만이 보유한 구형 F-16A/B 전투기의 레이더 시스템을 능동형위상배열 레이더(AESA: Active Electronically Scanned Array)로 업그레이드하였고, 동시에 여러 목표물을 탐색, 추적 및 락온(Lock-on)하는 능력을 향상시켜 기존 탐지거리를 최소 30% 이상 증가시켰다. 이것이 F-16V, F-16Viper이다. 또한 대만은 미국과 66대의 F-16C/D BLOCK-70 도입 계약을 완료하였는데, F-16C/D BLOCK-70은 능동형위상배열 레이더(AESA)를 적용하고 컨포멀 탱크(CFT: Conformal Tank)를 갖춰 작전반경과 체공시간을 대폭 늘린 F-16 계열의 최신형이다.[1]

이 글은 중국공군의 J(殲)-20 스텔스 전투기와 대만공군이 구매할 F-16 BLOCK-70의 제원, 항공전자, 화력통제레이더 및 공대공 미사일 성능을 비교하고 J(殲)-20의 전술과 전법에 대해 논의한 대만공군 연구자들의 논문을 살펴보고자 한다. 대만공군 연구자들은 대만공군 F-16 BLOCK-70이 장거리, 중거리, 단거리에서 J(殲)-20 스텔스 전투기와 조우할 경우 자체 장비를 사용하여 대응할 수 있는 방법을 제안하고 있다. 이 글은 아직까지 F-35 등 스텔스 전투기를 보유하지 못한 대만공군이 제4세대 전투기로 제5세대 스텔스 전투기와 교전할 때 어떤 방안을 모색하고 있는지를 이해하고자 하였다.

keyword 스텔스, J(殲)-20, 제5세대 전투기, F-16 BLOCK-70

---

[1] 空軍少校 呂璨延, 空軍中校 陳則佑, 空軍中校 張景翔, 〈中共空軍未來發展對我防空作戰之影響 (以匿蹤戰機為例)〉, 《空軍軍官雙月刊》, 第224期, 2022年5月19日, 頁75.

I. 서론

2016년 미 국방부는 '중국 군사력 보고서'를 통해[2] 중국공군은 스텔스 기술을 "국토방공(國土防空)에서 공방겸비(攻防兼備)로 전환"하는 핵심 요소로 여기고 있으며, J(殲)-20 전투기의 탄생은 중국공군이 스텔스 전투기를 사용하기 시작한 이정표이며, J(殲)-20의 향상된 스텔스 및 기동성은 다양한 전투 모델을 개발할 수 있고, 그 타격 능력을 대폭적으로 강화할 수 있다고 평가하였다.[3]

대만공군의 전투기를 보자면 '봉전계획(鳳展計畫)'에 따라 진행 중인 F-16A/B의 F-16V로의 업그레이드 사업 외에 2020년 10월 16일 미국이 대만 군수물자 판매 리스트에 올려놓은 F-16 BLOCK-70이 있다. 미국이 대만에 제5세대 스텔스 전투기인 F-35의 판매를 꺼리는 상황에서 F-16V로의 구조변경(BLOCK-20)과 신형 F-16 BLOCK-70은 현재 대만공군에서 중국공군 스텔스 전투기 J(殲)-20과 대적할 수 있는 유일한 기종으로 인식되고 있다.[4]

이 글은 중국공군의 J(殲)-20 스텔스 전투기의 발전과정, 제한 및 미래 능력을 대만공군의 F-16 BLOCK-70 전투기와 비교하여 대만공군의 고민을 이해하고자 하였다. 또한 이 과정에서 중국공군 J(殲)-20 스텔스 전투기의 성능을 좀 더 파악하여 향후 대책을 마련하는 데도 도움이 되고자 하였다.

---

[2] ECnet, 〈美國公布2016年中國軍力報告〉, 《軍情與航空網站》, 2016年5月16日, http://www.militaryaviationnews.com.tw/國內軍情/美國公布2016年中國軍力報告/. (檢索日期 : 2021年 5月 11日)

[3] China Power Team, 〈中國的殲-20是否能與其他匿蹤戰機相較勁?〉, 《CHINA POWER》, 2018年 1月 30日, https://chinapower.csis.org/china-chengdu-j-20/?lang=zh-hant. (檢索日期 : 2021年 5月 12日)

[4] 郭無患, 〈對美採購66架F-16V戰機預估2023年首批交貨〉, 《中央通訊社》, 2020年8月15日, https://www.cna.com.tw/news/aipl/202008150064.aspx. (檢索日期 : 2021年5月12日)

Ⅱ 중국공군 J-20 스텔스 전투기 발전 과정

1. 중국공군의 전략 전환

과학기술의 발전과 국방예산의 부단한 증가에 따라 중국공군의 전략은 마오쩌둥(毛澤東) 시기의 '국토방공(國土防空)'에서 덩샤오핑(鄧小平) 시기의 '첨단기술조건 하 국지전'으로, 장쩌민(江澤民) 시기의 '공격과 방어를 겸비한 강력하고 현대화된 인민공군 건설'로 발전하였다. 또한 국제정세의 변화에 따라 신시기(新時期) 공군전략은 후진타오(胡錦濤) 시기에 '공천일체(空天一體), 공방겸비(攻防兼備)'로 전환되어 오늘에 이르고 있다.[5]

마오쩌둥 시기에는 아직 정권이 불안정하였고, 베트남전에서 미국이 중국의 남쪽 영공을 수시로 침범하였지만, 낮은 과학 기술 수준으로 인해 중국공군의 개념은 여전히 국토방공과 육·해군 작전지원을 담당하는 인민공군에 머물러 있었다. 육군을 기초로 창설된 중국공군은 한편으로 전쟁을 하고 한편으로 건설을 하면서 실전을 통해 단련되었다. 중국공군은 외국의 선진기술을 도입하고 국내 항공산업 발전을 가속화하여 공군의 무기장비 수준을 조속히 향상시킬 것을 주장하였다.[6]

덩샤오핑은 마오쩌둥의 사상을 계승하고 당시 세계 군사발전 추세를 파악하면서 우선순위를 명확히 하였다. 그는 공군의 발전을 우선시하였고, 인력의 과학기술 수준, 군사적 소양, 무기장비의 품질 향상 등을 통해 중국공군을 전통적인 국토방공형 공군에서 "첨단기술 조건 하 국지전에서 승리할 수 있는" 차세대 공군으로 변모시켰다.[7]

장쩌민은 마오쩌둥과 덩샤오핑 시기의 군사사상을 계승 발전시켰으며, 핵심 군사

---

[5] 何應賢, 〈共軍發展殲－20匿蹤戰機對我聯合防空作戰之影響〉, 《國防雜誌》, 第29卷第3期, 2014年 5月, 頁2.

[6] 宋磊, 〈中國空軍70年的發展：「國土防空」邁向「攻防兼備」〉, 《蜂評網》, 2019年11月22日, http://www.fengbau.com/?p=9851. (檢索日期：2021年5月13日)

[7] 鄧小平, 〈鄧小平文選第三卷〉(北京：人民出版社, 2001年11月)頁126-129.

사상으로써 "공격과 방어를 겸비한 강력하고 현대화된 인민공군 건설"을 제시하였다. 이 시기 중국공군의 이론은 기존에 방어작전을 강조했던 것과는 달리 "공세작전은 공중전투 전역(戰役)에서 주도권을 확립하고 유지하는 가장 기본적이고 효과적인 방법"이라고 강조하였다.[8]

중국공군은 국토방공형에서 공세형 공군으로 점차 변화하였다. 중국공군은 마오쩌둥, 덩샤오핑, 장쩌민의 영도 하에 국토방공(國土防空)에서 공방겸비(攻防兼備)의 현대화된 공군으로 변모하였고, 이후 지도자인 후진타오와 시진핑 시기로 오면서 공군전략의 핵심 개념을 '공천일체(空天一體), 공방겸비(攻防兼備)'로 규정하고, 우주 정보와 작전을 통합한 보다 공세적인 새로운 공군을 건설해 나가고 있다.[9]

2. 중국공군 항공병의 발전

1999년 코소보전의 발발은 중국이 '공방겸비(攻防兼備)'의 전략 기조를 설정하는 데 결정적인 역할을 하였다.[10] 1999년 5월 중국공산당 중앙군사위원회와 중국공군 지도부는 코소보전에서 비록 미군의 오폭으로 유고슬라비아 중국대사관이 폭파되기도 하였지만[11] 코소보전을 1991년 걸프전 이후 미군이 주도한 또

---

[8] 唐仁俊, 〈中共空權 : 過去, 現在與未來〉, 《國立中山大學大陸研究所博士論文》, 2007年6月, 頁148-149.

[9] 何應賢, 同前註5, 頁2-4.

[10] NATO, "A historical overview sets out NATO's role in relation to the conflict in Kosovo", NATO.INT, May 26,2006, https://www.nato.int/kosovo/all-frce.htm. Last Accessed on May 13, 2021.

[11] 미국이 유고슬라비아 주재 중국대사관을 폭파한 사건으로 중국 외교부의 공식 명칭은 5.8 사건(五・八事件)이다. 1999년 5월 8일(北京 시간) 코소보전쟁 당시 나토가 유고슬라비아를 폭격했을 때 현지 NATO의 미군 B-2 폭격기가 합동직격탄약(JDAM) 5발을 발사해 유고슬라비아 주재 중국대사관을 폭파했다. 신화사와 광명일보 소속의 중국 기자 사오원환(蕭雲環), 쉬항후(許行虎), 주잉(朱穎) 3명이 숨지고 수십 명이 부상을 당했다. 폭격 원인에는 여러 가지 설과 음모론이 있는데, 빌 클린턴 미 대통령이 오폭 사고를 거론하며 사과했다. 미국은 중국인 사상자 가족에게 450만 달러와 중국 정부에 2,800만 달러를 배상했고, 중국도 주중 미국대사관이 반미 시위로 파손되자 300만 달러 가까이를 미국 정부에 배상했다. 〈美国轰炸中国驻南联盟大使馆事件〉, 中华人民共和国外交部, https://www.mfa.gov.cn/web/ziliao_674904/zt_674979/ywzt_675099/2410_676185/2411_676187/ ; 〈Chinese demand U.N. meeting after Belgrade embassy attacked〉, CNN.com. May 7, 1999. http://edition.cnn.com/WORLD/europe/9905/07/kosovo.05/index.html ; 〈Clinton apologizes to

하나의 새로운 첨단 국지전으로 보았다. 이 전역(戰役)은 첨단 무기의 위력과 공군의 투사역량(投射力量)을 유감없이 보여주었고, 또한 미래의 전쟁에서 지대지(ground-to-ground) 전술 미사일을 제외하면 공군이 전쟁의 시작을 알리는 첫 번째 결전, 선제공격의 주역을 맡기에 충분하다는 것을 증명하였다. 다만 공군전략은 공군전략목표, 공군병력, 공군전략운용 등을 포함하는 공군의 건설과 작전 전반에 관한 계획(計劃) 및 지도(指導)의 방략(方略)으로서 반드시 국가의 군사전략 하에서 통제되어야 한다. 중국공군은 신시기(新時期) 과학기술 발전에 따라 특별히 '신형 전투기 발전'과 '인력 훈련의 중요성'을 강조하며 공중타격, 방공작전, 정보대항, 조기경보정찰, 전략기동 및 종합군수지원 보장능력을 향상시키고 있다. 중국공군 현대화의 발전에 관해 말하자면, 먼저 최고의 목표는 중국공군이 미 공군과 같은 수준의 전력을 보유하는 것이며, 두 번째는 대만, 일본, 한국 등 아시아 선진국의 공군을 효과적으로 격파하는 것이다. 따라서 이를 위해서는 현대화 과정에서 반드시 첨단 전투기의 발전과 공중급유기, 수송기, 공중조기경보기 등 공중전력을 향상시킬 수 있는 각종 유형의 작전기들을 중시해야 한다.[12]

문화대혁명(文化大革命)은 중국의 군사과학기술 연구를 30년 가까이 정체시켰으나 21세기 경제 도약 이후 미국과 영국을 신속하게 추격하기 시작하였다. 장쩌민은 일찍이 중국공군에 '킬러무기(殺手鐧, 살수간)'의 발전을 가속화할 것을 요구하였다.[13]

China over embassy bombing〉, CNN.com. May 10, 1999, http://edition.cnn.com/WORLD/europe/9905/10/kosovo.china.02/ ;〈Youth Violence and Embassy Bombing Apology〉, C-SPAN, MAY 10, 1999, https://www.c-span.org/video/?123188-1/youth-violence-embassy-bombing-apology ;〈Chinese Embassy Bombing in Belgrade: Compensation Issues〉, EveryCRSReport.com, April 12, 2000, https://www.everycrsreport.com/reports/RS20547.html ; 凱文·波尼亞(Kevin Ponniah), 拉扎拉·馬林科維奇(Lazara Marinkovic),〈中國駐南聯盟大使館被北約轟炸二十年的記憶追溯〉, BBC NEWS 中文, 2019年5月8日, https://www.bbc.com/zhongwen/trad/world-48184816 ;〈新中国三大国耻(3)- 美国轰炸中国驻南斯拉夫大使馆!还原22年前的这件大事, 中国为何选择了隐忍?〉,《头条历史》, 2021. 4. 29. https://www.youtube.com/watch?v=Ll10B8CfW74.

[12] 柴仕杰,〈中共空軍航空兵現代化發展之研究〉,《國立政治大學國際事務學院碩士論文》, 2012年 6月, 頁32-34.

[13] Andrew Scobell等著, 黃淑芬譯,〈中共軍文變化(Civil-Military Change in China)〉(臺北 : 國防部史政編譯室, 2006年), 頁388.

중국군의 주요 첨단무기 개발에서 스텔스(stealth) 기술과 反스텔스(anti-stealth) 기술은 '킬러무기' 중의 하나에 포함될 것이다. 대만의 학자 쿵화이루이(孔懷瑞)는 중국에 있어서 J(殲)-20 스텔스 전투기의 개발은 첫째 독립적이고 자주적인 신형 전투기 개발 능력, 둘째 세계 전투기 개발 선도 국가 진입, 셋째 국가의 군사안보에 대한 심리적 안정, 넷째 미군 항공기술의 우월감 타파, 다섯째 제2도련(第二島鏈)을 넘어 미군 기지를 공격할 수 있는 능력, 여섯째 장거리 및 다중 작전을 수행할 수 있는 능력을 갖는다는 데 의의가 있다고 분석하였다.[14] J(殲)-20 스텔스 전투기의 연구개발과 성공은 군사과학기술의 관점에서 볼 때 중국의 항공산업에 유력한 강심제가 될 것임에 틀림없다.

Ⅲ J-20 스텔스 전투기와 F-16 BLOCK-70 성능 비교

J(殲)-20 스텔스 전투기와 F-16 BLOCK-70 성능 비교는 대만공군 연구자들의 논문을[15] 위주로 하면서 필자가 일부분을 추가하였다.

1. 기종별 제원 및 성능

가. J(殲)-20 스텔스 전투기

J(殲)-20 스텔스 전투기는 현재 중국공군의 유일한 스텔스 유인 전투기로서 J(殲)-11을 비롯한 제4세대 공중우세 전투기를 대체하는 데 사용되고 있다. J(殲)-20 스텔스 전투기는 쌍발 엔진, 단일 좌석, 무(無) 경계층분리기 초음속 흡입구(DSI: Diverterless Supersonic Inlet), 전체가 움직이는 두 개의 수직꼬리날개(vertical stabilizer) 그리

---

[14] 孔懷瑞,〈大陸研發第四代匿蹤戰鬥機的意義與影響〉,《展望與探索》, 第9卷第10期, 2011年, 頁107-111.
[15] 空軍少校 郭宏達, 空軍中校 何修竹, 空軍中校 王乾恩, 空軍上校 邱志典,〈中共匿蹤戰機對我空軍之影響 - 以F-16 BLOCK-70對殲-20作戰之研究〉,《空軍軍官雙月刊》, 第221期, 2021年11月30日, 頁58-68.

고 카나드(Canard, 귀 날개) 디자인을 채택하였다. 기수와 동체는 다이아몬드 모양의 구조로 설계되어 레이더파 반사를 줄이고, 두 개의 수직꼬리날개는 바깥쪽으로 기울어져 있고, 착륙바퀴(Landing gear) 도어(door) 가장자리는 톱니 모양이며, 밝은 회색 도료를 사용하였다. 기체 내부에 무장을 장착하는 내부무장창에 PL-10, PL-12, PL-15 등 중국의 최신 공대공미사일을 탑재할 수 있다.[16]

〈표-1〉 J-20과 F-16 BLOCK-70 제원 및 성능 비교

기종	J(殲)-20	F-16 BLOCK-70
전장	67feet(20.4m)	49.3feet(15.0m)
기폭	42.3feet(12.9m)	31feet(9.4m)
전고	14.6feet(4.5m)	16.7feet(5.1m)
엔진	AL-31FN(WS-15개발 중)	F110-GE-129
최대추력	약 54,000lb	29,500lb
최대항속거리	약 3,240nm(6000.5km)	3,000nm(5556km)
작전반경	약 1,200nm(2222.4km)	650nm(1203.8km)
추력 대 중량비	1.2(예상)	1.1
최대 마하수	2.55MA	2.0MA
실용상승한계	약 66,000feet(20.1km)	65,000feet(19.8km)
조종제한	9G	9G
데이터 링크 시스템	유	유
공중급유능력	유	유(대만공군용은 無)
전자전 능력	자체 방어 간섭 장비	ALQ-254/ALE-50
최대 공대공미사일 탑재	PL-15 4발, PL-10 2발	AIM-120C7 14발, AIM-9X 2발
스텔스 능력 (최소 RCS 값)	정면 0.01m^2, 측면 1m^2, 후방 10m^2	부분적인 스텔스 능력

* 출처: 空軍少校 郭宏達, 空軍中校 何修竹, 空軍中校 王乾恩, 空軍上校 邱志典, 〈中共匿蹤戰機對我空軍之影響 – 以 F-16 BLOCK-70對殲-20作戰之研究〉, 《空軍軍官雙月刊》, 第221期, 2021年11月30日, 頁59.

---

[16] 軍品閱讀, 〈世界三大匿蹤戰機F-22, J20, T50戰力對比, 誰更厲害?〉, 《每日頭條》, 2016年10月10日, https://kknews.cc/zh-tw/military/a9j2kg.html. (檢索日期：2021年5月14日)

연구 결과 J(殲)-20의 공중급유 능력과 공대공 무기 성능은 대만공군 F-16보다 우수할 것으로 판단된다. 항공전자기술 측면에서 J(殲)-20은 데이터링크 전송 능력도 갖추고 있으며, 스텔스 성능 측면에서는 J(殲)-20이 레이더 전자파를 은폐하는 능력이 있으며, 기수 전방 90° 사분면의 레이더 반사 면적(RCS: Radar Cross Section) 값은 0.01m^2일 것으로 분석된다.[17] J(殲)-20은 여러 가지 역할과 임무를 수행할 수 있지만[18] 스텔스 성능의 취약점은 기체 측면의 카나드(canards), 동체 하부의 테일핀(Tails fins) 그리고 수직꼬리와 같은 영역에 있으며, 동체 하부 RCS 값은 1m^2를 초과할 수 있고 동체 하부 내부 무장창이나 측면 무장창이 열리면 RCS 값은 급격히 증가할 것이다.

J(殲)-20은 전체 기체 외형, 조종석 캐노피 코팅, 스텔스 도료 등을 포함하여 많은 저 탐지 기술을 채택하였다. 또한 중국의 현역 전투기보다 더 높은 비율(27%)의 복합 재료를 사용하였다.[19] 크기는 전장 67피트, 전폭 42.3피트이며,[20] 내부 연료 탱크와 내부 무장창을 배치할 수 있는 넓은 동체 공간과 장거리 비행 및 높은 유효 탑재 능력을 갖춘 것으로 추정된다. J(殲)-20의 엔진 모델은 줄곧 서방국가의 관심의 초점이 되어왔다. 중국의 공식적인 발표는 없는 상태이며, 현재 복역 중인 J(殲)-20에 탑재된 러시아제 AL-31FN 엔진이 비교적 가능성 있는 모델이며, 미래에는 자체 개발한 WS-10이나 WS-15 엔진으로 교체될 가능성이 있다.[21]

---

[17] 雷達載面積(RCS)為Radar Cross Section之縮寫, 為計算飛行器電磁波反射遭偵蒐裝備截獲能量之計算單位, 欲有效降低目標之RCS值可透過外形設計與吸波材料運用來實現. 軍武中心, 〈央視曝特殊隱身裝備 讓殲-20在雷達上看來只是一隻蜜蜂〉, 《Ettoday新聞雲》, 2019年07月24日, https://www.ettoday.net/news/20190724/1439366.htm. (檢索日期: 2021年5月14日)

[18] 廖文中,〈解放軍事研究論文集〉,《解放軍事研究》(臺北, 2011年), 頁15.

[19] 王平,〈先進複合材料在航空領域的應用〉,《第17屆全國複合材料學術會議(複合材料應用及產業化分論壇)論文集》, (北京:航空航天大學, 2012年).

[20] Sweetman, Bill,"J-20 Stealth Fighter Design Balances Speed And Agility " Aviation Week & Space Technology, 3 November, 2014. https://www.strategypage.com/dls/articles/The-J-20-Clarified-3-16-2011.asp. Last Accessed on May 15, 2021.

[21] Rupprecht, Andreas, "China's new J-20 Mighty Dragon stealth fighter officially unveiled and ready to enter active service "November 1, 2016, https://theaviationist.com/2016/11/01/chinasnew-j-20-mighty-dragon-stealth-fighter-officially-unveiled-and-ready-to-enter-active-service/.

나. F-16 C/D BLOCK-70 전투기

F-16 C/D BLOCK-70 전투기는 대만이 새로 구매한 단발 엔진, 중·경량 공중우세 전투기로서 단일 수직꼬리날개와 주 날개 후퇴익 디자인을 채택하였다. 엔진은 F110-GE-129 터보팬 엔진으로 추력은 16,610파운드, 애프터버너(After Burner) 가동 시 최대 추력은 29,500파운드이다. 동체 상부 뒤쪽에 컨포멀 탱크(CFT: Conformal Tank)를 부착하여 내부연료를 450갤런까지 탑재할 수 있고, 항속거리와 비행시간을 30%까지 늘릴 수 있다. 컨포멀 탱크(CFT)의 기동은 9G까지 가능하므로 기존의 외부 연료탱크 장착 시와 비교해서도 전투 성능 제한은 비교적 적은 편이다.[22]

F-16 BLOCK-70은 AN/APG-83 능동형위상배열 레이더(AESA: Active Electronically Scanned Array) 외에도 적외선 탐색 및 추적 시스템(IRST: Infra-Red Search and Track)을 갖추고 있다.[23]

이 시스템은 물체의 적외선 신호를 감지하여 공중과 지상/수면의 가능한 목표물을 추적할 수 있다. IRST는 패시브(passive) 센싱 시스템이기 때문에 레이더파를 발산하지 않고 적의 적외선 신호 위치만 수신하면 되므로 레이더 사용으로 인한 적 레이더 조기경보 장치에 탐지될 위험을 줄일 수 있다. 따라서 이는 F-16 BLOCK-70 전투기의 전술을 보다 탄력적으로 운용하여 생존성을 높일 수 있다. 또한 IRST와 레이더를 함께 사용하면 서로 보완할 수 있으며, 스텔스 전투기와 같이 RCS 값이 낮은 목표물을 만나면 레이더의 탐지 범위가 축소되는데 이때 IRST가 그 역할을 할 수 있다.

Last Accessed on May 15, 2021.

[22] 梅復興, 〈新購的F-16 V戰機不容小覷(下篇)〉, 《ETtoday新聞雲》, 2019年7月26日, https://forum.ettoday.net/news/1499061. (檢索日期 : 2021年5月15日) ; 松尾芳郎, 〈米政府, 最新型F-16 Block 70/72戰闘機を66機台湾に売却〉, 《TOKYO EXPRESS》, 2019年8月30日. http://tokyoexpress.info/2019/08/30/%E7%B1%B3%E6%94%BF%E5%BA%9C%E3%80%81%E6%9C%80%E6%96%B0%E5%9E%8Bf-16-block-7072%E6%88%A6%E9%97%98%E6%A9%9F%E3%82%9266%E6%A9%9F%E5%8F%B0%E6%B9%BE%E3%81%AB%E5%A3%B2%E5%8D%B4/.

[23] 梅復興, 同前註.

현재 F-16 BLOCK-70 전투기용으로 설계된 전자전 시스템은 ALQ-254에 내장된 통합 전자전 시스템으로서, ALQ-254는 전례 없는 디지털 레이더 위협 조기경보와 강력한 디지털 대응 능력을 제공하며, 전투기의 레이더 반사 특성을 감소시킨다. 첨단 디지털 레이더 경보수신기(DRWR: Digital Radar Warning Receiver)는 F-16 APG-83 레이더와 완벽하게 결합될 수 있으며, 디지털 무선 주파수 메모리(DFRM: Digital Radio Frequency Memory) 교란 장치는 거짓 신호를 투사하여 적을 기만할 수 있다. 동시에 적의 전자전 간섭으로부터 편대원을 보호하기 위해 전투기 주변에 전자 장벽을 형성할 수 있으며, 조종사가 더 나은 전장 인지 능력을 가질 수 있다. 외부 장착형과 비교할 때 내장형 전자전 시스템은 일반적으로 기능면에서 더 완벽하고 교란 성능도 더 강력한 것으로 알려져 있다.[24]

2. 레이더 화력 통제 성능

레이더의 성능을 비교하기 위해서는 먼저 위상배열 레이더의 핵심 부품인 신호 송수신 모듈(TR: Transmitter/Receiver)을 이해해야 한다. TR 모듈의 앞부분은 레이더 안테나와 연결되어 있고, 뒤끝에는 레이더 신호 전송 및 처리 장치에 연결되어 있다. TR 모듈의 수가 많을수록 레이더의 출력이 커지고 수신 신호도 더 명확해져 탐지 거리도 길어지고 레이더 성능도 향상된다.[25]

영국의 군사전문 주간지 제인스 디펜스 위클리(Jane's Defence Weekly)에 따르면 J(殲)-20은 중국항천과기집단공사(中國航天科技集團公司; China Aerospace Science and Technology Corporation)가 생산한 중국에서 가장 진보된 능동형 위상배열 레이더 KLJ-7A를 탑재했을 것으로 평가하였다. 이 레이더는 TR 모듈 수가 2,000~2,200개로서 최대 탐색거리는 250해리(nm)이며, 15개 목표물을 동시에 추

---

[24] L3 Harris, "AN/ALQ-254(V)1 all-digital electronic warfare suite", L3Harris.com, July, 2020, https://www.l3harris.com/sites/default/files/2020-08/l3harris-viper-shield-sell-sheet-sas.pdf. Last Accessed on May 15, 2021.

[25] 突突軍視營, 〈看看殲-20的雷達 再看美軍F-22的 差別太大了〉, 《每日頭條》, 2018年9月29日, https://kknews.cc/military/82pk6rn.html. (檢索日期 : 2021年5月16日)

적하고 그 중 4개의 목표물을 공격할 수 있다.[26]

　대만공군의 F-16은 AN/APG-83 능동형 위상배열 레이더(AESA)를 탑재하고 있으며 현역 F-16의 APG-66(V3) 레이더에 비해 탐지범위를 30% 이상 늘려 정밀 유도미사일의 타격 능력을 대폭적으로 향상하였으며, 또한 공중탐색, 추적, 통신, 전자전 능력도 대폭 강화하였다. 이는 몇 년 전부터 미국 측이 진행한 대만공군 F-16 업그레이드 사업의 중점이기도 하다. 노스롭 그루먼사(Northrop Grumman)의 능동 주사배열 레이더(SABR: Scalable Agile Beam Radar)는 현재 미국의 제5세대 전투기 F-22, F-35의 중요한 장비로서, F-22에는 AN/APG-77, F-35에는 AN/APG-81가 탑재되어 있다.[27] 대만공군의 AN/APG-83은 F-22 및 F-35와 같은 제5세대 레이더 성능을 제공한다.

　F-16 기수 공간의 설계상 한계로 인해 TR 모듈의 수는 1,000~1,200개에 불과하고, 레이더 탐지거리는 165 해리로 J(殲)-20보다 짧은 것으로 추정된다. 그러나 F-16 BLOCK-70은 대용량 고속 이더넷(Ethernet) 링크 시스템을 갖추고 있어 공동작전 영상 구축이 가능하고, 전술관제 레이더센터 및 E-2K 조기경보기와 함께 원거리 목표물을 동시에 감시·추적할 수 있어 부족한 거리를 보완할 수 있다.

〈표-2〉 J-20과 F-16 BLOCK-70 화력통제레이더 성능 비교

기종	J(殲)-20	F-16 BLOCK-70
레이더 탐색 성능	중국항천과기집단공사가 자체 개발한 능동형 위상배열 레이더, 최대 탐색거리 250해리(nm)로 판단[28]	AN/APG-83 능동형 위상배열 레이더(AESA), 탐색거리 약 165해리(nm)[29]
탐색 범위	방위: ±60° 피치(Pitch): ±60° (예상 판단)	방위: ±60° 피치(Pitch): ±60°
적외선 탐색 및 추적 시스템(IRST)	유	유
헬멧 장착 시현장치	유	유

---

[26] 盧伯華,〈詹氏防務：殲20或換裝3陣列雷達 可追蹤15目標〉,《中時新聞網》, 2018年11月28日, https://www.chinatimes.com/realtimenews/20181128004184-260417?chdtv.（檢索日期：2021年5月17日）

[27] 李忠謙,〈我增添66架F-16生力軍!彭博：台美敲定最新款F-16軍購案, 配備AN/APG-83射控雷達〉,《風傳媒》, 2020年8月15日, https://www.haowai.today/news/385703.html.（檢索日期：2021年5月17日）

[28] 佐羅軍事,〈美俄隱身戰機的差距有多大?F-22：我不開雷達就能秒殺蘇-57〉,《Haowai.Today》, 2020

기종	J(殲)-20	F-16 BLOCK-70
지휘통제능력	불명확	전 편대에 탑재된 지휘통제 링크 시스템으로 일부 지휘통제 지원
전자방호능력	유	유

* 출처: 空軍少校 郭宏達, 空軍中校 何修竹, 空軍中校 王乾恩, 空軍上校 邱志典, 〈中共匿蹤戰機對我空軍之影響 – 以 F-16 BLOCK-70對殲-20作戰之研究〉, 《空軍軍官雙月刊》, 第221期, 2021年11月30日, 頁61.

3. 공대공 미사일 성능 비교

현대 공중전에서 가장 중요한 무기는 공대공 미사일이며, 중·장거리 공대공 미사일이 주요 추세이다. J(殲)-20의 주요 가시거리 밖 무기는 중국산 PL(霹靂, PiLi, 벽력/벼락)-15 능동 레이더 유도 미사일이다. 이 미사일의 사거리는 약 200km(약 110해리)로 판단된다. 반면 대만공군 F-16 BLOCK-70에는 AIM-120 C7 미사일을 탑재하고 있으며, AESA 레이더의 도움으로 최대 사거리(약 80해리)까지 성능을 발휘할 수 있다. 미사일 성능 면에서 AIM-120 C7보다 PL-15가 우수하다.[30]

〈표-3〉 공대공 미사일 성능 비교

중거리 미사일	중국공군 PL-15	대만공군 AIM-120 C7
중량	약 450파운드(204.1kg)	약 300파운드(136.0kg)
길이	19.6피트(5.97m)	12피트(3.65m)
직경	8인치(20.3cm)	7인치(17.8cm)
날개길이	26.5인치(67.3cm)	20.7인치(52.6cm)
최대속도	약 마하 4	약 마하 5
유도방식	능동 레이더	능동 레이더
공격각도	전(全) 방향	전(全) 방향
최대사정거리	약 110해리(203.7km)	약 80해리(148.2km)

年11月29日, https://www.haowai.today/news/385703.html. (檢索日期 : 2021年5月18日)

[29] Thai Military and Asian Region, "F-16V (Viper) / F-21 Fighting Falcon Multi-role Fighter", Thai Military and Asian Region, September 30,2019, https://thaimilitaryandasianregion.wordpress.com/2016/02/03/f-16v-fighter-upgrade/.Last Accessed on May 18, 2021.

[30] 軍備解碼,〈小心AIM-120C-7飛彈即將引進日本, 中國PL12迎來最新對手!〉,《每日頭條》, 2017年10月 16日, https://kknews.cc/military/5gj3nx2.html. (檢索日期 : 2021年5月19日) ; China's New Military Weapons. "Export versions of PL-15 and PL-10 missiles feared by US debut", September 28, 2021. https://www.china-arms.com/2021/09/pl15e-pl10e-missiles-for-export-debut/.

단거리 미사일	중국공군 PL-10	대만공군 AIM-9X
중량	약 250파운드(113.4kg)	약 200파운드(90.7kg)
길이	3.1피트(0.94m)	3.02피트(0.92m)
직경	6.3인치(16.0cm)	5인치(12.7cm)
날개길이	26.5인치(67.31cm)	25인치(63.5cm)
최대속도	약 마하 4	약 마하 3
유도방식	적외선 유도	적외선 유도
공격각도	전(全) 방향	전(全) 방향
최대사정거리	약 11해리(20.27km)	약 14.4해리(26.67km)

* 출처: 空軍少校 郭宏達, 空軍中校 何修竹, 空軍中校 王乾恩, 空軍上校 邱志典, 〈中共匿蹤戰機對我空軍之影響 – 以 F-16 BLOCK-70對殲-20作戰之研究〉, 《空軍軍官雙月刊》, 第221期, 2021年11月30日, 頁62.

공중전 유형이 변화되었다고 하여 단거리 미사일의 역사가 되돌아왔다는 의미는 아니다. 단거리 미사일 부분에서 대만공군의 F-16에 탑재된 AIM-9X 미사일은 발사 후 잠금(LOALL: LOCK-ON AFTER LAUNCH) 기능을 갖추고 있으며, 헬멧 조준경을 착용했을 때 90도가 넘는 높은 축 외 발사기능(HOBS: High Off Bore sight)에서 사정거리는 약 26km(약 14.4해리)에 달한다.[31] 미사일 성능 면에서 AIM-9X이 PL-10 보다 약간 우수하다.

Ⅳ. J-20 대만공격 모델과 F-16 BLOCK-70 대응 전술

1. 제4세대와 제5세대 전투기의 전술전법 차이

가. 제4세대 전투기의 전술전법

스텔스 능력이 없는 제4세대 전투기는 고가치 목표물 파괴 임무를 배정받았을 때 전투기 손실률이 높고 많은 지원 전력을 필요로 한다는 특징이 있다. 공격 편대군은 적의 고가치 목표물에 도달하기 전에 반드시 겹겹의 방공화망을 통과해야 한다. 여기

---

[31] 軍聞社, 〈AIM-9X在莒光園地亮相!「發射後鎖定」能力讓攻擊無死角〉, 《ETtoday新聞雲》, 2019年 12月 31日, https://www.ettoday.net/news/20191231/1614416.htm. (檢索日期 : 2021年5月19日)

에는 적의 공중 제공전력과 외각에 배치된 중·장거리 지대공미사일(SAM: Surface to Air Missile) 및 최종적으로 고가치 목표물 주변에 배치된 대공포(AAA: Anti-Aircraft Artillery) 등이 포함된다.

공격편대군이 임무를 성공적으로 완수하려면 공격 측에서 위와 같은 위협을 각개 격파하여 임무 성공 가능성을 높여야 한다. 첫째, 전자전 재머(Jammers) 작전기를 이용하여 적의 방어 작전기와 지대공 미사일의 레이더를 전자적으로 간섭하여 전자적 우세를 창출해야 한다. 다음으로 소탕(Sweep Force) 작전기와 엄호(Escort Force) 작전기로써 목표 상공을 날아오는 적의 차단 작전기를 제거해야 한다. 이어서 공격편대군이 적의 지대공 미사일의 사정거리에 진입하기 전에 대레이더 미사일을 탑재한 작전기가 적의 방공미사일을 제압(SEAD: Suppress Enemy Air-defense)함으로써 공격편대군이 진입해야 하는 공중 회랑을 사전에 깨끗이 청소해야 한다. 비록 적의 방공 작전기와 지대공 미사일을 성공적으로 돌파하였다 해도 결국 목표물 주변에 배치된 대공포 위협에 직면해야 하므로 제4세대 전투기의 작전은 일반적으로 높은 전투 손실이 따른다. 고가치 목표물일수록 임무를 완수하기 위해서는 그에 상응하는 더 많은 지원 전력을 투입해야 한다. 이는 전체적인 작전 비용을 증가시키고 잠재적 위험도 더 커지게 된다.

나. 제5세대 전투기의 전술전법

제5세대 전투기는 제4세대 전투기에 비교할 때 스텔스 성능에 의존한다. 고가치 목표물 타격 임무 수행 시 적 레이더의 탐지 범위가 축소되어 적 공중전력과 지대공 미사일을 효과적으로 회피할 수 있다. 이를 통해 적 방공망 제압(SEAD)을 위한 작전기와 적 전자교란을 위한 재머(Jammer) 작전기를 절약할 수 있다. 따라서 제4세대 전투기가 다량의 지원 전력이 있어야 완수할 수 있는 임무를 최소한의 요구 전력으로 완수할 수 있다. 적군의 공중전력과 지대공 무기들이 제5세대 전투기로 구성된 공격편대군을 아직 찾지 못한 상태에서 제5세대 전투기는 이미 고가치 목표물을 직접 공격하고 성공적으로 적 지역을 이탈하게 된다.[32]

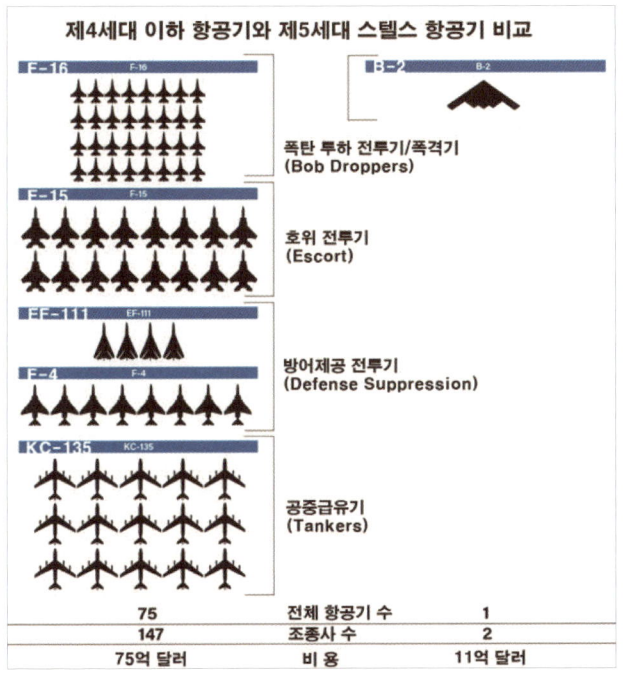

〈그림-1〉 제4세대 이하 항공기와 제5대 스텔스 항공기 비교

* 출처: John A. Tirpak, "Desert Storm's Unheeded Lessons", AIR FORCE MAGAZINE, May 24, 2022. https://www.airforcemag.com/article/desert-storms-unheeded-lessons/을 참조하여 필자가 재작성. 사막의 폭풍(Desert Storm) 작전의 예에서 단 2명의 조종사가 탑승한 B-2 스텔스 폭격기 1대의 파괴 능력을 발휘하기 위해서는 147명의 조종사가 탑승한 75대의 작전기 필요했다. 비용은 스텔스 전투기 1조 1천억달러($1.1B): 기존 전투기 및 공중급유기 7조 5천 억 달러($7.5B)

2. 중국공군 J-20 스텔스 전투기의 대만공격 모델

중국이 직면한 국가 안보 위협은 사방에서 오겠지만 태평양을 향한 지역은 동쪽이다. 동쪽으로부터의 위협은 한국, 일본 그리고 시급히 해결하고 싶은 대만을 상정할 수 있을 것이다. J(殲)-20은 대만해협과 동중국해 문제를 고려하여 동부전구(東部戰區)에 먼저 배치되었다. 이로 볼 때 J(殲)-20은 스텔스 성능의 우세와 원거리 정밀타격 능력으로 대만의 각 지휘부와 레이더 진지를 우선 공격하여 대만의 지휘통제를

---

32 Kevin, "If all fighter jets become stealthy, how will they fight each other in the future? In dogfights?", Aviation Oct 8, 2016, https://aviation.stackexchange.com/questions/25312/if-allfighter-jets-become-stealthy-how-will-they-fight-each-other-in-the-futur. Last Accessed on May 20, 2021.

전면적으로 마비시킬 것이다. 이어서 대만의 미사일 진지를 파괴하고 방공전력을 약화시킨 후 효과적으로 지상부대를 제압할 것이다.[33]

2018년 11월 중국의 관영매체들은 J(殲)-20과 J(殲)-16 및 J(殲)-10 전투기의 혼합 편대비행 사진을 보도하였다. 이로써 중공공군이 제5세대 전투기를 핵심으로, 제4세대 전투기를 주력으로 하는 다기종 혼합편대를 갖추고 훈련하고 있음을 보여주었다. J(殲)-20은 제5세대 스텔스 전투기이고, J(殲)-16은 개량형 제4세대 다목적 중형 전투기이며, J(殲)-10은 제4세대를 개량한 경량 전투기로서 중국공군이 임무를 부여할 때 각기 다른 역할을 할 것이다.[34]

중국중앙TV(CCTV)는 '군사실록(軍事紀實)'이라는 프로그램을 통해 J(殲)-20과 J(殲)-16, J(殲)-10C 3개 기종 전투기가 혼합편대를 구성하여 J(殲)-20의 작전 성능 향상에 중점을 둔 긴급 공격 및 방어 훈련을 하였다고 보도한 바 있다. 이는 대만을 가상의 공격목표로 삼아 J(殲)-20 자체의 센싱 능력과 스텔스 성능 및 정보전 우위 그리고 원거리 타격 능력으로 대만의 공중전력을 약화시키고 대만해협의 국지적 제공권을 탈취하며, 동시에 J(殲)-16과 J(殲)-10C가 대만의 지상 지휘통제센터와 방공미사일 진지, 방공관제레이더 부대 및 군용 비행장 등 중요 방호 목표를 원거리에서 정밀 타격하는 훈련을 한 것으로 추정할 수 있다.[35]

앞서 언급한 전투기 유형의 성능 분석에 따르면 중국공군에서 스텔스 성능이 가장 뛰어난 J(殲)-20이 전방 전투기 소탕 스위퍼(Sweeper) 임무를 담당하여 장거리 공습을 담당하는 기타 작전기를 대만의 방공작전으로부터 보호하고 국지적 공중우세를 탈취할 가능성이 더 높다. J(殲)-20이 스위퍼(Sweeper) 임무를 담당할 때 가능한 전술전법은 다음과 같다.

---

[33] 李忠謙, 〈殲-20部署東部戰區, 是否威脅台灣空防?〉, 《風傳媒》, 2019年8月8日, https://www.storm.mg/article/1570876. (檢索日期 : 2021年5月20日)

[34] 李强, 〈殲10C, 殲16, 殲20同框秀戰力能做到這樣的只有中美〉, 《環球網》, 2018年11月26日, https://mil.huanqiu.com/article/9CaKrnKfewn. (檢索日期 : 2021年5月21日)

[35] 楊幼蘭, 〈戰鬥3劍客!陸殲-20, 殲-10C, 殲-16同框秀戰力〉, 《中時電子報》, 2018年11月25日, https://www.chinatimes.com/realtimenews/20181125001832-260417?chdtv. (檢索日期 : 2021年5月20日)

J(殲)-20 스텔스 전투기의 교전규칙: 전방 전투기 소탕 스위퍼(Sweeper) 임무를 담당할 때 고고도 고속의 교전규칙을 채택할 것이며, PL-15 중거리 미사일의 최적 사거리에서 스텔스 우세를 운용하여 대만의 방공 작전기를 우선적으로 공격하고 제공권을 탈취할 것이다. 스텔스 전투기를 상대할 때 가정 위협적인 것은 대만공군의 제공 작전기가 완전한 전장 상황인식(SA: Situation Awareness)이 어렵다는 것이다. 대부분의 경우 J(殲)-20이 최적의 위치와 태세를 갖춘 상태에서 먼저 가시거리 밖 미사일을 발사하게 된다. 따라서 대만공군은 요기나 우군기가 공중 폭발된 뒤에야 J(殲)-20 스텔스 전투기의 공대공 미사일 유효 사거리 이내로 이미 접근해 있다는 것을 알게 된다. 그때는 이미 그곳에서 탈출할 방법이 없게 된다.

대만해협(臺灣海峽)의 복잡한 전자전 환경에서 만약 J(殲)-20 스텔스 전투기가 중국공군이 선전하는 신출귀몰하는 마력이 없다면 스텔스 보호막이 작동하지 않을 때라도 여전히 원거리 가시거리 밖 미사일로 먼저 공격할 것이다. J(殲)-20은 대만공군 전투기를 향해 PL-15를 발사한 후 지속적으로 대만공군 전투기를 정밀 조준할 것이며, 만약 첫 번째 미사일이 무력화되면 즉시 두 번째 가시거리 밖 미사일을 발사하여 대만공군 방공 전투기 편대의 전방 전투기를 격추시킬 것이다. 발사한 PL-15 미사일의 능동레이더가 작동하기 시작하면 J(殲)-20은 잔존하는 대만공군의 다른 전투기를 목표로 삼아 다시 접전 전투 종심을 벌리고 다음 공격을 준비를 할 것이다. 접전 전투 종심을 확보하고 나면 대만공군의 잔존 전투기를 향해 제2파의 가시거리 밖 능동레이더 유도 미사일을 발사할 것이다. J(殲)-20은 대만공군의 잔존하는 방공 전투기 편대를 모두 격추시킬 수 있기를 기대할 것이다.

중국군의 군종별 특성과 임무 부여에 따르면, 중국해군 항공병부대가 중국공군의 J(殲)-20과 합동으로 대만해협 상공을 습격할 가능성도 배제할 수 없다. 대만공군은 중국 해·공군이 혼합된 공중편대에 직면할 가능성이 높은 것이 현실이며, 이에 대응한 지휘통제와 공중작전은 복잡하고 까다로운 과제가 아닐 수 없다. 스텔스 전투기에 대처하는 방법을 강구할 때, 아직 경험이 없고 미숙한 전술지휘통제관들은 공중 전투 상황에서 레이더에 "탐지 가능성이 낮은" 스텔스 전투기와 레이더 회피에 고도로 숙달된 제4세대 전투기가 뒤섞인다는 것을 간과하는 경우가 종종 있다.

3. 대만공군 F-16 BLOCK-70의 대응전술

스텔스 전투기에 대응하기 위해서는 먼저 스텔스 원리부터 이해해야 한다. 이른바 스텔스 성능은 "낮은 탐지 가능성"으로서 즉 물체의 특성을 발산하는 신호 강도를 줄이는 것을 말한다. 이는 주로 레이더 반사 면적(Radar cross section, RCS)를 줄임으로써 달성된다. 예를 들어 항공기 형상 변경, 레이더파 반사 축소, 레이더파를 흡수하기 위한 흡수재료 외피(또는 구조물) 사용 등이 있다. 이밖에도 적외선, 광학, 음향 등의 특성 신호를 저감하는 기술을 배합하여 구현한다.[36]

2009년 2월 미국의 앤드류스 합동기지(Joint Base Andrews) 개방일에 EA-18G 그라울러(Growler) 전자전기가 전시되었다. 그런데 전시된 EA-18G 조종석 옆면 아래에 전과를 표시하는 그림으로 F-22 랩터(Raptor) 스텔스 전투기가 그려져 있던 것이다. 이는 EA-18G가 모의 공중전에서 F-22 스텔스 전투기를 성공적으로 격추했음을 의미한다. 현역 복역 이래 홀로 패배를 모르던 하늘의 왕자 F-22가 처음으로 격추된 것이다.[37] 이는 레드플래그(Red Flag) 모의 공중전에서 EA-18G가 먼저 전자간섭을 사용하여 F-22가 EA-18G 목표물을 고정(Lock-on)할 수 없도록 한 다음 수동으로 F-22를 탐지하고 AIM-120 미사일을 발사하여 F-22를 성공적으로 격추한 것이다. 이로써 F-22의 공중전 왕자의 신화가 깨졌다. EA-18G의 성공은 제4세대 전투기가 스텔스 전투기를 물리치는 것이 불가능한 일이 아니라는 것을 증명한 것이다.[38]

한편, J(殲)-20에 대한 대만공군의 대응방법은 기본적으로 '탐색'과 '타격'의 두 가지 작전에 초점을 맞추고 있다. 이 중에서 '탐색'이 무엇보다 중요하다. 왜냐하면 스텔스 전투기의 흔적을 발견하는 것이 대응방법의 첫 번째 임무이기 때문이다. 따라서 현재 스텔스 전투기에 어떻게 대응할 것인지에 대한 연구는 대부분 '탐색' 분야

---

[36] 鄭天喆, 姚福燕, 〈深入淺出談軍事科技〉, (臺北：達觀出版事業), 2004年, 頁112-113.

[37] 小寶說裝備, 〈殲16改一改, 就能打敗殲20和F22!隱身戰機為何會敗?〉, 《每日頭條》, 2017年 9月 8日, https://kknews.cc/zh-tw/military/8bbpp4n.html. (檢索日期：2021年5月21日)

[38] 王保羅, 〈淺析波音EA-18G電戰機發展現況〉, 《青年日報》, 2016年10月20日, https://m1a2444.pixnet.net/blog/post/335314451. (檢索日期：2021年5月21日)

에 집중되어 있다. 이른바 스텔스 전투기라는 것은 완전히 '탐색 불가능한 것(No observable)'이 아니라 '탐색 가능성이 낮은 것(Low observable)'이다. 즉, 스텔스 전투기는 여전히 레이더 화면에 신호로 잡히는데 단지 그 신호가 명확하지 않다는 것이다. 때문에 스텔스 전투기는 여전히 약점이 있는 것이다. 약점을 찾을 수 있다면 그 전투기는 더 이상 위협이 되지 않는다.[39]

다음은 대만공군 F-16 BLOCK-70 전투기가 중국공군 J(殲)-20 스텔스 전투기와 장거리, 중거리, 단거리에서 조우했을 때 수행할 수 있는 전술을 시뮬레이션 한 것이다. 이는 대만공군의 비행 및 전술지휘통제 장병들에게 참고자료가 될 것이다.

가. 장거리

이 글에서 정의하는 장거리는 양측이 가시거리 밖 미사일의 유효 사거리를 벗어난 거리이며, 적기가 무장 발사거리에 도달하기 전에 적기를 조기에 탐지한 상태를 말한다. 이를 위해서는 다양한 수단을 사용하여 적기에 대한 정보를 획득해야 한다. 적기의 배치 기지를 파악하고 각종 적정 징후에 주의를 기울여 적기의 공격 가능성이 있는 경로를 판단한 후 레이더와 신호첩보 등을 운용하여 적기의 가능한 위치를 추정하고 적시에 공중조기경보기를 투입하여 정찰 및 탐색의 밀도를 강화해야 한다. 한편, 현재 J(殲)-20의 스텔스 성능의 우세가 어느 정도인지, 미국이 대만공군 F-16을 개량하면서 탑재하는 AESA 레이더가 어느 정도 거리에서 스텔스 전투기를 탐지할 수 있는지 정확히 알 수 없는 상태이다. 다만 J(殲)-20 기수 ±45° 이내의 RCS 값이 가장 작아 레이더 탐지가 쉽지 않은 것으로 추정된다. 대만군이 기존에 구축된 특수 레이더 시스템(이중[다중] 베이스 레이더 시스템 또는 수동 레이더 시스템)을 사용하여 J(殲)-20의 방위와 거리를 조기에 탐지하고 이를 데이터링크 시스템을 통해 공통망 작전 이미지로 전송한다면 F-16 편대군은 선제적으로 유리한 전술적 위치를 잡아 전장 경계를 구축할 수 있다.

앞서 분석했을 때 중국공군 J(殲)-20의 레이더 탐지거리는 대만공군 F-16 BLOCK-70

---

[39] 過子庸, 鄧克禮, 〈中國大陸殲20戰機近期發展之研析〉, 《國防雜誌》, 2016年9月, 頁9.

보다 우수하며 또한 스텔스 우세로 인해 장거리 시나리오에서 순수하게 능동 탐지 능력을 비교한다면 대만공군이 분명히 불리할 것이다. 그러나 새로운 개량형 F-16 BLOCK-70에 탑재되는 ALQ-254는 내장형 통합 전자전 시스템으로서 대만공군의 이러한 상황을 반전시킬 수 있다. ALQ-254의 선진화된 디지털 레이더 조기경보수신기는 J(殲)-20이 대만공군 전투기를 사격통제레이더로 고정(Lock-on)할 때 레이더 신호 경고를 제공하여 대만공군 조종사가 상황을 인식할 수 있도록 해준다. 또한 디지털 무선 주파수 메모리는 J(殲)-20의 레이더 신호를 수신한 후 J(殲)-20의 반사파를 복사, 증폭 및 지연시켜 가리거리 밖 미사일의 발사에 대응하며, 이는 미사일의 사거리를 좁혀 J(殲)-20이 선제공격의 기회를 잡을 수 없도록 한다.

중국공군 조종사는 작전지휘통제에 크게 의존하고 있지만, 중국공군의 작전지휘통제 레이더의 분석과 데이터 전송 등은 많은 시간 지연이 존재한다. 대만공군 전투기가 만약 중국공군 전투기와 조우하게 될 때 F-16의 '신안시스템(迅安系統)'과[40] 배합할 수 있다면 완전하게 전장 상황을 인식할 수 있고 더 많은 전술적 변화를 취할 수 있을 것이다. 세계공군(World Air Forces)이 공개한 자료에 따르면 중국공군이 인도하는 J(殲)-20은 2020년 15대에서[41] 2021년 19대까지 늘어날 예정이다.[42] 그리고 매년 4~6대의 생산 수준을 고려하면 2025년까지 약 35~43대를 보유하여 하나의 비행단을 편성할 수 있다.[43] 양적인 측면에서 대만공군의 F-16 BLOCK-70 전투기는 F-16 Viper와 배합을 이루어 현재 여전히 수적 우위를 유지하고 있다. J(殲)-20

---

[40] 신안시스템(迅安系統)은 대만과 미국이 공동개발한 '합동작전지휘통제시스템'으로 본래 대만 각 군의 작전지휘시스템의 통합을 목표로 추진되었다. 대만(중화민국) 국방부는 신안시스템(迅安系統)은 한광(漢光) 및 3군 합동훈련 등의 검증을 거쳐 10여 년간 운영되면 합동작전 요구 수준에 부합할 수 있다고 강조하였다. 吳秉嵩,〈國軍「迅安系統」花460億元 立委：功能如MSN〉, TVBS 新聞網, 2018/11/29. https://news.tvbs.com.tw/politics/1038688 ;〈國防部發布新聞稿, 說明媒體報導「迅安聯戰系統十餘年, 現在仍通不到衡山指揮所」乙情。〉, 中華民國國防部, 2018/10/21. https://www.mnd.gov.tw/Publish.aspx?p=75691&title=%E5%9C%8B%E9%98%B2%E6%B6%88%E6%81%AF&Types=%E8%BB%8D%E4%BA%8B%E6%96%B0%E8%81%9E

[41] Flight Global, World Air Force 2020, p13.

[42] Flight Global, World Air Force 2021, p15.

[43] 羅傑等合著, 黃文啟譯,〈21世紀中共空軍用兵思想〉(台北：國防部史政編譯室, 2012年), 頁47-48.

과 교전할 때는 반드시 2대 1의 수적 우세를 가져야 하며, 수평 또는 수직으로 대형을 유지하여 적기를 분산시키고 대형 분열과 고도 변화를 통하여 적의 전투 지휘를 파괴하거나 오도할 수 있다. 또한 적기의 대형 유지와 목표 배분에 혼란을 주어 적의 반응시간을 지연시킬 수 있다. 이후 적기를 하나씩 격추시킬 수 있다.

나. 중거리

이 글에서 정의하는 중거리는 가시거리 밖 미사일의 유효 사거리 범위로부터 가시거리 내의 전투반경까지의 사이를 말한다. 이 교전 단계의 초점은 누가 먼저 사격통제레이더로 고정(Lock-on)하고 가시거리 밖 미사일을 발사할 수 있는지에 달려있다. J(殲)-20 레이더가 F-16 BLOCK-70의 ALQ-254 통합전자전시스템에 의해 간섭을 받는 경우에 가시거리 밖 미사일의 발사 거리가 크게 단축될 것이다. F-16 BLOCK-70은 디지털 레이더 조기경보수신기의 도움을 받아 레이더파의 출처를 시현하여 조종사에게 경고를 주고 관련 정보를 표시한다. J(殲)-20 레이더 신호를 수신 한 후 F-16 BLOCK-70 조종사는 수신한 신호 위치에 대해 레이더를 조정하여 탐색을 강화한다. 이때 데이터 링크 이미지를 참고할 수 있으며, AESA 레이더를 사용하여 항공기 기수 전방 ±30° 방위에 대해 탐색을 강화한다. J(殲)-20이 무장을 발사하기 위해 무장창 도어를 열면 RCS 값이 급격히 증가한다. 이때 F-16 AESA 레이더로 J(殲)-20을 고정(Lock-on)하는 데 유리할 것이다.

수동 탐지 측면에서 F-16은 IRST(Infra-Red Search and Track) 적외선 탐색 및 추적 시스템을 통해 J(殲)-20 적외선 신호를 수동적으로 수신할 수 있다. IRST의 광역(FOV: Field of View) 감시 능력은 수동식 자동 탐색, 감지, 추적, 식별 및 가능한 표적의 우선순위 지정에 사용할 수 있다. IRST 감지 시스템은 원거리, 복잡한 실전 환경에 나타나는 고속 목표물을 탐지, 감시하거나 조종사가 야간 또는 악천후 조건에서 착륙 상황이나 비행 상황을 볼 수 있도록 도와준다. IRST 감지 시스템은 레이더와 같지 않기 때문에 본질적으로 거리 정보를 제공할 수 없지만 IRST 시스템이 목표물을 먼저 감지할 수 있다면 레이더가 목표물을 조준하도록 유도하고, 목표물에 가해지는 에너지를 강화하여 탐지 및 추적 성공률을 높일 수 있다. 무장 시스템은 또한

IRST 감지 시스템과 동기화하여 추적을 유지하고, 레이더를 사용하여 주기적으로 정보를 업데이트하고, 레이더파의 스캔 출력을 낮춘 상태에서 공격할 수 있다. IRST 시스템의 탐지 거리는 대략 중거리 공대공 미사일과 유사하다. 만약 구름의 엄폐가 없다면 IRST 시스템은 RCS 값이 낮은 표적을 탐지하여 고정(Lock-on)할 수 있다. 그리고 F-16 BLOCK-70의 AIM-120 C7 공대공 미사일을 발사할 수 있다.[44]

다. 단거리

이 글에서 정의하는 단거리 단계는 가시거리 내 전투반경에 들어간 후를 말한다. 2012년 알래스카에서 2주 간의 훈련 동안 독일의 유로파이터 타이푼(Eurofighter Typhoon) 전투기는 미 공군 F-22 스텔스 전투기와 8차례에 걸쳐 1:1 근접 교전을 벌였다. 독일 공군(Luftwaffe) 마르크 구루네(Marc Gruene) 소령은 월간지 'Combat Aircraft(전투기)'와의 인터뷰에서 "우리는 대등했다"고 하였다.

구루네(Gruene)소령은 "전투력이 강한 F-22에 가능한 한 가까이 다가가 물고 늘어지는 것이 관건"이라며 "F-22는 우리가 그렇게 공격적인 전술을 구사할 줄은 전혀 예상하지 못했다"고 하였다. F-22는 고고도, 고속 전투 특성과 고출력 AESA 레이더, 장거리 공대공 미사일로 가시거리 밖 대결에서는 잘 싸우지만 저속 공중전에서는 기체가 비교적 무거운 F-22가 일단 속도를 잃으면 타이푼은 F-22를 무서워할 필요가 없다. F-22 비행대대 대대장 더크 스미스(Dirk Smith) 중령은 "F-22가 아무리 훌륭하더라도 조종사는 실수를 할 수 있다"고 인정하였다.[45] 기회를 포착하여 장거리 및 중거리 교전에서 살아남기만 한다면 J(殲)-20을 근접전으로 몰아넣어야 한다. 저속 공중전에서 J(殲)-20은 초음속 순항 및 스텔스 성능을 발휘할 수 없다. 이때 전자전 기능을 갖춘 제4세대 F-16은 제5세대 스텔스 전투기 J(殲)-20을 효과적으로 격파할 수 있다.

---

[44] 寧博,〈淺析IRST感測系統於獅鷲戰機之應用〉,《中華台灣福爾摩沙國防軍》, 2016年1月9日, https://sunponyboy.pixnet.net/blog/post/442689797. (檢索日期：2021年5月22日)

[45] 盧伯華,〈法德飛行員：美F22並非無敵 戰勝它有訣竅〉,《中時新聞網》, 2019年3月30日, https://www.chinatimes.com/realtimenews/20190330000058-260417?chdtv. (檢索日期：2021年5月22日)

중거리에서 근거리로 전환하는 단계에서는 전자전 장비와 ALE-50 견인 디코이 시스템(towed decoy system)을 지속적으로 사용하여 생존율을 높이고, 적외선 미사일 사거리로 진입 시에는 엔진 출력을 줄여 배기구 노즐(nozzle)의 열원을 줄여야 한다. 그리고 플레어(Flare)을 사용하여 적외선 미사일에 대응하고, J(殲)-20의 PL-10 적외선 미사일의 최소 사거리로 접근한 후에는 다시 애프터버너(After burner)를 모두 사용하여 근접하면서 헬멧 조준경 및 고 축선 이탈(high off-boresight) AIM-9X 적외선 미사일로 적기를 격추해야 한다.

V 결론

J(殲)-20 스텔스 전투기는 전력화되면서 가장 먼저 동부전구(東部戰區)에 배치되었다. 이것은 제1도련(第一島鏈)과 제2도련(第二島鏈)에서의 작전을 위한 중국공군의 가장 합리적인 선택일 것이다. 만약 공중급유가 이루어진다면 작전 반경은 아태 지역 전체로 확대된다. J(殲)-20이 설령 지상 타격 능력에 한계가 있다 하더라도 그 전략적 영향은 여전히 매우 광범위하다. J(殲)-20은 스텔스 성능이 뛰어나 현재 아시아에 배치된 K-band와 L-band 방공 레이더의 감시를 쉽게 관통할 수 있다. 스텔스 효과로 인한 침투 능력은 전자전 및 정찰 수단으로서의 탁월한 전장(戰場) 생존 능력을 제공하고, 작전에 필요한 자체 무장탑재 및 종합적인 타격 화력은 작전 지휘관에게 유연한 전략적 운용을 제공한다. J(殲)-20의 전력화와 배치는 주변국들에게 공포감을 불러일으켰고, 각 국은 스텔스기를 무력화하기 위한 레이더 탐지 시스템 개발에 몰두하는 등 자국의 방공시스템 강화에 노력하고 있다.

만약 중국공군이 스텔스 전투기를 전장에 투입한다면 스텔스 침투와 원거리 정밀공격 능력을 바탕으로 기존의 작전모델을 반드시 바꿀 것이다. J(殲)-20은 공격대상의 전략목표와 고가치 표적을 전문적으로 타격하여 전략적 참수(斬首) 효과를 거두려 할 것이다.[46]

대만의 F-16 BLOCK-70 도입 및 기존 F-16의 개량형 F-16 Viper의 배치는 대만 공군에게 스텔스 전투기를 상대할 기회를 주었지만 전체적으로 대만공군의 전력은 여전히 불리한 상황이다. 따라서 현재 방위체계에서는 원격감시, 조기경보, 정보파악 나아가 근접표적 포착 및 교전 등을 포함한 방공지휘체계를 전체적으로 검토하여 최적의 대응 방안을 마련하여야 할 것이다.

---

46 〈歼-20梦幻科技感极致影像发布 这可能是你见过最酷的歼-20大片!〉, 《军迷天下》, 2022-01-18, https://www.youtube.com/watch?v=hSHGHyHKg2A.

제9장

중국 해·공군 항행훈련 vs 대만공군 방공부대 대응

제9장

중국 해·공군 항행훈련 vs 대만공군 방공부대 대응

차례

I. 서론
II. 중국의 전략적 의도와 해·공군 장거리 항행훈련
III. 대만공군 방공부대의 배치 현황과 대응 조치
IV. 대만공군 방공부대의 대응 방향
V. 결론

요 약

　중국 해·공군은 최근 동중국해와 남중국해 해역은 물론 한국의 동해에 이르기까지 원해(遠海) 장거리 항행훈련을 계속해 오고 있다. 여기에는 그 자체의 전략적 의도뿐만 아니라 합동작전 능력을 강화하기 위한 목적도 있다. 가장 눈에 띄는 변화는 제1도련(第一島鏈, first island chain)을 충분히 진출할 수 있는 능력을 현시하는 것이다. 이는 중국 해·공군이 미국의 안보를 위협할 만큼 제1도련을 통제 가능하며, 이 과정에서 미국과 제1도련 주변국들의 반응을 살펴 중국의 후속 행동과 정책방향을 정하는 데 참고하기 위함일 것이다. 대만군에게 중국 해·공군의 원해 장거리 항행훈련은 무엇보다 국가안보에 위협으로 작용하며, 세부적으로는 기존 대만 본섬 동부지역이 가지고 있던 종심(縱深) 우위가 점차 사라져 전국 각지가 중국군의 타격 위협에 그대로 노출되게 되었다. 이밖에도 대만 내 언론의 지속적인 보도와 여론 형성이 대만공군에 압박으로 작용하고 있다. 이러한 이유로 대만공군은 중국 해·공군이 원해 장거리 항행훈련을 실시한 이래 그 훈련에 대한 대응과 조치를 취해왔다. 특히 제1도련의 방공위협에 직면한 대만공군 방공부대의 체감도는 더욱 민감할 수밖에 없다. 이글은 열세한 방공무기체계임에도 불구하고 중국공군 방공위협에 적극적으로 대응하고 있는 대만공군 방공부대의 고민을 알아보고자 하였다. 대만의 연구자들은 대만공군 방공부대의 대응 방향으로 방공부대 무기체계의 질적 향상, 방어역량 강화, 감시·통제 강화, 실전 훈련 등을 제시하였다.[1] 대만공군 방공부대의 세부적인 상황이 한국공군 방공부대와는 상당한 차이가 있을 수 있겠지만 타산지석의 지혜를 하나라도 얻을 수 있다면 이 글은 역할을 다하는 것이라 하겠다.

keyword　원해 장거리 항행훈련, 방공부대

---

[1]　空軍少校 張嘉友, 空軍上校 黃進華, 〈從中共遠海長航能力探討空軍防空部隊之因應作為〉. 《空軍軍官雙月刊》, 第216期, 2021年3月.

I 서론

대만 국방안전연구원(國防安全研究院)이 2018년 발표한『중국 정치군사발전평가보고(中共政軍發展評估報告)』에 따르면 중국은 중국이 비대칭, '반(反)접근/지역거부(Anti-access/Area Denial, A2/AD)'로 대응할 때 대만에 영향을 미칠 수 있는 국가, 즉 최대 가상적으로 미국을 꼽았다.[2] 'A2/AD'는 중국이 군사훈련, 경제지원, 정치적 영향 등을 수단으로 아시아지역에 세력을 구축하고 지역 패권을 행사하는데 외부의 간섭을 거부하겠다는 것이다. 대만군은 중국군의 'A2/AD'에 '혁신(創新)/비대칭(不對稱)'[3]으로 대응하며, 중국군의 무력 공격 가능성을 최대한 억제하고 있다. 중국의 군사력과 경제력이 성장함에 따라 대외로 실력을 과시하는 수단도 점점 다원화되고 목표도 분명하게 드러나고 있다. 2017년 12월부터 중국군은 해·공군 작전기와 항모전투단 등의 전력을 운용하여 동중국해 주변해역에서 끊임없이 합동훈련과 순항임무를 수행하고 있다. 그 전략적 의도는 미군의 태평양 제1도련(第一島鏈, first island chain) 봉쇄를 돌파하기 위한 전략적 태세를 점검하는 한편, 일련의 군사력 현시와 대만해협 중간선 월선 행위를 통해 대만군의 반응을 시험해 보고, 대만 여론에 영향을 미쳐 유리한 통일전선 환경을 조성하려는 것으로 보인다. 이러한 관점에서 중국 해·공군이 최근 실시한 원해 장거리 항행훈련과 그 영향에 대해 검토하였다.

II 중국의 전략적 의도와 해·공군 장거리 항행훈련

중국해군은 2008년 말부터 원해 협력을 중시하는 행동을 취했는데, 바로 소말리아와 아덴만 해역에 처음으로 호위함대를 파견한 것이다.[4] 이는 1980년 이래 중국해군이

---

[2] 歐席富, 周若敏合著, 《中國軍事改革》, 《2018中共政軍發展評估報告》, 2018年12月, 頁56.

[3] 青年日報, 〈102年國防報告書摘要報導二 以創新/不對稱思維打造國家精銳武力〉, 《青年日報》, 2013年10月 9日, 〈https://www.youth.com.tw/db/epaper/es001001/m1021106-c.htm〉

'근해방어(近海防禦)'에서 '원해호위(遠海護衛)'로 전환하는 전략이기도 하다.[5] 중국해군은 전략의 중점을 정보화에 두고, '원해 협력과 비전통 안보위협 대응 능력을 갖춘 중국해군 건설의 전체적인 전환'[6]을 위해 함대 합동작전능력과 반(反)타격 능력을 향상시키고 있다. 2015년 중국 국방백서『중국의 군사전략(中國的軍事戰略)』은 '근해방어(近海防禦)와 원해호위(遠海護衛)의 결합'이라는 중국해군의 전략적 요구를 서술하며, 대양해군(藍水海軍, Blue-water navy)으로 나아가려는 의도를 명확히 하였다.[7]

중국공군은 전략목표를 덩샤오핑(鄧小平) 시기의 '국토방공(國土防空)'에서 '공천일체(空天一體), 공방겸비(攻防兼備)'로 전환하였다. 2013년 중국공군이 실시한 조어도(釣魚島, 댜오위다오, 센카쿠열도) 항행훈련은 중국의 시험이자 검증이었다. 이 항행훈련은 중국의 과학기술 성과를 검증하는 한편 다른 한편으로 2013년 중국이 설정한 동중국해 방공식별구역(ADIZ)의 수호를 이유로 대만과 일본의 대응을 관찰한 것이다. 이때 특별히 H(轟)-6K 개량형 폭격기에 CJ(長劍, 창젠)-20 장거리 대함 순항미사일을 장착한 것은 중국공군의 작전반경이 제2도련(第二島鏈)의 괌(Guam)까지 위협할 수 있다는 것을 보여 준 것이다. 아울러 전체적으로는 인력, 장비, 기술이 일정 수준에 도달한 중국공군이 원해 장거리 항행훈련을 통하여 '전략공군(戰略空軍)'의 목표에 도달하겠다는 것이다.

1. 중국의 전략적 의도

2014년 시진핑(習近平) 중국 국가주석은 오바마 전 미국 대통령과의 제6차 미·중 전략경제대화 개막식에서 넓은 태평양은 충분히 커서 미·중 양국이 함께 발전하는 것을 용인할 수 있다고 표현하였고, 2017년 트럼프 전 미국 대통령과의 회동에서도

---

4 林柏州, 黃恩浩, 陳鴻鈞, 林彥宏合著,《中國在第一島鏈內外的軍事活動》,《2018中共政軍發展評估報告》, 2018年12月, 頁79.

5 同前註3, 頁74.

6 同前註3, 頁75.

7 同前註3, 頁76.

중국의 태평양 진출 의지를 강하게 피력하였다. 이는 중국이 제1도련(第一島鏈)을 넘어서면 다시 물러서지 않겠다는 생각이다. 그 전체적인 군사전략은 해·공군의 발전전략 즉, 해군의 '원해호위(遠海護衛)'와 공군의 '공방겸비(攻防兼備)'와 같이 기존의 국토방어를 외향형으로 전환하고 투사능력을 구비하여 지역적으로 공수(攻守)의 균형을 맞추겠다는 것이다. 이는 중국의 근해지역 반접근/지역거부(A2/AD) 능력은 이제 더 이상 문제되지 않으며, 주변국에 군사위협을 조성할 수 있고 또 지정학적 발언권과 우위도 충분히 획득할 수 있다는 것이다. 세부적으로 정치, 경제, 군사, 심리 등 네 가지 측면에서 그 전략적 의도를 판단해 보았다.

가. 정치적 측면

군사행동을 통해 간접적으로 정치적 요구를 달성하고자 한다. 특히 대만은 차이잉원(蔡英文) 정부(2016.5.20.~) 이래 정치적으로 대만독립 성향이 농후하기 때문에,[8] 이는 중국의 '하나의 중국' 원칙에 명백히 배치되어 중국군의 매파 여론을 대두시켰고, 따라서 군사 수단을 통해 대만을 압박하고 대만독립 여론을 진압하고 있다. 또한 이른바 '대만문제(臺灣問題)'는 단지 중국의 '내정문제(內政問題)'에 불과함을 국제사회에 다시 한 번 확인시킴으로써 대만에 대한 국제사회의 지지를 차단하고 중국의 핵심이익을 유지하려는 것이다. 군사는 본래 정치 목적의 수단이다. 과거부터 중국이 군대를 정비한 목적은 정치적 정통성을 확보하기 위한 것이기도 하였지만 국가이익을 수호하기 위한 장기적인 목표이기도 하였다.

나. 경제적 측면

중국 해·공군은 원해 장거리 항행훈련을 통해 군사력을 과시함으로써 해당 지역에 대한 주변국의 권위에 경고를 주고 있다. 이러한 행위는 해당 지역에서 중국의 지도적 지위를 수호하고, 관련 경제수역에서 이익을 확보하기 위한 것이다. 이는 중국의 일대

---

[8] 龐建國, 〈文化台獨破壞兩岸現況〉, 《國政評論》, 2018年8月, 頁1, 《財團法人國家政策研究基金會》, 〈http://www.npf.org.tw/1/19196〉

일로(一帶一路) 정책에서도 나타나고 있다. 이밖에 구형 053형 호위함(frigate)을 스리랑카, 파키스탄, 방글라데시, 미얀마 등 동남아 지역에 수출하거나 개조·생산하는 것에서 보듯이 중국은 빠른 군사력 발전에 발맞추어 구형 무기체계를 신속히 도태시키고 신형 무기체계로 전환하고 있다.[9] 이를 위해 한편으로는 원해 장거리 항행훈련을 통해 성능을 검증하면서 개선점을 도출하고, 다른 한편으로는 후진국에 무기를 판매하여 수익을 얻으면서 해당 국가의 군사력 형성에 영향을 미치고 있다.

다. 군사적 측면

중국 해·공군이 원해 장거리 항행훈련을 실시하는 군사적 목적은 무엇보다도 제1도련(第一島鏈, first island chain)이라는 전략적 봉쇄를 돌파하는 것이며, 동시에 대만에 대한 위협을 형성함으로써 대만을 봉쇄할 수 있는 능력이 있음을 현시하는 데 있다.

〈그림-1〉 제1도련, 제2도련 표시도

* 출처: "美CSBA研究報告中第一, 二島鏈示意圖. 圖 / 美國戰略與預算評估中心(CSBA)報告", 〈對抗中共的軍事發展: 美國智庫「外壓內攻」作戰構想〉, 《全球防衛雜誌》, 07 Oct, 2021. https://opinion.udn.com/opinion/story/120902/5799252을 참조하여 필자가 재작성
* 미 CSBA(Center for Strategic and Budgetary Assessments, 전략 및 예산평가 연구원)의 지도에는 '동해'가 'SEA OF JAPAN, 일본해'로 표기되어 있다. '동해' 표기 문제에 대해서는 제11장에서 간략히 살펴보았다.

[9] 韜鈴講堂, 〈多國搶購中國退役軍艦!16艘053軍艦全賣光〉, 《每日頭條-KKNEWS》, 2019年8月2日, 〈https://kknews.cc/zh-tw/military/nl6yv33.html〉

결국 현재 중국의 국력으로서의 중점은 미국의 구속과 제한에서 벗어나 인도-태평양 지역에서 더 많은 주도권을 획득하고 미국과 대립 각을 세울 수 있는 목표를 달성하는 것이다. 이는 마오쩌둥(毛澤東)이 1958년에 제시한 '영국을 초월하고 미국을 추격하자는 초영추미(超英追美)'를[10] 달성하고자 하는 것이다.

라. 심리적 측면

전체적으로 볼 때 중국 해·공군의 원해 장거리 항행훈련이 대만에 미치는 가장 큰 영향은 심리적 측면으로서 대만 정부와 국민에게 심리적 압박을 주는 것이다. 사실 중국 해·공군의 항행훈련은 대부분 다른 국가의 영공이나 영해를 침범하지 않고 있다.

〈그림-2〉 2016-2017 중국 해·공군의 원해 장거리 항행훈련 경로
* 출처: 國防部,《中華民國106年國防報告書》, (출판지 : 臺北, 2017년), 頁38. 을 참조하여 필자가 재작성

---

[10] 초영추미(超英于美)는 마오쩌둥(毛澤東)이 1958년 전후로 내세운 구호로서, 철강 생산량에서 15년 만에 영국을 추월하고 50년 만에 미국을 따라잡겠다는 두 가지 목표를 담고 있다. 15년 뒤(1973) 철강 생산량은 영국 2665만t, 중국 2522만t으로 대등해졌고, 37년이 지난 1995년 중국의 철강생산량이 9500만t으로 미국을 앞질렀다. 吴冷西,《十年论战──1956年至1966年中苏关系回忆录》上卷, 中央文献出版社1999年5月版, 第101页和119页 ; 齐卫平, 王军, 关于毛泽东"超英赶美"思想演变阶段的历史考察,《史学理论与史学史》, 255-256页 (2002) ; 维基百科,〈超英趕美〉, https://zh.wikipedia.org/wiki/%E8%B6%85%E8%8B%B1%E8%B6%95%E7%BE%8E.

하지만 대만의 방공식별구역(ADIZ)을 계속해서 침입함으로써 대만으로 하여금 대응하는 데 지치도록 하고 있다. 중국은 관영매체를 통해 관련 사진을 공개하여 대만 여론에 상당한 충격을 주고, 또 유사한 정보를 흘려 대만 국민에게 불안을 조성하고 있다. 이는 심리전의 목표를 달성하는 것이다.

이상과 같이 중국은 원해 장거리 항행훈련을 통해 배타적 경제수역(EEZ)과 방공식별구역(ADIZ)에 대한 관련국의 반응을 시험하고,[11] 해·공군의 반접근/지역거부(A2/AD) 능력을 현시하고 있다. 이는 이미 알려진 항행훈련 경로〈그림-2〉에서 알 수 있듯이 특별히 대만에 상당한 영향을 끼치고 있다.

2. 중국 해·공군의 원해 장거리 항행훈련 전력 운용

현 단계 중국의 원해 장거리 항행훈련 현황을 알기 위해서는 먼저 항행에 참여한 함정 편대 및 항공기 편대를 파악하여야 한다. 해군과 공군의 편대 구성을 살펴보면 다음과 같다.

가. 해군

중국해군의 원해 장거리 항행훈련에 참여한 함정 편대는 항공모함, 미사일구축함, 호위함, 보급함 등이며, 역대 전력운용 현황은 다음과 같다〈표-1〉.

〈표-1〉 중국 함정의 원해 장거리 항행훈련 일지

연도	일자	함정 종류 및 수	해역
2013	11.28.	CV-16 항공모함×1, 미사일구축함×2, 호위함×2	대만해협 경유 남중국해로 항행
2016	12.25.	CV-16 항공모함×1, 보급함×1, 미사일구축함×3, 호위함×3	미야코해협 경유 제1도련 통과 남중국해로 항행

---

[11] 洪銘燡,〈中國遠海長航的戰略解碼〉,《臺灣新社會智庫》, 2018年8月30日,〈https://www.taiwansig.tw/index.php/政策報告/兩岸國際8446-中國遠海長航的戰略解碼〉

연도	일자	함정 종류 및 수	해역
2017	1.11.	CV-16 항공모함×1, 보급함×1, 미사일구축함×3, 호위함×3	남중국해에서 대만해협 경유 칭다오(靑島)로 항행
	3.2.	CV-16 항공모함×1, 보급함×1, 미사일구축함×2, 호위함×1	미야코해협 경유 제1도련 통과 서태평양에서 해·공군 합동훈련 실시
	7.1.(발) 7.12.(착)	CV-16 항공모함×1, 미사일구축함×2, 호위함×1	대만해협 경유 홍콩 도착, 동일 항로로 복귀
2018	1.4.(발) 1.17.(착)	CV-16 항공모함×1, 미사일구축함×2, 북해함대 소속 함정×3	대만해협 경유 남중국해에서 해상훈련 후 칭다오(靑島)로 복귀
	3.20.	CV-16 항공모함×1, 미사일구축함×4, 호위함×2	대만해협 경유 남중국해 항행, 해상훈련 참가
	4.20.	CV-16 항공모함×1, 미사일구축함×4, 호위함×2	바시해협 경유 미야코해협 통과 후 복귀
2019	6.26.	CV-16 항공모함×1, 호위함×2, 미사일구축함×2, 보급합×1	미야코해협 경유 서태평양 해상훈련 후 대만해협을 돌아서 복귀
	11.18.	002 항공모함×1, 불상 함정 참여	다롄(大連) 출발 대만해협 통과 남중국해 해상훈련 실시

* 출처: 張嘉友, 黃進華, 〈從中共遠海長航能力探討空軍防空部隊之因應作為〉, 《空軍軍官雙月刊》, 第216期, 2021年 3月, 頁47.

나. 공군

중국공군의 원해 장거리 항행훈련에 참가한 기종은 전투기, 폭격기, 전기전기, 공중급유기, 수송기, 공중조기경보기 계열이며, 그 편대 구성과 항행 훈련 현황은 다음과 같다〈표-2〉.

〈표-2〉 중국 항공기의 원해 장거리 항행훈련 일지

연도	일자	기종	항로
2015	3.30.	H-6 폭격기	바시해협 경유 서태평양 진출
	5.21.	H-6 폭격기	미야코해협 경유 서태평양 진출
	8.14.	H-6 폭격기 등 다기종	바시해협 경우 서태평양 진출
	11.27.	H-6 폭격기 등 다기종	바시해협 경우 서태평양 진출
2016	7.15.	H-6 폭격기	남중국해 황옌다오(黃岩島) 전투초계비행
	8.6.	H-6 폭격기, SU-30 전투기 등 다기종	남중국해 남사군도 전투초계비행

연도	일자	기종	항로
	9.12.	H-6 폭격기, SU-30 전투기, 공중급유기 등 多기종	바시해협 경유 서태평양 진출
	11.25.~12.10.	多기종 배비, 항공모함 편대 구성	바시해협 및 미야코해협 경유 서태평양 진출
2017	1.9.	H-6 폭격기, Y-8, Y-9 수송기	대한해협 통과, 왕복 항행
	3.2.	H-6G 폭격기 등 多기종	미야코해협 경유 서태평양
	7.13.	H-6 폭격기	1개 편대는 바시해협 경유 서태평양 진출 항행 1개 편대는 바시해협 경유 대만 선회 후 미야코해협 통과, 복귀
	7.20.	H-6 폭격기, Y-8 수송기	미야코해협과 바시해협 통과 후 대만 본섬 선회비행
	7.24.	H-6 폭격기	대만 동부 선회비행 후 북상하여 복귀
	7.25.	H-6 폭격기	대만해협 중간선 비행 후 북상하여 복귀
	8.9.	Y-8 수송기	대만 동부 선회비행 후 북상하여 복귀
	8.12.	H-6 폭격기, Y-8 수송기	대만 동부 선회비행 후 북상하여 복귀
	8.13.	Y-8 수송기	대만 동부 선회비행 후 북상하여 복귀
	8.14.	Y-8 수송기	대만 동부 선회비행 후 북상하여 복귀
	8.24.	H-6 폭격기	미야코해협 통과 서태평양 진출, 왕복 항행
	10.18.~10.24.	각종 작전기	전투초계비행 강화 (중국공산당 제19차 대회)
	11.18.	TU-154	대만 동부 선행비행 후 남하
	11.19.	H-6 폭격기, Y-8 수송기, TU-154 전자정찰기	미야코해협 경유 서태평양 진출, 왕복 항행
	11.22.	H-6 폭격기, Y-8 수송기	미야코해협 경유 서태평양 진출 후 대만 동부 선회비행, 왕복 항행
	11.23.	H-6 폭격기, Y-8 수송기, SU-30 전투기, IL-78 공중급유기, TU-154	대만 동부 선회비행, 왕복항행
	12.7.	H-6 폭격기, Y-8 수송기	미야코해협 경유 서태평양 진출 후 대만 동부 선회비행, 왕복 항행
	12.9.	H-6 폭격기, Y-8 수송기	미야코해협 경유 서태평양 진출, 왕복 항행
	12.11.	H-6 폭격기, Y-8수송기, TU-154 전자정찰기 등 多기종	미야코해협 경유 서태평양 진출, 왕복 항행
	12.17.	Y-8 수송기	대만 동부 선회비행 후 북상하여 복귀

연도	일자	기종	항로
	12.18.	H-6 폭격기, Y-8 수송기, SU-30 전투기, TU-154 전자정찰기	한국 동해지역으로 원해 장거리 항행, 귀환 중 대만 동부 선행비행 후 복귀
	12.20.	Y-8 수송기, U-154	바야코해협 경유 서태평양 진출, 귀환 중 대만 동부 선행비행 후 복귀
2018	1.29.	Y-9 수송기	대한해협 통과, 왕복항행
	2.15.~2.19.	각종 작전기	전투초계비행 강화 (춘제(설) 연휴)
	2.20.	H-6 폭격기, Y-8 수송기, J-11 전투기	미야코해협 경유 서태평양 진출, 왕복항행
	2.21.	H-6 폭격기, Y-8 수송기, J-11 전투기	미야코해협 경유 서태평양 진출, 왕복항행
	2.27.	Y-9 수송기	대한해협 통과, 왕복항행
	3.5.~3.20.	각종 작전기	전투초계비행 강화 (제13차 전국인민대표대회)
	3.23.	H-6 폭격기, SU-30 전투기, TU-154 전자정찰기	미야코해협 경유 서태평양 진출, 왕복항행
	3.27.	H-6 폭격기, Y-8 수송기, SU-30 전투기 등 多기종	미야코해협 경유 서태평양 진출, 왕복항행
	4.18.	H-6 폭격기	미야코해협 경유 대만 본섬 선회비행 후 바시해협 통과 복귀
	4.19.	H-6 폭격기, Y-8 수송기, SU-30 전투기, TU-154 전자정찰기	대만 동부 선회비행, 왕복비행
	4.20.	H-6 폭격기	미야코해협 경유 대만 본섬 선회비행 후 바시해협 통과 복귀
	4.26.	H-6 폭격기, Y-8 수송기, SU-30 전투기 등 多기종	미야코해협 경유 대만 본섬 선회비행 후 바시해협 통과 복귀
	4.29.	Y-9 수송기	대한해협 통과, 왕복항행
	5.11.	H-6 폭격기, Y-8 수송기, SU-30, J-11 전투기, KJ-2000 공중조기경보기, TU-154 전자정찰기	대만 동부 선회비행, 왕복비행
	5.14.	Y-8 수송기	M503 항로 초계비행
	5.24.	Y-8 수송기	대만해협 중간선 초계비행
	5.25.	H-6 폭격기	바시해협 경유 미야코해협 통과, 복귀
	12.18.	H-6 폭격기, Y-8 수송기, SU-30 전투기	바시해협 경유 서태평양 진출, 왕복항행

연도	일자	기종	항로
2019	1.22.	Y-8 수송기, SU-30 전투기	바시해협 경유 서태평양 진출, 왕복항행
	1.24.	H-6 폭격기, KJ-500 공중조기경보기	바시해협 경유 서태평양 진출, 왕복항행
	2.27.	H-6 폭격기	바시해협 경유 서태평양 진출, 왕복항행
	3.31.	H-6 폭격기, SU-30, J-11 전투기 등 多기종	바시해협 경유 서태평양 진출, 왕복항행 대만해협 중간선 월선
	4.1.	H-6 폭격기, Y-9 수송기	바시해협 경유 서태평양 진출, 왕복항행
	4.15.	H-6 폭격기, Y-8 수송기, SU-30, J-11 전투기, KJ-2000 공중조기경보기, TU-154 전자정찰기	대만 동부 선회비행, 왕복항행
2020	1.23.	H-6 폭격기, KJ-500 공중조기경보기	바시해협 경유 서태평양 진출, 왕복항행
	2.9.	H-6 폭격기, J-11 전투기, KJ-500 공중조기경보기	바시해협 경유 대만 본섬 선회비행 후 미야코해협 통과 복귀

* 출처: 張嘉友, 黃進華, 〈從中共遠海長航能力探討空軍防空部隊之因應作為〉,《空軍軍官雙月刊》, 第216期, 2021年 3月, 頁48.

이를 종합하면, 중국의 해·공군은 이른바 원해 장거리 항행훈련을 통해 편대조합 훈련을 실시했으며, 그 내용은 일정 정도 대만을 위협하는 의미를 담고 있다. 그러나 실제 훈련 장소를 보면 중국의 중점은 제1도련 밖의 서태평양과 복잡한 남중국해 지역이라는 것이 합리적인 판단일 것이다. 중국은 과거 근해에서만 훈련을 해왔지만 위와 같이 대량의 전력을 원해 장거리 항행훈련에 운용함으로써 부대를 기존과는 다른 해상 및 공중작전 환경에 숙달시키고, 인력에 대한 합동작전 능력도 향상시키고 있는 것으로 분석된다. 이는 중국의 해·공군이 원해호위(遠海護衛)와 공방겸비(攻防兼備)의 목표를 향해 매진하고 있는 데 따른 것이며, 반면 이에 따라 대만에 대한 위협도 날로 증가하고 있는 것이다.

3. 각국의 반응 유발

중국 해·공군이 원해 장거리 항행훈련을 실시하는 것은 대외적으로 단지 주권 수호를 선전하는 것처럼 그렇게 단순하지만은 않다. 앞에서 설명한 바와 같이 정치, 경제, 군사, 심리 등 모든 방면에서 이른 바 달성하고자 하는 목표가 있기 때문에 지역을 초월한 훈련을 중단 없이 실시하는 것이다. 중국의 주요 원해 장거리 항행훈련 현황과 이에 대한 각국의 반응을 통해 중국이 해당 훈련을 실시하게 된 이유를 추정하면 다음과 같이 분석할 수 있다.

〈표-3〉 중국 해·공군 원해 장거리 항행훈련과 각국의 군사적 반응

연도	일자	중국 해·공군 항행훈련	각국의 반응	항행훈련의 이유
2015	3.30.	H-6 폭격기, 최초 바시해협 통과	미국 군함, 공중엄호 작전기 긴급 이륙	미·일의 반응 탐색 및 국제법 상의 원해 장거리 항행을 엄호
2016	9.12.	H-6 폭격기 등 작전기, 서태평양 원해 장거리 항행	중·미·대만 공군, 대만 남동부 란위섬(蘭嶼, Orchid Island) 부근에서 대치	미국의 태평양 훈련을 겨냥한 대응
	12.19.	H-6 폭격기 등 각종 작전기, 대만을 선회하여 원해 장거리 항행	일본 전투기 2대 이륙 및 차단·감시, 미국 RQ-4 글로벌 호크 이륙 및 감시	H-6K 폭격기의 전략적 위협 능력 현시
	12.25.	001호 항공모함 편대, 원해 장거리 항행	일본 항공자위대 작전기 이륙 및 감시	항모 원해 장거리 항행 후 모항으로 귀항
2017	1.9.	작전기, 한·일 ADIZ 경유 원해 장거리 항행	한·일 작전기 이륙 및 차단·감시	중국의 관례적인 원해 장거리 항행
	1.10.	각종 작전기, 대한해협 경유 동해까지 원해 장거리 항행	일본 작전기 30대 이륙 및 차단·감시	미국을 방문했던 함대의 귀환을 호송
	12.18.	각종 작전기, 한·일 ADIZ 경유 원해 장거리 항행	한·일 작전기 이륙 및 차단·감시	중국의 실전화 훈련
2018	4.20.	001호 항공모함, 원해 장거리 항행	일본 호위함 및 P-3C 대잠기 파견 감시	중국의 관례적인 원해 장거리 항행
2019	1.24.	H-6 폭격기 등 각종 작전기, 원해 장거리 항행	미국 전함 2척 대만해협 경유 항행	미국 전함의 빈번한 기동 행위에 대응
	4.12.	001호 항공모함 편대, 남하 및 남중국해에서 훈련	미국 루스벨트 항공모함 남중국해 진입	항행의 자유를 강조, 실제로는 도발의도 농후
	4.15.	H-6 폭격기 등 각종 작전기, 대만 선회비행 훈련	미국의 對대만 무기 판매 비준	미국의 對대만 무기 판매에 반대
	11.18	002호 항공모함, 남중국해 원해 장거리 항행	미·일·대만 3국 군함, 전 항행 과정 추적 감시	대만 총통 선거에 대한 중국의 선동 의도

* 출처: 張嘉友, 黃進華, 〈從中共遠海長航能力探討空軍防空部隊之因應作為〉, 《空軍軍官雙月刊》, 第216期, 2021年 3月, 頁49.

이상과 같이 중국 해·공군의 함정과 작전 항공기는 동중국해 방향으로 도련(島連)을 돌파하여 항행훈련을 하거나 남중국해로 남하하여 항행훈련을 하였다. 물론 실질적인 중점은 여전히 중국군 자체 인력의 합동작전 능력을 강화하는 데 있지만, 중국에 인접한 대만과 일본 등은 그 움직임을 예의주시하며 중국 군사력과 관련된 평가보고서나 혹은 국방백서를 통해 중국의 의도를 분석하여 수록하고 있다.[12]

4. 미래 발전 가능성

중국은 중국공산당 제19차 당대회(2017.10.18.~24.) 이후 해·공군의 원해 장거리 항행훈련을 재개하였다. 재개 이후의 항로를 살펴보면 원해 장거리 항행훈련의 영향 범위가 배로 증가하고 있음을 알 수 있다. 따라서 중국 해·공군은 현재의 원해 장거리 항행훈련에 기초하여 향후 훈련 범위를 순차적으로 확대할 것으로 판단된다. 그 미래 발전 가능성은 다음과 같이 판단할 수 있다.

가. 제2도련에 접근

중국의 활동범위가 점차 확대될 것이 확실시된다. 제2도련(第二島鏈)의 미국 영토 범위에 점차 접근하면 제1도련(第二島鏈) 밖에서의 중국 해·공군의 활동을 합리화할 수 있을 뿐만 아니라 아시아에 대한 미국의 영향력에 압박을 가할 수가 있다.

나. 완전한 편대 구성

중국 해·공군의 발전 현황을 살펴보면 '원해호위(遠海護衛)' 화력이라고 할 수 있는 전력은 이미 구축되어 있으며, 역대의 항행훈련을 통해 편대 구성을 다시 단계적으로 조정하고 있다. 예를 들어 향후 해군이 055형 구축함과 산둥(山東) 항공모함 및 최근에(2022.6.17.) 진수한 푸젠(福建) 항공모함까지 훈련편대에 포함시키면 그 편대 구성이 더욱 완전해질 것이며, 공군이 공중급유기를 훈련편대에 운용하여 항속거리를 증가시키면 그 위협 범위는 대폭 확장될 것이다.

---

[12] 董慧明, 〈近期共軍機艦動向及相關國家反應〉, 《大陸與兩岸情勢簡報》, 2019年1月, 頁18.

다. 오래된 족쇄 타파

2019년 3월 31일 중국공군의 J(殲)-11 전투기 2대가 대만해협 중간선을 다시 침범하였다. 이는 1999년 이후 20여년만의 일이다.[13] 그 고의성 여부는 차치하더라도, 최근 중국공군의 원해 장거리 항행훈련을 관찰해 보면 이른바 '편법'으로 대만의 방공식별구역(ADIZ) 남서쪽 모퉁이를 빈번히 침입하고 있고, 2020년 9월부터 2021년 8월까지 중국 군용기는 대만의 방공식별구역(ADIZ) 남서쪽 모퉁이를 554회나 침입하였다.[14] 이렇게 볼 때 향후 중국공군은 침입 구역을 방공식별구역(ADIZ)에서 영공(領空)으로 조정하여 대만을 더욱더 압박할 가능성도 있을 수 있다.

〈그림-3〉 대만의 ADIZ를 침입하는 중국 해·공군 주요 기종
* 출처: 國防部,《中華民國110年國防報告書》, (出版地 : 臺北, 2021年), 頁42-43.을 참조하여 필자가 재작성

---

[13] 呂炯昌,〈因李登輝「兩國論」失守的海峽中線〉,《MSN新聞-今日新聞》, 2019年4月1日,〈https://www.msn.com/zh-tw/news/other/巷子内》因李登輝「兩國論」失守的海峽中線/ar-BBVtd3A〉

[14] 國防部,《中華民國110年國防報告書》, (出版地 : 臺北, 2021年), 頁42-43.

Ⅲ 대만공군 방공부대의 배치 현황과 대응 조치

중국 해·공군의 원해 장거리 항행훈련이 대만군에 미치는 가장 큰 영향은 현재 그나마 다소 우세한 대만의 동부지역이 중국군의 공격위협 아래 그대로 드러날 수 있다는 점이다. 이는 어떤 의미에서는 대만의 가장 중요하고도 유일한 전략종심을 잃어버리는 것이다. 대만은 본래 해상의 도서국가로서 전략종심이 짧은 것이 줄곧 군사적 약점이 되어왔다. 특히 중국 해·공군이 상시 항모전투단을 편성하여 원해 장거리 항행훈련을 하면 대만 동부로부터의 후방 방어선이 위협받게 된다. 이러한 상황에서 대만의 최일선 부대는 대만공군의 방공부대이다. 다음은 세 가지 측면에서 중국 해·공군의 원해 장거리 항행훈련이 대만공군 방공부대에 미치는 영향을 분석하였다.

1. 대만공군 방공부대 배치 현황

대만공군의 현재 방공병력 배치 밀도는 세계 3위 안에 들며, 각종 방공부대는 대만 본섬 각지에 배치되어 있다. 현재의 배치 중점은 여전히 서부 중점 배치, 동부 거점 배치이다. 물론 배치의 원칙은 각 체계의 교전 능력과 특성에 따라 중요 방호 목표에 맞추어 배치함으로써 교전 기간 내 최대의 효과를 발휘하여 영공의 안전을 수호하는 것이다. 현재 대만공군이 관할하는 방공무기 체계의 성능과 배치 방식은 다음과 같다.

〈표-4〉 대만공군 방공무기체계 성능과 배치 방식

체계	패트리어트 (PAC)-3형	톈궁-3형 (天弓三型)	호크 (HAWK)	차량탑재 톈젠-1형 (天劍一型)	35mm방공포 / MIM-7 (Sparrow)
탐색거리 (km)	항공기: 170 미사일: 252	항공기: 270 미사일: 160	항공기: 120 미사일: NA	항공기: 20 미사일: NA	항공기: 20 미사일: NA
요격거리 (km)	항공기: 3~70 미사일: 3~20	항공기: 5~200 미사일: 7~35	항공기: 40 미사일: NA	항공기: 9~18 미사일: NA	항공기: 0.2~4.5 미사일: 4
요격고도 (km)	항공기: 24 미사일: 3~20	항공기: 24 미사일: 3~20	항공기: 17 미사일: NA	항공기: 6 미사일: NA	항공기: 5 미사일: 3
배치 방식	집중배치	분산배치	분산배치	거점배치	거점배치

* 출처: 張嘉友, 黃進華, 〈從中共遠海長航能力探討空軍防空部隊之因應作為〉,《空軍軍官雙月刊》, 第216期, 2021年 3月, 頁50.

가. 화력 연계

대만공군은 진지(陣地) 선택에 있어서 각 단위 간의 화력을 연계하여 넓은 면적의 복합 살상지역을 형성하고, 가능한 사각지대를 없애려고 노력하고 있다. 이 점은 초기 호크(Hawk) 진지의 배치에서 잘 나타나는데, 호크미사일의 유효사거리가 약 40km 정도이기 때문에 각 중대 진지 간 거리는 70km 내외로 유지하고 있다. 이렇게 두 진지 사이를 양호하게 연계하고, 다른 방공체계와 배합함으로써 대만 본섬의 서부 방공 화망은 여전히 완전한 연계 상태를 형성하고 있다. 반면에 동부는 중요 거점에만 배치하고 있다.

나. 종심 방어

대만은 해상의 도서(島嶼) 국가로서 대만 본섬 외에 총 121개의 크고 작은 섬으로 구성되어 있다. 현재 일부 방공 시스템은 펑후(澎湖), 둥인(東引), 뤼다오(綠島) 등 비교적 큰 섬에 배치되어 있고, 하나의 다층적인 방어화망을 형성하고 있다. 즉 각 체계는 서로 다른 요격거리와 거점을 고려하여 유효한 종심배치를 구축하고 있어 적의 돌파 가능성을 줄이고 있다.

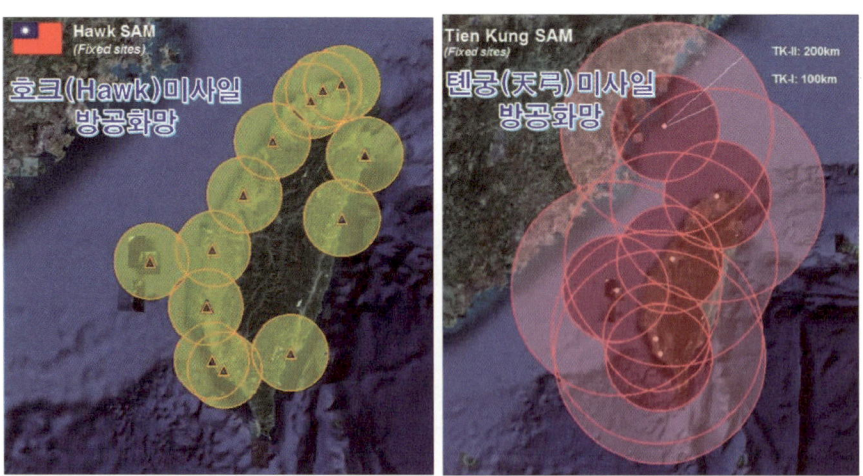

〈그림-4〉 대만공군 호크(좌) 및 톈궁(우) 미사일 방공화망
* 출처: 霍克防空导弹阵地, 沧浪客军事园, https://www.clk-mil.com/jdjs/tw/twhk.htm；台湾防空导弹用淘宝零件充数!台军又双叒叕当冤大头了?凤凰網, 2022年02月14日. https://i.ifeng.com/c/8DZjtB8B3gQ을 참조하여 필자가 재작성

다. 거점 배치

대만공군의 방공미사일 배치는 방공 화망의 간극을 메우기 위해 균형 있게 배치된 형태로 보이지만, 실제로는 중요 거점에 대한 강화된 방호를 고려하고 있다. 즉 핵심적인 기지, 정치·경제 중심지 등과 같은 중요 거점에 대해서는 적의 제1격 이후에도 가능한 많은 전력이 생존할 수 있도록 배치가 강화되어 있다.

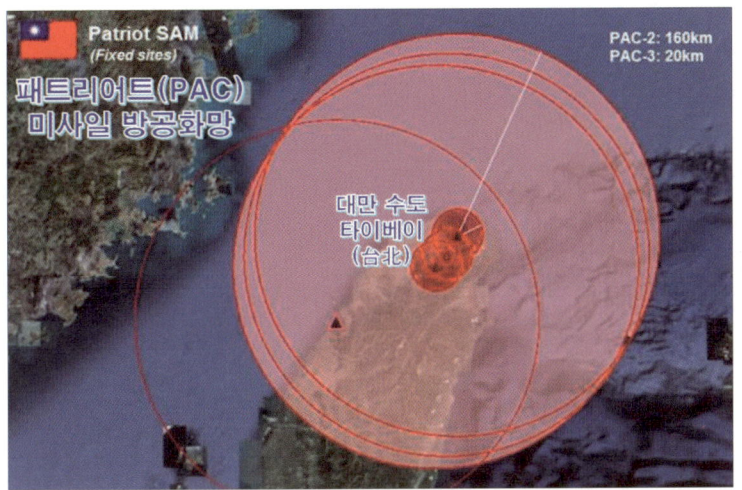

〈그림-5〉 대만공군 패트리어트(PAC) 방공미사일 방공망

* 출처: 爱国者防空导弹阵地, 沧浪客军事园, https://www.clk-mil.com/jdjs/tw/twagz.htm을 참조하여 필자가 재작성

2. 대만공군 방공부대의 대응 조치

대만군은 중국 해·공군이 원해 장거리 항행훈련을 하면 대만 내 여론과 민심을 안정시키기 위해서 반드시 상응하는 조치를 취해야 하는 것이 현실이다. 이러한 일련의 도발행위에 직면하여 양치기 소년이 '늑대가 나타났다!'고 소리칠 때마다 마을 사람들이 모두 달려 나가야 하는지에 대해 일부 논쟁이 있기도 하다. 문제는 언제 진짜 늑대가 나타날지 모르기 때문에 언론이 때로는 배를 산으로 몰고 간다.

결국 중국의 군사력이 대만의 몇 배나 되는 것이 사실이기 때문에 대만군의 장비와 훈련이 아무리 잘 준비되어 있어도 중국군의 장기적인 소모전에는 견디지 못할 것이다. 그렇다고 중국군이 함부로 도발하도록 그냥 내버려 둘 수도 없는 노릇이다.

따라서 대만군의 대응 조치에는 많은 요소들이 고려되어야만 비로소 억제와 안보의 목적을 달성할 수 있을 것이다. 대만공군은 전투기를 긴급 출동시켜 요격하는 것 외에도 그동안 방공부대를 통해 대응 조치를 취해 왔다. 다음은 대만공군 방공부대가 취한 대응 조치를 정리하였다.[15]

〈그림-6〉 대만 동부지역 방공전력 강화
* 출처: 台湾防空导弹用淘宝零件充数!台军又双叒叕当冤大头了?凤凰網, 2022年02月14日, https://i.ifeng.com/c/8DZjtB8B3gQ

가. 방공부대 주둔지 조정

중국 해·공군의 원해 장거리 항행훈련에 대한 대만공군 방공부대의 가장 명확한 조치는 방공무기체계 주둔지를 조정하는 것이다. 2017년 1월부터 2개의 패트리어트

---

15 空軍少校 張嘉友, 空軍上校 黃進華, 〈從中共遠海長航能力探討空軍防空部隊之因應作為〉,《空軍軍官雙月刊》, 第216期, 2021年3月, 頁51.

(PAC)-3 주둔지를 화롄(花蓮)과 타이둥(臺東) 기지로 조정하여[16] 대만 동부지역 방공전력을 강화하였다. 이밖에도 동부지역에 3개의 톈궁(天弓)-3 방공무기체계를 단계적으로 구축하여[17] 중국 해·공군의 기습적인 동부지역 공격에 대비하고 있다.[18]

나. 무기체계 도태 및 성능 향상

대만공군의 오래된 호크(HAWK) 방공미사일체계는 사거리 40km, 탐색범위 120km로 초기에는 대만 섬 전역에 대량으로 배치되었지만 사용 연한이 지나면서 점차 도태되기 시작하였고, 후속으로 톈궁(天弓)-3 방공미사일로 교체하여 방공전비태세를 유지하고 있다. 패트리트(Patriot)는 미국으로부터 PAC-3형을 구매하여[19] 방공요격 능력을 강화하였고, 35mm 방공포는 AHEAD(Advanced Hit Efficiency and Destruction) 탄두를 발사할 수 있도록 업그레이드하여[20] 순항미사일 요격 능력을 향상하였다. 이는 모두가 빠르게 성장하는 중국 군사력과 해·공군 원해 장거리 항행훈련 등의 위협에 대응하기 위한 조치들이다.

3. 대만공군 방공부대에 미치는 영향

중국은 2018년부터 이른바 원해 장거리 항행훈련을 실시하고 있다. 이는 증강된 중국의 국력을 대외로 현시하는 것은 물론 군사적으로 원해호위(遠海護衛)와 공방겸비(攻防兼備)의 목표를 달성하기 위한 것이다. 따라서 이러한 합동훈련을 통하여 작전 능력과 범위를 지속적으로 신장하고 있다. 한편 이러한 항행훈련은 주변국에 군사적

---

16 鍾元, 〈因應中共戰略 台愛國者飛彈近駐花蓮台東〉, 《大紀元新聞網》, 106年3月1日, 〈https://www.epochtimes.com/b5/17/3/1/n8862288.htm〉

17 游太郎, 〈弓3近駐宜花東 反制共軍擾台〉, 《自由時報電子報》, 2019年1月6日, 〈https://news.ltn.com.tw/news/focus/paper/1259318〉

18 〈台湾防空导弹用淘宝零件充数!台军又双叒叕当冤大头了?〉《凤凰网》, 2022年02月14日. https://i.ifeng.com/c/8DZjtB8B3gQ.

19 行政院新聞局, 2010/10. 〈第三章軍備整備〉, 《98年中華民國年鑑(中文版)》, 頁405.

20 同註15, 頁405.

위협으로 작용하며 영향을 미치고 있다. 이는 중국의 협상 카드가 되고 있다. 대만의 경우 중국과의 거리가 상대적으로 매우 가깝고 항행 경로에 포위되어 있어 체감도가 가장 뚜렷하고 가장 위협적일 수밖에 없다. 다음은 중국 해·공군의 원해 장거리 항행 훈련이 대만공군 방공부대에 미치는 영향을 크게 두 가지로 정리하였다.[21]

가. 사기 저하와 피로 누적

중국 해·공군이 끊임없이 실시하는 원해 장거리 항행훈련이나 중국 공군이 대만 본섬을 선회 비행하는 훈련은 대만공군 방공부대에게는 발등에 떨어진 불을 끄듯 시급히 대응해야 하는 상황들이다. 언제고 진짜 늑대들이 될 수 있기 때문이다. 따라서 중국공군이 실시하는 대만 본섬 선회비행훈련과 실무장을 탑재하고 출격하는 훈련은 대만공군 방공부대의 대응시간을 대폭적으로 단축시키고 있다. 그러나 이렇게 단축된 대응시간은 대만공군 방공부대원들에게는 상당한 정신적 압박일 수밖에 없다. 그리고 이러한 장기적인 대비태세 강화는 자칫 대만공군 방공부대원들의 사기 저하와 피로 누적으로 이어질 수 있다.[22]

나. 전략적 종심 상실, 대응시간 단축

군사적 측면에서 볼 때 중국공군이 실시하는 대만 본섬 선회비행훈련은 중국이 반접근/지역거부(A2/AD) 능력을 갖추었다는 점을 시사한다. 아울러 이는 대만공군이 그동안 이른바 배후지대로 여겨왔던 동부지역이 군사적 위협에 그대로 노출된다는 것을 의미한다. 이 같이 상황 변화에 대응하여 대만공군은 기존 호크(HAWK) 방공미사일을 텐궁(天弓) 방공미사일로 교체하고, 또한 호크(HAWK) 방공미사일을 뤼다오(綠島: 대만 본섬 동남부에 위치)에 배치하는 등[23] 동부지역 방공부대 배치를 조정

---

[21] 空軍少校 張嘉友, 空軍上校 黃進華, 〈從中共遠海長航能力探討空軍防空部隊之因應作為〉. 《空軍軍官雙月刊》, 第216期, 2021年3月, 頁52.

[22] 吳明杰, 〈共軍以戰代訓》從每年4次暴增到32次 共軍頻繁繞台透露出什麼訊息?〉, 《風傳媒》, 106年12月 18日, 〈https://www.storm.mg/article/373277〉

[23] 李育翰, 葉郁甫, 張崇閔, 〈強化東部防空 鷹式飛彈進駐蘭嶼, 綠島〉, 《民視新聞》 2018年3月14日.

하였다. 이러한 조치는 중국공군의 지속적인 대만 본섬 선회비행훈련에 대한 대응으로서 대만공군도 상응하는 방안이 있음을 경고한 것이다. 반면 이것은 대만공군 방공체계의 단점과 우려도 반영한 것이다. 결국 중국 해·공군의 원해 장거리 항행훈련의 편대 구성은 날로 완전해지겠지만 이에 대응한 대만공군의 신형 방공무기체계로의 교체 속도는 더디고 일부 무기체계는 너무 구형이기 때문에 앞으로 중국군과의 격차는 더욱 분명하게 드러날 것이다. 혹자는 대만군이 단기적으로 아직까지는 중국군의 대만 동부지역 상륙공격에 대응할 준비가 되어있다고 말할 수 있겠지만, 중국군이 2030년까지 4개 항모전투단을 구축할 경우[24] 대만 동부지역 방공부대는 더 큰 위협에 직면하게 될 것이다.

Ⅳ 대만공군 방공부대의 대응 방향

중국 해·공군의 원해 장거리 항행훈련이 대만공군 방공부대에 미친 가장 큰 영향은 종심(縱深) 우위에 있던 동부지역이 위태로워졌다는 것이다. 비록 현재 중국해군의 항모전투단과 함재기 수는 다소 부족하지만 공군과 합동작전으로 각종 작전기를 배비하여 임무를 수행하면 매우 큰 위협이 될 수 있다. 이렇듯 대만은 사방으로부터 공격과 고립무원의 궁지에 몰려있기 때문에 대응방안 수립은 잠시도 늦출 수가 없다. 대만의 연구자들이 제시한 대만공군 방공부대의 대응 방향은 다음과 같다.[25]

1. 방공무기체계의 질적 향상

대만의 과학기술 발전 정도와 대만 내 상황을 고려해보면 짧은 시간 내에 중국의

〈https://www.ftvnews.com.tw/AMP/News_Amp.aspx?id=2018314P04M1〉

[24] 歐錫富著, 《中國全力發展海上力量》, 《2019中共政軍發展評估報告》, 2019年12月, 頁100.

[25] 空軍少校 張嘉友, 空軍上校 黃進華, 〈從中共遠海長航能力探討空軍防空部隊之因應作為〉. 《空軍軍官雙月刊》, 第216期, 2021年3月, 頁53-56.

군사기술을 따라잡을 수가 없다. 따라서 무기구매가 대만의 군사력을 향상시킬 수 있는 첫 번째 고려 대상이다. 그러나 미국의 『대만관계법』 제3조에 따라 미국으로부터는 대만의 자체 능력을 유지할 수 있는 방위물자와 기술서비스만을 제공받을 수 있고,[26] 게다가 대만의 무기구매 통로는 미국의 통제를 받고 있다. 예를 들어 러시아의 SU-27 전투기 구매 건이 가장 좋은 예다.[27] 그러나 이러한 장애에도 불구하고 무기구매는 대만의 군사력을 빠르게 향상시킬 수 있는 가장 빠른 길이다. 대표적으로 이스라엘의 3대 방공무기체계 중 데이비드 슬링(David's Sling)(중거리)과 아이언 돔(Iron Dome)(근거리) 미사일방어체계는 실전을 통해 증명된 바 있어 대만에 상당히 적합할 것으로 판단된다. 만약 구매가 가능하여 톈궁(天弓)-3 및 패트리어트(PAC)-3와 조합을 이룬다면 다층의 종심 방공망을 형성하여 대만의 방공작전 능력을 대폭 향상시킬 수 있을 것이다.

〈표-5〉 대만공군이 요망하는 방공무기체계의 운용

체계	방어거리		운용계획
	항공기 방어	미사일 방어	
데이비드 슬링(David's Sling)	70~300km		장거리
톈궁(天弓)-3	5~200km	7~35km	중거리
아이언 돔(Iron Dome)	5~70km		근거리
패트리어트(PAC)-3	3~70km	3~20km	단거리

* 출처: 張嘉友, 黃進華, 〈從中共遠海長航能力探討空軍防空部隊之因應作為〉, 《空軍軍官雙月刊》, 第216期, 2021年3月, 頁53.

2. 방공부대 방어역량 강화

대만의 국토 면적은 협소하고, 중국의 위성정찰 기술은 발달해 있기 때문에 대만의 각 방공진지의 위치는 이미 노출되었을 것이다. 게다가 국방 관련 자료는 언론매

---

[26] United States,1979/4/10.Taiwan Realations Act,Pub L.96-8,P.2

[27] 阮大正, 〈兩岸史話-台俄軍事科技何做秘辛〉, 《中時電子報》, 2015年3月20日, 〈https://www.chinatimes.com/newspapers/20150320001064-260306?chdtv〉

체를 통해 분별없이 보도되고 있다.[28] 이렇듯 국방 관련 정보가 전례 없이 투명하게 노출되는 상황에서[29] 대만공군 방공부대의 전투능력을 어떻게 지속적으로 유지해 나갈 것인지는 중요한 과제가 되고 있다. 과학기술화 작전이 현대전의 전 과정을 관통하고 있는 현실을 고려할 때, 적(敵)은 전술탄도미사일이나 혹은 무인기 등을 운용하여 제1차 공격을 감행할 가능성이 높다. 그 목적은 물론 대만군의 지휘체계 및 반격 능력을 마비시키는 것이다. 이에 대해 대만공군 방공부대의 방어조치를 강화하기 위해서는 두 가지 측면의 발전을 필요로 한다.

가. 위성교란

중국은 미국의 GPS와 동급인 베이더우(北斗) 위성항법시스템을 자체 개발하여 2000년부터 사용하기 시작하였고, 후속 연구개발을 통해 2020년에는 전 지구를 범위로 하는 시스템을 완성하였으며,[30] 그 위치 정밀도는 5m 이내로 알려지고 있다. 따라서 향후 중국군의 타격 정밀도는 갈수록 높아질 것이고, 이에 따라 전술적 위치가 이미 노출된 대만공군 일부 방공부대의 위험은 더욱 치명적일 것이다. 따라서 대만 중산과학연구원(中山科學研究院)이 개발한 위성교란차량을[31] 각 방공부대에 배치하고, 유연하게 전술적 위치에 변화를 주면 생존성을 높일 수 있고, 전시에도 전력을 효율적으로 유지할 수 있을 것이다.

---

28 唐人電視台, 〈驚!台愛國者飛彈基地 谷歌3D地圖一覽無遺〉《新唐人電視台》, 2019年2月16日, 〈https://www.ntdtv.com.tw/b5/2019/02/16/a102513368. html〉

29 右灰文化傳播有限公司, 《21世紀戰爭新趨勢恐怖攻擊：不對稱的戰爭》(臺灣：右灰文化), 頁174, 《GOOGLE PLAY BOOKS》, 〈http://play.google.com/store/books/details/21世紀戰爭新趨⋯勢恐怖攻擊_不對稱的戰爭?id=EwAiDAAAQBAJ&hi=en_us〉

30 新華社港台部, 〈中國「北斗」衛星導航系統擁抱全球〉, 《風傳媒》, 2018年12月31日, 〈https://www.storm.mg/article/764068〉

31 相振為, 〈反制大陸北斗衛星!中科院「干擾車」亮相〉《TVBSNEWS》, 2017年3月13日, 〈https://news.tvbs.com.tw/politics/712997〉

나. 군사기지 지하화

대만은 국토가 협소하여 전술적인 기동을 전개할 수 있는 장소가 매우 적은 반면 중국의 위성정찰기술 발전이 매우 빠르기 때문에 이에 대응하기 위해서는 한편으로 위성을 교란해야 하고 다른 한편으로 대만의 군사기지를 지하화 하는 것도 필요하다. 이는 반드시 불가능한 일이 아니다. 대만이 진먼다오(金門島) 823 포격전(1958.8.23.~10.5.) 기간에 건설한 지하기지와[32] 베트남전쟁에서 북베트남이 운용한 사례는[33] 모두 참고할 가치가 있다. 그리고 스웨덴의 무스코(Musko) 해군기지와 F9 지하 공군기지를 예를 들면 단단한 화강암층 아래에 건설되어 있다.[34] 또한 이스라엘의 6일 전쟁에서 각국은 군사시설 지하화의 중요성과 실용성을 깨달았다.[35]

대만에서 새로운 군사지하기지를 건설하는 것은 토지 수용 문제와 주민들의 반발을 유발할 것이 분명하므로 실제로 이행하는 것은 쉽지 않을 것이다. 따라서 가장 적합한 방법은 기존 기지의 개축에 맞추어 지하에 방어시설을 건설하는 것이다. 이는 실행 가능한 방법이 될 것이다. 다른 한편으로 지하기지에 인접하게 중요 방호 목표를 위치시키면 향후 후속작전에서 비교적 빠른 화력지원이 가능하여 작전요구를 충족시킬 수 있을 것이다.

3. 감시·통제 강화

현재 대만군의 가장 주요한 정보출처는 조기경보레이더와 기타 각종 탐색레이더이다. 이는 당분간 기본적인 수요를 충족시킬 수 있을 것이나 미국이나 중국 등 일부 선진국과 같이 위성을 운용한 정보자료나 정찰사진은 확보하지 못하고 있다. 따라서

---

[32] 林慶銘,〈八二三戰役之研究〉,《軍事史評論》, 第25期, 2018年6月, 頁84-85.

[33] 史話戲說,〈美軍死敵：那些年越南的地下防禦工事〉,《每日頭條-KKNEWS》, 2018年11月19日,〈https://kknews.cc/zh-tw/military/g94n4q8.html〉

[34] 谷火平,〈25年後瑞典重啟地下海軍基地, 深挖地下30米, 基礎設施一應具全〉,《每日頭條-KKNEWS》, 2019年10月21日,〈https://kknews.cc/zh-tw/military/j2rka8l.html〉

[35] 韓春海,《中國準備的戰爭》(中國：外參出版社, 2013年), 頁31-33.

국지적으로 무인기 등의 장비를 운용하여 적정(敵情)을 획득할 수 있다면 조기경보 능력을 좀 더 향상시킬 수 있을 것이다. 대만공군 방공부대의 화망은 여전히 서부지역은 촘촘하고 동부지역은 드문드문한 서밀동소(西密東疏)이다. 그 이유는 본래 동부지역이 산악이 많아 지리적 이점이 있고, 인구 밀집지역 지역도 이란(宜蘭), 화롄(花蓮), 타이둥(臺東) 등 세 곳에 불과하기 때문이다. 반면, 중국 해·공군의 원해 장거리 항행훈련으로 어느 지역이든 위협에 노출됨에 따라 동부지역 방공화망 구성이 급선무가 되었다. 방공화망은 동부지역 일선에 중층으로 구축해야 한다. 아울러 대만 본섬 남동부 해상의 작은 섬 뤼다오(綠島)에 호크(HAWK) 방공미사일을 배치한 사례를 참고하여 대만 본섬 북동부 해상의 구이산다오(龜山島)나 북부 해상의 펑자위(彭佳嶼) 등 대만 본섬 밖의 작은 섬에 방공미사일을 추가 배치하는 것도 필요하다. 이는 방공화망의 밀도를 높여 동부지역 경계 범위와 조기경보 시간을 단축시키고 억제능력을 향상시킬 수 있다.

〈그림-7〉 대만 북동부 구이산다오(龜山島)와 북부 펑자위(彭佳嶼)
* 출처: 空軍少校 張嘉友, 空軍上校 黃進華, 〈從中共遠海長航能力探討空軍防空部隊之因應作為〉, 《空軍軍官雙月刊》, 第216期, 2021年3月, 頁53-56. 및 https://www.google.com/maps/place 구글지도를 참조하여 필자가 재작성

일본의 경우 ASM-3 대함 미사일을 오스미제도(大隅諸島), 아마미오섬(奄美大島), 오키나와섬(沖繩島), 미야코섬(宮古島), 이시가키섬(石垣島)에 순차적으로 배치하여 방공화망을 일선으로 연결시킴으로써 조기경보 범위를 더 멀리 확장하고 조기경보 및 반응시간을 단축시켰다.36 이는 중국 해·공군의 원해 장거리 항행훈련 함대와 항공기에 대한 대응도 일정 부분 강화한 것으로서 일단 상황이 발생하면 즉각 대응할 수 있다. 대만공군 방공부대는 이를 참고할 필요가 있다.

〈그림-8〉 일본의 대함미사일 군도(群島) 방어구상
* 출처: 空軍少校 張嘉友, 空軍上校 黃進華, 〈從中共遠海長航能力探討空軍防空部隊之因應作為〉, 《空軍軍官雙月刊》, 第216期, 2021年 3月, 頁53-56.; https://fnc.ebc.net.tw/FncNews/politics/74223 및 구글지도를 참조하여 필자가 재작성

36 呂理詩, 〈日本開始武裝「南西地域」, 逐步的與台灣併肩實施「群島防禦」〉, 《FACEBOOK》, 2019年 3月 19日, 〈https://fnc.ebc.net.tw/FncNews/politics/74223〉

4. 실전 훈련

최근 몇 년 동안 대만은 아시아·태평양 지역의 연합훈련에 참가할 기회를 적극적으로 쟁취해 왔다. 그러나 아주 많은 외적 요인이나 자극이 없었기 때문에 실질적으로 전술전법의 돌파나 국제관계를 개선하기는 어려웠다. 대만의 외교관계는 실질적인 진전을 보지 못했기 때문에 이제는 방식을 바꾸어야 한다. 그 방식은 사실 대만해협의 맞은 편에 있는 중국의 수법을 참고하는 것이다. 영공문제와 관련되지 않으면서 합법적으로 대만의 주권을 유지할 수 있는 방식이면서도 또한 공격성을 갖추어야만 중국의 계속적인 소란과 소모적인 악순환으로부터 탈피할 수 있다. 실현 가능한 방안을 모색해 보면 다음과 같다.

가. 적극방공

타국의 항공기를 레이더로 조준하면 충돌 위기가 조성될 우려가 있다고 누군가는 우려할 수도 있겠지만, 만약 타국이 대만의 방공식별구역을 침범하고 이에 대해 초계비행으로 퇴거조치를 하여도 효과가 없는 상황이라면 더욱더 적극적인 방법을 운용하여, 이를테면 레이더로 조준하여 대만의 영공안전 수호의 분명한 결심을 강력하게 표출해야 한다. 또한 각 방공부대의 독립작전 능력과 장병들의 임전(臨戰) 경험 및 대응 능력을 강화해야만 향후 더욱 복잡해지는 전장 환경에 보다 효과적으로 대응할 수 있고, 실전 효과도 기대할 수 있다.

나. 기동배치

대만의 국토는 약 36,000km^2에 불과하기 때문에 대만공군 방공부대의 주둔지는 중국의 베이더우(北斗) 위성항법시스템에 의해 일찍부터 탐지되었을 것이다. 따라서 방공부대 기동작전 및 전력보존 훈련을 강화하여 전시 생존율을 조금이라도 높여야 한다. 그래야 반격할 수 있는 역량을 보존할 수 있을 것이다. 기동작전은 책임지역에만 국한하지 말고 대만 본섬 전역에서 실시하여 전비태세를 강화하여야 한다. 또한 이러한 기동작전과 전력보존 훈련은 장기간 근무한 경험 많은 장병들이 진지 현황을 조사하고 전시에 즉시 적용할 수 있도록 함으로써 전장의 유연성과 기동성을 높이고, 전시 생존율을 높여야 한다.

Ⅴ 결론

중국은 빠르게 발전하는 군사력과 기술을 바탕으로 원해 장거리 항행훈련을 통해 그들이 기도하는 바를 암시하고 있다. 그것은 의심할 것 없이 미국이라는 가상적을 빌미로 그들이 건설한 군사력의 성과를 발휘하고 검증하는 것이다. 또한 이 같은 훈련을 통해 미국의 민감한 신경을 자극하며 아시아에서 미국의 영향력에 도전하려는 것이다. 이런 점에서 중국의 목적은 단순히 대만만을 겨냥하는 것이 아니라 더 깊은 의도가 있는 것이다. 물론 대만은 대만에 미치는 위협에 항상 경각심을 가져야만 한다.

중국 해·공군의 원해 장거리 항행훈련에 대해 대만은 명확히 인식하고 철저히 감시해야 한다. 다만 현재 대만은 과도한 대응으로 중국의 더 공격적인 시도를 야기하지 않도록 비교적 수세적인 작전을 실시하고 있다. 주권 분쟁으로 격화되지 않도록 격렬하게 대응하지 않는 것은 적절하다고 생각된다. 왜냐하면 약한 태도가 반드시 상대방의 침략적 행동을 초래하는 것은 아니기 때문이다. 그러나 대만은 상황이 어떠하든 앞으로도 대만의 주권적 입장을 세계를 향해 지속적으로 호소하고 지지와 동의를 얻어야하기 때문에 중국의 이러한 군사적 행동에 인해 피동적인 궁지로 몰리면 안 된다. 물론 군사력 차원의 대결로서 현재 대만의 입장을 보여주기는 어려운 상황이지만 중국의 군사적 행동을 참고하여 대만의 변경지역, 예를 들면 남중국해, 조어도(釣魚島, 댜오위다오, 센카투열도) 등지에서 군사훈련을 함으로써 주권을 수호하는 대만의 결연한 의지를 보여주는 것도 가능한 방법일 것이다.[37]

위에서 제시한 대응 방향은 국제 규약의 제한을 받는 많은 요소들로 인해 효과적

---

[37] 空軍少校 張嘉友, 空軍上校 黃進華, 〈從中共遠海長航能力探討空軍防空部隊之因應作為〉.《空軍軍官雙月刊》, 第216期, 2021年3月, 頁57.

인 추진이 불가능할 수도 있다.[38] 반면 대만은 국가적인 차원에서 자체 연구개발에 많은 비용을 투입하기를 희망한다. 자체적으로 추진이 가능한 범위는 여전히 과학기술 연구개발이며, 또한 가장 투자할만한 가치가 있는 부문이다. 현재 대만의 국방과학기술은 세계 선진국과 차이가 있을지 몰라도 이것은 발전을 위해 거쳐야 하는 중요한 과정이다. 끊임없는 시도와 추진만이 좋은 결과를 얻을 수 있다. 아울러 미사일, 무인기, 순항미사일 등의 경계선이 모호해지고 있는 지금, 이들 무기들의 기능적 특성을 통합하는 것이 미래의 추세가 될 것이므로, 만약 한발 앞서 기선을 잡는다면 방위산업 외에도 더 많은 돌파구를 찾을 수 있을 것이다. 현재 전자전이 점차 대두되고 있는 것은 미래전의 중요한 일환이기 때문이다. 전자전은 타격무기나 방어무기의 연구개발에 비해 기술적 진입 장벽이 낮고, 민간기업과도 협력이 가능하므로 국방부문에 일정 정도 새로운 피를 가져올 수 있을 것이다. 어지러운 국면이지만 다각적인 방법을 모색하여 국가의 안전을 확보할 수 있어야 한다.[39]

끝으로 대만군의 고민과 의지를 엿볼 수 있는 대만군 예비역 대령의 다음 문장을 소개하며 이 글을 마치고자 한다. 「최근 중국과 미국 두 강대국이 다시 동중국해와 남중국해에서 빈번히 훈련하며, 해·공군의 기함들이 지나치게 근접한다는 소식이 전해지고 있다. 이는 미·중 양강 사이에 위치해 있는 대만이 더욱 지혜롭고 적절하게 대응할 것을 요구한다. 미국의 대만문제 전문가인 하버드대 대만연구팀의 스티븐 골드스타인(Steven M. Goldstein)은 대만에게 "가장 위험한 일은 아시아지역의 '반중(反中)' 전략 포위망, 특히 여러 가지 군사연맹에 말려드는 것"이라고 하였다. 대만의 입장에서는 가장자리로 비켜서는 것이 당연히 이득이 될 것이다. 그러나 가장자리를 선택하는 것을 무조건 지지할 것인지에 대해서는 문제가 없는 것도 아니다. 일단 전쟁이 벌어지면 대만은 버려진 바둑돌이 될 가능성이 높다. 한마디로 말하면, 대만의 카드와 대만의 이익은 대만 스스로에게 의지해야 할 뿐, 어떤 국가의 대만에 대

---

[38] 林興盟,〈八一七公報不止六項保證 雷根備忘錄解密對臺軍售關鍵〉,《中央通訊社》, 2019年 9月 18日, 〈https://www.cna.com.tw/news/firstnews/201909180032.aspx〉

[39] 空軍少校 張嘉友, 空軍上校 黃進華,〈從中共遠海長航能力探討空軍防空部隊之因應作為〉,《空軍軍官雙月刊》, 第216期, 2021年 3月, 頁57.

한 요원하기 짝이 없는 약속을 기대할 수는 없다.」[40]

대만은 일찍이 IDF(Indigenous Defense Fighter) 경국호(經國號) 전투기를 개발한 바 있고 이어서 톈궁(天弓) 지대공 미사일과 슝펑(雄風) 대함 미사일은 물론 활주로 파괴용 완젠(萬劍) 공대지 순항미사일도 자국산으로 개발하였다. 그리고 최근에는 신형 고등훈련기 독자 개발에도 성공하였다. 브레이브 이글(Brave Eagle·勇鷹·용잉)로 불리는 AT-5 고등훈련기는 2019년 9월 24일 첫 시제기 출고식을 가졌고, 2020년 6월 27일 시험 비행에 성공했다. 이 자리에는 차이잉원 총통이 특별히 참석하여 시험 비행 조종사들을 격려했다. 2021년 11월 AT-5 융잉(勇鷹) 양산 1호기가 타이둥(臺東) 즈항(志航) 공군기지에 착륙함으로써 대만공군에 정식 인도되었다. 2022년 7월 6일 처음으로 훈련 모습을 공개하였다. 이때 더미(dummy) 공대공미사일과 공대지 폭탄을 장착하고 있었다. 대만공군은 2024년까지 45대를 도입하여 현재의 구형 F-5 전투기를 모두 대체할 계획이며, 2026년까지 총 66대를 도입할 예정이다.[41]

---

[40] 陳昌宏,「疫情水災邊界衝突『中』美關係持續惡化~中共下半年崎路難行」, 中共研究, 第54卷第4期, 2020년 7월, 頁17. ; 施澤淵,〈中國大陸啟動運-20及民航機群應對「新冠肺炎」(COVID-19)空運救治行動之初探〉,《空軍學術雙月刊》, 第679期/2020년 12월, 頁69.

[41] 〈國機國造新里程!「勇鷹」高教機正式首飛〉,《NOWnews》, 2020.7.1. https://www.youtube.com/watch?v=IOz3koqy6dQ ;〈勇鷹首飛!繼31年前IDF後再次締造歷史〉,《新唐人亞太電視》, 2020.6.27. https://www.youtube.com/watch?v=BEfy7t2UgQY ;〈交機後首度亮相 勇鷹高教機低空衝場〉,《華視台語新聞》, 2022.07.06. https://www.youtube.com/watch?v=JcYuFzLW5x0.

제10장

중국의 남중국해 미군 군용기 활동 연구

중국의 남중국해 미군 군용기 활동 연구

차례

Ⅰ. 서론
Ⅱ. 2018년 미군 군용기의 남중국해 군사활동
Ⅲ. 2019년 미군 군용기의 남중국해 군사활동
Ⅳ. 2020년 미군 군용기의 남중국해 군사활동
Ⅴ. 2021년 미군 군용기의 남중국해 군사활동
Ⅵ. 결론

요 약

이 연구의 목적은 중국공군을 좀 더 온전히 알고 연구하기 위해 이와 상대적인 중국의 미군 군용기 활동에 대한 연구 동향을 파악하는 데 있다.

중국의 북경대학해양연구원은 '남중국해 전략태세 감지계획(The South China Sea Strategic Situation Probing Initiative, SCSPI)'이라는 연구단체를 발족하여 운영하고 있으며, SCSPI는 2019년부터 『미군 남중국해 군사활동 불완전 보고』라는 연례 연구보고서를 발표하고 있다.

SCSPI가 2022년 3월까지 발표한 총 4개년도(2018, 2019, 2020, 2021) 연례 연구보고서의 주요 목차를 보면, 2018년 보고서는 미군의 '항행의 자유 작전', 남중국해 및 주변지역 전략무기 배치, 주변국과의 연합군사훈련, 남중국해 고강도 입체 정찰, 동맹 및 파트너 국가와 연합한 대중국 압박 등을 다루고 있고, 2019년 보고서는 미군 전략무기 플랫폼의 빈번한 남중국해 진입, 해상·공중 정찰 및 정보수집 활동, 섬 횡단식 '항행 자유 작전' 상시화, 해안경비대의 남중국해 활동, 군사외교 및 무기판매 등을 중점에 두었으며, 2020년 보고서는 미군 전략무기 플랫폼의 빈번한 남중국해 활동, 공중 근접 정찰 강화, '항행의 자유 작전'과 대만해협 통과, 연습훈련에 대한 코로나-19 영향 등을 중점적으로 다루었다. 그리고 2021년 보고서는 미군 전략무기 플랫폼의 활동 강화, 대중국 연해지역 해상·공중 근접 정찰, 대만해협 정세 자극, 연습훈련 규모 확대 등을 중점에 두었으며, 다른 연도와는 달리 특별히 미군의 연해 전략·작전 개념 및 장비 혁신을 분석하여 수록하였다.

SCSPI의 남중국해 미군 군사활동 연구는 남중국해가 중심이다 보니 아무래도 많은 부분이 미군의 해상전력을 다루고 있다. 따라서 이글에서는 해상전력 부분은 가능한 생략하고 공중전력 부분을 중점적으로 알아보았다.

keyword 북경대학해양연구원(北京大学海洋研究院), 남중국해 전략태세 감지계획(南海战略态势感知计划, SCSPI), 항행의 자유작전, 대만해협, 근접정찰

I 서론

앞의 제9장에서 살펴보았듯이 2020년 9월부터 2021년 8월까지 중국 군용기는 대만의 방공식별구역(ADIZ) 남서쪽 모퉁이를 554회나 침입하였다.

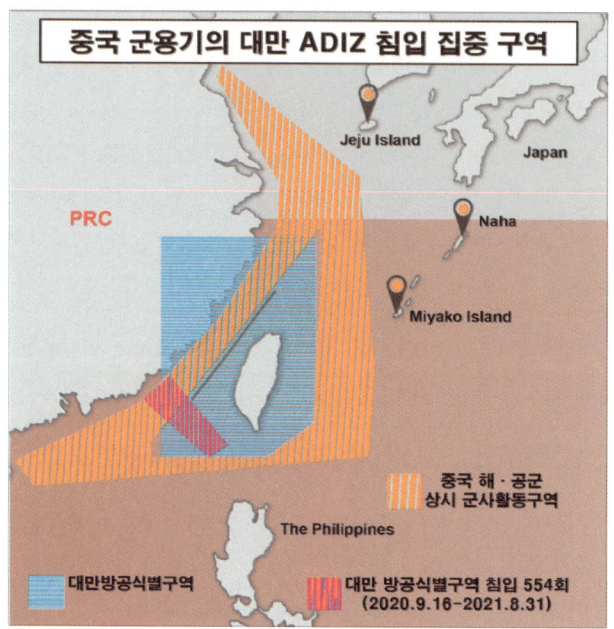

〈그림-1〉 중국 군용기의 대만 ADIZ 침입 집중 구역
* 출처: 國防部,《中華民國110年國防報告書》, (출판지 : 臺北, 2021년), 頁42-43.를 참조하여 필자가 재작성

2022년도에 들어와서도 중국 군용기의 대만 방공식별구역 침입은 여전히 대만 남서쪽 공역에 집중되어 있고, 전투기 이외의 H(轟)-6 폭격기, Y(運)-8 전자전기 등은 바시해협을 통과하여 대만 방공식벽구역을 침입하고 있다.

2022년 1월 23일 미국과 일본이 오키나와 남쪽에서 연합훈련을 실시하고 있는 가운데 중국 군용기 39대가 대만 방공식별구역 남서쪽을 침입하였다.[1]

---

1 游凱翔,〈美日沖繩南方海域軍演 39架共機擾台西南ADIZ〉, (圖取自國防部網頁mnd.gov.tw),《ETtoday》, 2022年 01月 23日. https://www.ettoday.net/news/20220123/2176328.htm.

〈그림-2〉 중국 군용기 39대 대만 ADIZ 남서쪽 침입(2022.1.23.)

* 출처: 游凱翔, 〈美日沖繩南方海域軍演39架共機擾台西南ADIZ〉, 《ETtoday》, 2022년 01월 23일을 참조하여 필자가 재작성

또한 2022년 3월 27일 중국 군용기 3대가 대만 방공식별구역 남서쪽을 침입하였는데 H(轟)-6 폭격기 2대는 바시해협을 통과하여 대만을 선회 비행하였다.[2] 2022년 4월 20일에는 중국 군용기 11대가 대만 방공식별구역 남서쪽을 침입하였고, 이중 H(轟)-6 폭격기 2대는 바시해협을 통과하여 대만을 선회 비행하였다.[3] 2022년 6월 21일에도 중국 군용기 29대가 대만 방공식별구역을 침입하였는데, 이는 1월 23일 39대, 5월 30일 30대에 이어 올 들어 세 번째 많은 규모이다.[4]

---

2 中央社, 〈共機3架次擾台2架轟6機穿巴士海峽侵東南空域〉, (圖/國防部提供), 《自由時報》, 2022/03/27. https://news.ltn.com.tw/news/politics/breakingnews/3873795.

3 涂鉅旻, 〈11共機來亂!近期最大擾台機隊「轟-6」還繞飛到東南空域〉, (圖/國防部提供), 《自由時報》, 2022/04/20. https://news.ltn.com.tw/news/politics/breakingnews/3899991.

4 涂鉅旻, 〈29架共機狂擾台!今年第3多各式機種幾乎全出動〉, (圖/國防部提供), 《自由時報》, 2022/06/21. https://news.ltn.com.tw/news/politics/breakingnews/3967876.

〈그림-3〉 중국 군용기 3대 대만 ADIZ 남서쪽 침입(2022.3.27)
* 출처: 中央社, 〈共機3架次擾台2架轟6機穿巴士海峽侵東南空域〉, 《自由時報》, 2022/03/27.을 참조하여 필자가 재작성

〈그림-4〉 중국 군용기 11대 대만 ADIZ 남서쪽 침입(2022.4.20.)
* 출처: 涂鉅旻, 〈11共機來亂!近期最大擾台機隊「轟-6」還繞飛到東南空域〉, 《自由時報》, 2022/04/20을 참조하여 필자가 재작성

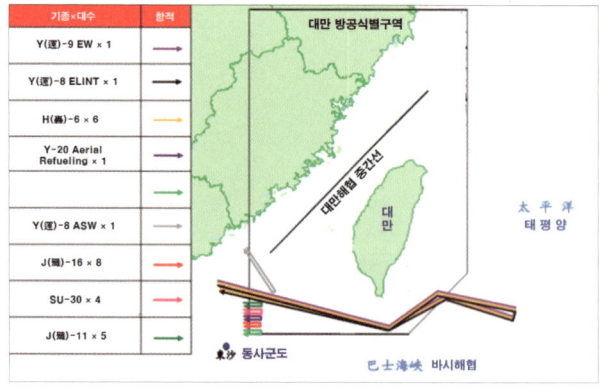

〈그림-5〉 중국 군용기 29대 대만 ADIZ 침입(2022.6.21)
* 출처: 涂鉅旻, 〈29架共機狂擾台!今年第3多各式機種幾乎全出動〉, 《自由時報》, 2022/06/21을 참조하여 필자가 재작성

중국의 군용기가 대만 방공식별구역 중에서 왜 남서쪽을 집중적으로 침입하는지에 대한 이유를 추정할 수 있는 연구보고서가 중국에서 발표되었다. 그것은 북경대학해양연구원(北京大学海洋研究院)이 운영하는 연구단체인 '남중국해 전략태세 감지계획(南海战略态势感知计划, The South China Sea Strategic Situation Probing Initiative, SCSPI)'이 2021년 3월 21일 발표한 『2020년 미군 남중국해 군사활동 불완전 보고(2020年美军南海军事活动不完全报告)』이다. SCSPI는 이 연구보고서에서 "대만 남서공역은 이미 미군의 각종 정찰기가 집중적으로 정찰하는 핵심 공역 중 하나가 되었다. 미군의 정찰 목적은 대만해협을 통과하는 미군 함정과 항공기에 대한 정보지원 외에 사실은 광둥성 동부와 푸젠성 지역의 중국군 전력의 상세한 움직임을 파악하는 것이 더 중요한 목적이다"고 설명하며, 대만해협 남서공역은 미·중 군사경쟁의 초점이 되었다고 평가하였다.[5]

군사 활동은 상대적인 경우가 많다. 중국군 동향에 대한 연례 연구보고서는 미 국방부가 미 의회에 제출하고 있는 '중국군사력보고서(Annual Report To Congress: Military and Security Developments Involving the People's Republic of China)'가 대표적이며, 2002년도 보고서부터 발표되었다. 일본 방위성의 방위연구소(防衛研究所) 또한 2011년부터 『중국안보전략보고(中国安全战略报告, China Security Report)』라는 이름으로 연례보고서를 발표하고 있다. 이에 상대적인 것으로 볼 수 있는 것이 북경대학해양연구원이 운영하는 연구단체인 '남중국해 전략태세 감지계획, SCSPI'의 연례 연구보고서 『미군 남중국해 군사활동 불완전 보고(美军南海军事活动不完全报告, An Incomplete Report on US Military Activities in the South China Sea)』이다. SCSPI는 2019년 5월 『2018년 미군 남중국해 군사활동 불완전 보고』를 시작으로 매년 동일한 제목의 연구보고서를 발표하고 있으며, 이밖에 '남중국해 정세', '베트남의 남사군도 도서·암초 확장 건설 현황', '미 해안경비대의 서태평양 병력 운용', '미군의 남중국해 군사연습' 등을 주제로 한 연구보고서도 발표하고 있다.

이 연구의 목적은 중국공군을 좀 더 온전히 알고 연구하기 위해 이와 상대적인 중

---

[5] SCSPI, 《2020年美军南海军事活动不完全报告》, 北京大学海洋研究院, 2021年3月12日. 頁17.

국의 미군 군용기 활동에 대한 연구 동향을 파악하는 데 있다. SCSPI의 남중국해 미군 군사활동 연구는 남중국해가 중심이다 보니 아무래도 많은 부분이 미군 해상전력을 다루고 있다. 따라서 해상전력 부분은 가능한 생략하고 공중전력 부분을 중점적으로 알아보고자 한다.

Ⅱ 2018년 미군 군용기의 남중국해 군사활동

SCSPI는 『2018년 미군 남중국해 군사활동 불완전 보고』의 서문에서 "남중국해의 평화와 안정 및 번영을 유지하고 촉진하기 위해 북경대학해양연구원은 '남중국해 전략태세 감지계획, SCSPI'를 발족하여 전 세계의 지적 자원과 공개된 정보를 수집하고, 남중국해에서 주요 이해관계자의 중요한 행동과 중대한 정책 동향을 지속적으로 추적하며, 전문적인 데이터 서비스와 분석 보고서를 제공하여 각국이 이견을 관리하고 경쟁을 넘어 협력으로 나아갈 수 있도록 지원하고 있다"고 밝히고 있다.[6] 다음은 2018년 보고서의 주요 내용이다.

1. 고강도 '항행의 자유 작전' 전개

2018년 미군은 남중국해에서 강도 높은 군사 활동 태세를 유지하였다. 미군은 '항행의 자유 작전(the freedom of navigation operations, FONOPs)', 공중정찰작전, 전략급 무기 플랫폼 및 첨단무기를 빈번하게 남중국해로 진출시켰고, 연합군사훈련, 군사외교, 무기판매 등 적극적인 소프트파워 외교를 전개하며 동맹이나 파트너국의 남중국해 개입을 독려하였다. 이를 통해 남중국해에서의 군사적 영향력을 확대하였으며 정부의 일부 고위급 당국자들은 중국을 겨냥한 전쟁 발언을 대대적으로 선전하며 중국을 억제, 위협하려는 의도를 뚜렷이 하였다.[7]

---

[6] SCSPI,《2018年美军南海军事活动不完全报告》, 北京大学海洋研究院, 2019年5月31日. 頁I. http://www.scspi.org/zh/yjbg/1559318400.

미군은 남사군도에서 서사군도 해역까지 작전 확대에 중점을 두고 집중적으로 '항행의 자유 작전'을 실시하였다. 2018년 한 해 동안 미 해군은 남중국해에서 중국을 상대로 최소 5차례 이상 도서·암초(islands and reefs) 12해리를 진입하는 '항행의 자유 작전'을 수행하였다. 공개되지 않은 2017년과 2018 회계연도 미 국방부의 『항행의 자유 작전 보고』에 따르면 미군 군함과 항공기는 중국의 배타적 경제수역(EEZ) 측량 및 이른 바 제한된 '항행의 자유 작전' 범위를 초과(통상 학자나 언론의 집계에서 제외)하는 항행도 실시하였다. 미군은 남중국해에서 중국을 상대로 각종 '항행의 자유 작전'을 10회 이상 실시하였다.[8]

〈표-1〉 2018년 남중국해 12해리 미·영 군함 진입 현황

일시	함정	특징
1.17.	구축함 USS Hopper	황암도(黃岩島) 12해리 내 해역 진입
3.23.	구축함 USS Mustin	미제초(美濟礁) 12해리 내 해역 진입
5.27.	구축함 USS Higgins, 순양함 USS Antietam	서사군도 동도(东岛), 중건도(中建岛), 영흥도(永兴岛) 12해리 내 해역 진입
8.31.	상륙함 HMS Albion	서사군도 내수 진입
9.30.	구축함 USS Decatur	남사군도 적과초(赤瓜礁), 남훈초(南薰礁) 12해리 해역 내 진입
11.26.	유도탄 순양함 USS Chancellorsville	서사군도 내수 진입

* 출처: SCSPI, 《2018年美军南海军事活动不完全报告》, 北京大学海洋研究院, 2019年5月31日, 頁2.

2. 전략무기 배치 증가

미군은 남중국해와 그 주변 지역에 전략무기를 끊임없이 배치하여 중국을 한층 더 위협하고 있다. 2018년 한 해 동안 미 해군과 공군은 4개 항모전투단(carrier strike group), 4개 상륙준비단(amphibious ready group) 그리고 여러 척의 핵추진 공격잠수함 및 B-52H 전략폭격기, F-22 스텔스전투기 등을 남중국해와 그 주변 지역에 출동시키며 전략적 위협 활동을 전개하였다.[9]

---

[7] SCSPI, 《2018年美军南海军事活动不完全报告》, 同前註 頁1.
[8] SCSPI, 《2018年美军南海军事活动不完全报告》, 同前註 頁1.

가. 전략폭격기

2018년 인터넷 통계에 따르면 미 공군은 괌(Guam) 앤더슨(Anderson) 공군기지에 배치된 B-52H 전략폭격기를 최소 16차례 남중국해로 출격시켜 군사작전을 전개하였다. 대부분 2기 편대 형태로 임무를 수행하였고, 출격 소티는 2017년 대비 4배 가까이 증가하는 등 목표 겨냥성도 대폭 강화하였다.[10]

《표-2》 2018년 미 공군 B-52H 폭격기의 남중국해 군사 활동 현황

순서	일시	쏘티	호출부호	활동지역	대대
1	02.03.	2	Toxin 01, 02	남사군도 미제초 부근	제20폭격기 대대
2	02.10.	2		1대는 남중국해 군사활동 1대는 싱가포르 에어쇼 참가	제20폭격기 대대
3	03.02.	2	Burn 01, 02	남사군도	제20폭격기 대대
4	03.20.	2	Nolan 01, 02	남사군도 미제초 부근	제20폭격기 대대
5	04.24.	2	Hero 01, 02	남사군도	제20폭격기 대대
6	05.17.	2	Peril 01, 02	남중국해	제20폭격기 대대
7	05.22.	2	Legit 01, 02	남중국해	제20폭격기 대대
8	05.31.	1	Weld 01	산터우(汕头) 외해, 광동공역	제20폭격기 대대
9	06.03.	2	Maker 01, 02	남사군도	제20폭격기 대대
10	06.05.	2	Diplo 01, 02	디에고가르시에서 이륙하여 남중국해 경유 괌 기지 착륙	제20폭격기 대대
11	08.28.	2	Dente 01, 02	남사군도 미제초 부근	제96폭격기 대대
12	08.30.	2	Dente 01, 02	남사군도 미제초 부근	제96폭격기 대대
13	09.24.	2	Etos 01, 02	괌 기지 이륙하여 남중국해 경유 디에고가르시아 착륙	제96폭격기 대대
14	09.25.	2		남중국해	제96폭격기 대대
15	10.17.	2	Kimbo 01, 02	남사군도	제96폭격기 대대
16	11.20.	2	Ziggy 01, 02	남중국해	제96폭격기 대대

* 출처: "南海战略态势感知计划"根据推特用户"飞机守望"(Aircraft Spots) 數據整理 ; SCSPI,《2018年美军南海军事活动不完全报告》, 北京大学海洋研究院, 2019年5月31日. 頁2.

일반적으로 B-52H 폭격기는 괌 앤더슨 공군기지(이 중 1회는 인도양 디에고가르시아(Diego Garcia))에서 이륙한 뒤 괌 북서쪽으로 비행하여 대만 남부의 바시해협

---

9 SCSPI,《2018年美军南海军事活动不完全报告》, 同前註 頁3.
10 SCSPI,《2018年美军南海军事活动不完全报告》, 同前註 頁4.

(Bashi Channel)을 통과한 후 남중국해로 진입하고, 남사군도(南沙群島) 부근까지 비행한 뒤 북상하여 황암도(黃岩島, 황옌다오) 인근 공역을 거쳐 다시 같은 경로로 괌 앤더슨 공군기지로 귀환하였다. B-52H 폭격기가 이륙하면 미 공군은 괌 앤더슨 공군기지나 일본 오키나와(Okinawa) 가데나(Kadena) 공군기지에서 KC-135R 공중급유기 2대를 이륙시켜 필리핀 해상 상공에서 임무를 수행하는 B-52H 폭격기에 공중급유를 실시함으로써 체공시간을 연장시켰다. B-52H 폭격기의 남중국해 연간 비행 임무 중에서 적어도 두 차례(5월 하순)는 중국 동남부 연안지역의 목표를 겨냥하여 모의 타격 훈련을 실시한 것으로 나타난다.[11]

당시 B-52H 폭격기 2대는 괌에서 이륙하여 바시해협을 통과한 뒤 평소처럼 남하하지 않고 북서쪽 동사군도(东沙群島) 인근 광둥(广东) 산터우(汕头) 외곽까지 비행한 뒤 다시 방향을 돌려 괌으로 귀환하였다. 이 같은 비행경로는 중국 대륙 연해지역을 겨냥한 모의 폭격 훈련인 것이 분명하다.[12]

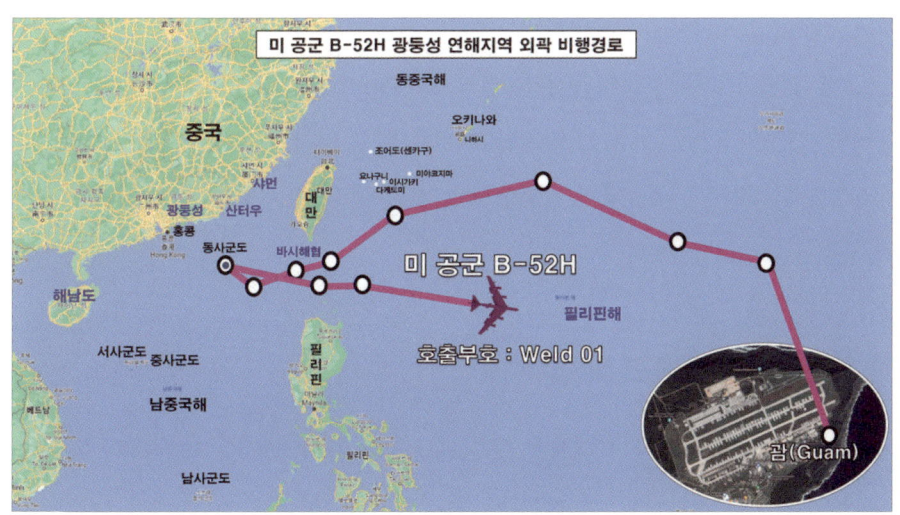

〈그림-6〉 미 공군 B-52H 폭격기의 광둥성 연해지역 외곽 비행경로
* 출처: SCSPI,《2018年美军南海军事活动不完全报告》, 北京大学海洋研究院, 2019年5月31日. 頁6. 推特用户"飞机守望"(Aircraft Spots)을 참조하여 필자가 개략적으로 재작성

11 SCSPI,《2018年美军南海军事活动不完全报告》, 同前註 頁5-6.
12 SCSPI,《2018年美军南海军事活动不完全报告》, 同前註 頁6.

나. 전투기

2018년 미 공군의 첨단 무기 플랫폼이 남중국해 주변 지역에 배치되기 시작했다. 2018년부터 남중국해지역에 배치된 제5세대 전투기 F-22와 F-35는 남중국해 지역의 비행 항로와 작전 환경을 숙지하고, 향후 유사시 항공모함과 폭격기 등 전략무기와 합동으로 군사작전을 전개하는 것이 주요 목적이다. 미 공군 제525 전투기 대대(Fighter Squadron)의 F-22 2대는 2월 초 알래스카 엘멘도르프(Elmendorf) 공군기지를 이륙하여 일본 오키나와 가데나 공군기지를 거쳐 싱가포르에 착륙하였다. 이날 미 해병대 제121 전투기 공격대대(VMFA) F-35B 2대도 일본 이와쿠니(Iwakuni) 기지에서 이륙하여 동일하게 싱가포르에 착륙하였다. 명목상으로는 싱가포르 국제 에어쇼에 참가하는 것이었지만 실제로는 이 지역 상공을 비행할 때 남중국해의 비행 항로와 작전 환경을 숙지하기 위한 것이었다. 더 분명하게는 8월 미 해병대 제211 전투기 공격대대(VMFA)의 F-35B를 탑재한 강습상륙함 USS 에식스(LHD-2)가 해외 배치를 위해 중동으로 가는 동안 동남아시아 국가들과 연례 연합군사훈련인 카라테(CARAT)를 실시했으며, 이때 F-35B 전투기가 연합군사훈련을 명목으로 남중국해에 진입한 것이다. 이어 9월에는 일본 사세보(Sasebo) 해군기지에 배치된 미 해군 강습상륙함 USS 와스프(Wasp)가 미 해병대 제121 전투기 공격대대(VMFA) F-35B 전투기 6대를 탑재한 채 남중국해로 항행하였고, 항행 기간 F-35B 전투기는 여러 차례 비행훈련을 실시하였다.[13]

3. 더욱 표적화된 군사 훈련 및 협력

미국은 남중국해 주변국들과 다양한 형태의 군사훈련 및 협력을 전개하여 이 지역에서 미군의 존재와 영향력을 지속적으로 확대하고 있다. 2018년 미군은 남중국해에서 필리핀, 태국, 인도네시아, 말레이시아, 싱가포르는 물론 일본, 영국 등 역외 국가들과도 100차례에 가까운 크고 작은 훈련을 실시하였고, 항구 방문, 무기 판매 등을 통해 소프트파워 외교를 적극적으로 확대하였다.[14]

---

[13] SCSPI,《2018年美军南海军事活动不完全报告》, 同前註 頁6-7.

4. 전 차원의 집중적인 정찰 작전

　미국은 각종 첨단 정찰 플랫폼을 남중국해 지역에 우선 배치하고 남중국해 정찰작전을 지속적으로 확대하여 중국군에 대해 고강도 전방위 정찰태세를 유지하였다. 미군은 거의 매일 P-3C와 P-8A 대잠초계기 2~4대를 남중국해로 출격시켜 정찰했으며 이는 연간 1,000여 소티에 이른다. P-8A 대잠초계기는 미 해군의 최첨단 해상정찰기로서 첨단 공중정찰시스템으로 넓은 해역을 효율적으로 감시할 수 있다. 2018년에는 P-8A의 남중국해 활동 빈도가 급증하였다. 현재 P-8A는 일본 오키나와 가데나 공군기지와 북부 미사와(Misawa) 공군기지에 주로 배치되어 있지만 남중국해 주변의 필리핀 클라크(Clark) 공군기지, 태국 우타파오(U-Tapao) 공군기지 등에도 한 두 대씩 배치되어 있다. 2018년 10월 초 미국 본토에서 파견된 P-8A 대잠초계기 2대가 일본에 착륙하지 않고 태국 우타파오 공군기지로 직항했고, 가데나 또는 클라크 공군기지에서 이륙한 P-8A가 거의 매일 남중국해를 정찰하였다. 남사군도의 도서와 암초는 미 정찰작전의 초점이다. 일례로 8월 미 CNN 기자가 탑승한 미 해군 제4초계기 대대 소속 P-8A 대잠초계기(기체번호 168850)가 오키나와 가데나 공군기지를 이륙하여 남사군도 저벽초(渚碧礁, Subi Reef), 영서초(永暑礁, Fiery Cross reef), 적과초(赤瓜礁, Johnson Reef), 미제초(美济礁, Mischief Reef) 등 4개 암초를 정찰하였다. 작전 중 미 해군 P-8A 대잠초계기는 6차례에 걸쳐 중국군으로부터 무전 음성 경고를 받았다. 뉴욕타임스(NYT)는 9월 초 미 해군 제4초계기 대대 소속 P-8A 대잠초계기(tail number 169009) 1대가 오키나와 가데나 공군기지를 이륙하여 남중국해 미제초 인근에서 정찰하던 중 한 차례 미제초 영공을 진입했다고 보도하였다.[15] 미군은 남중국해 도서·암초에 대한 정찰 뿐 아니라 중국군 군사작전에 대한 정찰도 하고 있다. 예를 들면 일부 항공 애호가들은 방송형자동종속감시

---

[14] SCSPI, 《2018年美军南海军事活动不完全报告》, 同前註 頁7. 이와 관련한 세부 내용은 항공전력과 직접 관련되지 않으므로 여기에서는 생략하였다.

[15] Hannah Beech, "China's Sea Control Is a Done Deal, 'Short of War With the U.S'", Sept. 20, 2018, https://www.nytimes.com/2018/09/20/world/asia/south-china-sea-navy.html.

(Automatic Dependent Surveillance-Broadcast) ADS-B를 통해 1월 6일 오후 미 해군 제8초계기 대대 P-8A 대잠초계기(기체번호 168758) 1대가 오키나와 가데나 공군기지를 이륙하여 바시해협을 거쳐 남중국해로 향했고, 마침 이날 중국의 랴오닝호(辽宁号) 항공모함이 남중국해에서 군사작전을 벌이고 있는 것을 발견하였다. 이 밖에 미 공군이 오키나와 가데나 공군기지에 배치한 RC-135 정찰기, 괌 앤더슨 공군기지에 배치한 RQ-4B 글로벌호크 무인기 등도 남중국해 지역을 자주 정찰하고 있다. 예를 들면 5월 7일 미국과 필리핀의 발리카탄(Balikatan) 연합훈련 중 마닐라 비행정보구역(Manila Flight Information Region)이 공지한 항행통보 1754호는 미 공군의 RQ-4B 글로벌호크가 5월 8일부터 5월 9일까지 필리핀과 남중국해 상공을 비행하며 정찰작전을 수행했다는 것을 보여준다. [16]

〈그림-7〉 스노든(Snowden)이 폭로한 미 국가안보국 문서(EP-3E 비행경로)
* 출처: SCSPI, 《2018年美军南海军事活动不完全报告》, 北京大学海洋研究院, 2019年5月31日. 頁12. [17] ; 〈新中国三大国耻 (1) : 中美南海撞机事件始末!中国5次拒绝美国道歉, 美侦察机被大卸八块!〉, 《头条历史》, 2021. 4. 21.을 참조하여 필자가 개략적으로 재작성

[16] SCSPI, 《2018年美军南海军事活动不完全报告》, 同前註 頁10.
[17] Kim Zetter, the Intercept, April 10, 2017, https://theintercept.com/2017/04/10/snowden-documents-reveal-scope-of-secrets-exposed-to-china-in-2001-spy-plane-incident/ Flight path of the turboprop EP-3E Aries involved in the crash. Map: Navy-NSA final report on the EP-3 Collision.

통상 미군 정찰기는 오키나와 가데나 공군기지를 이륙한 뒤 먼저 남하하여 바시해협에 진입하고 바시해협에서 남중국해로 진입한다. 이어 남서쪽으로 방향을 틀고 홍콩 연안을 따라 서쪽으로 비행하며, 해남도(海南島, 하이난다오)에 이르러서는 북동쪽에서 남서쪽으로 비행한다. 해남도에서는 해안선을 따라 싼야(三亞)[18] 남서쪽 상공까지 비행한 후 귀환 경로로 복귀한다. 미군은 이렇게 중국 남부지역을 겨냥하여 강도 높은 공중정찰을 하고 있다.[19]

5. 결론 및 전망

강대국 간 전략적 경쟁이 진행되면서 미국은 전략, 전술 및 운용 측면에서 남중국해 정세에 대한 관심과 겨냥성을 크게 높였다. 중국이 힘의 사용을 자제하더라도 중국의 힘이 계속 발전하는 한 미군은 남중국해 군사력 배치, 전방 존재, '항행의 자유 작전', 전장 건설 등에 더욱 박차를 가할 것이다. 앞으로도 미군의 병력은 계속해서 남중국해로 집중될 것이고 작전의 강도는 더욱 강화될 것이다. 미국이 현재의 남중국해 전략태세에 만족하지 못하면서 마찰을 빚거나 충돌을 일으키려는 충동이나 의지도 급격히 높아지고 있다. 따라서 중국은 남중국해와 그 주변지역에서 미군의 존재와 활동을 예의주시할 필요가 있다.[20]

Ⅲ 2019년 미군 군용기의 남중국해 군사활동

SCSPI 『2019년 미군 남중국해 군사활동 불완전 보고』의 서문은 2018년과 동일하며, 전체 분량은 34쪽으로 2018년의 20쪽에 비해 수록 내용이 증가하였다. 전체적으

---

[18] 싼야(三亞)에는 중국해군 싼야종합보장기지(三亞综合保障基地)가 있으며, 항공모함 2척을 정박할 수 있는 대형 부두를 갖추고 있다.

[19] SCSPI, 《2018年美军南海军事活动不完全报告》, 同前註 頁10-11.

[20] SCSPI, 《2018年美军南海军事活动不完全报告》, 同前註 頁15.

로 남중국해를 미·중 간 해상 전략 경쟁의 최전선으로 보고 있다. 다음은 2019년 보고서의 주요 내용이다.

1. 전략폭격기

2019년에도 미군은 남중국해 지역에서 고강도의 군사활동 태세를 유지하였다. 전략 플랫폼이 자주 드나들었고 해상·공중 정찰 전력이 밀집하여 각종 정찰 활동을 펼쳤다. "섬을 넘고 암초를 넘나드는 식"의 '항행의 자유 작전'을 빠르게 증가시켜 군사·외교적 힘을 과시하였다. 남중국해에서의 군사적 충돌과 관련한 미국의 언행은 다소 조심스럽지만, 이 지역에서 미군의 활동은 규모나 강도 면에서 2018년에 비해 현저히 증가되었다. 미군의 각종 군사훈련과 병력 및 무기 플랫폼이 경쟁적으로 배치되면서 남중국해는 미·중 간 해상전략 경쟁의 최전선이 되었다.[21]

미 공군은 2019년 제23원정폭격기대대(Expeditionary Bomb Squadron, EBS)와 제69원정폭격기대대(EBS)를 괌 앤더슨 공군기지로 연달아 파견하여 '지속적인 폭격기 존재(Continuous Bomber Presence)' 임무를 수행하였다. 이 임무는 1월부터 7월까지 제23원정폭격기대대가 수행하였고, 7월 12일 이후부터는 제69원정폭격기대대가 대체하여[22] 수행하였다. 공개된 자료에 따르면 미 공군 B-52H 폭격기의 2019년 상반기 남중국해에서의 군사작전 빈도는 줄어들었다. 군사작전의 대표적인 사례는 3월 5일 미 공군 제23원정폭격기대대 B-52H 폭격기 1대가 괌 앤더슨 공군기지를 이륙하여 발린탕(Balintang) 해협을 지나 남중국해 중사군도(中沙群島) 인근에 진입하여 군사작전을 벌인 뒤 괌으로 귀환한 것이다. 나머지는 대부분 B-52H 폭격기가 괌에서 인도양 디에고가르시아로 이동할 때 남중국해를 경유하거나 말레이시아 랑카위(Langkawi) '국제해양·항공우주박람회(LIMA)'에 참가하기 위한 것이

---

[21] SCSPI, 《2019年美军南海军事活动不完全报告》, 北京大学海洋研究院, 2020年3月28日. 頁15. 필자는 《2019年美军南海军事活动不完全报告》의 내용 중 전략무기 플랫폼, 항행의 자유 작전, 미 해안경비대, 미국의 군사외교 부분은 생략하였고, 해·공군의 정찰활동과 관련된 내용 위주로 살펴보았다.

[22] Pacific Air Force Public Affairs, B-52s rotate in the Indo-Pacific, July 17, 2019, https://www.pacaf.af.mil/News/Article-Display/Article/1908215/b-52s-rotate-in-the-indo-pacific/.

었다. 하반기에는 미 해군 레이건(CVN-76) 항모전투단이 남중국해 인근을 항행하는 동안 B-52H 폭격기가 남중국해로 빈번히 진입하였다. 8월 12일부터 14일까지 연속 3일 동안 미 공군 제69원정폭격기대대 소속 B-52H 폭격기 2대가 매일 괌 앤더슨 공군기지를 이륙하여 남중국해 황암도(黃岩島, 황옌다오) 이북 공역에서 군사작전을 펼치다가 괌으로 돌아가는 길에 필리핀 루손섬 서북해역을 항해 중인 레이건(CVN-76) 항모전투단과 어떤 형태로든 합동훈련을 실시하였다. 남중국해 주변 지역에서 미 공군 B-52H 폭격기와 미 해군 항모전투단과의 이 같은 훈련은 미국의 표적이 중국이라는 것을 나타내는 뚜렷한 증거라고 할 수 있다.[23]

《표-3》 2019년 미 공군 B-52H 폭격기의 남중국해 군사활동 현황

일시	쏘티	호출부호	활동지역	대대	비고
03.05.	1	Toxin 02	중사군도 부근 공역	제23 EBS	제23 EBS, 남중국해 최초 진입
03.13.	2	ROOST 01, 02	남중국해	제23 EBS	미 공군 KC-135R 2대, 필리핀 해상 상공에서 공중급유
03.26.	2	STUN 01, 02	말레이시아 랑카위	제23 EBS	랑카위 국제박람회 참가
05.07.	1	PINUP 02	남중국해	제23 EBS	디에고가르시아에서 괌 복귀
06.07.	2	COSBY 01, 02	남중국해	제23 EBS	
07.29.	1	Denally 01	남중국해	제69 EBS	
08.12.	1	COOKER 01	황암도 이북 공역	제69 EBS	
08.13.	1	COOKER 01	황암도 이북 공역	제69 EBS	레이건 항모와 합동훈련
08.14.	1	COOKER 01	황암도 이북 공역	제69 EBS	
08.27.	1	EVOLE 01	남중국해	제69 EBS	
08.29.	1	SURFR 01	남중국해	제69 EBS	
10.02.	1	SNAPY 02	남중국해	제69 EBS	미 공군 KC-135R 1대, 필리핀 해상 상공에서 공중급유
10.25.	2		남중국해	제69 EBS	

* 출처: SCSPI,《2019年美军南海军事活动不完全报告》, 北京大学海洋研究院, 2020年3月28日. 頁7.

---

[23] SCSPI,《2019年美军南海军事活动不完全报告》의 영문판 'An Incomplete Report on US Military Activities in the South China Sea in 2019', March 28, 2020. p. 8.

2. 정찰기

공중 정찰의 경우 미군은 괌 앤더슨 공군기지, 오키나와 가데나 공군기지, 필리핀 클라크 공군기지, 한국 오산 공군기지에 배치된 RQ-4B 글로벌호크(Global Hawks) 무인기, P-8A 및 P-3C 대잠초계기, EP-3E 정찰기 에리스(ARIES, Airborne Reconnaissance Integrated Electronic System), RC-135 계열 정찰기, U-2S 고고도정찰기 등 공중정찰 전력을 동원하여 남중국해 지역에 대해 집중적으로 정찰 활동을 벌였다.[24]

가. RQ-4B 글로벌호크

RQ-4B 글로벌호크 무인기는 괌 앤더슨 공군기지에서 이륙하여 필리핀 상공을 거쳐 남중국해로 진입하여 정찰활동을 펼친다. RQ-4B는 고고도, 장거리, 장시간, 다수단 정찰 성능으로 남중국해 지역에서 정찰임무를 수행하는 주력 기종의 하나이며,

〈그림-8〉 2019년 11월 11일부터 12일까지 RQ-4 글로벌호크 비행경로
* 출처: SCSPI,《2019年美军南海军事活动不完全报告》, 北京大学海洋研究院, 2020年3月28日. 頁9를 참조하여 필자가 개략적으로 재작성

---

24 SCSPI,《2019年美军南海军事活动不完全报告》, 同前註 頁8-9.

매월 3~4 차례의 정찰 빈도를 유지하며 필리핀의 대부분 지역과 남중국해 동부지역을 정찰하고 있다.[25]

나. P-8A 대잠초계기

현재 미 해군은 필리핀 클라크 공군기지에 P-8A 대잠초계기 2~3대를 상시 배치하고 있으며 특별한 경우, 예를 들면 레이건(CVN-76) 항모전투단이 남중국해를 항해하는 기간에는 추가 배치된다. 현재 미 해군은 서태평양 지역에 APS-154 첨단공중감지기(Advanced Airborne Sensors)를 갖춘 P-8A 대잠초계기 2대(기체번호 169010, 168996)를 배치하여 주로 수상 표적에 대한 추적·감시 임무를 수행하고 있다. 이 중 기체번호 168996 P-8A 대잠초계기는 2019년 4월 7일 오키나와 가데나 공군기지에 배치된 이후 미 본토로 돌아가지 않고 있다. 공개된 자료에 따르면 9월 27일 필리핀 클라크 공군기지에 잠시 배치된 P-8A 대잠초계기는 레이건 항모전투단과 함께 남중국해 지역에서 군사작전을 실시하였다.[26]

3. 정찰 전력의 운용 방식

남중국해 지역에서 미군 공중정찰 전력의 운용은 주로 정례적인 정찰과 전문적인 정찰 임무를 결합하는 방식으로 이뤄진다. 정례적인 정찰 임무는 통상 바시해협에서 남중국해로 진입한 뒤 북서쪽으로 방향을 선회하여 광둥성 동남공역으로 진입하고 이후 중국의 남부 지역 해안선을 따라 서쪽으로 해남(海南, 하이난) 싼야(三亞) 남서 공역까지 진행한 뒤 되돌아오는 항로를 택한다. 전문적인 정찰 활동은 주로 임무 성격에 따라 정찰 전력을 선정하여 수행하며 정찰 공역의 선정도 임무의 필요에 따라 조정된다. 정찰 활동은 미군 항공모함을 위한 정보지원, 항행하는 수상함정을 위한 정보지원 및 중국해군의 대규모 작전 활동을 정찰하기 위해 실시된다. 예를 들면 4월 28일에서 29일까지 미 해군 미사일 구축함 스테템(USS Stethem, DDG-63)과 로

---

[25] SCSPI, 《2019年美军南海军事活动不完全报告》, 同前註 頁9.
[26] SCSPI, 《2019年美军南海军事活动不完全报告》, 同前註 頁9-10.

렌스(USS William p. Lawrence, DDG-110)가 남에서 북으로 대만해협을 통과하는 동안 미 해군은 P-8A 대잠초계기 1대(기체번호 169340)를 필리핀 클라크 공군기지에서 이륙시켜 동사군도 인근 상공까지 정찰 작전을 펼치며 수상함정을 지원하였다. 1년간의 정찰 활동을 살펴보면, 미 공군의 U-2S 고고도 정찰기와 RQ-4B 글로벌호크 무인기는 주로 연례적인 정찰 임무를 수행하는 반면 RC-135 계열 정찰기와 P-8A, P-3C 대잠초계기, EP-3E 정찰기는 전문적인 정찰 임무를 수행하는 경우가 많다. 특히 미 해군 수상함정이 대만해협을 통과하거나 미 공군 MC-130J 특수작전기가 대만해협 상공을 비행하는 동안에 미군은 RC-135V/W, EP-3E, P-8A 등 3개 정찰기를 통합하여 대만해협 남구(南口)와 북구(北口) 2개 공역에서 연속적으로 정찰 임무를 수행하며 대만해협을 통과하는 정찰 전력에게 정보를 제공한다. 예를 들면 미 해군 미사일 순양함 USS 챈슬러즈빌(Chancellorsville(CG-62))이 11월 12일 대만해협을 통과하는 동안 미 공군은 오키나와 가데나 공군기지에서 RC-135W 정찰기 1대를 출격시켜 대만해협 남구(南口) 상공에서 정찰 활동을 하였다. 이 때 RC-135W의 체공시간을 연장시키기 위해 오키나와 가데나 공군기지에서 KC-135R 공중급유기 1대(기체번호 59-1459)가 이륙하여 대만 남서부 상공에서 공중급유를 제공하였다. 같은 시간 미 해군 P-8A 대잠초계기 1대는 필리핀 클라크 공군기지를 이륙하여 대만해협 남구(南口) 상공으로 정찰 활동을 하였고, RC-135W와 함께 미사일 순양함 챈슬러즈빌(CG-62)에게 정보를 지원하였다.[27]

4. 해·공군 이외의 미 공중전력

이와 같은 정찰기 외에 미 조지아주 공군방위군(Georgia Air National Guard)의 E-8C 전장감시지휘기(Joint Surveillance Target Attack Radar System, JSTARS, 기체번호 97-0200) 1대가 10월 8일 일본 오키나와 가데나 공군기지를 이륙하여 대만 남서부 상공에서 정찰 활동을 하였다. E-8C JSTARS는 주로 한반도에서 정찰·감시

---

[27] SCSPI, 《2019年美军南海军事活动不完全报告》, 同前註 頁10-11.

임무를 수행하는 정찰기로서 드물게 남중국해 지역에 출현하였다. 공개된 자료로 파악해 보면 이것이 2019년도에 유일하게 남중국해로 이동하여 정찰작전을 수행한 것이다. 한편 미 항공우주국(National Aeronautics and Space Administration, NASA)은 8월 16일부터 10월 6일까지 P-3B 공중실험실 항공기(기체번호 N426NA) 1대와 리어젯(Learjet)-25 공중실험실 항공기(기체번호 N999MF) 1대를 필리핀 클라크 공군기지에 잠시 배치하고 남중국해 및 필리핀 주변 지역에 대한 실험 및 조사 활동을 벌였다.[28]

5. 결론 및 전망

공개된 자료에 따르면 2019년 미 해군이 남중국해 지역에서 수행한 도서 진입식 '항행의 자유 작전'은 8회로서 2018년의 5회보다 60%나 증가하였다.[29] '항행의 자유 작전'이 진행되는 동안 미 해군은 P-8A 대잠초계기, EP-3E 정찰기 에리스(ARIES)와 같은 공중정찰 전력을 통해 보다 정밀한 항로를 선정하고, 더욱 치밀하고 의도적인 작전을 상시화하였다. 특히 2019년 이후 '항행의 자유 작전'은 일정 간격이 지켜지지 않았다. 때로는 3개월 만에, 때로는 하루 만에 실시하여 언제 어디서나 하고 싶은 대로 할 태세를 나타냈다.[30] 2019년 미군은 남중국해에서의 존재와 작전 강도를 지속적으로 강화하였다. 이로써 중국을 겨냥한 움직임도 계속적으로 강화되었다. 앞으로 미국은 '인도-태평양 전략'과 2018년판 국방전략을 이행하기 위해 계속해서 존재감을 높이고 중국을 겨냥한 군사작전을 강화할 것이다.[31]

---

[28] SCSPI, 《2019年美军南海军事活动不完全报告》, 同前註 頁11.
[29] SCSPI, 《2019年美军南海军事活动不完全报告》, 同前註 頁12.
[30] SCSPI, 《2019年美军南海军事活动不完全报告》, 同前註 頁13.
[31] SCSPI, 《2019年美军南海军事活动不完全报告》, 同前註 頁26.

Ⅳ 2020년 미군 군용기의 남중국해 군사활동

SCSPI『2020년 미군 남중국해 군사활동 불완전 보고』의 분량은 29쪽으로 2019년의 34쪽에 비해 다소 줄었다. 반면 지난 2년 동안 SCSPI의 미군 군용기 활동에 관한 연구가 중화권 언론에 알려지기 시작하였고 한반도와 관련된 내용에 대해서는 국내 언론도 SCSPI의 자료를 인용하여 보도하기 시작하였다. SCSPI는 미·중 군사경쟁의 초점이 남중국해에서 대만해협으로 점차 변화되고 있음에 주목하였다. 다음은 2020년 보고서의 주요 내용이며, 한국 언론의 관련 보도가 있을 경우 함께 소개하였다.

1. 대규모 함정편대 실전화 훈련 강화

2020년 코로나(COVID)-19가 전 세계적으로 대혼란을 일으켰음에도 불구하고 미군은 남중국해 지역에서 강도 높은 군사 활동을 지속하였다. 미군의 항모전투단, 전략폭격기, 핵잠수함으로 대표되는 전략무기 플랫폼은 남중국해를 빈번히 출입하며 중국에 대한 전에 없던 무력 위협을 구사하였다. 이와 함께 미 해·공군은 남중국해에서 근접 정찰을 계속하였고, 민간 방산업체 정찰기를 비롯한 다양한 정찰기를 남중국해로 밀집시켜 정찰활동을 벌이는 등 전장 건설과 전비태세 정비에 만전을 기하는 분위기를 조성하였다.[32]

미 해군은 2020년 한 해 동안 3개 항모전투단, 2개 상륙준비단 및 여러 척의 핵공격잠수함을 남중국해 지역에 순차적으로 배치하였고, 미 공군은 '동적 전력운용(Dynamic Force Employment)'을 위해 B-52H 폭격기와 B-1B 폭격기를 17차례나 남중국해에 진입시켰다. 2020년 남중국해에서의 활동 규모, 횟수 및 지속기간 측면에서 미군 전략 플랫폼의 군사 활동은 최근 몇 년 동안 일찍이 없었던 강도를 나타내었다.[33]

---

[32] SCSPI,《2020年美军南海军事活动不完全报告》, 北京大学海洋研究院, 2021年 3月 12日. 頁1.
[33] SCSPI,《2020年美军南海军事活动不完全报告》, 同前註 頁1.

항모전투단과 폭격기와의 대지·대해 표적 합동타격은 최근 수년간 미군이 서태평양 지역에서 훈련하는 중점 항목이다. 7월 3일과 4일 미 공군 제96폭격기대대 B-52H 폭격기 1대가 레이건, 니미츠 항모전투단과 합동훈련을 위해 루이지애나주 박스데일(Barksdale) 공군기지를 이륙하여 알래스카를 거쳐 남중국해 상공으로 향했다. 미 해군은 레이건, 니미츠 항공모함이 남중국해 해역을 항행하는 동안 오키나와 가데나 공군기지에서 이륙한 P-8A 대잠초계기가 잇달아 남중국해 공역에 진입하였다. P-8A 대잠초계기는 항행 중인 항모전투단에 실시간 정보를 지원을 할 수 있으며, AGM-84D 하푼 대함미사일을 탑재할 경우 폭격기와 유사한 효과를 낼 수 있어 항모전투단과 합동 해상타격훈련을 할 수 있다. P-8A 대잠초계기 외에 미 공군은 7월 4일부터 5일까지 오키나와 가데나 공군기지에서 KC-135R 공중급유기를 여러 차례 이륙시켜 황암도(黃岩島, 황옌다오) 인근 공역에 투입하고 항공모함 탑재기와 공중급유 훈련을 실시함으로써 남중국해 지역에서 항공모함 탑재기의 장거리 작전능력을 향상시켰다.[34]

2. 폭격기의 '동적 전력운용(Dynamic Force Employment)'

2020년 한 해 동안 미 공군의 B-52H, B-1B 폭격기 2개 기종은 남중국해에서 강도 높은 군사작전을 펼치며 제임스 매티스(James Mattis) 전 국방장관이 제시한 '동적 전력운용(Dynamic Force Employment)'[35] 작전 개념을 중점적으로 연습하였다. 이는 미 공군 폭격기가 전술 운용의 '예측 불가능성'을 도모한 것이다. 미 공군 폭격기는 대부분 2기 편대를 구성하여 2020년 1년 동안 17차례 남중국해를 드나들었다. 폭격기 기종별로는 B-52H 11 소티, B-1B 21소티이다. 이 중 4소티는 미 본토 기지에서, 나머지는 괌 앤더슨 기지에서 이륙하였다. 이를 종합하면 다음과 같은 특징이

[34] SCSPI, 《2020年美军南海军事活动不完全报告》, 同前註 頁4-5.

[35] Tyson Wetzel, Dynamic Force Employment: A Vital Tool in Winning Strategic Global Competitions, September 18, 2018, https://thestrategybridge.org/the-bridge/2018/9/18/dynamic-force-employment-a-vital-tool-inwinning-strategic-global-competitions#:~:text=Dynamic force employment presents an opportunity to fundamentally, and proactively take advantage of global strategic opportunities.

있다.36

가. 남-북 조합의 항로 선정

미군은 남-북 조합을 중심으로 하는 항로를 신중하게 선정하였다. 일반적으로 미 공군 폭격기는 필리핀 루손섬 북쪽의 바시해협을 통해 남중국해로 진입하지만, 2020년 미 공군은 이를 바탕에 두면서 필리핀 남부 술루해(Sulu Sea) 상공을 통해 남중국해로 진입하는 새로운 항로를 선정하였다. 미 공군 폭격기는 2기 편대 중에서 1대는 남쪽 항로, 1대는 북쪽 항로를 통해 동시에 남중국해로 진입하는 방식을 택했다.37

〈그림-9〉 미 공군 B-1B 단기 남중국해 진입 2개 비행경로(2020.5.8.)
* 출처: SCSPI,《2020年美军南海军事活动不完全报告》, 北京大学海洋研究院, 2021年3月12日. 頁6을 참조하여 필자가 개략적으로 재작성

---

36 SCSPI,《2020年美军南海军事活动不完全报告》, 同前註 頁5.
37 SCSPI,《2020年美军南海军事活动不完全报告》, 同前註 頁5.

〈그림-10〉 미 공군 B-1B 2기 편대 남중국해 진·출입 비행경로(2020.12.28.)
* 출처: SCSPI, 《2020年美军南海军事活动不完全报告》, 北京大学海洋研究院, 2021年3月12日, 頁7을 참조하여 필자가 개략적으로 재작성

이 같은 남북 동시 진입 방식은 성동격서(声东击西) 작전 연습의 일환일 가능성이 크다. 북쪽 항로 폭격기가 중국의 화력을 끌어들이면서 실제로는 남쪽 항로를 통해 남사군도 도서·암초에 대한 타격을 시뮬레이션 하는 것으로 보인다. 미 공군의 폭격기 2대 중 한 대는 북쪽 항로로 한 대는 남쪽 항로로 동시에 남중국해로 진입하거나 또는 남쪽 항로로만 남중국해로 진입하는 패턴은 중국군이 주둔하고 있는 남사군도 도서·암초를 공중 타격하는 훈련을 하면서 실전 준비를 착실히 하고 있음을 보여준다. 또한 2020년 12월 23일과 28일 미 공군 제37원정폭격기대대 제2진 B-1B 폭격기 4대가 남중국해로 출격하여 훈련하였는데 그 비행 지역은 남사군도뿐만 아니라 서사군도까지를 포함하였다. 이는 미 공군 폭격기의 공중타격 훈련의 목표가 남사군도 뿐만 아니라 서사군도와 해남도(海南島, 하이난다오)의 주요 군항 및 기지를 대상으로 한다는 것을 나타낸다.[38]

---

[38] SCSPI, 《2020年美军南海军事活动不完全报告》, 同前註 頁6.

나. 전술 운용의 예측 불가능성

미군은 전술 운용의 예측 불가능성에 중점을 두었다. 미 공군 제69원정폭격기대 대 B-52H 폭격기 5대가 6개월간의 괌 기지 순환배치를 마치면서 4월 16일 미 공군 은 서태평양 지역 폭격기 '동적 전력운용(Dynamic Force Employment)'을 적용하 기 시작하였다. '동적 전력운용'은 짧게는 2주에서 많게는 4주 정도 배치되며, 무작 위적이고 우발적으로 배치된다. 남중국해에서 미 공군의 첫 번째 '동적 전력운용'은 4월 29일 실시되었다. 미 공군 제28폭격기비행단의 B-1B 폭격기 2대가 사우스다코 타주 엘즈워스(Ellsworth) 공군기지를 이륙하여 남중국해 상공에서 군사작전을 수 행한 뒤 기지로 귀환하였는데, 전체 임무는 32시간 동안 지속되었다.[39] 이후 미군은 본토와 괌 두 방향에서 서태평양을 왕복 비행하는 방식을 취하면서 지속적으로 폭격 기를 남중국해에 투입하였다. 남중국해 진입 시간을 보면, 미군은 일반적으로 야간 을 선택하여 진입하였다. 예를 들면 5월 18일 밤부터 19일 새벽까지 미 공군 B-1B 폭격기 2대가 괌 앤더슨 공군기지를 조용히 이륙하여 남중국해로 진입하였다. 야간 을 선택하는 것은 야간 작전의 상대적 은닉성(隱匿性) 때문이다. 야간 작전은 전쟁 수행 시 미군이 야간에 '첫 방(first shot)'을 쏘는 전통과도 맞물리며, 상대방의 경각 심이 가장 약할 때 기습 출격하여 순식간에 제공·제해권을 탈취하려는 것이다.[40]

다. 체계적인 합동작전

미군은 체계적인 합동작전에 중점을 두고 있다. 그동안 미군의 폭격기가 남중국해 를 드나드는 것을 보면 정찰기는 정보지원을, 공중급유기는 항공유를 제공한다. 일 례로 5월 26일 미 공군 B-1B 폭격기 2대가 괌 앤더슨 기지를 출발하여 남중국해에 서 군사 활동을 전개하는 동안 미군은 오키나와 가데나 공군기지에서 RC-135W 정 찰기(기체번호 62-4139) 1대, P-8A 대잠초계기(기체번호 HEX : AE6854) 1대,

---

[39] Pacific Air Forces Public Affairs, B-1s conduct South China Sea mission, demonstrates global presence, April 30, 2020, https://www.pacaf.af.mil/News/Article-Display/Article/2170485/b-1s-conduct-south-chinasea-mission-demonstrates-global-presence/.

[40] SCSPI,《2020年美军南海军事活动不完全报告》, 同前註 頁7.

EP-3E 정찰기(기체번호 159893) 1대, P-3C 대잠초계기(161586) 1대를 이륙시켜 남중국해에서 정찰 활동을 벌였다. 12월 28일 미 공군 B-1B 폭격기 2대가 괌 앤더슨 기지를 이륙하여 남중국해에서 군사 활동을 펼치는 동안 미 공군은 오키나와 가데나 공군기지에서 KC-135R 급유기 3대(호출부호 PEARL 24, 25, 26 / 기체번호 59-1459, 63-8022, 60-0328)를 이륙시켜 필리핀 루손섬 북서부 상공에서 폭격기에게 공중급유를 실시하였다.[41]

3. 근접 정찰 강도 강화

불완전한 통계에 따르면 2020년 한 해 동안 미군은 한국 오산 공군기지, 오키나와 가데나 공군기지, 괌 앤더슨 공군기지, 필리핀 클라크 공군기지, 브루나이 등 여러 기지에서 U-2S 고고도정찰기, RC-135 정찰기, E-3B 조기경보통제기(AWACS), E-8C 전장감시지휘기(JSTARS), P-8A, P-3C 대잠초계기, EP-3E 전자정찰기(Aries II), CL-650 정찰기, CL-604 해상감시기, RQ-4B 글로벌호크, MQ-4C 트리톤(Triton) 고고도무인정찰기 등 13개 기종의 정찰기를 동원하여 남중국해에서 1,000회에 가까운 정찰 활동을 벌였다.[42]

가. 군사작전을 위한 정보지원

미 항모전투단과 폭격기의 남중국해 진입, 미 해군 수상함정의 대만해협 통과, 서사군도와 남사군도에 전개하는 '항행의 자유 작전' 등 이른바 굵직한 군사작전이 벌어지는 동안 각종 정찰기의 남중국해 정찰 빈도는 눈에 띄게 강화된다.

---

[41] SCSPI, 《2020年美军南海军事活动不完全报告》, 同前註 頁8.
[42] SCSPI, 《2020年美军南海军事活动不完全报告》, 同前註 頁9.

〈그림-11〉 미군 정찰기 4대 남중국해 정찰 활동(2020.7.6.)
* 출처: SCSPI,《2020年美军南海军事活动不完全报告》, 北京大学海洋研究院, 2021年3月12日. 頁10을 참조하여 필자가 개략적으로 재작성

    예를 들면, 4월 28일 미 해군 미사일 구축함 USS 배리(DDG-52)가 서사군도 인근에서 '항행의 자유 작전'을 수행하는 동안 미군은 오키나와 가데나 공군기지에서 P-8A 대잠초계기 1대와 P-3C 대잠초계기 1대, EP-3E 전자정찰기 1대를 차례로 이륙시켜 남중국해 북부 공역에서 정보지원을 실시하였다. 미 해군 항모전투단 니미츠(Nimitz)와 레이건(Reagan)이 남중국해에서 7월 3일부터 7일까지 2개 항모전투단 훈련을 하는 동안 방송형자동종속감시(Automatic Dependent Surveillance- Broadcast) ADS-B 시스템의 자료에 따르면 미군은 P-8A 대잠초계기 15대, EP-3E 3대, RC-135W 2대, RC-135U 1대, P-3C 대잠초계기 1대를 남중국해로 출격시켜 정찰 활동을 벌였다. 이는 2013년 미군 P-8A 대잠초계기가 서태평양 지역에 배치된 이래 매우 이례적인 출격 규모였다.[43]

---

43 SCSPI,《2020年美军南海军事活动不完全报告》, 同前註 頁9-10.

나. 중국군 전력 이동에 대한 대응 강화

미군은 중국에 대한 지속적이고 일상적인 공중정찰 활동을 통해 남중국해 및 그 주변 지역에서의 각종 군사 활동 동향을 파악하고자 한다. 특히 중국군의 중대한 군사작전 기간에는 미군도 때를 맞춰 정찰 전력의 출동 빈도를 높이고 있다.

〈그림-12〉 미 공군 E-3B 조기경보통제기 1대 남중국해 진입(2020.7.17.)
* 출처:《2020年美軍南海軍事活動不完全報告》, 北京大學海洋研究院, 2021年3月12日, 頁11을 참조하여 필자가 개략적으로 재작성

예를 들면 4월 12일에서 22일까지 중국해군 랴오닝(宁寧) 항공모함 편대가 남중국해로 항행하는 동안 미군은 하루 2~3 차례의 출동 강도를 유지하며 각종 정찰기를 남중국해로 출격시켜 정찰 활동을 벌였다. 미 공군은 7월 11일 E-8C 전장감시지휘기(기체번호 96-0042)를 오키나와 가데나 공군기지에 배치한 직후부터 E-8C를 남중국해 정찰 작전에 집중적으로 투입하였다. 또한 미 공군은 7월 17일과 18일 이틀 연속 E-3B 조기경보통제기(기체번호 77-0355)와 E-8C 전장감시지휘기(JSTARS)를 이례적으로 대만 남서부 공역에 투입하여 중국의 화남지구(珠江유역으로 광둥, 광시, 하이난을 포함하는 지역)와 민남지구(푸젠성 남부, 광둥성 동부 및 대만 지역)에 대한 조기경보 작전을 수행하였다. 8월 26일 미 공군 RC-135S 탄도미사일정찰기(기체번호 62-4128)는 오키나와 가데나 공군기지를 이륙하여 서사군도 인근 공역에서 중국의 미사일 시험발사 활동을 정찰하였다.[44]

다. 새로운 유형의 정찰 플랫폼 및 장비 배치

2020년 상반기 미 해군은 오키나와 가데나 공군기지에 APS-154 첨단공중센서(Advanced Airborne Sensors, AAS)를 장착한 P-8A 대잠초계기 2대를 배치하고, 7월 이후 별도로 APS-154 첨단공중센서(AAS)를 장착한 P-8A 대잠초계기 2대를 기존 2대와 교체, 배치하였다. APS-154 첨단공중센서(AAS)를 장착한 P-8A 대잠초계기가 정찰하는 남중국해 공역에는 광둥, 광시, 하이난 등 중국 남부지역과 남사군도 등 민감한 지역이 포함되며, 이는 중국 연해 지역의 중요 군사목표를 중점 감시하려는 것이다. 예를 들면, 5월 15일 P-8A 대잠초계기(기체전보 169010) 1대가 중국 하이난섬 해안선을 따라 정찰하면서 싼야(三亞) 외해를 선회하였다. 중국의 중요 잠수함기지인 싼야 군항을 특수 장비를 탑재한 정찰기로 정찰하는 것은 그 의도가 자명한 것이다.[45] 2020년 1월 미 해군 제19무인초계대대(Unmanned Patrol Squadron,

〈그림-13〉 미 해군 MQ-4C 무인정찰기 남중국해 비행경로(2020.11.20.)
* 출처: SCSPI,《2020年美军南海军事活动不完全报告》, 北京大学海洋研究院, 2021年3月12日, 頁12를 참조하여 필자가 개략적으로 재작성

---

44 SCSPI,《2020年美军南海军事活动不完全报告》, 同前註 頁10-11.
45 SCSPI,《2020年美军南海军事活动不完全报告》, 同前註 頁11-12.

VUP)의 MQ-4C 고고도무인정찰기 2대가 미 본토에서 괌 앤더슨 공군기지로 이동 배치되었다.[46] MQ-4C는 최소 4월부터 남중국해로 진입하여 정찰 활동을 시작하였고, 11월부터는 그 빈도가 많아져 2~3일 사이 한 차례씩은 남중국해에서 활동하였다. 또한 MQ-4C가 남중국해로 진입할 때마다 P-8A 대잠초계기가 출현하였는데, 이는 미 해군이 남중국해 지역에서 MQ-4C 무인정찰기와 P-8A 대잠초계기의 합동 정찰 훈련을 실시하고 있음을 시사한다.[47]

라. 국제민간항공기구(ICAO) 모드 코드 사칭, 민항기로 위장

2020년 '남중국해전략태세감지계획' SCSPI는 ADS-B 신호를 통해 미군 정찰기가 국제민간항공기구(ICAO)에 등록된 항공기 식별코드를 변경하여 말레이시아, 필리핀 등의 여객기로 위장하고 중국에 대해 근접 정찰을 하는 것을 여러 차례 포착하였다.

〈그림-14〉 서해 상공의 미 공군 RC-135S 정찰기(2020.9.22.)

* 출처: SCSPI, 'An Incomplete Report on US Military Activities in the South China Sea in 2020', March 12, 2021, p.19.; SCSPI,《2020年美军南海军事活动不完全报告》, 北京大学海洋研究院, 2021年3月12日. 頁13을 참조하여 필자가 개략적으로 재작성

---

[46] U.S. Pacific Fleet Public Affairs, U.S. Navy's Triton Unmanned Aircraft System Arrives in 7th Fleet, Jan 27, 2020, https://www.pacom.mil/Media/News/News-Article-View/Article/2066744/us-navys-tritonunmanned-aircraft-system-arrives-in-7th-fleet/.

[47] SCSPI,《2020年美军南海军事活动不完全报告》, 同前註 頁11-12.

예를 들면, 9월 8일 오전 미 공군 RC-135W 정찰기(기체번호 62-4134, HEX: AE01CE)는[48] 오키나와 가데나 공군기지를 이륙하여 남중국해에서 정찰 활동을 벌이다가 바시해협에 진입한 뒤 모드 시에라(Mode-S) 코드를 750548로 바꾸고 말레이시아 항공기로 위장하였다. 대외적으로는 말레이시아 국적 여객기 1대로 표시되었다. 2020년 9월 22일 미 공군 RC-135S 정찰기(HEX: AE01D6) 1대가 오키나와 가데나 공군기지를 이륙한 뒤 신호 전송이 중단되었고, 서해(중국 황해)에 진입한 후 필리핀 여객기 식별코드(HEX: 75C75C)를 사용하며 저녁 20시경까지 서해를 촘촘히 정찰하였고 임무 종료 후에는 실제 식별코드로 변경하였다. 이는 서해에서의 중국군 군사연습을 감시하기 위한 것으로 추정된다. 비슷한 사례는 너무 많아서 열거할 수조차 없다.[49]

왕원빈(汪文斌) 중국 외교부 대변인에 따르면 2020년 9월 중순까지 미군 정찰기가 중국 연해지역에서 다른 국가의 민간 항공기 코드를 사칭한 것이 100여 차례 이상이나 된다. 이는 전 세계적으로 근접 정찰을 하는 미군의 관행적인 수법이다. 미군은 이러한 관행이 국제법에 의해 명시적으로 규제되지 않는다고 믿을지는 모르지만, 의심할 여지없이 부도덕한 일이다. 더욱이 미군의 이런 행위는 공역과 관련된 항공질서와 비행안전을 심각하게 교란하고, 중국 및 지역의 국가안보를 위협하는 매우 악랄한 행위이다. 특히 미국이 사칭한 국가들의 실제 민항기에는 큰 위험이 초래될 수 있다.[50]

이와 관련하여 한국의 언론은 "美정찰기, 말레이 국적 위장해 서해상에서 중국군 훈련 감시"라는 제하로 다음과 같이 보도하였다. 「미군 정찰기가 서해상에서 말레이시아 국적으로 위장한 채 중국군 훈련을 감시했다는 주장이 제기됐다. 9월 10일 베이징(北京)대 싱크탱크인 남중국해전략태세감지계획(南海戰略態勢感知計劃·SCSPI) 웨이보(중국판 트위터)에 따르면 미국은 9월 9일 탄도미사일 발사징후와 궤적 등을

---

[48] Hex 코드: 모든 항공기에 할당 된 16 진수 코드 번호, (예) Hex: 4BA950
[49] SCSPI, 《2020年美軍南海軍事活動不完全報告》, 同前註 頁12-13.
[50] SCSPI, 《2020年美軍南海軍事活動不完全報告》, 同前註 頁13.

추적할 수 있는 RC-135S 코브라볼 정찰기를 서해상에 파견했다. 중국군은 4~11일 서해와 인접한 보하이(渤海)의 다롄(大連) 인근 해상에서 군사훈련을 진행 중인데, 이를 감시하기 위한 것으로 추정된다. RC-135S는 오전 3시(현지시간)께 일본 오키나와의 가데나 공군기지를 이륙해 북상하던 중 신호가 사라졌는데, 이후 말레이시아 국적 항공기로 위장해 서해 공역에 진입했다는 게 SCSPI 주장이다. RC-135S는 중국 산둥반도 영해기선 103km 거리까지 접근하는 등 오전 5~11시께 서해 해역을 선회하며 훈련 중인 중국군의 탄도미사일 신호 특징을 수집한 것으로 추정된다고 SCSPI는 전했다. SCSPI는 "미군이 (3일과 8일에 이어) 이번 달 들어 3번째로 (말레이시아 국적 등의) 가짜 코드를 달고 중국을 정찰했다"고 지적했다. SCSPI는 8일 RC-135W 리벳 조인트 1대가 말레이시아 국적으로 위장해 남중국해를 정찰했다면서 "미군기가 타국 국적으로 위장하는 행위는 매우 위험하다"면서 "오판을 불러일으키고, 심지어 우발적인 사건을 일으킬 수 있다"고 경고한 바 있다. 한편 미국은 9일 서해뿐만 아니라 동중국해와 남중국해에도 연달아 정찰기를 파견했다. 동중국해 해역에 P-8A 포세이돈 대잠초계기를 보내 저장성 근해의 중국군 훈련을 감시한 것으로 추정되며, 남중국해에도 P-8A 및 신호정보(시긴트) 수집 및 정찰을 담당하는 EP-3E 정찰기를 보냈다. 홍콩매체 사우스차이나모닝포스트(SCMP)는 최근 동중국해와 남중국해에서 중국군의 군사훈련 강화에 따라 미군의 정찰비행도 늘어나고 있다고 전했다. 군사전문가 쑹중핑(宋忠平)은 미군이 중국의 강화된 군사 능력, 특히 대만 공격 가능성에 대해 점점 더 관심을 기울이고 있다면서 앞으로도 중국 해안에서 정찰 활동을 늘릴 가능성이 크다고 말했다.」[51]

마. 남중국해 정찰의 "떠오르는 별" 민간 방산업체 정찰기

2020년 3월 31일 미국 테낙스 에어로스페이스(Tenax Aerospace LCC)의 봄바디어(Bombardier) CL-604 해상감시기(기체번호 N9191) 1대가 오키나와 가데나 공

---

[51] 차병섭, 〈"美정찰기, 말레이 국적 위장해 서해상에서 중국군 훈련 감시"〉, 《연합뉴스》, 2020-09-10, https://www.yna.co.kr/view/AKR20200910090400097

군기지에 배치되었고, 7월 16일 처음으로 남중국해 정찰 임무에 투입되었다. 2020년 말까지 이 정찰기는 남중국해 정찰비행을 33차례 실시하였다. 7월 29일 라사이(Lasai) 항공의 봄바디어 CL-650 정찰기(기체번호 N488CR) 1대가 오키나와 가데나 공군기지에 배치되었다. 라사이 항공은 8월 20일 CL-650 정찰기를 처음으로 남중국해에 투입하였고, 연내 기간 동안 4차례의 정찰 활동을 벌였다. 8월 18일 미국 메타 스페셜 에어로스페이스(Meta Special Aerospace)사의 '킹에어(King Air)' 비치크래프트(Beechcraft) 350 저고도 정찰기(기체번호 N334CA) 1대가 필리핀 마닐라 공항에 배치되었다. 이는 필리핀 민다나오 지역의 대테러 작전을 주도하기 위한 것이었다.

미군이 민간 방산업체 정찰기를 남중국해 지역에 투입하여 정찰 활동을 벌이는 것은 한편으로는 미군 정찰기를 보완하여 합동작전 능력을 향상시키려는 것이며, 다른 한편으로는 미국이 최근 강조하고 있는 이른바 '회색지대(gray zone)' 경쟁에 대응하기 위한 것이기도 하다.[52]

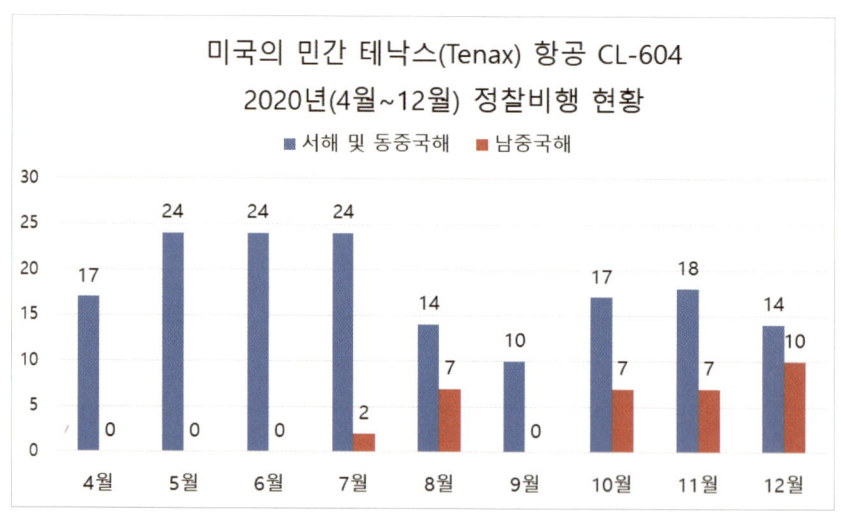

〈그림-15〉 2020년 미국 테낙스 항공 CL-604 정찰비행 횟수(sortie)

* 출처: SCSPI, 《2020年美军南海军事活动不完全报告》, 北京大学海洋研究院, 2021년 3月 12日, 頁14를 참조하여 필자가 재작성

[52] John Grady, Panel: China Establishing a 'Grey Zone of Coercion' in South China Sea, November 17, 2015, https://news.usni.org/2015/11/17/panel-china-establishing-a-grey-zone-of-coercion-in-southchina-sea

통상 테낙스(Tenax)의 CL-604 해상감시기는 오키나와 가데나 공군기지를 이륙한 뒤 필리핀 클라크 기지에 착륙하여 재급유를 받고 다시 남중국해로 진입하여 정찰 임무를 수행한다. 임무 지역은 주로 대만해협 남구(南口), 중국 남부 해안, 하이난 섬, 서사군도 등을 포함한다. 미국의 민간 방산업체 정찰기가 남중국해에서 정찰 활동을 벌이는 동안에 P-8A, P-3C, EP-3E 등 미군 정찰기 또한 남중국해 지역에 출현하였다. 따라서 민간 정찰기와 군용 정찰기가 상호 협동하여 정보를 융합할 가능성이 높다.[53]

4. 미·중 군사경쟁 초점이 된 대만해협 남서공역

2020년 내내 미군은 '항행과 비행의 자유'를 명분으로 남중국해에서 강도 높은 '도서·암초 난입'과 대만해협 통과 작전을 계속해 왔다. 물론 이는 빈도나 강도 면에서 최근 몇 년 사이 가장 많은 것이었다. 이 중 미군은 서사군도 5회, 남사군도 4회 등 남중국해에서 9차례 도서·암초에 침입하였다.[54]

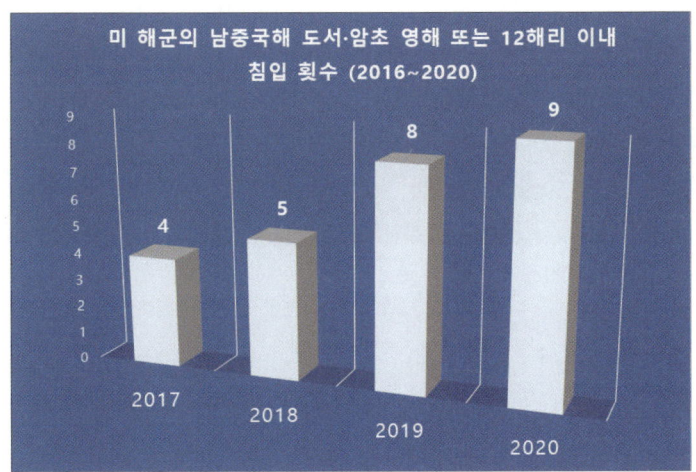

〈그림-16〉 미 해군의 남중국해 도서·암초 침입 횟수
* 출처: SCSPI,《2020年美军南海军事活动不完全报告》, 北京大学海洋研究院, 2021年3月12日, 頁16을 참조하여 필자가 재작성

---

[53] SCSPI,《2020年美军南海军事活动不完全报告》, 同前註 頁14-15.
[54] SCSPI,《2020年美军南海军事活动不完全报告》, 同前註 頁15.

한편 MC-130J 특수작전기는 대만해협을 2회, C-40A 수송기는 대만해협을 1회, 수상작전함은 대만해협을 13회 통과하였다.[55] 2020년 한 해 동안 미군은 대만해협 지역에서 비정상적으로 매우 빈번하게 군사 활동을 펼쳤다. 2개 함정 편대의 대만해협 통과, 2기 항공기 편대의 대만해협 비행, 심지어 미군 군용기가 대만에 착륙하는 등 매우 이례적인 움직임을 보였다. 11월 22일 마이클 스터드먼(Michael Studeman) 미 인도·태평양사령부 정보처장의 대만 방문은 미국과 대만 양측의 정보 협력이 공공연하게 이루어졌음을 보여준다. 미국은 대만해협에 함정과 항공기를 투입하여 분리주의자들을 선동하고 정보를 지원함으로써 '대만독립' 세력에 상당히 위험한 신호를 보내고 있다. 이는 대만해협 지역의 평화와 안정에 심각한 위협을 가하는 것이다.[56]

〈그림-17〉 미 공군 C-37A 수송기 대만 착륙(2020.11.22.)
* 출처: "INDOPACOM 정보처장 Michael Studeman이 탑승한 USAF C-37A가 11월 22일 대만에 착륙했다", SCSPI, 'An Incomplete Report on US Military Activities in the South China Sea in 2020', March 12, 2021. p.24. ; SCSPI, 《2020年美军南海军事活动不完全报告》, 北京大学海洋研究院, 2021年3月12日. 頁17을 참조하여 필자가 개략적으로 재작성

또한 대만 남서공역은 이미 미군의 각종 정찰기가 집중적으로 정찰하는 핵심 공역 중 하나가 되었다. 미군의 정찰 목적은 대만해협을 통과하는 미군 함정과 항공기에

---

[55] SCSPI, 《2020年美军南海军事活动不完全报告》, 同前註 頁18.
[56] SCSPI, 《2020年美军南海军事活动不完全报告》, 同前註 頁16-17.

대한 정보지원 외에 사실은 광둥성 동부와 푸젠성 지역의 중국군 전력의 상세한 움직임을 파악하는 것이 더 중요한 목적이다. 2020년 미 공군의 E-8C 전장감시지휘기(JSTARS)는 남중국해에서 20차례 가까이 정찰 활동을 벌였는데, 이 중 대다수 정찰공역은 대만해협 남구(南口)와 바시해협 상공이었다. 미군의 전장 건설용 무기인 E-8C는 지상 목표물의 전자와 레이더 시스템을 주로 감시하며, 종심 탐지거리는 250km 정도로서 높은 고도에서 상대방의 깊은 목표물을 탐색하고 추적할 수 있다. 중국군의 능력이 지속적으로 향상되면서 광둥, 하이난섬 등지의 중국군 전력 배치와 활동에 대한 미군의 관심은 더욱더 높아지고 있다.[57]

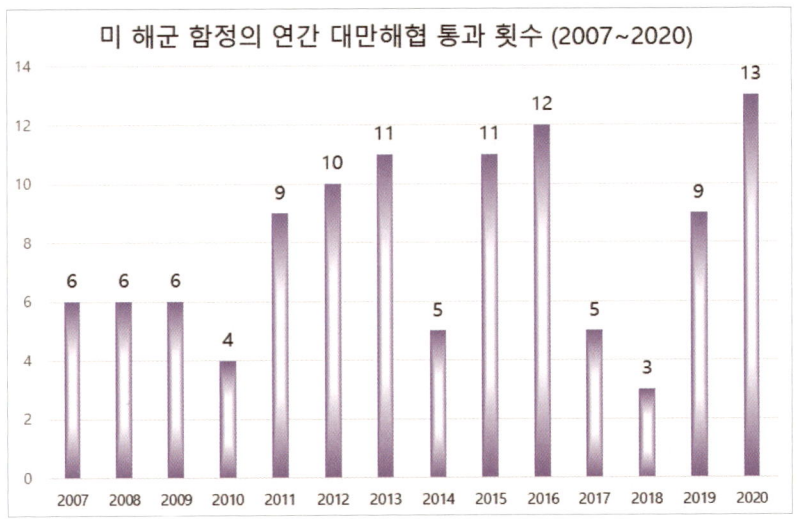

〈그림-18〉 미 해군 함정의 연간 대만해협 통과 횟수
* 출처: SCSPI,《2020年美军南海军事活动不完全报告》, 北京大学海洋研究院, 2021年3月12日, 頁18. ; SCSPI, 'An Incomplete Report on US Military Activities in the South China Sea in 2020', March 12, 2021. p.25를 참조하여 필자가 재작성

대만 남서공역에서 미군 항공기의 활동이 활발해지면서 이 공역에서 미·중 양국군의 접촉도 잦아졌다. 아마추어 무선 애호가들은 미군 군용기를 쫓아내는 중국 군용기의 무선통화를 종종 포착하는데, 그 중에서 "당신은 이미 우리 영공에 접근했다.

---

[57] SCSPI,《2020年美军南海军事活动不完全报告》, 同前註 頁17.

당장 떠나라 ! 그렇지 않으면 요격당할 것이다",[58] "그렇지 않으면 당신은 모든 결과에 대한 책임을 지게 될 것"이라는 엄중한 경고가 적지 않다. 이는 미군의 군사 활동이 얼마나 강도 높고 억압적인지 엿볼 수 있는 대목으로서, 이 또한 잠재적 군사위험의 고조로 이어질 수밖에 없다.[59]

5. 결론 및 전망

2020년 미군은 군사력을 과시하고 중국을 저지하기 위해 각종 전략무기 플랫폼을 남중국해 지역에 배치하고, 중군이 주둔하는 도서·암초 부근에서 수시로 작전하며 대만해협을 통과하는 등 집중적인 활동을 통해 남중국해에서 최대한의 압박을 가했다. 그러나 미국은 중국이 훨씬 더 목표성과 효과성이 높은 대응책을 내놓으면서 세계적으로 명백한 군사적 우위에도 불구하고 서태평양에서는 점차 군사적 우위를 상실하고 있다. 남중국해에서 미군의 각종 증강된 군사작전과 무력 위협은 의심할 여지없이 지역 정세를 더욱더 긴장시킬 것이다. 미군의 과잉반응과 과도한 억지력은 지역의 평화와 안정에 기여하지 못할 것이다. 앞으로도 미국은 강대국 경쟁이라는 구호 아래 남중국해에서의 군사 작전 강도와 빈도를 계속 증가시킬 것이다. 변화는 책략과 수법에 불과할 것이다.[60]

Ⅴ 2021년 미군 군용기의 남중국해 군사활동

SCSPI의 『2021년 미군 남중국해 군사활동 불완전 보고』의 분량은 41쪽으로 2020년의 29쪽에 비해 증가되었다. 분량이 증가된 이유는 해가 갈수록 SCSPI의 분석 내

---

[58] 无线电通话录音请参见 https://weibo.com/7065543812/JcyY3yw7e ; The audio is available on our Twitter @SCS_PI, https://twitter.com/SCS_PI/status/1286218000450772993.

[59] SCSPI, 《2020年美军南海军事活动不完全报告》, 同前註, 頁18.

[60] SCSPI, 《2020年美军南海军事活动不完全报告》, 同前註, 頁20-21. ; SCSPI, 'An Incomplete Report on US Military Activities in the South China Sea in 2020', March 12, 2021. p.29.

용과 자료가 풍부해 지고 있기 때문이며, 다른 한편으로는 SCSPI가 미군의 대중국 해상 및 공중 근접 정찰 활동에 주목하고 지난해와는 달리 미군의 연해 전략·작전 개념과 장비 혁신을 분석하여 수록하였기 때문이다. 물론 이 부분은 이 연구의 주제에서 벗어나기 때문에 생략하였다. 한편 SCSPI는 미국이 중국에 대한 전략적 압박을 강화하기 위해 대만해협으로 초점을 옮겼으나 군사 경쟁은 여전히 남중국해에 있고 남중국해는 대만해협과 직접 연계되어 있어 불간분의 관계에 있다고 보았다. SCSPI 의 자료들이 중화권 언론의 주목을 받으면서 이를 인용한 한국 언론의 보도 또한 증가 추세를 보였다. 다음은 2021년 보고서의 주요 내용이며, 한국 언론의 관련 보도가 있을 경우 함께 소개하였다.

1. 미 해군 제5세대 전투기 작전 검증

2021년 미국은 중국에 대한 군사위협 강도를 한층 더 높였다. 미군은 남중국해에서 강도 높은 대중국 근접 정찰, 대만해협 횡단, 전진 배치, 전략적 위협, '항행의 자유 작전', 군사 연습·훈련, 전장 건설(battlefield preparation) 등의 작전 활동을 펼쳤다. 이 중에서 미군 대형 정찰기의 공중 근접 정찰은 약 1,200회에 달하며, 중국 대륙 영해 기선 20해리까지 근접한 것이 수차례이다. 항모전투단(CSG)과 상륙준비단(ARG)의 남중국해 진입 횟수는 2020년에 비해 최소 두 배 이상 늘어난 12차례이며, 핵추진 공격잠수함(SSN)은 연간 최소 11척이 남중국해와 그 주변 해역에 잇달아 출현하였다.[61] 이 가운데 시울프(Seawolf)급 핵추진잠수함 코네티컷(USS Connecticut, SSN-22)은 남중국해 북부에서 미지의 '수중 산에 충돌'하는 사고까지 발생하였다.[62] 이밖에도 미

---

[61] SCSPI, 《2021年美军南海军事活动不完全报告》, 北京大学海洋研究院, 2022年3月. 頁1.

[62] SCSPI, 《2021年美军南海军事活动不完全报告》, 頁1. 이와 관련하여 한국의 언론은 "美 3조원짜리 핵잠, 함수 부서진 채 항해... 남중국해서 무슨 일"이라는 2021.12.19일자 기사에서 "지난 10월 초 남중국해에서 작전중 수중 충돌 사고로 손상을 입은 미 최신예 공격용 원자력추진 잠수함 코네티컷함이 최근 함수(艦首)가 크게 부서진 채 미 캘리포니아주 샌디에고항을 입·출항하는 모습이 포착됐다. 미군은 코네티컷함이 지도에 나타나 있지 않은 해저 산맥과 충돌해 손상을 입은 것이라고 밝혔지만 남중국해에서 미·중간 군사적 긴장이 고조돼왔다는 점에서 사고 원인이 다시 주목을 받고 있다. (중략) 지난 10월 2일 남중국해에서 수중 충돌 사고로 11명이 부상하고 함체 손상을 입은

군은 전략, 전술, 작전개념 및 장비 개발 등에서도 '대국경쟁(大国竞争)'에 초점을 맞추며 대중국 공략을 대폭적으로 강화하였다.[63]

미 해군은 2021년 8월 항공모함 최초로 최신예 F-35C 전투기와 CMV-22B 수송기를 탑재한 카르빈슨(Carl Vinson)호를 서태평양에 배치하였다. '미래의 비행단(air wing of the future)'으로 불리는 F-35C는 능동 및 수동형 센서 통합을 통해 함대 지휘관에게 강력한 전장 공간 인식과 전력 투사 능력을 제공한다. 칼빈슨 항공모함이 남중국해에서 활동하는 동안 F-35C 전투기는 항모 이착륙, 공중급유, 편대비행 등 일련의 훈련을 실시하였다. 8월 말 F-35C 전투기는 미 공군 B-52H 폭격기와 함께 괌 북부 공역에서 반접근/지역거부(anti-access/area denial, A2/AD) 일환의 합동훈련을 실시하였다.[64]

2. 미 공군 폭격기 활동

미 공군은 B-52H 전략폭격기 총 22 차례 또는 B-1B 전략폭격기 14 차례를 남중국해로 입출항하며 '동적 전력운용(Dynamic Force Employment)' 작전 개념을 중점적으로 훈련하였고 일본, 말레이시아, 인도네시아 등과 연합훈련을 실시하였다.

코네티컷함은 괌으로 이동했지만 괌에서 수리가 어려워 자력(自力)으로 샌디에고까지 항해해 온 것이다. 군 관계자는 "핵추진 잠수함 함수 커버가 벗겨진 채 수천km 이상을 항해한 것은 전례를 찾기 힘든 사례로 놀라운 광경"이라고 말했다. (중략) 미 해군은 지난달 이번 사고가 지도에 표시되지 않은 해산에 좌초한 것이 원인이었다고 발표한 뒤 코네티컷함 함장 등 지휘부 3명에 대해 직위 조치를 취했다. 타당한 판단과 신중한 의사결정, 필요한 절차 준수가 있었다면 당시 사고를 막을 수 있었다는 조사 결과 때문이었다고 한다." 유용원, 〈美 3조원짜리 핵잠, 함수 부서진 채 항해... 남중국해서 무슨 일이〉,《조선일보》, 2021.12.19. https://www.chosun.com/politics/politics_general/2021/12/19/UJPOSIPCDRHTTBTNAH44NGCEQY/

[63] SCSPI,《2021年美军南海军事活动不完全报告》, 同前註, 頁1.
[64] SCSPI,《2021年美军南海军事活动不完全报告》, 同前註, 頁5.

〈표-4〉 2021년 남중국해 미 공군 폭격기 군사 활동 현황

순서	일시	기종	소티(sorties)
1	1.1.	B-1B	2
2	1.25.	B-52H	2
3	1.31.	B-1B	2
4	2.8.	B-1B	2
5	2.23.	B-52H	2
6	4.21.	B-52H	1
7	4.25.	B-52H	2
8	4.30.	B-52H	2
9	9.2.	B-52H	2
10	9.5.	B-52H	1
11	9.24.	B-52H	1
12	10.16.	B-1B	1
13	10.17.	B-1B	1
14	10.21.	B-1B	1

* 출처: SCSPI,《2021年美军南海军事活动不完全报告》, 北京大学海洋研究院 2022年3月, 頁8.

3. 근접 정찰 확대

2021년에도 미군은 남중국해에서 고도로 집중된 해상 및 공중 근접 정찰 활동을 계속하였다. 불완전한 통계에 따르면, 남중국해 상공에서는 미군의 대형 정찰기가 1200여 차례 근접 정찰 활동을 하였고, 해상에서는 미군의 해양감시선과 해양조사선 등 정찰 함정이 총 누적일수 419일 동안 빈번하게 작전을 수행하였다.[65]

가. 공중 근접정찰

2021년 미군의 대중국 공중 근접 정찰 활동의 강도와 빈도가 눈에 띄게 높아졌다. 방송형자동종속감시(Automatic Dependent Surveillance-Broadcast) ADS-B 신호의 불완전한 집계에 따르면, 미군은 일본의 미사와, 요코타, 오키나와 가데나 공군기지, 괌의 앤더슨 공군기지, 필리핀의 클라크 공군기지 등 다수의 기지에서 U-2S 고고도정찰기, RC-135 계열 정찰기, WC-135W 핵물질 탐지기, E-3B 조기경보통제기

---

[65] SCSPI,《2021年美军南海军事活动不完全报告》, 同前註, 頁10.

(AWACS), E-8C 전장감시지휘기(JSTARS), P-8A, P-3C 대잠초계기, EP-3E 전자정찰기(Aries II), RQ-4B 글로벌 호크, MQ-4C 트리톤 고고도 무인정찰기 등 대형 정찰기를 약 1,200 차례 남중국해로 출격시켜 정찰 활동을 벌였다. 이는 2020년에 비해 20% 이상 증가한 수치이다. 중국 국방부 대변인 우첸(吳谦) 대령이 2021년 4월 공개한 통계에 따르면 미국의 바이든 정부 출범 이후 미군 정찰기의 중국 주변 해역 활동 횟수는 지난 해(2020) 같은 기간보다 40% 이상 증가했다.[66] 이는 ADS-B가 보여주었던 통계보다 실제 상황이 훨씬 더 심각하다는 증거이다.[67]

〈그림-19〉 미군 대형 정찰기의 2021년 남중국해 근접 정찰 횟수(sortie)
* 출처: SCSPI,《2021年美军南海军事活动不完全报告》, 北京大学海洋研究院, 2022年3月. 頁11. ; SCSPI, 'An Incomplete Report on US Military Activities in the South China Sea in 2021', March 2022. p.12를 참조하여 필자가 재작성

이러한 횟수는 물론 강도와 활동도 대담해졌다. 월간 정찰 소티와 일일 최다 소티, 근접 정찰 거리 등이 잇따라 그간의 기록을 경신하였다. 첫째 2021년 11월 월간 ADS-B 데이터 통계에 따르면 미군은 94 차례 대형 정찰기를 남중국해로 출격시켜 중국에 대한 근접 정찰을 실시했는데, 그 소티 수는 전에 볼 수 없던 기록이었다. 그

---

[66] 2021年4月国防部例行记者会文字实录, 中华人民共和国国防部, 2021年4月29日. http://eng.mod.gov.cn/news/2021-04/29/content_4884413.htm.

[67] SCSPI,《2021年美军南海军事活动不完全报告》, 同前註, 頁10.

중 P-8A 대잠초계기가 주력으로서 전체의 80% 가까이를 차지하였다. 둘째 일일 정찰 소티이다. 11월 4일 미 해군 칼빈슨 항공모함이 남중국해에 배치될 당시 정찰기가 10차례 남중국해를 정찰하였다. 셋째 근접 정찰 거리이다. 미군은 중국 해안 접근 거리를 지속적으로 경신하고 있어 잠재적 군사 위험도 계속 높아지고 있다. 불완전한 통계에 따르면, 중국 영해기선 밖 30해리(nautical miles) 이내까지 접근한 미 군용기는 22차례에 이른다. 예를 들면, 3월 22일 미 공군 RC-135U 전자정찰기 1대가 남중국해를 정찰하며 가장 가까이 접근한 곳은 중국 영해기선으로부터 25.33해리이다. 9월 4일 미 공군 RC-135S 탄도미사일정찰기 1대가 산둥성(山東省) 자오저우만(膠州湾)에 근접하여 정찰 활동을 벌였으며, 이 때 가장 가까이 접근한 곳은 중국 영해기선으로부터 20해리도 안 되는 지점이었다. 11월 29일 미 해군 P-8A 대잠초계기 1대가 대만해협을 통과하였으며, 작전 구간 중 가장 가깝게 접근한 거리는 중국 영해기선으로부터 약 15.91해리였다.[68]

〈그림-20〉 미 공군 RC-135U 중국 해안 25.33해리까지 접근(2021.3.22.)
* 출처: SCSPI 홈페이지(http://www.scspi.org/zh/maps/aircraftandfleets?page=2) ; 이철재, 〈미 공군 단 2대뿐인 RC-135U 정찰기, 中 해안 47km까지 감시〉, 《중앙일보》, 2021.03.23을 참조하여 필자가 개략적으로 재작성

[68] SCSPI, 《2021年美軍南海軍事活動不完全報告》, 同前註, 頁10-11.

미군의 대중국 공중 근접 정찰에 대해서는 한국의 언론들도 관심 있게 보도하였다. 당시 한국 언론은 SCSPI가 제시한 지도를 함께 보도하고 있어 좀 더 쉽게 이해할수 있다. 2021년 3월 22일 미 공군 RC-135U 정찰기의 근접 정찰과 관련한 보도를 보면「중국 베이징(北京) 대학의 싱크탱크인 남중국해 전략태세 감지 계획(南海戰略態勢感知計劃‧SCSPI)은 22일 트위터에 미국 공군의 전자전 정찰기인 RC-135U 컴뱃센트가 대만 해협을 날면서 중국 해안에 25.33해리(약 47km)까지 다가왔다고 밝혔다. 이곳은 중국의 영해가 아닌 공해였다. 그러나 SCSPI는 공개 정보로 밝혀진 미군 정찰기 가운데 가장 중국 본토에 근접했다고 강조했다. 미국의 군사 전문 온라인 매체인 워존은 미군 정찰기는 규정상 적 해안으로부터 20해리(약 37km)까지 다가갈 수 있지만, 안전을 위해 40해리(약 74km) 밖에서 비행하는 게 보통이라고 한다. RC-135U는 미 공군이 단 2대만 보유한 정찰기다. 적의 레이더와 방공망을 정찰하는 임무를 맡는다.」[69]

SCSPI의 2021년 보고서에는 언급되지 않은 내용이나 한국 언론은 2021년 4월 20일 미군 RC-135W(리벳 조인트) 정찰기 1대가 서해로 진입하여 정찰 활동을 벌였다고 보도하면서 그 근거로 SCSPI의 주장과 지도를 제시하였다.「미군 정찰기가 서해로 진입해 산둥성과 장쑤성 등 중국 동부 연안 지역을 근접 정찰한 것으로 전해졌다. 20일 중국 싱크탱크인 남중국해전략태세감지계획(SCSPI) 웨이보(중국판 트위터) 계정에 따르면 이날 미군 RC-135W(리벳 조인트) 1대가 일본 오키나와에서 출격해 9시 50분(현지시간)부터 11시 20분까지 중국 동부 연안 지역을 정찰했다. RC-135W는 이날 평균적으로 중국 영해기선 밖 약 74km 부근을 날았고, 산둥성에서는 영해기선 밖 약 50km 지점까지 접근하기도 한 것으로 전해졌다. 미중 간 군사적 긴장 고조 속에 미군은 지속해서 중국 연안에 정찰기를 보내고 있다. SCSPI에 따르면 RC-135W는 지난 16일 11시간 20분에 걸쳐 남중국해와 중국 남부 연안을 근접 정찰했다. 또 미군 대잠 초계기 P-8A(포세이돈) 1대는 16일 밤부터 17일 오전

---

[69] 이철재,〈미 공군 단 2대뿐인 RC-135U 정찰기, 中 해안 47km까지 감시〉,《중앙일보》, 2021.03.23. https://www.joongang.co.kr/article/24018246#home

2시 사이, 17일 오전 9시께 등 2차례에 걸쳐 공중 급유를 받아가며 대만해협 남부를 비행한 것으로 전해졌다.」[70]

〈그림-21〉 미 공군 정찰기 RC-135W 중국 동부 연안 근접 정찰(2021.4.20.)
* 출처: 차병섭, 〈美정찰기 서해 진입…산둥성 등 중국 연안 근접 정찰〉, 《연합뉴스》, 2021-04-20. https://www.yna.co.kr/view/AKR20210420173700097을 참조하여 필자가 개략적으로 재작성

2021년 9월 4일 미 공군 RC-135S 정찰기의 서해 활동에 관한 한국 언론의 보도는 다음과 같다. 「미군 정찰기가 사흘 연속 중국 방공식별구역(ADIZ)에 진입했다. 그런데 비행항적이 특이하다. 중국 본토 방향이 아닌 서해를 따라 북상해 산둥성 인근 해상에서 머문 뒤 돌아오는 패턴을 반복했다.」[71]

---

70 차병섭, 〈美정찰기 서해 진입…산둥성 등 중국 연안 근접 정찰〉, 《연합뉴스》, 2021-04-20. https://www.yna.co.kr/view/AKR20210420173700097.
71 김광수, 〈美 정찰기 '코브라볼'은 왜 사흘 연속 中 방공구역을 넘었나〉, 《한국일보》, 2021.09.06. https://m.hankookilbo.com/News/Read/A2021090610560001539.

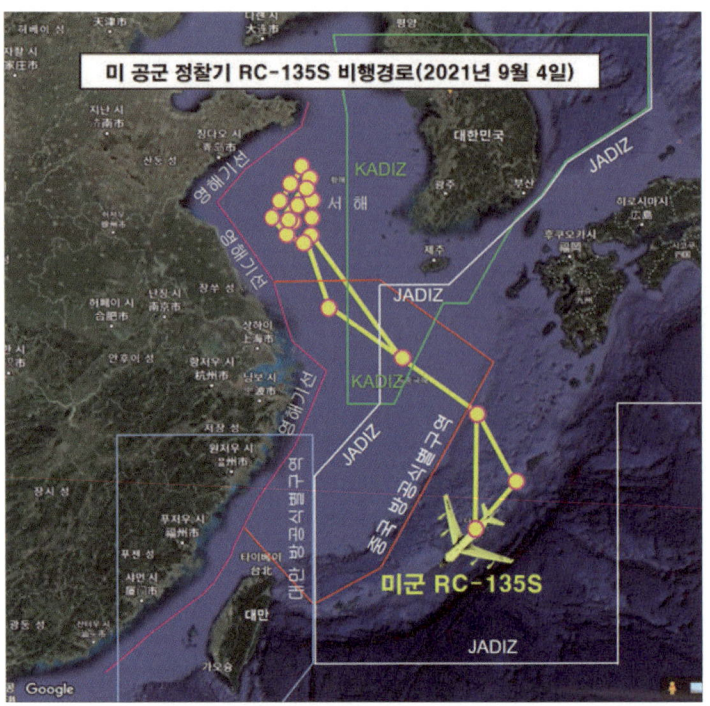

〈그림-22〉 미 공군 정찰기 RC-135S 비행경로(2021년 9월 4일)
* 출처: 김광수, 〈美 정찰기 '코브라볼'은 왜 사흘 연속 中 방공구역을 넘었나〉,《한국일보》, 2021.09.06, https://m.hankookilbo.com/News/Read/A2021090610560001539을 참조하여 필자가 개략적으로 재작성

「△ADIZ 무력화로 중국을 자극하려는 도발인지 △미사일 발사를 탐지하기 위한 것인지 △아니면 또 다른 목적을 위한 비행인지를 놓고 관측이 엇갈리고 있다. 중국 베이징대 싱크탱크 남중국해전략태세감지계획(SCSPI)은 5일 "미군 RC-135S 코브라볼 정찰기가 전날에 이어 또다시 오키나와 가데나 기지를 이륙해 산둥성 칭다오 남쪽 해상에서 근접정찰비행을 했다"며 "중국 ADIZ를 가로질러 황해(서해)를 따라 올라오면서 중국 영해기선에서 30해리, 영해에서 20해리(약 37km) 안쪽까지 접근했다"고 주장했다. 코브라볼의 비행경로와 중국 영해까지의 최단거리는 지난 3월 25해리, 8월 20해리로 갈수록 줄어들고 있다. 보란 듯 간격을 좁히며 중국의 자존심을 긁는 셈이다. 이에 중국은 "방관해서는 안 된다"며 발끈했다. 군사전문가 쑹중핑은 6일 글로벌타임스에 "중국 ADIZ에 진입한 미 정찰기를 중국 전투기가 추적, 식별해 차단해야 한다"고 강조했다. 올해 들어 미 정찰기가 대중 근접비행 강도를 높이자 중

국 국방부는 "중국의 안전이익과 지역평화를 해치는 것에 단호히 반대한다"면서 "미측의 동향을 모조리 파악하며 철저히 감시하고 있다"고 경고 메시지를 보냈다."[72]

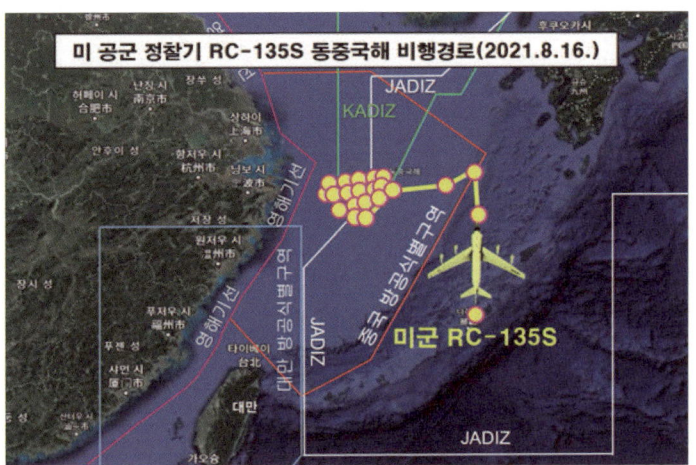

〈그림-23〉 미 공군 정찰기 RC-135S 동중국해 비행경로(2021.8.16.)
* 출처: 김광수, "미군 정찰기 코브라볼의 8월 비행경로는 동중국해 방공식별구역에 바로 진입해 최단 거리로 날아가 중국 본토를 향하고 있다. 당시 중국 영해 20해리 근처까지 접근하며 중국을 자극했지만 이동경로가 이번과는 상당히 다르다." 《美 정찰기 '코브라볼'은 왜 사흘 연속 中 방공구역을 넘었나》,《한국일보》, 2021.09.06. https://m.hankookilbo.com/News/Read/A2021090610560001539를 참조하여 필자가 개략적으로 재작성

나. 해상 정찰 활동

미군의 대형 정찰함정의 중국 해상 정찰 활동은 해상감시선으로 대표되는 수중목표 정찰 및 대잠수함 작전 지원과 해양조사선으로 대표되는 해저 지형지물 탐사 및 해양기상(marine meteorology)·수문(hydrology)조사 등 두 가지로 나뉜다.[73] 해상감시선은 다른 플랫폼과의 효과적인 협력을 위해 미군 전투 시스템에 적극적으로 통합되었다. 미 해군의 해상감시선이 서사군도와 중사군도 인근 해역에서 작전을 수행하는 동안 미 해군의 미사일 구축함과 P-8A 대잠초계기가 인근 해역에 나타나 엄호와 지원을 제공하였다. 해상감시선 간에도 일정 수준의 협업이 있었다. 예를 들면 2

---

[72] 김광수, 〈美 정찰기 '코브라볼'은 왜 사흘 연속 中 방공구역을 넘었나〉, 《한국일보》, 2021.09.06. https://m.hankookilbo.com/News/Read/A2021090610560001539.

[73] SCSPI, 《2021年美军南海军事活动不完全报告》, 同前註, 頁12.

월 15일부터 3월 28일까지 해상감시선(USNS) 임페커블(Impeccable)호와 로열(Loyal)호는 각각 바시해협의 동쪽과 서쪽 끝에 배치되어 이 중요한 수로에 대한 합동 감시를 수행하였다.[74]

4. 대만해협 정세 자극

2021년 미국의 바이든 정부 출범 이후 섬 횡단식 '항행 자유 작전(FONOPs)'은 누계 5회로 2020년 9회보다 명확히 축소되었다. 반면 대만해역 주변에서의 군사 활동은 눈에 띄게 활발하였다.[75]

가. 군함, 군용기의 대만해협 통과

2021년 바이든 정부 출범 이후 미 군함은 총 12차례 대만해협을 통과하였다. 이 중 북에서 남으로 5차례, 남에서 북으로 7차례였다. 전체적으로 한 달에 한 번꼴의 빈도를 유지했으며, 매번 작전 활동은 미 측 관방에 의해 대대적으로 선전되었다.[76]

미 군함뿐만 아니라 미 정찰기들도 대만해협 횡단 작전에 가세하였다. 미 해군 P-8A 대잠초계기 1대가 6월 2일, 8월 12일, 11월 29일 각각 대만해협을 통과하였다. 6월 2일 미 해군의 P-8A 대잠초계기(AE6864) 1대가 오키나와 가데나 공군기지를 이륙하여 북에서 남으로 대만해협을 통과했다. 이는 2013년 P-8A가 서태평양에 배치된 이래 처음으로 대만해협을 통과한 것이다. 또한 11월 29일 미 해군의 P-8A 대잠초계기(AE6832) 1대가 대만해협을 통과하는 동안 중국 대륙 영해기선으로부터 약 15.91해리까지 접근하였는데, 이는 지금까지 공개된 미 군용기의 대중국 근접 거리를 경신한 최단거리였다. P-8A는 2013년 서태평양에 배치된 뒤 수시로 중국 연해 지역에 대해 근접 정찰을 하고 있다. P-8A는 미군 전체 정찰기 대수의 약 3분의 2를 차지하고 있지만 대만해협을 통과한 것은 2021년 들어 새로운 움직임이다. 이는 상

---

[74] SCSPI, 《2021年美军南海军事活动不完全报告》, 同前註, 頁14.

[75] SCSPI, 《2021年美军南海军事活动不完全报告》, 同前註, 頁16.

[76] SCSPI, 《2021年美军南海军事活动不完全报告》, 同前註, 頁16.

당히 주목할 가치가 있다.[77]

〈그림-24〉 미 해군 P-8A 대잠초계기 대만해협 통과 경로(2021.11.29.)
* 출처: SCSPI,《2021年美军南海军事活动不完全报告》, 北京大学海洋研究院, 2022年3月, 頁18. ; SCSPI, 'An Incomplete Report on US Military Activities in the South China Sea in 2021', March 2022, p.18. 및 구글지도를 참조하여 필자가 개략적으로 재작성

나. 미 정부 고위 당국자의 은밀한 대만 방문

미군은 대만해협 통과뿐 아니라 대만 일대에서 중국 대륙의 레드라인에 지속적으로 도전장을 내밀며 대만해협 정세의 긴장을 부치기는 꼼수를 부리고 있다.[78]

2021년 6월 6일, 7월 15일, 7월 19일, 11월 9일 미 공군 C-17A 수송기 1대, 미 공군 C-146A 울프하운드(Wolfhound) 특수작전수송기 1대, 미 CIA 산하 C-130J 수송기 1대, 미 해군 C-40A 클리퍼(Clipper) 수송기 1대가 각각 대만에 착륙하여 중국으로부터 격렬한 반응을 불러일으켰다.[79]

77　SCSPI,《2021年美军南海军事活动不完全报告》, 同前註, 頁17-18.
78　SCSPI,《2021年美军南海军事活动不完全报告》, 同前註, 頁18.

〈그림-25〉 중국 SCSPI의 해남도, 서사군도, 바시해협 삼각지대
* 출처: SCSPI,《2021年美军南海军事活动不完全报告》, 北京大学海洋研究院, 2022年3月. 頁19. ; SCSPI, 'An Incomplete Report on US Military Activities in the South China Sea in 2021', March 2022. p.19를 참조하여 필자가 개략적으로 재작성

대만해협과 남중국해는 천연적으로 연동되어 있어 이들의 정세는 매우 밀접하며 분리될 수 없다. 미국과 대만 당국이 끊임없이 대만해협 정세를 부추기고 자극하면서 남중국해 북부 지역의 군사안보 위험이 급격히 높아지고 있다. 또한 미군의 정찰기와 감시선 및 조사선, 수중 전력 등이 해남도, 서사군도, 바시해협 삼각지대에서의 존재를 상시화하고 있으며, 이는 지역 정세에 불확실성을 더욱더 가중시키고 있다.[80] 미군의 빈번한 대만해협 통과와 정부 고위 당국자의 은밀한 대만 방문은 사실상 대만 내 분리세력에게 위험한 신호를 보내고 그들을 독려하는 것이다. 이는 대만해협의 평화와 안정에 큰 위협이 되고 있다.[81]

---

[79] SCSPI,《2021年美军南海军事活动不完全报告》, 同前註, 頁18-19.

[80] 胡波, 2021年的南海形势: 走向"军事化"?, 南海战略态势感知计划, 2021年12月27日, http://www.scspi.org/zh/dtfx/1640595193. ; SCSPI,《2021年美军南海军事活动不完全报告》, 同前註, 頁19.

[81] SCSPI,《2021年美军南海军事活动不完全报告》, 同前註, 頁18-19.

5. 결론 및 전망

　미국의 바이든 정부 들어 군사경쟁 측면에서의 대중국 정책은 대단히 명확하다. 즉, 한편으로 경쟁을 강조하고 위협을 강화하면서도 동시에 다른 한편으로 위기관리도 강화하는 것이다. 2021년도 이러한 '한편으로 해야 하면서 또 다른 한편으로도 해야 하는' 논리에 따라 미군은 남중국해에서 절대다수의 군사 활동 빈도와 강도를 높였다. 미국은 오바마 정부 이래 중국과 군사경쟁을 강화하며 남중국해에 그 경쟁의 초점을 맞추고 있다. 대통령과 정부마다 그 행동 양식과 정책 방점은 다르지만 남중국해에서 전방 존재와 군사 활동을 전력을 다해 강화하는 것은 조금도 다르지가 않다.[82]

　현재 미국은 중국에 대한 전략적 압박을 강화하기 위해 대만해협 문제로 초점을 옮긴 것이 사실이다. 그럼에도 불구하고 군사 경쟁의 초점은 여전히 남중국해에 놓여 있고, 대만해협은 남중국해와 근본적으로 연결되어 있어 떼려야 뗄 수 없는 상황이다. 앞으로도 남중국해에서 미군의 군사 작전은 계속 강화될 것이다. 남중국해에서 미군의 이러한 고강도 군사 작전이 '항행의 자유'와 지역의 평화를 연계시킬 가능성은 희박하다. '중국위협'과 '대국경쟁'이라는 악마의 영향으로 향후 미군의 군사 작전은 한층 더 거세질 수밖에 없다. 이는 지역의 평화적 발전이라는 복리(福利)와 괴리되어 있을 뿐만 아니라 자신의 정책적 목표도 제약하고 있다. "곰 발바닥과 생선(熊掌与鱼肉)"은 종종 동시에 잡을 수 없듯이 군사경쟁과 위기관리는 균형을 맞추기가 쉽지 않다. 현재 남중국해에서 미국의 군사 작전이 야기하는 마찰과 위험이 급격히 치솟고 있음은 두말할 나위가 없다.[83]

---

[82] SCSPI, 《2021年美军南海军事活动不完全报告》, 同前註, 頁31.
[83] SCSPI, 《2021年美军南海军事活动不完全报告》, 北京大学海洋研究院 2022年3月. 頁31.

Ⅵ 결론

지금까지 SCSPI의 지난 4년간의 연례 연구보서인 '미군 남중국해 군사활동 불완전 보고'를 공중전력 위주로 살펴보았다. 그동안 중국군에 관심 있는 연구자들이 미 국방부가 발표하는 연례 '중국군사력보고서'를 기본적으로 보아왔다면 이제 이와 상대적인 중국의 SCSPI가 발표하는 보고서도 함께 본다면 중국공군의 활동을 분석하고 예측하는 데 도움이 될 것이다.

〈그림-26〉 미 공군 정찰기 RC-135U(컴뱃센트) 비행경로(2022.6.3.)
* 출처: 서혜연, 〈만능 정찰기로 중국 '압박'‥"북, 핵실험 준비"〉, 《MBC뉴스투데이》, 2022-06-04, https://www.youtube.com/watch?v=M4bRtLzlYjo를 참조하여 필자가 개략적으로 재작성

그 중 하나가 방공식별구역이다. 중국의 군사전문가라는 사람이 중국 방공식별구역에 진입한 미 정찰기를 비판한 사례는 있지만 지금까지 살펴본 SCSPI의 연례 연구보고서는 미군 정찰기의 대중국 근접 정찰 활동을 강도 높게 비난하면서도 중국의

방공식별구역 침입에 대해서는 언급조차 않고 있다. 이는 미·중 '대국경쟁'에서 대국 간 상호 묵인 하에 중국군은 대만과 한국의 방공식별구역을, 미군은 중국의 방공식별구역을 무단 침입하며 서로 논쟁하지 않는 그들만의 리그를 진행하는 있는 것으로도 보인다.

2022년도에 들어와서도 미군 정찰기의 중국 연해지역 근접 정찰 활동은 지속되고 있고, 한반도와 관련된 사항은 한국 언론이 거의 빠짐없이 보도하고 있다. 예를 들어 MBC를 비롯한 한국 언론은 2022년 6월 3일 미 공군 정찰기 RC-135U 컴뱃센트의 동중국해 및 서해상 비행 사실을 보도하였고, VOA(Voice of America) 한국어판은 SCSPI를 인용하여 "컴뱃센트가 중국 영해 기선과 가장 가까웠을 때는 29해리(약 53km)까지 접근했다"고 보도하였다.[84] 이러한 미군 정찰기 활동에 대해 한국 언론과 중국의 시각이 어떻게 비교되는지 내년도 SCSPI의 연례 보고서를 관심 있게 지켜볼 일이다.

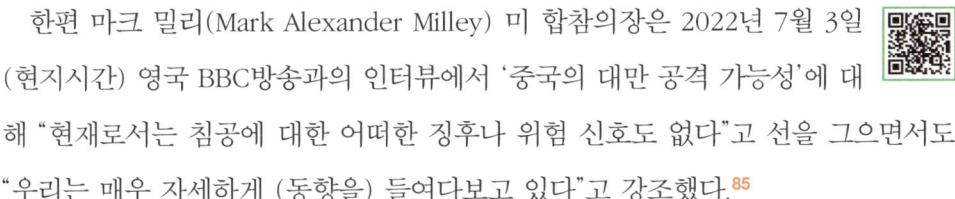

한편 마크 밀리(Mark Alexander Milley) 미 합참의장은 2022년 7월 3일 (현지시간) 영국 BBC방송과의 인터뷰에서 '중국의 대만 공격 가능성'에 대해 "현재로서는 침공에 대한 어떠한 징후나 위험 신호도 없다"고 선을 그으면서도 "우리는 매우 자세하게 (동향을) 들여다보고 있다"고 강조했다.[85]

---

[84] 서혜연, 〈만능 정찰기로 중국 '압박' ·· "북, 핵실험 준비"〉, 《MBC뉴스투데이》, 2022-06-04. https://imnews.imbc.com/replay/2022/nwtoday/article/6375422_35752.html ; https://www.youtube.com/watch?v=M4bRtLzlYjo ; 박동정, 〈'핵실험 탐지' 미 특수 정찰기 '컴뱃센트', 중국 근접 비행〉, 《VOA 한국어》, 2022.6.4. https://www.voakorea.com/a/6602695.html.

[85] 이재림, 〈미 합참의장 "중국, 대만 침공 징후 없지만 면밀 주시 중"〉, 《연합뉴스》, 2022-07-04. https://www.yna.co.kr/view/AKR20220704117100009.

제11장

중·러 군용기의 KADIZ 침입이 야기한 문제들

제11장

중·러 군용기의 KADIZ 침입이 야기한 문제들

차례
- I. 서론
- II. 방공식별구역(ADIZ)
- III. 중·러 군용기의 KADIZ 침입이 야기한 문제들
- IV. 문제들의 봉합과 남겨진 문제들
- V. 결론

요 약

이 연구는 본래 대만의 한 학술지에 기고하기 위해 작성한 논문으로서 중국 군용기가 한국방공식별구역을 침입했을 때 단순히 한·중 양자관계로 끝나는 것이 아니라 독도 영유권 문제, 동해 표기문제 등 예기치 않은 문제들을 야기할 수 있다는 것을 설명하며, 대만을 포함한 중화권 독자들에게 한국의 '독도(獨島)'와 '동해(東海)'를 보다 명확하게 인식시키고자 한 측면이 있었다. 따라서 관련 지도들의 표기를 中文으로 작성하였다. 이에 독자 여러분들에게 널리 양해를 구하고자 한다.

2019년 7월 23일 중·러 군용기가 한국방공식별구역(KADIZ)을 침입하였으며, 이 과정에서 중국 군용기가 아닌 러시아 군용기가 이례적으로 한국의 동해(東海)에 위치한 독도(獨島) 영공(領空)을 침범하였다. 이를 계기로 일본은 다시 한 번 독도 영유권을 주장하였고, 이에 따라 한국은 '한·일 군사정보보호협정(GSOMIA)'을 연장 없이 종료한다고 결정하고, '동해영토수호훈련'을 실시하는 등 일본과 첨예하게 대립했으며, 미국은 한국의 기대와는 달리 한·일 간 중립적인 입장에 있음을 재확인해 주었다. 이는 KADIZ의 기능이 단순히 타국 군용기에 대한 방공식별(防空識別)에만 그치는 것이 아니라 한국의 주권과 외교 문제들로 확대될 수 있음을 보여주었다. 한·중 군사 직통전화 추가 개설의 내용을 담은 '한·중 해·공군 간 직통전화 양해각서' 개정안 합의, 한·러 간 처음으로 양국 '해·공군 간 직통망 설치·운용에 관한 양해각서' 체결, 연장 종료를 결정했던 '한·일 군사정보보호협정(GSOMIA)'의 연장 등 중·러 군용기의 KADIZ 침입이 야기한 문제들 중 일부는 완전하게 해결되지는 못했을 지라도 일정 수준에서 봉합(縫合)되었다. 반면 중·러 군용기의 KADIZ 침입의 중심에 있던 중국은 한·일 간의 첨예한 대립과 미국의 모호한 태도를 지켜보며 한·미·일 3각 안보 협력의 취약점이 어디인지를 명확히 확인하였을 것이다. 이러한 측면에서 중국은 의도하지는 않을지라도 어부지리(漁父之利)를 한 셈이 되었다. 시사점은 한국이 가능한 빨리 고래가 되어 '고래 싸움에 새우등 터진다'는 역사의 굴레에서 벗어나야 한다는 것이다. 그러기 위해서 한국은 경제력, 소프트파워(Soft power), 군사력 등 다양한 수단을 결합하여 계속해서 몸집과 근력을 키워 나가야 한다.

keyword 한국방공식별구역, 영공, 동해, 독도, 직통전화, 한·일 군사정보보호협정(GSOMIA), 동해영토수호훈련

I 서론

2019년 7월 23일 중국과 러시아의 폭격기와 정찰기가 동시에 한국방공식별구역(Korea Air Defense Identification Zone, KADIZ)을 침입하였으며, 이 과정에서 러시아 군용기는 이례적으로 한국의 독도 영공(領空)을 침입하였다. 타국의 군용기가 한국방공식별구역(KADIZ)을 침입한 후 한국의 영공을 침범한 것은 이번이 처음이다. 지금까지 중국과 러시아의 군용기가 한반도에서 정치·군사적으로 민감한 시기에 KADIZ를 침입하여 각종 군사정보 수집 활동을 하였으나, 이번과 같이 양국 군용기가 동시에 침입한 것 역시 처음이다. 한국 합동참모본부는 2019년 "7월 23일에 중국 H-6 폭격기 2대와 러시아 Tu-95 정찰기 2대가 동해(東海) 한국방공식별구역(KADIZ)과 일본방공식별구역(Japan Air Defense Identification Zone, JADIZ)을 침입했다가 이탈하기를 반복하였고, 이 과정에서 별도의 러시아 A-50 군용기 1대가 KADIZ 내에 위치한 독도 영공을 두 차례 7분간 무단 침범했으며, 이에 대응하여 한국 공군의 F-15K와 KF-16 등 전투기가 출격하여 차단 기동, 플레어(Flare) 투하 및 2차례의 경고 사격을 하였다"고 밝혔다.[1]

공해(公海) 상에 설치된 방공식별구역(Air Defense Identification Zone, ADIZ)은 현재까지 성문화된 국제법적인 법원(法源)을 가지고 있지 않기 때문에 타국이 ADIZ를 침입했을 경우 이를 두고 외교적으로나 군사적으로 국제법 위반임을 강력하게 주장하기는 힘들다는 것이 일반적인 인식이다.[2] 그러나 2019년 7월 23일 중국과 러시

---

[1] 국방일보 (dema.mil.kr), 〈중·러 군용기의 『한국방공식별구역』과 영공 침입〉, 《국방일보》, 2019. 07. 29. http://kookbang.dema.mil.kr/newsWeb/20190725/23/BBSMSTR_000000010026/view.do.

[2] 《유엔해양법》은 국제적인 갈등과 관습법에 대해 국제기구가 개입하여 유엔회원국이 공동으로 적용 가능한 보편적인 법률로 성문화한 결과물이지만, 방공식별구역은 국제법을 법원으로 하지 않고 각국이 국내법에 법원을 두고 일방 설정하여 운영하고 있어 성문화된 국제법이나 국제관습법이 적용되는 공역은 아니다. 그러나 동북아시아에서는 대향국간 수역이 400해리를 확보하지 못해 대륙붕과 배타적 경제수역이 중첩되어 있고 이에 따라 방공식별구역도 중첩되어 있는 실정이어서, 우발적인 군사충돌을 방지하기 위해 관련국 간에 군사협정을 체결하여 자국 군을 통제하고 있다. 권중필, 이영혁, 〈한국 방공식별구역 운영규칙에 관한 고찰〉, 《航空宇宙政策·法學會誌》第32卷 第2號, 2017年12月30日. pp. 205-206.

아의 군용기가 KADIZ를 침입했을 때 한국군이 전투기를 출동시켜 이를 식별하지 않았다면 ADIZ 침입에 이어 곧 바로 독도 영공을 침범한 러시아 군용기에 대해 실시간으로 대응하지 못했을 것이다. 따라서 ADIZ는 이를 설치하는 국가의 국방 안전 수호에 매우 유용하다고 할 것이다.

한편 2019년 7월 23일 중·러 군용기의 KADIZ 침입을 두고 야기된 일련의 문제들, 예를 들면 중국 군용기가 아니라 러시아 군용기가 한국의 독도 영공을 침범한 예상치 못한 사태, 이를 기회로 다시 한 번 독도 영유권을 주장한 일본 그리고 이어서 벌어진 한·일 간의 첨예한 대립, 한·일이 첨예하게 대립하는 가운데 한국 국민들의 기대와는 달리 중립적인 입장을 재확인해 준 미국 등은 KADIZ의 기능이 단순히 타국 군용기에 대한 방공식별에만 그치는 것이 아니라 한국의 주권과 외교 문제들로 확대될 수 있음을 보여주었다.

이러한 관점에서 이 연구는 2019년 7월 23일 중·러 군용기의 KADIZ 침입이 어떠한 문제들을 야기하였고 또 그러한 문제들이 어떻게 처리되었는지 살펴볼 것이며, 끝으로 이 과정에서 나타나는 시사점에 대해서도 논의할 것이다.

II 방공식별구역(ADIZ)

제2차 세계대전이 끝나고 동서 냉전이 시작되면서 미국은 구소련의 폭격기들이 알래스카를 넘어 미국 본토를 공격할 것에 대비하여 1950년에 최초로 방공식별구역(ADIZ)을 설정하였다. 현재는 일본, 영국, 프랑스, 캐나다, 스웨덴, 필리핀, 대만, 인도, 중국 등 전 세계적으로 25개 국가가 ADIZ를 설정하여 운영 중이다. ADIZ의 법적 정당성은 각국이 영토와 영해의 상공인 영공(領空)에 대해 배타적 권리를 가지는데, 기술의 발달로 비행물체들의 속도, 능력이 배타적 권리를 행사하는 구역의 범위 내에서 국가 안전보장을 위한 조치를 취하기에는 제약이 많아 공해상에서 연안 국가 또는 내륙 국가가 정찰 행위를 하는 경우 이는 국제법 위반이 아니지만[3] 안전보장 측면에서 사전 경보를 제공하기 위해 ADIZ를 운영하여야 한다는 이론에서 찾고 있다.[4]

ADIZ는 국제적인 인정을 위한 국제법 수립 논의 등의 조치가 현재까지 없어 성문화된 국제법적인 법원을 가지고 있지 않는 것으로 보인다. 따라서 ADIZ를 운영하고 있는 각 국이 자국의 국내 법규에 근거하고 있는 것으로 판단된다. 다만 국제법규 중 국제민간항공기구(International Civil Aviation Organization, ICAO)의 규칙(DOC 9426, ATS Planning Manual) 제3장에는 특별지정공역이 존재하며, 이 구역에서는 특별한 식별과 보고절차들과 같은 항공교통관제업무에 추가적으로 따르도록 요구되는 지정된 공역이 있는데, 그 일반적인 것이 ADIZ이며, 이 구역에서 부과된 지시에 복종하지 않으면 신속히 공격적 행위(요격, 불시착 등)로 이어질 수 있음을 일반적으로 이해하고 있는 것으로 표현되고 있다.[5] 이 조항을 보면 ADIZ가 국제적으로 누구나 인지하는 특정공역으로 묶이고 있다고 보여 진다. 그러나 이것이 일정 부분 국제 관습으로 정착되고 있는 현실을 반영한 국제규칙이라 할 수 있는 지 여부는 연구가 더 필요한 것으로 보인다. 현재 국제적으로 운영되고 있는 ADIZ의 성립 과정을 보려면 각 국가별 설정 법원, 운영절차 등에 대한 분석이 필요하다.[6]

1. 한국방공식별구역(KADIZ)

최초의 KADIZ는 법령에 의해 설치된 것이 아니라 1950년 6월 25일 발발한 한국전쟁 중 유엔군사령관이 1951년 3월 22일 북한의 미그(Mig) 전투기 출현에 대한 경보를 제공하기 위해 설치하였고, 그 범위는 주변국과의 관계를 고려하여 중간선 원칙에 따라 한정되었다. 남쪽 방면은 당시 미그(Mig) 전투기의 비행 가능 거리 및 북한 해군의 능력과 영해에 대한 국제적인 관습인 3해리(海里)를 고려하여 그 범위를

---

[3] 김한택, 〈공해의 상공 비행에 관한 국제법〉, 《航空宇宙政策·法學會誌》第26卷 第1號, 2011年6月3日, pp. 4-12., 同前註2. 권종필, 이영혁, 〈한국 방공식별구역 운영규칙에 관한 고찰〉 p. 192.

[4] Ruwantissa Abeyratne, "In search of theoretical justification for air defense identification zones", Journal of Transportation Security, Volume 5, Issue 1, 2012, pp. 87-94. 同前註2. 권종필, 이영혁, 〈한국 방공식별구역 운영규칙에 관한 고찰〉 p. 192.

[5] ICAO DOC 9426, 《ATS Planning Manual, 3.3.4 특별 지정 공역》, 1984, p. I-2-3-4., 同前註2. 권종필, 이영혁, 〈한국 방공식별구역 운영규칙에 관한 고찰〉 p. 193.

[6] 同前註2. 권종필, 이영혁, 〈한국 방공식별구역 운영규칙에 관한 고찰〉 p. 193.

최소화한 것으로 보인다.[7] 이러한 KADIZ가 법령에 의해 국내법적 근거를 확보하게 된 것은 2007년 7월 28일 공포된 '군용항공기 운용 등에 관한 법률'이 공포되면서부터 이다. '군용항공기 운용 등에 관한 법률'은 KADIZ를 "국가 안전보장 목적상 항공기의 용이한 식별, 위치 확인 및 통제가 요구되는 지상 및 해상의 일정 공역으로서 제9조에 따라 설정된 공역을 말한다"라고 정의하고 있다.[8] KADIZ의 범위는 국방부장관이 지정하며 〈그림-1〉, 〈그림-2〉에서 보듯이 영해와 접속수역이 대부분 포함되어 있으나, 배타적 경제수역(EEZ)과 대륙붕 지역은 제외된 구역이 많다.

법률에서 정한 핵심 규칙은 KADIZ를 입·출항하는 모든 항공기는 사전에 합참의장에게 비행계획을 제출해야 하지만, 민간 항공기는 항공교통관제기관에 비행계획서(Flight Plan)를 제출하는 경우에 예외로 하고 있다. 또한 KADIZ를 이탈할 경우에는 '군용항공기 운용 등에 관한 훈령'에 따라 합참의장의 승인을 필요로 한다는 점도 명시하고 있다.[9]

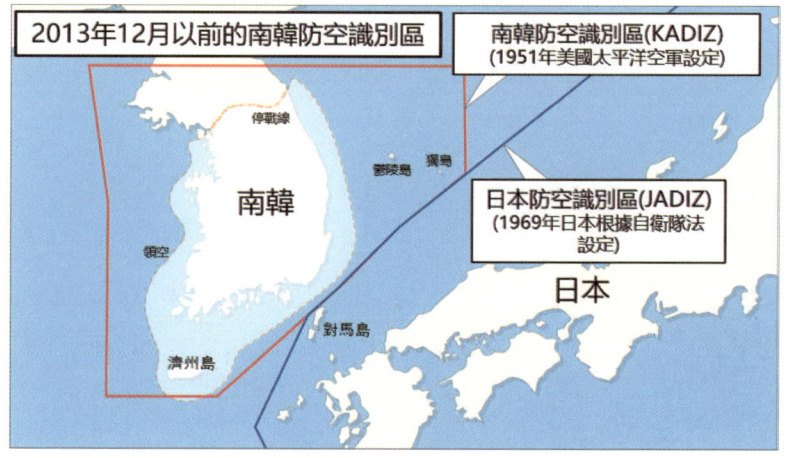

〈그림-1〉 2013년 12월 15일 이전 한국방공식별구역(KADIZ)
* 출처: 〈準영공'日방공식별구역에 독도는 없다〉,《동아일보》, 2008-08-01. https://www.donga.com/news/Inter/article/all/20080801/8610282/1을 참조하여 필자가 대만 中文으로 재작성

[7] 최용만, 권종필, 〈한국방공식별구역 확대 조정의 의의와 향후 과제〉,《에이스(ACE)》제137호, 공군본부, 2016, p. 23.
[8] 同前註2. 권종필, 이영혁, 〈한국 방공식별구역 운영규칙에 관한 고찰〉 p. 193.
[9] 同前註2. 권종필, 이영혁, 〈한국 방공식별구역 운영규칙에 관한 고찰〉 p. 194.

2013년에 이르러 한국 정부는 2013년 12월 15일 14시부로 KADIZ를 확장하여 발효하였다. 확장한 내용을 보면, 국제관례와 국제법을 준수하는 수준에서 제주도 남방은 인천비행정보구역(Incheon Flight Information Region, IFIR)과 경계를 같이하도록 변경하였다. 특히 그동안 전라남도 홍도(紅島)와 제주도 마라도(馬羅島)의 영해 일부가 KADIZ 밖에 있던 것을 안으로 들어오도록 시정하였고, 제주도 남방 이어도(離於島)[10] 수역의 관할권을 강화하기 위해 이어도(離於島)를 포함하도록 확장하였다. 이를 분석해보면 비록 주변국의 ADIZ와 중첩되지만 주변국과 마찰을 최소화하면서도 한국의 국가이익을 최대한 보장하였고, 한국이 관할하는 수역 중 일부 수역의 상공에 KADIZ를 설치하였음을 알 수 있다. 이는 근현대사에서 대한민국의 국가 관할권이 미치는 경계선을 주변국이 주장하는 경계선을 넘어 확장한 최초의 사례라고 할 수 있다.[11]

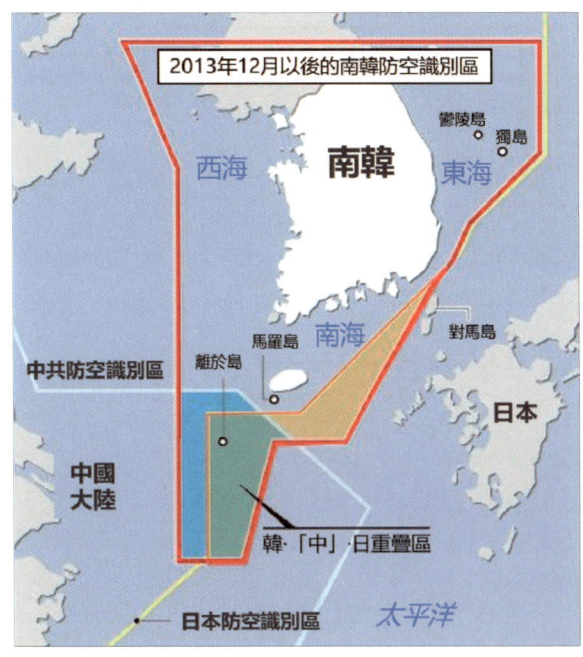

《그림-2》 2013년 12월 15일 이후 한국방공식별구역(KADIZ)

* 출처: 〈[팩트체크] 방공식별구역 침범? 진입? 어느 쪽이 맞나〉, 《연합뉴스》, 2019.10.31. https://www.yna.co.kr/view/AKR20191 031145000502을 참조하여 필자가 대만 中文으로 재작성

[10] 이어도(離於島): 離於礁, 영어로 Socotra Rock(Reef). 중국은 苏岩礁(蘇岩礁)로 부른다. 등수심선 50m를 기준으로 길이는 남북으로 1800m, 동서로 1400m, 면적 약 2km²의 암초이며, 동중국해 북쪽에 위치하고 있다. 대한민국의 馬羅島에서 남서쪽으로 약 149km 떨어진 지점에 위치한다.
[11] 同前註2. 권종필, 이영혁, 〈한국 방공식별구역 운영규칙에 관한 고찰〉 p. 194.

2. 외국의 방공식별구역(ADIZ)

현재 전 세계적으로 약 25개국에서 ADIZ를 운영하고 있다.[12] 미국은 '연방항공법(49USC§40103b(3))'에 연방항공청(Federal Aviation Administration, FAA) 청장이 국가 안전보장의 관점에서 일정 구역을 설정하여 식별, 추적 및 통제를 할 수 있도록 규정하고 있다. 영토로부터 최대 600해리 이상 이격하여 영해 또는 배타적 경제수역(EEZ)의 상공에 설치하여 운영하고 있으며, 특이하게 내륙인 워싱턴디시(Washington, D.C) 상공에도 ADIZ를 설정하여 2중으로 운영하고 있다. 운영규칙은 항공기의 국적 여부를 불문하고 모든 항공기는 미국에 들어오기 전에 위치 보고와 비행계획서(Flight Plan)를 제출하여야 하며, 규칙을 고의로 위반한 자에 대하여는 1만 달러의 벌금 또는 1년 이하의 금고형에 처할 수 있다고 규정하고 있다.[13]

일본은 '방위청 훈령' 제36호에 근거하여 1969년 9월 1일부터 내곽 방공식별구역(Inner ADIZ, 영토로부터 약 100km이내)과 외곽 방공식별구역(Outer ADIZ, 400~600km 이내)으로 분리하여 운영하기 시작하였다. 1972년에는 '방위청 훈령' 제36호의 일부 개정 훈령 제11호를 통하여 오키나와(Okinawa) 방면을 추가하여 외곽 방공식별구역(Outer ADIZ)을 확장하였다. 이 외곽 방공식별구역(Outer ADIZ)은 유엔해양법협약(United Nations Convention on the Law of the Sea, UNCLOS)이 발효되어 영해의 범위가 3해리에서 12해리로 확장됨에 따라 한국의 영해를 일부 침범한 상태로 유지되고 있어, 한국은 일본에게 ADIZ의 조정을 지속적으로 요구하고 있다.[14]

중국은 '중화인민공화국 국방법', '중화인민공화국 민용항공법'과 '중화인민공화국 비행 기본규칙'에 근거하여 2013년 11월 23일 「동중국해 방공식별구역(東海防空識別區, East China Sea ADIZ)」을 선포하여 운영 중에 있다. 최초 선포 시에는 중국에 착륙하지 않는 통과 항공기를 포함한 모든 항공기에 대해 비행계획서(Flight

---

[12] 대한민국 국방부, 《전쟁법 해설서》 대한민국 국방부, 2013, p. 126.
[13] 同前註12. 대한민국 국방부, 《전쟁법 해설서》, p. 128.
[14] 同前註2. 권종필, 이영혁, 〈한국 방공식별구역 운영규칙에 관한 고찰〉 p. 195.

Plan) 제출을 의무화하고, 비행계획서를 제출하지 않는 항공기에 대해서는 "긴급방어조치(Emergency Defense Measures)"를 사용하겠다고 하였으나, 유엔해양법협약(UNCLOS) 상의 공해상 비행의 자유 및 국제민간항공기구(ICAO)의 규칙에 따라 민간항공기에 대한 무력사용의 금지원칙을 적용하였는지 확인은 되지 않았지만 2016년에 동(同) 문구는 삭제된 상태이다.[15]

III 중·러 군용기의 KADIZ 침입이 야기한 문제들

이제 본 연구의 중심 주제인 2019년 7월 23일 중국과 러시아 군용기의 KADIZ 침입이 야기한 문제들을 살펴보고자 한다.

침범한 군용기 1대는 중국 군용기가 아니라 러시아 군용기이며 A-50 조기경보통제기라고 밝혔다. 타국 군용기가 한국 영공을 침범한 것은 이번이 처음이었다. 한국 공군 전투기는 한국 영공을 침범한 러시아 A-50 전방 1km 거리로 360여발의 경고 사격을 가했다. 합동참모본부 관계자는 "오늘 오전 KADIZ를 침범한 군용기는 중국 H-6 폭격기 2대, 러시아 TU-95 폭격기 2대와 A-50 조기경보통제기 1대"라고 밝혔다. 한국 공군 전투기는 KADIZ를 무단 침입한 중국 폭격기에 대해 20여회, 러시아 폭격기와 조기경보기에 대해 10여회 등 30여회 무선 경고 통신을 했으나 응답이 없었다. 한국 공군 전투기는 특히 독도 인근 영공을 침범한 러시아 A-50을 향해 1차 침범 때 미사일 회피용 플레어(flare) 10여발과 기총 80여발을, 두 번째 침범 때는 플레어(flare) 10발과 기총 280여발을 각각 경고 사격했다. 합동참모본부 관계자는 "타국 군용기가 우리(한국) 영공을 침범한 사례는 처음"이라면서 "KADIZ를 진입한

---

[15] 同前註2. p.195. 1984년 대한항공(KE)007편이 소련 영공 침범 혐의로, 소련 전투기의 발포로 추락하여 승객 전원이 사망한 사건을 계기로 ICAO Annex 11《Rules of Air》에는 민간 항공기에 대해서는 무력사용 금지 원칙이 반영되어 있다.

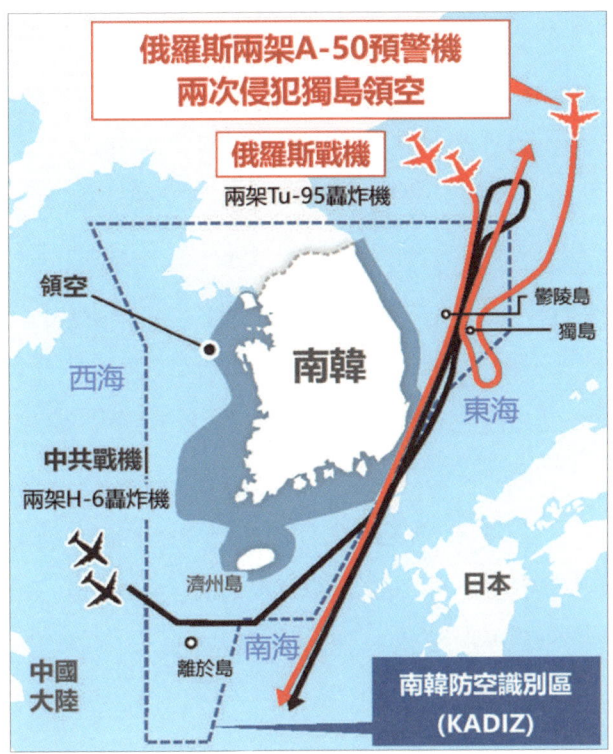

〈그림-3〉 중·러 군용기의 한국방공식별구역(KADIZ) 침입 경로(2019.7.23.)

* 출처: 〈러시아 군용기, 독도 영공 침범 … 軍, 전투기 띄워 경고사격〉, 《한겨레》, 2019.7.23. https://www.hani.co.kr/arti/PRINT/903065.html을 참조하여 필자가 대만 中文으로 재작성

타국 군용기 전방 1km 근방으로 경고 사격을 한 사례도 이번이 처음"이라고 설명했다. 또한 "중국과 러시아 군용기가 동시에 KADIZ에 진입한 것도 이번이 처음이었다."고 합동참모본부 관계자는 전했다.[16]

1. 문재인 정부에 대한 '친중(親中)' 논란 가중

한편 화춘잉(華春瑩) 중국 외교부 대변인은 2019년 7월 23일 정례 브리핑에서 "구체적 상황은 알지 못한다"면서도 "방공식별구역(ADIZ)은 영공이 아니며 국제법에 따라 각국은 비행의 자유를 누린다"고 말했다. 또한 중국 군용기가 한국방공식별구

---

[16] 김귀근, 〈합참 "러 A-50 조기경보기, 영공침범 … 軍, 360여발 경고사격"〉, 《연합뉴스》, 2019.7.23. https://www.yna.co.kr/view/AKR20190723101300504.

역(KADIZ)을 '침범'했다는 지적에 대해 "중국과 한국은 좋은 이웃으로 '침범'이라는 용어는 조심해서 써야 한다"고 하였다.[17]

이에 대해 한국의 여·야 정치계와 언론들은 한 목소리로 중국을 비판하였다. "중국은 자국 연해에서 정찰 비행을 하지 말라고 미국에 여러 차례 요구한 적이 있다. 지난 2017년 7월에도 미국 정찰기가 한반도 서해 인근을 비행하자 자국(중국) 전투기로 초 근접 비행을 하며 전방을 가로막아 미국의 항의를 받았다. 중국 외교부는 당시 미국 군용기가 중국의 연해를 정찰하는 것은 중국의 안보를 위협한다면서 이런 활동을 중단하라고 요구했다. 따라서 비행의 자유를 주장하는 중국의 입장은 앞뒤가 맞지 않는다"며 반박하였다.[18]

이렇듯 중·러 군용기가 KADIZ를 침입했을 때 한국의 정치계는 여·야 가릴 것 없이 모두가 중·러를 강력하게 비판하며 재발 방지를 요구하였다. 그러나 중·러 군용기가 KADIZ를 침입하는 횟수가 늘어나고 또 일상화되면서 여·야가 중·러를 비판하는 강도에는 차이가 나타나기 시작하였다. 그 중에서 중·러 군용기의 KADIZ 침입 횟수를 두고 여·야가 대립하는 상황도 벌어졌다. 요지는 당시 문재인 대통령에 대한 '친중(親中)' 논란이었다. 문재인 정부는 임기 내내 '친중(親中)' 논란에 휩싸였다. 중국에 대한 사대(事大) 굴종(屈從)으로 외교안보의 근간인 한·미 동맹을 훼손했다는 비판이 있고, 반면에 근거 없는 '친중(親中)' 몰이는 위험하다는 반론도 있다.[19] 이러한 가운데 중국 군용기의 KADIZ 침입은 문재인 정부의 '친중(親中)' 논란을 일정 부분 가중시켰다.

대표적인 예로서 2020년 10월 8일 한국의 한 일간지는 '中 군용기 KADIZ 침입,

---

[17] 김윤구, 〈中, 자국 군용기 KADIZ 무단진입 후 "비행의 자유 있다" 주장(종합)〉, 《연합뉴스》, 2019-07-23. https://www.yna.co.kr/view/AKR20190723139751083?site=footer_pc_version

[18] 同前註17. 김윤구, 〈中, 자국 군용기 KADIZ 무단진입 후 "비행의 자유 있다" 주장(종합)〉., 《매일경제》, 2019/07/23 https://m.mk.co.kr/news/world/view-amp/2019/07/557001/

[19] 문재인(文在寅) 정부는 친중(親中)이 아니다는 주장은 다음과 같은 기사를 참조할 수 있다. 박민희, 〈문재인 정부는 '친중'인가?〉, 《한겨레》, 2020-08-25. https://www.hani.co.kr/arti/opinion/column/959268.html., 홍제표, 〈[한반도 리뷰]문재인 정부는 과연 '친중'인가?〉, 《노컷뉴스》, 2022-02-23. https://www.nocutnews.co.kr/news/5711770

100회나 줄여서 공개한 문재인 정부'라는 제하의 기사를 다음과 같이 단독 보도하였다. 「軍이 문재인 정부 동안 일어난 중국 군용기의 KADIZ 침입 횟수를 대폭 축소하여 공개한 정황이 (2020년) 10월 7일 확인되었다. 한기호 국민의힘 국회의원실이 軍의 국회 보고자료와 軍 내부 비밀자료를 비교한 결과이다. 이에 따르면 많게는 연간 침입 횟수가 100여회까지 차이가 났다. 이를 두고 軍 안팎에서는 "문재인 정부 들어서 중국 군용기의 KADIZ무단 침입이 빈번해지는 가운데 중국과의 외교적인 마찰을 피하기 위해 눈치 보기를 한 결과가 아니냐"는 지적이 뒤따른다. 한기호 국회의원실이 합동참모본부로부터 제출 받은 2016~2019년 중국·러시아 군용기의 연간 'KADIZ 진입 현황'에 따르면 중국 군용기는 2016년과 2017년에 각각 50여회, 70여회 KADIZ 안으로 들어왔다. 이어 2018년에는 140여회로 침입 횟수가 훌쩍 늘었고, 지난 해인 2019년에는 50여회로 다시 줄었다. 하지만 2019년 12월 합동참모본부가 작성한 軍 내부자료의 수치는 이와 크게 달랐다. 2016년과 2017년의 경우 각각 40여회와 60여회로 오히려 국회 공개자료보다 10여회씩 적었다. 반면 2018년에는 공개자료보다 60여회 많은 200여회, 지난 해인 2019년에는 100여회 많은 150여회로 기록되어 있다. 2019년의 경우 3배나 차이가 나는 셈이다. 이런 수적 차이는 러시아 군용기와 비교해도 두드러진다. 두 자료에서 러시아 군용기의 연간 KADIZ 침입 횟수는 거의 같거나 10~20여회 정도 차이에 그쳤다. (중략) 익명을 원한 군 관계자는 "2018년을 기점으로 수치가 축소된 것은 문재인 정부의 외교 지향점과 관계가 있는 것은 아닌지 모르겠다"며, "정부가 군사적으로 민감한 KADIZ 침입 횟수조차 중국 눈치 보기를 하는 것으로 비칠 수 있다"고 말했다.」[20]

---

[20] 김상진, 이철재, 박용한, 〈[단독] 中군용기 KADIZ 침입, 100회나 줄여서 공개한 文정부〉, 《중앙일보》, 2020.10.08. https://www.joongang.co.kr/article/23889024#home.

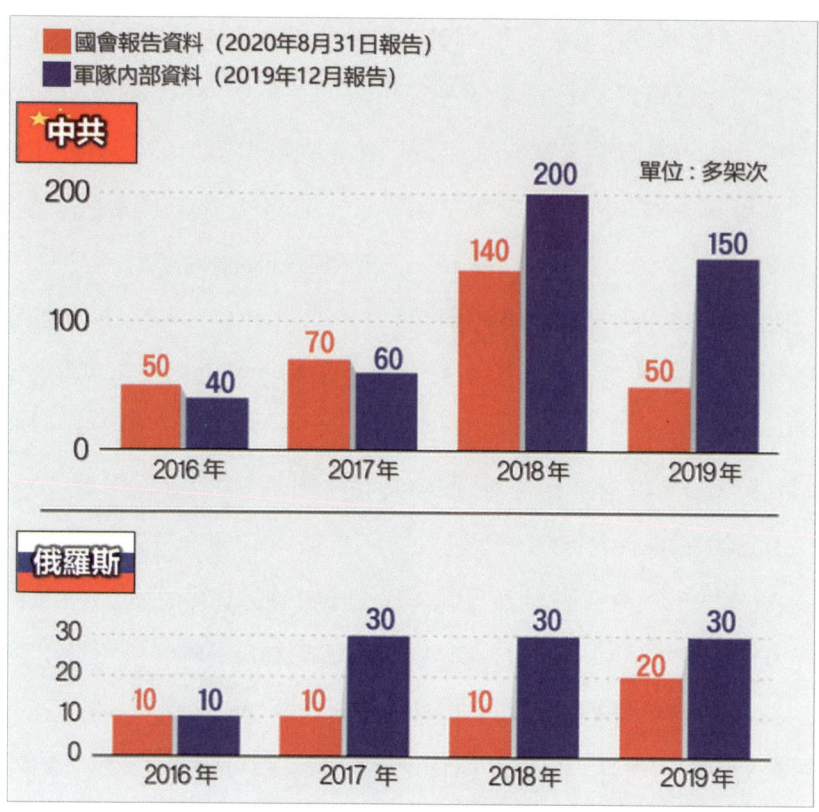

〈그림-4〉 중·러 군용기의 한국방공식별구역(KADIZ) 침입 횟수
* 출처: 〈[단독]中군용기 KADIZ 침입, 100회나 줄여서 공개한 文정부〉, 《중앙일보》, 2020. 10. 8. https://www.joongang.co.kr/article/23889024#home을 참조하여 필자가 대만 中文으로 재작성

반면, 이를 보도한 일간지는 중·러 군용기의 KADIZ 침입 횟수를 문재인 정부가 고의로 축소한 것이 아니라 한국 공군이 정찰기를 도입하기 위해 소요(所要)를 제기하는 과정에서 발생한 오류일 수 있다는 취지의 기사도 함께 실었다. 「軍 내부자료에서 중국 군용기 침입 횟수가 상대적으로 높게 기록된 것은 軍의 전력증강 소요 제기와 관련이 있다는 풀이도 나온다. 2019년 당시 국방부 전력소요검증위원회에 제출된 해당 軍 내부자료에서는 "중·러 군용기의 KADIZ 진입 현황은 (연평균) 137회로서, 3일 간격으로 한국군 정찰기 2대가 동시에 소요된다"고 정찰기 증강 필요성을 강조하였다. 이후 軍은 지난 2020년 6월 열린 방위사업추진위원회에서 정찰기 증강 사업을 추진하기로 결정하였다. 합동참모본부의 한 관계자는 이러한 논란에 대해 "관련 사안에 대해 확인해 보겠다"고만 밝혔다.」[21]

2. 독도 영공 침범으로 되살아난 러시아의 위협

한국 국민들은 '영공 침범'과 관련하여 러시아의 전신인 구소련(舊蘇聯) 소비에트 연방(Soviet Union)에 대해 너무나도 아픈 기억이 두 가지 있다.

먼저 1978년 4월 20일 파리를 출발하여 알래스카 앵커리지를 경유한 뒤 서울로 도착할 예정이었던 대한항공(KE) 902편 보잉(Boeing) 707 여객기가 항법 상의 실수로 앵커리지 대신 소련 영공을 침범하여 카렐리야 공화국(Republic of Karelia) 상공에서 격추당한 뒤 불시착한 사건이다. 이 사고로 탑승 인원 109명 중 2명이 사망하였고, 나머지 승객들은 조사를 마친 후 별 일 없이 핀란드 헬싱키를 통해 귀국했다. 소련은 10만 달러의 배상금을 청구하였으나 한국 정부는 지불하지 않았다.[22]

두 번째는 대한항공(KE) 007편 격추 사건으로, 1983년 9월 1일에 미국 뉴욕시 존 F. 케네디 국제공항을 출발, 앵커리지를 경유해서 김포국제공항으로 오던 대한항공(KE) 소속의 007편 보잉(Boeing) 747 여객기가 비행 중 소련 영공에서 Su-15 전투기의 공격을 받아 사할린(Sakhalin) 서쪽에 추락하여 탑승자 전원이 숨진 사건이다. 이 사건으로 래리 맥도널드(Larry McDonald) 미국 조지아주 민주당 하원 의원을 포함한 16개국 269명의 탑승자 전원이 사망하였다. 비무장 여객기에 대한 소련 전투기의 공격으로 인한 격추 사건은 한국 및 서방 국가에 엄청난 반향을 일으켰다. 일본 홋카이도(北海道) 왓카나이시(稚內市)의 최북단 소야곶(宗谷岬)에 위치한 소야미사키공원(宗谷岬公園)에는 당시 사고로 사망한 희생자를 기리는 위령비 '추도의 탑'이 서 있다.[23]

---

[21] 同前註 20. 김상진, 이철재, 박용한, 〈[단독] 中군용기 KADIZ 침입, 100회나 줄여서 공개한 文정부〉.
[22] 〈대한항공 902편 격추 사건〉, 나무위키 (namu.wiki), https://namu.wiki/w/ ; 〈대한항공 902편 피격 사건. 코미디 1부〉, 《다큐9분》, 2018.9.6. https://www.youtube.com/watch?v=-co_MuPinY0 ; 〈대한항공 902편 피격 사건. 영웅담 2부〉, 《다큐9분》, 2018.9.7. https://www.youtube.com/watch?v=5wogre8rYV4 ; 〈대한항공 902편 피격 사건. 비극 3부〉, 《다큐9분》, 2018.9.9. https://www.youtube.com/watch?v=cCwXB_tG_VI ; 〈[신비한TV 서프라이즈] 소련 영공에 무단 침범한 대한항공 여객기〉, 《MBC 미스터리》, 2021.5.16. https://www.youtube.com/watch?v=kriBnHKNYr4
[23] 〈대한항공 007편 격추 사건〉, 나무위키 (namu.wiki), https://namu.wiki/w/ ; 〈대한뉴스 제 1453호-

이 사건을 계기로 로널드 레이건(Ronald Reagan) 미국 대통령은 GPS(Global Positioning System)를 민간 부분에 개방할 것을 공표하였고, 국제민간항공기구(ICAO)는 민간 항공기를 요격하는 것은 최후의 수단이 되어야 하고 무기를 쓰지 말 것을 권고하였다. 그리고 국제민간항공기구(ICAO)는 다음 해인 1984년, 국제민간 항공 협정(Convention on International Civil Aviation)을 개정하여 영공을 침범하였다 하더라도 민간 항공기를 격추하지 못하도록 명시하였다.[24]

다시 2019년 7월 23일 중국과 러시아 군용기의 KADIZ 침입 사례로 돌아오면, 앞서 살펴보았듯이 중·러의 KADIZ 침입 횟수는 자료에 따라 다소 차이는 있으나 중국 군용기의 침입 횟수가 러시아에 비해 압도적으로 많다. 특히 2018년과 2019년이 두드러지는데, 2018년의 경우 軍 내부자료를 기준으로 중국이 러시아보다 170 여 회가 많고, 2019년의 경우는 120 여 회가 많다. 따라서 한국군은 러시아보다는 중국 군용기의 KADIZ 침입에 민감하며, 이에 대한 대응책 마련에도 보다 적극적이었다. 그러나 예상과는 달리 독도 영공을 침범한 것은 중국이 아니라 러시아 군용기였다.

2019년 7월 24일 청와대는 "러시아 정부는 자국 군용기가 7월 23일 두 차례에 걸쳐 한국 영공을 침범한 데 대해 한국 정부에 깊은 유감을 표명했다"고 밝혔다. 청와대 국민소통수석은 "러시아 국방부가 즉각적으로 조사에 착수하여 필요한 모든 조치를 취하겠다고 밝혀왔으며", 러시아 차석 무관(武官)은 "기기 오작동으로 계획되지 않은 지역에 진입한 것으로 생각한다"며, "한국 측이 가진 영공 침범 시간, 위치 좌표, 캡처 사진 등을 전달해주면 사태 해결에 도움이 될 것"이라고 밝혔다.[25] 이렇듯 이 사건은 러시아의 깊은 유감 표명으로 잠잠해 지는 듯했다.

대한항공 여객기 피격 참사 특보〉, 유튜브, https://www.youtube.com/watch?v=2ThGqmd5xtU&t=145s ;〈KAL 007편 피격 그날 밤 있었던 일 1부〉,《다큐9분》, 2019.1.27. https://www.youtube.com/watch?v=NZNficHbRXE ;〈KAL 007편 피격 그날 밤 있었던 일 2부〉,《다큐9분》, 2019.1.29. https://www.youtube.com/watch?v=UDXL9Up70G4 ;〈269명의 승객은 어디로 사라졌나? KAL 007기 격추사건 미스터리〉,《다큐9분》, 2021. 3. 23. https://www.youtube.com/watch?v=c9qgXvABK4o.

[24] 同前註 15.
[25] 박경준,〈러시아 "기기 오작동, 침범 의도 없었다. 깊은 유감 표명〉,《연합뉴스》, 2019.7.24. https://www.yna.co.kr/view/AKR20190724078252001.

그러나 다음날 러시아 국방부는 "외국 영공을 침범한 바 없다. (중략) 한국 전투기가 위험한 차단 기동을 했다"며 한국 정부의 발표와는 다른 엇갈리는 입장을 표명하였다. 러시아 국방부는 2019년 7월 25일 공보실 명의의 언론 보도문을 통해 "7월 23일 러시아 공군과 중국인민해방군 공군이 장거리 군용기를 이용해 아시아태평양 해역에서 첫 연합 공중 초계비행을 수행했다. 임무 수행 과정에서 양국 공군기들은 관련 국제법 규정들을 철저히 준수했다. 객관적 비행 통제 자료에 따르면 외국 영공 침범은 허용되지 않았다"고 주장했다. 러시아 국방부는 7월 25일 모스크바 주재 한국 공군 무관을 국방부 청사로 불러 자국 군용기가 한국 영공을 침범하지 않았고, 오히려 한국 전투기 조종사들이 자국 군용기의 비행 항로를 방해하고 안전을 위협하는 비전문적이고 위험한 기동을 했다는 내용을 담은 항의성 서한을 전달한 것으로 알려졌다. 러시아 항공우주군 장거리 항공대 사령관도 이날 러시아 타스(Tass) 통신에 "객관적 비행 통제 자료에 따르면 한국과 일본 영공 침범은 허용되지 않았다. 분쟁도서(독도)에 가장 가까이 근접한 군용기와 도서 간 거리는 25km였다"면서 "한국 조종사들의 행동은 공중 난동으로 평가해야 한다"며 오히려 한국 공군의 차단 기동을 비난했다. 이에 한국 국방부는 다시 "러시아 측의 주장은 사실을 왜곡한 것일 뿐만 아니라 어제 외교 경로를 통해 밝힌 유감 표명과 정확한 조사 및 재발 방지를 위해 노력하겠다는 입장과 배치되는 주장"이라고 지적했다. 이어서 "7월 23일 오전 러시아 A-50 조기경보통제기 1대가 독도 영공을 두 차례 침범한 것은 분명한 사실이며, 한국 국방부는 이에 대한 명확한 근거자료를 갖고 있다"고 강조했다. 그러자 이번에는 주한 러시아 대사관이 자국 군용기의 한국 영공 침범 사실을 인정한 바 없다면서 청와대 측 발표와 관련한 언론 보도를 반박하고 나섰다. 러시아 대사관은 이날 트위터(tweeter) 공식 계정에 올린 글을 통해 청와대 국민소통수석의 발표와 관련한 언론 보도는 사실과 다르다면서 "러시아 측은 러시아 항공우주군 소속 군용기의 한국 영공 침범 사실을 확인하지 않았다"고 주장했다. 모스크바 고위 외교소식통은 "러시아가 설령 실제로 한국 영공을 침범했다 하더라도 이를 인정하지는 않을 것"이라면서 "러시아뿐 아니라 다른 국가들도 영공 침범과 같은 민감한 사안을 인정하는 경우는 거의 없다"고 설명했다.[26]

3. 독도 영유권 주장을 되풀이한 일본

독도 분쟁은 독도를 관리하고 있는 한국에 대해 그렇지 못한 일본의 극우들이 그 영유권을 주장하면서 발생한 영토 분쟁을 일컫는다.[27] 한국 정부는 "공식적으로 영토 분쟁은 없으며, 분쟁이란 단어는 적합하지 않다"는 입장을 견지하고 있다.[28] 독도는 한국과 일본 사이의 동해에 위치해 있고, 동도(東島)와 서도(西島)를 중심으로, 주변의 암초 등을 포함한 총면적187,554m²이며, 현재 한국의 실효 지배 하에 있다.[29]

2021년 2월 22일 일본 정부 고위급 인사가 파견된 가운데 일본 시마네현(島根縣) 마쓰에시(松江市)에서 개최된 「다케시마(竹島, 일본이 주장하는 독도(獨島)의 일본 명칭)의 날(竹島の日)」 행사에서는 한국의 영토인 독도를 국제사회에 분쟁 지역으로 인식시키려는 일본의 야욕이 다시 노출됐다. 일본은 독도가 자국의 영토라는 주장을 널리 퍼뜨리기 위해 이미 오래 전부터 여러 경로를 통해 이런 주장을 담은 콘텐츠를 유포하는 작업을 병행해오고 있다. 일본 지방자치단체인 시마네현(島根縣) 등의 주최로 열린 이날 「다케시마의 날」 행사에 참석한 와다 요시아키(和田義明) 내각부 정무관(차관급)의 발언에서는 일본의 이런 의도가 노골적으로 감지되었다. 와다 정무관은 이날 행사의 인사말에서 독도가 일본 영토라는 일방적 주장을 되풀이하고서 "일본은 한국에 대해 국제법에 근거한 해결을 요구했고, 여러 차례에 걸쳐 국제사법재판소(International Court of Justice, ICJ)에 회부할 것을 제안했으나 한국은 계속 거부하고 있다"고 말했다. 그는 "다케시마(竹島) 문제 해결은 주권에 관한 중요한 과제다. 한국의 점거는 불법이며 용인할 수 없다"며, "일본은 국제법에 따라 냉정하고 평화적으로 분쟁을 해결하고 싶은 생각"이라고 언급하기도 했다. 이 같은 발언은 한

---

[26] 유종철, 〈러시아 군용기 한국 영공 침범 두고 한·러 엇갈린 주장 지속〉, 《연합뉴스》, 2019.7.25. https://www.yna.co.kr/view/AKR20190724179751080/

[27] "Japan's Consistent Position on the Territorial Sovereignty over Takeshima", The Ministry of Foreign Affairs of Japan., https://www.mofa.go.jp/region/asia-paci/takeshima/index.html

[28] 대한민국 외교부(mofa.go.kr), 〈독도에 대한 정부의 기본입장〉, 《독도》, https://dokdo.mofa.go.kr/kor/dokdo/government_position.jsp/

[29] 〈독도분쟁〉, 위키백과(wikipedia.org), https://ko.wikipedia.org/wiki/%EB%8F%85%EB%8F%84_%EB%B6%84%EC%9F%81#cite_note-1/.

국의 입장에서 수긍할 수 있는 부분이 전혀 없는 일방적 행보로 관측되고 있다. 한국 외교부 대변인은 이를 "독도에 대한 부질없는 도발"이라고 일축했다. 일본이 그럼에도 이런 행보를 끈질기게 반복하는 것은 독도를 국제사회에 분쟁 지역으로 인식시키기 위한 노림수라는 해석이 지배적이다. 물론 한국이 국제사법재판소(ICJ)의 강제관할권을 인정하지 않고 있으므로 일본의 요구가 실현되기 어렵다는 점은 일본 언론도 지적할 정도이다. 그럼에도 '국제사법재판소 회부'나 '평화적인 분쟁 해결' 등의 수사(修辭)를 동원해 도발을 반복하는 것은 국제 여론을 표적으로 삼는 행동으로 풀이된다. 국제사회를 여론전이 통하는 무대로 간주하고, 독도가 일본 땅이라는 주장을 진위와 관계없이 계속 반복하여 동조하는 세력을 만들어보겠다는 의도가 담긴 선전 전략이다. 실제로 일본은 독도가 자국 영토라는 주장을 관철하기 위해 홍보를 확대하겠다는 방침이다. 일본 정부는 독도 영유권 주장을 이미 11개 언어로 만들어 유포하고 있다. 이날 행사에 앞서 시마네현(島根縣) 마쓰에시(松江市)에 있는「다케시마(竹島) 자료실」을 시찰한 와다 정무관은 일본 정부가 독도 영유권을 주장하기 위해 설치한 '영토·주권 전시관' 방문자가 1만5천명을 넘었다고 소개했다. 그는 독도가 일본 영토라는 주장을 담은 순회 전시가 히로시마시, 마쓰에시에서 실현됐다며 앞으로 나가사키시와 사세보시를 비롯해 일본의 전국 곳곳에서 열겠다고 밝혔다. 와다 정무관은 '다케시마(竹島)' 영유권을 주장하는 트위터에도 팔로워가 늘고 있으며 관련 인터넷 사이트도 올해 업데이트하는 등 홍보를 강화하고 있다고 강조했다. 일본정부가「다케시마의 날」행사에 정무관을 파견한 것은 제2차 아베 신조 정권 출범 직후인 2013년 2월부터 2021년까지 9년째이다. 지방 정부의 독도 도발에 중앙 정부가 동참하는 일이 아베 정권에 이어 스가 요시히데 정권에서도 되풀이되고 있다.[30]

다시 2019년 7월 23일 중국과 러시아 군용기의 KADIZ 침입 사례로 돌아오면, 일본의 일간지 마이니치신문(每日新聞)은 2019년 7월 24일「한국군 합동참모본부는 23일 한국이 실효 지배하는 시마네현 다케시마(竹島) 인근에서 러시아의 A50 조기

---

[30] 이세원, 〈일본, 독도 분쟁화 야욕 … '평화적 해결' 허울 뒤 국제여론전〉,《연합뉴스》, 2021.2.22. https://www.yna.co.kr/view/AKR20210222156000073

경보통제기 1대가 이날 오전 총 7분간 영공을 침범했으며 한국군 전투기가 총 360여 발의 경고사격을 했다고 밝혔다. 한국이 영공이라고 주장하는 공역을 러시아 군용기가 침범한 것은 처음이라고 했다. 이에 앞서 중국의 H-6 폭격기 2대와 이 지역을 비행하던 러시아의 TU-95 폭격기 2대가 한국의 방공식별구역(ADIZ) 안으로 들어간 것으로 알려졌다. 일본 방위성(防衛省)도 23일 러시아의 A50이 '다케시마(竹島)' 상공에서 영공을 침범한 것을 확인했다고 밝혔다. 일본 정부는 '다케시마(竹島)'는 일본 고유의 영토라면서도 외교적 해결을 지향한다는 입장에서 JADIZ에서 '다케시마(竹島)'를 제외했다. 그래서 우리(일본) 군용기는 항상적인 영공 침범에 경고 등은 하지 않았다. 한편 방위성에 따르면 영공 침범 이전 동중국해에서 중국의 H-6 폭격기 2대가 JADIZ에 들어갔고 항공자위대가 긴급 발진했다.」고 보도하면서, 한국의 독도(獨島)를 다케시마(竹島)로, 한국의 동해(東海)를 일본해(日本海)로 표기한 지도를 게재하였다. 게다가 독도 상공을 일본영공(日本領空)이라고 특별히 표시까지 하였다.[31]

한편 한국의 언론은 2019년 7월 23일 늦은 밤, 일본의 반응에 대해 좀 더 자세히 보도하였다.「러시아 군용기가 독도 인근 한국 영공을 침범했을 때 일본의 자위대 군용기가 긴급 발진했다고 23일 일본 정부가 밝혔다. 이 과정에서 일본은 독도를 자신들의 영토라고 억지 주장을 했고, 한국 정부는 이를 일축했다. 스가 요시히데 관방장관은 정례 기자회견에서 이날 오전 러시아 군용기가 독도 인근 한국 영공을 침범하고 이에 한국 공군기가 경고사격을 한 것과 관련해 "자위대기의 긴급 발진으로 대응했다"고 말했다. 스가 요시히데 장관은 그러면서 자위대기의 비행 지역과 긴급 발진을 한 정확한 시점에 대해서는 설명하지 않았다. 그는 "러시아 군용기가 2회에 걸쳐서 시마네현 '다케시마' 주변 영해를 침범했다"고 주장했다. 교도통신에 따르면 일본 정부는 이날 외교 루트를 통해 한국과 러시아 정부에 각각 "우리(일본) 영토에서 이러한 행위를 한 것은 받아들일 수 없다"고 억지 주장을 하며 항의했다. 스가 요시히

---

[31] 〈露軍機に３６０発　竹島付近「領空侵犯, 警告」〉,《每日新聞》, 2019/7/24　東京朝刊, https://mainichi.jp/articles/20190724/ddm/001/030/211000c.

데 장관은 "한국 군용기가 경고 사격을 한 것에 대해 '다케시마의 영유권에 관한 우리나라(일본)의 입장에 비춰 도저히 받아들일 수 없으며 극히 유감'이라고 한국에 강하게 항의하고 재발 방지를 요구했다"고 말했다. 그러면서 "일본 외무성 북동아시아 1과장이 주일 한국 대사관에, 주한 일본대사관 참사관이 한국 외교부의 아시아 태평양 1과장에게 각각 항의했으며, 일본 외무성 러시아 과장이 주일 러시아 대사관 서기관에게 항의했다"고 밝혔다. 교도통신에 따르면 고노 다로 외무상은 이날 "영공을 침범한 러시아에 대해서는 우리나라(일본)가 대응해야 한다"고 주장했다. 외무성 관계자도 교도통신에 "한국이 마치 (독도가) 자국령인 것처럼 행동했다"고 억지 주장을 폈다. 일본은 독도의 영유권을 주장하면서도 한국이 실효 지배하고 있다는 점을 감안해 JADIZ에는 넣지 않고 있다. 그런데도 일본이 자위대기의 긴급 발진 사실을 공표한 것은 한국이 러시아 군용기의 독도 인근 영공 침범에 강력히 대응하자 자국 내의 여론을 고려해 이번 일을 독도 영유권 주장의 기회로 삼으려는 의도인 것으로 분석된다. 일본 방위성 관계자는 공표 이유에 대해 "일본 주변을 비행한 러시아와 중국 폭격기가 같은 시간대에 보인 특이한 움직임 때문에 공표하기로 한 것"이라고 설명했다. 일본 측의 독도 영유권 주장과 관련해 한국 외교부 당국자는 "독도는 역사적·지리적·국제법적으로 명백한 우리(한국)의 고유영토로서 일본 측의 주장은 받아들일 수 없다"면서 "일본 측이 외교 채널을 통해 항의해 왔으며, 우리(한국) 측은 이를 일축했다"고 보도하였다.[32]

다음 날(24일) 중국과 러시아 군용기가 KADIZ를 침입했을 때 "한국 공군은 KF-16 8대와 F-15K 12대 총 20대의 전투기를 출격 시켰고, 일본 항공자위대는 F-15J와 F-2 등 전투기 10여대를 띄운 것으로 알려졌다."[33]

---

[32] 김병규, 〈日, 자위대기 긴급발진하며 "독도 우리땅" 도발 … 韓, 일축(종합2보)〉, 《연합뉴스》, 2019-07-23 21:17, https://www.yna.co.kr/view/AKR20190723125053073

[33] 김귀근, 〈 KADIZ, 한중일러 화약고 되나 … 3국 중첩 '이어도' 충돌위험 상존〉, 《연합뉴스》, 2019-07-24, https://www.yna.co.kr/view/AKR20190724037900504

4. 한·일 간 갈등에서 중립적 입장을 재확인한 미국

방공식별구역(ADIZ)과 관련하여 중국은 2013년 11월 23일 '동중국해 방공식별구역'을 선포하였고, 한국은 2013년 12월 15일 KADIZ를 확장하여 발효하였다. 미국 국방부는 2014년도 연례 '중국군사력보고서(Military and Security Developments Involving the People's Republic of China 2014)'를 발표하면서 이 같은 내용을 종합하였다.

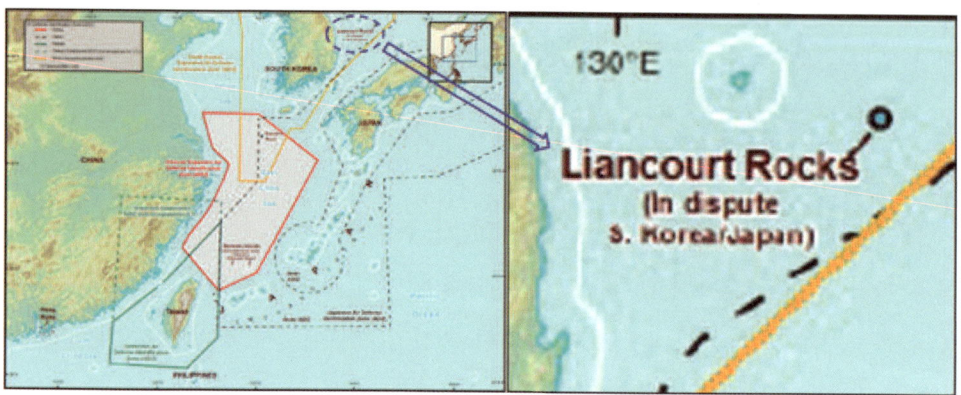

〈그림-5〉 독도를 리앙쿠르암으로 표기한 미 국방부 지도
* 출처: U.S. Department of Defense, "Annual Report to Congress: Military and Security Developments Involving the People's Republic of China 2014", p.5를 필자가 Liancourt Rocks 부분을 확대하였음.

미국 국방부는 2014년 '동중국해 방공식별구역(East China Sea Air Defense Identification Zones)'이라는 이름의 지도에 중국, 일본, 대만 및 한국의 확장된 방공식별구역(ADIZ)을 표시하였다. 아울러 독도를 '리앙쿠르암(Liancourt Rocks)'으로 표기하고 '한국과 일본이 분쟁 중(In dispute S. Korea/Japan)'이라는 설명을 덧붙였다.[34] 리앙쿠르암(Liancourt Rocks)은 1849년 독도를 발견한 프랑스 선박의 이름 '리앙쿠르(Le Liancourt)'에서 유래된 것이다.[35] 독도를 '리앙쿠르암(Liancourt Rocks)'으로 표기하거나 '일본과 분쟁 중(In dispute S. Korea/Japan)'이라는 설명

---

[34] United States of America, Department of Defense, 〈Annual Report to Congress: Military and Security Developments Involving the People's Republic of China 2014〉, p.5.
[35] 〈Liancourt Rocks〉, Wikipedia, https://en.wikipedia.org/wiki/Liancourt_Rocks

은 모두 한국 정부의 입장과 배치(背馳)되는 것이다. 앞서 살펴보았듯이 독도와 관련하여 한국 정부는 "공식적으로 영토 분쟁은 없으며, 분쟁이란 단어는 적합하지 않다"는 입장을 견지하고 있다.

한편 한·일 간에는 독도가 위치하고 있는 동해(東海)의 표기 문제로도 갈등을 겪고 있다. 독도 문제는 제2차 세계대전에서 일본이 패망한 뒤 전후(戰後) 처리 과정에서 발생한 문제이나 동해(東海) 표기 문제는 이 보다 훨씬 오래 전의 역사에서 비롯되었다. 동해(東海) 표기 문제의 주요 원인은 1905년 일본이 한국의 외교권을 박탈하기 위해 강제로 체결한 을사늑약(乙巳勒約)과 1910년 일본 제국주의가 대한제국(1897~1910)을 완전한 식민지로 만들기 위해 강제로 체결한 한일병합조약(韓日倂合條約)에서 유래한다. 이 조약이 발효된 1910년 8월 29일을 한국에서는 일본 제국주의가 한국을 강점하기 시작한 날로서 경술국치(庚戌國恥)라 부르고 있다.

한국의 동쪽 바다인 동해(東海)의 경우 국제적으로 일본해(日本海, Sea of Japan)로 표기되어 오고 있다. 이는 1929년 국제수로기구(International Hydrographic Organization, IHO)에서 세계 해역 명칭의 통일을 위해 『해양과 바다의 경계(Limits of Oceans and Seas)』를 편찬하면서부터인데, 1923년 일본 제국주의가 한반도의 동쪽, 일본의 서쪽에 있는 해역의 이름으로 '일본해(Japan Sea)'를 신청하였고, 이것이 이의 없이 통과되었기 때문이다. 당시 한국은 1910년 이래 일제강점기, 즉 일본 제국주의의 식민지였고, 주권이 존재하지 않는 상태였기 때문에 해당 바다의 명칭을 결정하는 데 관여할 수 없었다.[36]

1974년 국제수로기구(IHO)는 특정 바다의 인접국 간에 명칭 합의가 없는 경우 당사국 모두의 명칭을 병기(並記)하도록 권고하였고,[37] 한국 정부는 1997년 국제수로기구(IHO) 총회에서 처음으로 동해(東海) 표기 문제를 제기하였다. 이후 한국 정부는 동해(East Sea)와 일본해(Sea of Japan)의 병기(並記)를 주장하며 국제적인 외교

---

[36] 대한민국 외교부 홈페이지(https://www.mofa.go.kr), 〈동해(East Sea) 표기의 정당성〉, https://www.mofa.go.kr/www/wpge/m_3838/contents.do.
[37] 〈동해/명칭 문제〉, 나무위키(namu.wiki), https://namu.wiki/w/%EB%8F%99%ED%95%B4/%EB%AA%85%EC%B9%AD%20%EB%AC%B8%EC%A0%9C.

전에 나섰다. 국제적으로 동해(East Sea)와 일본해(Sea of Japan) 병기 표기율은 2000년대 초반까지 2%에 불과했지만 한국 정부와 민간이 외교전을 벌인 결과 최근 조사에서는 40%를 상회하는 것으로 알려졌다.[38] 또한 전자해도(지도) 등이 보편화되면서 일본을 제외한 G7 국가에서는 병기 비율이 50.4%를 넘어서는 증가추세에 있다는 보고도 있다.[39]

 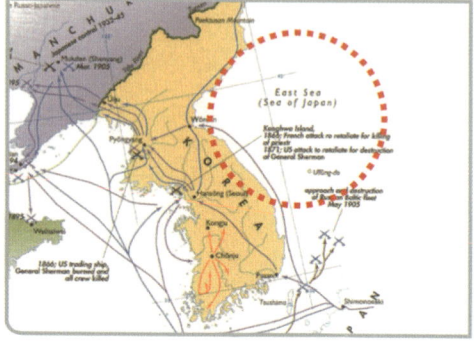

〈그림-6〉 동해와 일본해를 병기한 지도의 예

* 출처: 대한민국 외교부 홈페이지(https://www.mofa.go.kr), 동해표기 홍보 브로슈어, p. 8. https://www.mofa.go.kr/www/wpge/m_3838/contents.do 왼쪽 점선 원 안에는 Sea of Japan(East Sea), 오른쪽 점선 원 안에는 East Sea(Sea of Japan)으로 표기되어 있다.

한편, 중국이 동중국해방공식별구역을 발표하기 2년 전인 2011년, 미국 국무부는 '동해(East Sea)' 표기 문제와 관련하여 미 연방정부 기관인 미국지명위원회(United States Board on Geographic Names, BGN)의 표기 방침에 따라 '일본해(Sea of Japan)'를 사용해야 한다는 입장을 밝혔다. 미 국무부 부대변인은 2011년 8월 8일의 정례브리핑에서 미국이 동해를 일본해(Sea of Japan)로 단독 표기해야 한다는 의견을 최근 국제수로기구(IHO)에 제출했다는 한국 언론 연합뉴스 기사에 대한 논평을

---

[38] 〈日 "우리가 이겼다"…IHO, 동해·일본해 대신 고유번호(종합)〉, 《서울신문》, 2020.11.17. https://www.seoul.co.kr/news/newsView.php?id=20201117500129.

[39] 양정승, 〈국제수로회의와 '동해' 표기 논쟁〉, 《KIMS Periscope 제84호》, 한국해양전략연구소 홈페이지, https://kims.or.kr/issubrief/kims-periscope/peri84/.

요구 받고 "국제적으로 통용되는 표기인 '일본해(Sea of Japan)'를 우리(미국) 역시 사용하고 있다고 믿는다"고 말했다. 그는 또 '일본해(Sea of Japan)를 단독으로 사용하는 것이 미국 국무부의 입장이냐'는 질문에도 "미국은 미국지명위원회(BGN)에 의해 결정된 표기들을 사용한다"며 미국지명위원회(BGN)의 기준에 맞는 표기가 '일본해(Sea of Japan)'임을 재확인했다.[40]

다시 2019년 7월 23일 중국과 러시아 군용기의 KADIZ 침입 사례로 돌아오면, 한국의 독도(獨島) 영유권과 동해(East Sea) 표기에 대한 미국의 입장에는 크게 변화된 것이 없었다. 「미국 국방부는 7월 23일(현지시간) "미국은 중국과 러시아 항공기의 영공 침범에 대한 한국과 일본의 대응을 강력히 지지한다"고 밝혔다. 데이브 이스트번(David-W.-Eastburn) 미국 국방부 대변인은 중국과 러시아 군용기의 KADIZ 침입 및 러시아 군용기의 한국 영공 침범에 대한 미국 정부의 입장을 서면(書面)으로 묻자, 동맹인 한국과 일본에 대한 강력한 지지를 밝히며 이렇게 답했다. 이스트번(Eastburn) 대변인은 "미국 국방부는 동맹인 한·일과 이번 사안에 대해 긴밀히 조율을 하고 있으며 그들(한·일)이 중·러 카운터파트와 외교 채널로 후속 조치를 함에 따라 움직임들을 계속 모니터할 것"이라고 덧붙였다. 이어서 "동맹 방어를 위한 미국의 약속은 철통 같다"고 하였다. 그러나 이스트번 대변인은 어느 국가의 영공에 대한 침범인지 분명히 밝히지 않은 채 '영공 침범'이라고만 표현했다. 영공 침범의 주체에 대해서도 중국과 러시아를 모두 지목했다. 또한 '한국과 일본의 대응을 강력히 지지한다'는 표현을 사용하여, 미국이 러시아 군용기에 대한 한국의 경고 사격은 물론 일본의 자위대 군용기 긴급 발진에 대해서도 필요성을 인정하는 것으로 읽힐 수 있다는 해석이 나온다.」고 하였다.[41]

반면, 다음 날인 7월 24일(미국 현지시간) 마크 에스퍼(Mark Esper) 미국 신임 국방부 장관은 러시아 군용기의 독도 인근 한국 영공 침범과 관련하여 '한국 영공

---

[40] 이우탁, 〈美국무부, '일본해' 단독 표기 입장 밝혀〉, 《연합뉴스》, 2011-08-09. https://www.yna.co.kr/view/AKR20110809007800071.

[41] 백나리, 〈美 "중러 영공침범 한일 대응 강력 지지 … 동맹 한일과 긴밀 조율"〉, 《연합뉴스》, 2019-07-24. https://www.yna.co.kr/view/AKR20190724002500071.

(South Korean airspace)'이었다고 말하면서 한·일 방문 시 이 문제에 대해서도 논의할 것이라고 밝혔다. 러시아 군용기의 독도 영공 침범에 대해 일본이 "우리(일본) 영토"라며 자위대 전투기를 긴급 출격 시켰던 상태에서 미국 국방부 장관의 '한국 영공(South Korean airspace)' 발언은 한국 언론에 대단한 주목을 받았다. 이에 대해 한국 언론은 「전날 美 의회 상원 인준을 거쳐 임명된 에스퍼 장관은 이날(24일) 국방부 청사에서 기자들과 만나 '일본해(Sea of Japan)'에 있는 섬에서 있었던 러시아 군용기의 침범에 대해 우리에게 줄 정보가 있는가? 그 침범에 한국 전투기들이 출격했다'는 질문을 받고 "내가(에스퍼) 기억하는 한 러시아 군용기가 그 지역으로, 남쪽으로 비행한 것은 새로운 사실은 아니며, 그들이 한국 영공(South Korean airspace)으로 넘어갔다는 사실이 새로운 것"이라고 말했다. 기자가 한국의 동해(East Sea)를 '일본해(Sea of Japan)'로, 독도를 '일본해에 있는 섬'으로 지칭하며 한 질문에 대해 '한국 영공(South Korean airspace)'이라고 답변한 것이다. (중략) 미국 국방부는 지난 23일 어느 국가의 영공에 대한 침범인지에 대해 분명히 밝히지 않았다. 이날 기자들이 '당신(에스퍼 장관)은 한국과 일본을 방문할 계획인데, 일본은 한국 전투기의 경고 사격에 대해 비난을 하고 있다. 이 사안이 (한·일) 양국 및 미국과의 관계에 어떠한 관련이 있는가'라고 질문하자 에스퍼 장관은 "내가 태평양 지역으로 가서 그들(한·일)을 만나게 되면, 이것은 내가 그들과 논의하고자 하는 사안들 중 하나가 될 것"이라고 답했다.」고 보도하였다.[42]

    그러나 7월 25일(미국 현지시간) 미국 국무부는 다시 모호한 답변을 내 놓았다. 러시아 군용기의 독도 인근 한국 영공 침범과 관련하여 모건 오테이거스(Morgan Ortagus) 미국 국무부 대변인은 마크 에스퍼 신임 국방부 장관의 전날 발언을 참조하라고 언급했다. 다만 오테이거스 대변인은 한 기자가 '최근 러시아 군용기가 KADIZ에 침입했다'며 입장을 묻자 "일본은 당신이 그렇게 말한 것에 대해 문제 삼을 지도 모른다"고 말하기도 하였다. 이는 일본 정부가 '우리(일본) 영토에서 벌어진

---

[42] 송수경, 〈美국방 "러, 한국 영공으로 넘어가" … 침범 대상 '韓 영공' 적시(종합)〉, 《연합뉴스》, 2019-07-25. https://www.yna.co.kr/view/AKR20190725036251071.

'일'이라고 주장한 것을 염두에 둔 발언으로 보인다.[43]

이후 약 한 달이 지난 2019년 8월 22일 한국 정부는 매년 연장을 결정하도록 되어 있는 '한·일 군사정보보호협정(GSOMIA)'[44]을 연장 없이 종료하기로 결정했다. 물론 이것은 일본 정부가 한국에 대한 무역 보복 조치를 시행하면서 그 근거로 한국을 '안보부문에서 신뢰할 수 없는 국가'라고 적시(摘示)했기 때문이다.[45] 이는 비밀 군사정보를 교환하는 '한·일 GSOMIA'를 사실상 일본 정부가 먼저 종료시킨 것이나 다름없다. 그리고 3일 후인 2019년 8월 25일 한국군은 독도를 포함한 동해를 수호하기 위한 입체적 훈련에 돌입했다. 한국해군은 이날 "세종대왕함(DDG-991) 등 해군·해경 함정 10여 척과 육·해·공군 항공기 10대 그리고 육군 및 해병대 병력까지 참가하는 '동해영토수호훈련'을 26일까지 실시한다"고 밝혔다. 한국해군은 "우리 군은 독도를 비롯한 동해 영토수호 의지를 더욱 공고히 하기 위해 훈련의 의미와 규모를 고려, 이번 훈련 명칭을 '동해영토수호훈련'으로 정했다"고 설명하고, 아울러 "이번 훈련은 특정 국가나 특정 세력이 대상이 아닌, 우리의 주권, 영토, 국민, 재산을 위협하거나 침해하는 모든 세력에 대한 훈련"이라고 덧붙였다.[46]

이에 대해 일본 정부는 즉각 훈련 중지를 요구했다. 일본 정부는 훈련이 시작된 8월 25일 도쿄와 서울의 외교경로를 통해 "다케시마(竹島)는 일본의 고유 영토"라며, 한국 해군의 이번 훈련을 "도저히 받아들일 수 없다"는 입장을 한국 정부에 전달했다. 일본 정부는 또한 "극히 유감"이고 "훈련 중지를 강력히 요구한다"며 항의했

---

[43] 송수경, 〈美국무부 "러, 한국 영공 침범은 도발적 행위 … 반복 않기를"〉, 《연합뉴스》, 2019-07-26. https://www.yna.co.kr/view/AKR20190726035900071.

[44] 정식 명칭은 《대한민국 정부와 일본국 정부 간의 군사비밀정보의 보호에 관한 협정, 秘密軍事情報の保護に関する日本国政府と大韓民国政府との間の協定, Agreement between the Government of the Republic of Korea and the Government of Japan on the Protection of Classified Military Information》, 별칭은 《한일 군사정보포괄보호협정(일본어:日韓秘密軍事情報保護協定)》 또는 줄여서 《한일 지소미아(韓日 GSOMIA)》라고 한다.

[45] 대한민국 정책브리핑(www.korea.kr), 홍현익, 〈지소미아 종료 결정과 대한민국의 과제〉, 2019.08.26. https://www.korea.kr/news/contributePolicyView.do?newsId=148864020.

[46] 맹수열, 〈軍, 동해 영토수호훈련 돌입〉, 《국방일보(國防日報)》, 2019.08.25. http://kookbang.dema.mil.kr/newsWeb/20190826/17/BBSMSTR_000000010021/view.do ; 〈(풀영상) 예년보다 2배 커진 "동해 영토수호훈련"〉, 《국방TV》, 2019. 8. 26. https://www.youtube.com/watch?v=Q7sZu6Y9pWQ ;

다.⁴⁷ 한편 미국 국무부는 8월 27일(미국 현지시간) 한국의 독도방어훈련을 둘러싼 한·일 간의 갈등과 관련하여 "양국의 문제 해결을 위해 생산적이지 않다."고 밝혔다. 미국 국무부는 또한 독도 영유권 문제와 관련하여 "미국은 리앙쿠르암(Liancourt Rocks)의 영유권에 관해 어떤 입장을 취하지 않는다."며, 한국과 일본이 평화적으로 해결할 사안이라고 밝혔다. 로이터(Reuters) 통신은 독도방어훈련과 관련하여 미 국무부 고위 당국자가 "이 훈련이 특별히 도움이 된다는 것을 찾지 못했다", "이는 문제 해결에 기여하지 않는 행동들이다. 단지 그것을 악화시킨다"고 말했다는 내용을 보도하였다.⁴⁸ 한편 한국공군은 그해 10월 1일 국군의 날을 맞이하여 독도 영공수호의 의지를 다시 한 번 다졌다.⁴⁹

1986년 한국 해군 단독의 독도방어훈련으로 시작된 '동해영토수호훈련'은 1996년부터 공군과 해경도 참여하고 있다. 훈련 횟수는 2003년부터 매년 전·후반기 등 2차례로 정례화되었으며, 2021년도 전반기 훈련은 6월에 실시되었다. 그리고 12월에 실시된 후반기 훈련은 신종 코로나바이러스 감염증(COVID-19) 확산세 등을 감안하여 해군·해경 함정과 공군 전력 등의 실기동훈련(Field Training Exercise, FTX) 없이 컴퓨터 시뮬레이션 방식의 지휘소연습(Command Post Exercise, CPX)으로만 진행된 것으로 알려졌다. 이런 가운데 일본 정부는 한국군의 12월 '동해영토수호훈련'이 보도되자 예년과 마찬가지로 외교 경로를 통해 한국 정부에 항의하였다.⁵⁰

---

47 김병규, 〈日, 한국 독도 방어훈련 중지 요구 … "日 고유영토" 도발(종합)〉, 《연합뉴스》, 2019-08-25. https://www.yna.co.kr/view/AKR20190825024252073.
48 류지복, 〈美, 독도방어훈련에 "한·일 문제 해결에 비생산적"〉, 《연합뉴스》, 2019-08-28. https://www.yna.co.kr/view/AKR20190828008800071.
49 〈동해 독도 영공방위 이상 무 | 제71회 국군의 날 기념식 | 문재인 대통령 F-15K 전투기 영공수호 임무 명령〉, 《문재인정부 청와대》, 2019.10.2. https://www.youtube.com/watch?v=XqdU6NSV92s.
50 〈軍 "동해영토수호훈련, 매년 정례적으로 실시"〉, 《동아일보》, 2021-12-30. https://www.donga.com/news/Politics/article/all/20211230/111016553/1.

Ⅳ 문제들의 봉합과 여전히 남겨진 문제들

여기서는 앞서 살펴본 중·러 군용기의 KADIZ 침입이 야기한 문제들이 이후 어떻게 봉합(縫合)되었는지를 살펴보고자 한다. 여기서 해결(解決)이라 쓰지 않고 봉합(縫合)이라 표현한 것은 야기된 문제들 중 어느 하나도 완전하게 해결된 것이 없고, 그 중 일부는 어느 정도 수준에서 일단락(一段落)되었기는 하나 여건이 조성되면 언제든지 다시 악화될 수 있기 때문이다.

1. 한·중 군사 직통전화 추가 개설 합의

문재인 정부에 대한 '친중(親中)' 논란을 일정 부분 가중시킨 중국 군용기의 KADIZ 침입은 2021년 3월 2일 한국과 중국 군사 당국 간 직통전화를 추가로 개설하기로 합의하면서 어느 정도 일단락되었다.

한국 국방부는 이와 관련하여 언론 보도자료를 내놓았으며, 그 내용을 요약하면 다음과 같다. 「국방부는 2021년 3월 2일(화) 한·중 국방부간 직통전화를 통해 중국 국방부와 제19차 한·중 국방정책실무회의를 개최하였다. 양측 수석대표로 우리(한국) 측은 김상진 국방부 국제정책관이, 중국측은 송옌차오(宋延超) 국방부 국제군사협력판공실 부주임이 참석하였다. 양측은 한반도 안보정세와 상호 관심 사안에 대한 의견을 교환하고, 한반도 평화프로세스의 실질적인 진전을 위해 함께 노력해 나가기로 하였다. 이번 회의에서 올해 국방분야 지도자 상호방문 등 고위급 인사교류, 국방정례협의체 및 부대·교육교류 등 다양한 분야에서의 교류협력 활성화와 양국 간 군사적 신뢰 관계를 증진하는 방안에 대해 논의하였다. 정책실무회의에 이어서 중국 츠궈웨이(慈國巍) 주임이 참석한 가운데 양측은 '한·중 해·공군 간 직통전화 양해각서' 개정안에 서명하였으며, 이를 기반으로 향후 양국 '해·공군 간 직통전화 추가 개설'도 적극 추진하기로 하였다. 이번 양해각서 개정은 한·중 군사당국 간 소통을 강화하여 공중 및 해상에서 우발적 충돌을 예방하고 군사적 신뢰를 한 단계 높이게 될 것으로 기대하며, 이를 통해 한반도를 포함한 역내 긴장 완화와 평화정착에 기여할 것으로 평가한다. 양측은 코로나-19 상황에서도 비대면 방식을 통해 국방 당국간 소통을 지속해오고 있는 데 대해 높이 평가하고, 올해도 다양한 방식을 통해 각급에서의 소통과 협력을 유지해 나가기로 하였다.」[51]

한국 국방부의 언론 보도자료를 인용한 한국 언론들의 보도를 보면 다음과 같다. 「한국과 중국 군사 당국 간에는 기존 국방부 간 직통전화와 한국 해·공군과 중국 북부전구 해·공군 간 직통전화 등 총 3개의 핫라인이 있었다. 중국 동부전구 해·공군과의 직통전화가 추가로 개설되면 양국 군사 당국 간 직통전화는 5개로 늘어난다. 국방부는 "한·중 군사 당국 간 소통을 강화해 공중·해상에서 우발적 충돌을 예방하고 군사적 신뢰를 한 단계 높일 수 있을 것"이라며, "한반도를 포함한 역내 긴장 완화와 평화 정착에도 기여할 것"이라고 하였다. 실제로 작년(2020년) 12월 22일 중국 군용기 4대와 러시아 군용기 15대가 이어도(離於島)와 독도(獨島) 인근 KADIZ에 진입했을 당시 중국은 한·중 핫라인을 통해 통상적인 훈련이라고 사전 통보한 바 있다. 비행정보 교환을 위한 직통전화가 없는 러시아는 사전에 통보하지 않았다.」[52]

2. 한·러 양국 해·공군 간 직통망 설치 양해각서 체결

독도 영공 침범으로 되살아난 러시아의 위협은 2021년 11월 11일 한국과 러시아 군사 당국이 양국 '해·공군 간 직통망 설치·운용에 관한 양해각서'를 체결하면서 어느 정도 일단락되었다고 볼 수 있다.

한국 국방부는 이와 관련하여 언론 보도자료를 내놓았으며, 그 내용을 요약하면 다음과 같다. 「한국과 러시아는 2021년 11월 11일 양국 '해·공군 간 직통망 설치 및 운용과 관련된 양해각서'를 체결하였다. 이번 양해각서 체결은 한국 측에서 김상진

---

[51] 대한민국 국방부 보도자료(mnd.go.kr), 〈제19차 한·중 국방정책실무회의 개최〉, 2021-03-02. https://www.mnd.go.kr/user/newsInUserRecord.action?siteId=mnd&page=47&newsId=I_669&newsSeq=I_12413&command=view&id=mnd_020500000000&findStartDate=&findEndDate=&findType=title&findWord=&findOrganSeq=.
[52] 유현민, 〈한중 군사 핫라인 추가 개설키로 … 기존 3개→5개로 증가〉, 《연합뉴스》, 2021-03-02. https://www.yna.co.kr/view/AKR20210302170000504.

국제정책관이, 러시아 측은 국가방위센터 부센터장인 칼가노프 소장이 서명하였다. 지난 2002년 11월 11일 양국 정부 간 '위험한 군사행동 방지협정'을 체결한 이후 양국 국방 당국 간 직통망 설치에 관한 협의가 시작되었으며, 올해 전반기 양측은 관련 양해각서 문안에 합의 한 이후 오늘 최종 서명하게 되었다. 이번 한·러 해·공군 간 직통망 양해각서 체결은 한·러 군사당국 간 신뢰를 강화함과 동시에 소통을 강화하여 공중·해상에서 우발적 충돌을 예방할 수 있을 것으로 기대하며, 이는 역내 긴장완화와 평화정착에도 기여할 수 있을 것으로 기대한다. 한편, 한·러 양국은 이번 해·공군 간 직통망 설치에 관한 양해각서가 실제 양국 군간 신뢰구축에 기여할 수 있도록 직통망 운용과 관련된 세부절차에 대해서도 협의를 진행하였다.」[53]

한국 국방부의 언론 보도자료를 인용한 한국 언론들의 보도를 보면 다음과 같다. 「이번 직통망은 한국 해군작전사령부와 러시아 태평양함대사령부 간, 한국 공군 제1중앙방공통제소와 러시아 동부 군관구 11항공·방공군 간에 올해(2021) 안에 각각 설치될 예정이다. 한·러 軍 당국 간 핫라인 설치는 2002년 관련 논의를 처음 시작한 뒤 거의 20년 만에 제도적 결실을 봤다. 국방부는 "이번 양해각서 체결은 한·러 군사당국 간 신뢰와 소통을 강화해 공중·해상에서 우발적 충돌을 예방할 수 있을 것으로 기대한다"면서 "역내 긴장완화와 평화정착에도 기여할 수 있을 것"이라고 밝혔다. 軍 당국은 특히 이번에 러시아와의 공군간 직통전화 설치를 통해 KADIZ에서의 우발적 충돌을 효과적으로 예방할 것으로 기대한다. 실제로 작년(2020년) 12월 22일 중국 군용기 4대와 러시아 군용기 15대가 이어도(離於島)와 독도(獨島) 인근 KADIZ에 진입했을 당시 중국은 한·중 핫라인을 통해 통상적인 훈련이라고 사전 통보했지만, 비행정보 교환을 위한 직통전화가 없는 러시아는 우리 측에 사전 통보를 하지 않았다.」[54]

---

[53] 대한민국 국방부 보도자료(mnd.go.kr), 〈한-러시아 해·공군 간 직통망 양해각서 체결〉, 2021-11-11. https://www.mnd.go.kr/user/newsInUserRecord.action?siteId=mnd&page=19&newsId=I_669&newsSeq=I_12691&command=view&id=mnd_020500000000&findStartDate=&findEndDate=&findType=title&findWord=&findOrganSeq=.

[54] 김용래, 〈한-러 해·공군, '핫라인' 설치한다 … "우발적 충돌 예방"(종합)〉, 《연합뉴스》, 2021-11-11. https://www.yna.co.kr/view/AKR20211111108351504.

3. 한·일 간 군사정보보호협정(GSOMIA) 연장

앞에서 살펴본 바와 같이 2019년 8월 22일 한국 정부가 '한·일 GSOMIA'의 연장 종료를 결정했던 주요 원인은 일본 정부가 한국에 대한 무역 보복 조치를 시행하면서 그 근거로 한국을 '안보부문에서 신뢰할 수 없는 국가'라고 적시(摘示)했기 때문이다. 다만 2019년 7월 23일 중·러 군용기의 KADIZ 침입을 계기로 일본이 다시 한번 독도(獨島) 영유권을 주장하였고, 이것이 한국 국민들의 반일(反日) 감정을 자극했으며, 이에 따라 한국 정부는 좀더 쉽게 '한·일 GSOMIA'의 연장 종료를 결정했을 것이라고 추정할 수 있다.

'한·일 GSOMIA' 연장 종료 결정이 있은 지 3개월이 지난 2019년 11월 22일, 한국 정부는 '한·일 GSOMIA' 연장 '종료 결정'의 효력을 '정지'시키기로 했다. 이 결정은 11월 23일 0시 '한·일 GSOMIA'의 실질적인 연장 종료를 앞두고 전격적으로 내려졌다.[55] 이러한 가운데 한국 언론은 「아베 신조(安倍晋三) 일본 총리가 연장 종료 '정지'와 관련하여 측근들에게 일본은 아무것도 양보하지 않았다고 말했다는 일본 언론의 보도가 나왔다. 아사히신문(朝日新聞)은 11월 24일 '한·일 GSOMIA' 연장 종료 정지 직후 아베 총리가 주위 사람들에게 "일본은 아무것도 양보하지 않았다. 미국이 상당히 강해서 한국이 포기했다는 이야기다"고 말했다고 보도했다. 신문은 "미국이 GSOMIA 유지를 한국에 강하게 요구했으며, 일본도 이런 미국을 지원했다"며, "미국이 일본에게 협정 종료를 피하기 위한 대응을 하라고 요구했다"고 설명했다. (중략) 산케이신문(産經新聞)은 전날 일본 정부 고위관계자가 "거의 이쪽(일본)의 퍼펙트게임(perfect game)이다"고 말했다고 전하기도 했다」는 내용을 보도하였다.[56]

2021년 10월 21일 한국의 서욱 국방부 장관은 국회 국정감사에서 「한·일 GSOMIA가 "작동하고 있다"면서 한·일 간 정보 공유가 이루어지고 있느냐는 국회의원의 질문에 "늘 인접 부대처럼 이루어지는 건 아니지만 (일본측) 요청에 의해서 (사후에) 하고

---

[55] 서해림, 〈정부, '지소미아 종료 통보' 효력 정지 … WTO제소 중단(종합)〉, 《연합뉴스》, 2019-11-22. https://www.yna.co.kr/view/AKR20191122140651001.

[56] 김병규, 〈아베 "일본은 아무런 양보 안했다"… 산케이 "퍼펙트 게임"(종합)〉, 《연합뉴스》, 2019-11-24. https://www.yna.co.kr/view/AKR20191124016251073.

있다"고 설명했다.」[57] 이는 '한·일 GSOMIA'가 연장되어 작동하고 있음을 보여준다. 다만 한국의 새로운 대통령으로 윤석열 야당 후보가 당선되고 정부가 구성된 후 최근 박진 외교부장관이 '한·일 GSOMIA'가 가능한 한 빨리 정상화되길 희망한다고[58] 발언한 것을 볼 때 아직까지 그렇게 원활하게 운용되고 있는 것으로는 보이지는 않는다.

4. 남겨진 문제들

중·러 군용기의 KADIZ 침입이 야기한 문제들은 대부분 해결되지 않고 여전히 지속되고 있다.

첫째, 중·러 군용기가 여전히 KADIZ를 침입하고 있다. 2021년 11월 19일 중국 군용기 2대와 러시아 군용기 7대가 동해 독도 북동쪽 KADIZ를 순차적으로 진입 후 이탈했으며, 영공 침범은 없었다. 합동참모본부 관계자는 "우리 군은 한·중 직통망을 통해 중국 측으로부터 통상적인 훈련이라는 답변을 받았다"고 밝혔다.[59] 윤석열 정부가 들어선 후 2022년 5월 24일 중국 군용기 2대와 러시아 군용기 4대가 독도 동북방 KADIZ를 순차적으로 진입 후 이탈했으며, 영공 침범은 없었다. 합동참모본부는 "KADIZ 진입 이전부터 공군 전투기를 투입하여 우발 상황을 대비한 전술 조치를 실시했다"고 밝혔다.[60] 그러나 이때 한·중 군사당국 간 직통망을 사용했는지 여부는 언론 보도를 통해서는 확인되지 않고 있다.

둘째, 일본의 부당한 독도 영유권 주장이 지속되고 있다. 윤석열 정부가 들어선 후 2022년 5월 28일 한국의 국립해양조사선이 독도 주변 해역에 대해 해양조사를 시작하였다. 이에 대해 하야시 일본 외무상은 "우리나라(일본)의 사전 동의 없는 과학적

---

[57] 박성진, <서욱 "북 SLBM, 요격가능한 초보단계 … 피해 있어야 도발">, 《경향신문》, 2021.10.21. https://www.khan.co.kr/politics/defense-diplomacy/article/202110211531001.

[58] 김효정, 〈박진 "지소미아 정상화 희망"에日 "지역 평화·안정에 기여"(종합2보)〉, 《연합뉴스》, 2022-06-14. https://www.yna.co.kr/view/AKR20220614066752073?section=international/all.

[59] 권혁철, 〈중-러 군용기 9대, 독도 근처 카디즈 무단진입〉, 《한겨레》, 2021-11-19. https://www.hani.co.kr/arti/politics/defense/1020049.html.

[60] 정빛나, 〈[2보] 중·러 군용기 무더기 카디즈 침범 … "독도 인근 진입후 이탈"〉, 《연합뉴스》, 2022-05-24. https://www.yna.co.kr/view/AKR20220524154751504.

해양 조사 실시는 받아들일 수 없고 즉각 중단해야 한다고 강력히 항의했다"면서 "(일본) 정부는 일본의 영토, 영해, 영공을 단호히 지켜낸다는 결의로 국제법과 관련 국내법에 따라 앞으로도 적절히 대응하겠다"고 강조하였다.[61]

셋째, 독도(獨島) 영유권에 대한 미국 정부의 중립적인 입장에는 변화가 없다. 2021년 11월 24일 미국 국무부 대변인실 관계자는 "미국은 리앙쿠르암(Liancourt Rocks)의 영유권과 관련해 어떤 입장도 취하지 않는다. 영유권 문제는 한국과 일본이 해결해야 한다"고 밝혔다.[62]

V 결론

지금까지 2019년 7월 23일 중·러 군용기의 KADIZ 침입이 어떠한 문제들을 야기하였고 또 그 문제들이 어떻게 봉합(縫合)되었고 남겨진 문제들은 무엇인지 살펴보았다. 이제 중·러 군용기의 KADIZ 침입이 야기한 문제들이 주는 시사점에 대해 논의하고자 한다.

2019년 7월 23일 중·러 군용기의 KADIZ 침입은 한국 국내적으로 문재인 정부에 대한 '친중(親中)' 논란을 가중시킨 측면이 있고, 러시아 군용기가 독도 영공을 침범함에 따라 그동안 중국에 비해 상대적으로 등한시해왔던 러시아의 위협을 다시 한번 평가하는 계기가 되었다.

한편 일본은 독도 영유권을 주장하며 F-15J와 F-2 전투기를 출동시킴으로써 한국의 F-15K와 KF-16을 상대로 공중전을 벌일 수 있는 가능성을 연출하였다. 물론 실제 가능성은 희박하겠지만 이 같은 상황이 발생하게 되면 미국은 '일본해(Sea of Japan)의 리앙쿠르암(Liancourt Rocks)' 상공에서 벌어지고 있는 한·일 간 무장 충

---

[61] 김호준, 〈韓 독도 주변 해양조사에日 "중지하라" 또 억지(종합2보)〉, 《연합뉴스》, 2022-05-31. https://www.yna.co.kr/view/AKR20220531019152073
[62] 백성원, 〈국무부, '독도 미국 책임론' 부인 … "한일 간 문제"〉, 《VOA뉴스》, 2021.11.25. https://www.voakorea.com/a/6326713.html

돌에 대해 중립을 지킬 것이며, 어쩌면 한국보다는 일본을 좀 더 지지할 수 있겠다는 우려를 낳게 하였다. 결국 한·미와 미·일 간에는 각각 군사동맹이 가능하지만 한·미·일 3각 안보 협력은 아직까지 갈 길이 멀다는 것을 선명하게 보여 주었다.

반면 KADIZ 침입의 중심에 있던 중국은 KADIZ를 '침범'했다는 지적에 대해 "중국과 한국은 좋은 이웃으로 '침범'이라는 용어는 조심해서 써야 한다"고 점잖게 훈계하는 모습을 보인 뒤 한·일 간의 첨예한 대립과 미국의 모호한 태도를 지켜보며 한·미·일 3각 안보 협력의 취약점이 어디인지를 명확히 확인하였을 것이다. 이러한 측면에서 중국은 의도하지는 않을지라도 '어부지리(漁父之利)'를 한 셈이 되었다.

한국에는 '고래 싸움에 새우등 터진다'는 속담이 있다. 이 속담은 지나온 역사 속에서 약소국 한국은 강대국 고래들의 싸움에 끼인 새우처럼 언제나 피해를 봤다는 교훈을 말할 때 종종 사용된다. 따라서 중·러 군용기의 KADIZ 침입이 야기한 문제들이 주는 시사점은 한국이 가능한 빨리 고래가 되어 '고래 싸움에 새우등 터진다'는 역사의 굴레에서 벗어나야 한다는 것이다. 그러기 위해서 한국은 경제력, 소프트파워, 군사력 등 다양한 수단을 결합하여 계속해서 몸집과 근력을 키워 나가야 한다. 그리고 한국이 고래가 되는 것은 전혀 불가능한 일만은 아니라는 것이다. 이 연구는 다음과 같은 희망찬 전망과 메시지를 소개하며, 이를 본서 전체의 결론으로 갈음하고자 한다.

2021년 7월 유엔무역개발회의(United Nations Conference on Trade and Development, UNCTAD)는 한국의 지위를 개발도상국에서 선진국 그룹으로 변경하였다.[63] 2021년 12월 일본경제연구센터(Japan Center for Economic Research: JCER)는 1인당 국내총생산(GDP)에서 2027년에는 한국이, 이듬해인 2028년에는 대만이 일본을 추월할 것으로 전망하였다.[64]

---

[63] 대한민국 정책브리핑(www.korea.kr), 〈내가 우리나라를 '선진국'이라 느낀 이유〉, 2021.07.14. https://www.korea.kr/news/reporterView.do?newsId=148889972

[64] 박세진, 〈"2027년에 한국이 1인당 명목GDP 일본 추월"〈일본 싱크탱크〉〉, 《연합뉴스》, 2021-12-16. https://www.yna.co.kr/view/AKR20211216032400073. 2022년 5월 5일 대만의 차이잉원(蔡英文) 총통은 대만의 1인당 국내총생산(GDP)이 올해 한국을 추월할 것이라고 전망하였다. jinbi100@yna.co.kr, 〈차이잉원 "1인당 GDP 한국 추월할 듯 … 대만인 노력한 결과"〉, 《연합뉴스》, 2022-05-05.

"한국은 더 이상 고래 싸움에 등 터지는 새우가 아니다. 싸움의 승패를 가르는 역할을 할 제3의 고래가 되었다." 영국의 저명한 대학교 킹스칼리지런던(King's College London) 국제관계학과 교수인 라몬 파체코 파르도(Ramon Pacheco Pardo) 교수는 최근(2022년 5월) 이런 내용을 골자로 하는 저서를 영국에서 출판하였다. 저서의 제목은 『새우에서 고래로: 잊혀진 전쟁에서 K-Pop까지의 한국(Shrimp to Whale: South Korea from the Forgotten War to K-Pop)』이다. 라몬 파체고 파르도 교수는 "한국이 경제력, 소프트파워, 군사력 등 다양한 수단을 결합하여 계속 몸집과 근력을 키워 나가야한다"며, "앞으로는 미국과 중국 사이에서 등이 터지는 게 아니라 양쪽이 서로 눈독을 들이면서도 함부로 건드리지 못하는 '좋은 패'를 쥐게 될 것"이라고 역설하였다. 그리고 책 말미에 "한 가지 분명한 것이 있다"고 썼다. "밝은 미래가 한국을 기다리고 있다. 한국은 이미 제자리를 찾았고, 앞으로도 계속해서 그 자리를 다져 나갈 것이다."[65]

---

https://www.yna.co.kr/view/AKR20220505040900009.

[65] 윤희영, 〈[윤희영의 News English] "등 터지던 새우에서 고래가 된 한국"〉, 《朝鮮日報》, 2022.05.17. https://www.chosun.com/opinion/specialist_column/2022/05/17/KXRFZS2QABAJNL4PYNKRSWG4CE/. 윤희영, 〈[E] "등 터지던 새우에서 고래가 된 한국"〉, 《프리미엄조선》, 2022.05.17. https://contents.premium.naver.com/chosun/home/contents/220517064020534uE.

저자소개

이두형

[현직]
- 신라대학교 항공교통관리학과 교수
- 사단법인 대륙전략연구소 이사

[자격증]
- 중국어번역행정사, 항공교통안전관리자, 물류관리사
- 항공무선통신사, 사업용조종사, 교관조종사

[학력]
- 충주고등학교 졸업
- 공군사관학교 졸업(전투기조종사)
- 한국외국어대학교 중국어과 졸업
- 동국대학교 행정대학원 행정학 석사
- 한양대학교 국제학대학원 국제학(중국학) 박사
- 중국인민해방군 외국어대학 외국군과정 졸업
- 대만(중화민국) 국방대학교 공군대학 지휘참모과정 졸업
- 미국 미주리대학교 방문학자

[경력]
- 경운대학교·신라대학교 항공운항학과 교수
  국무총리실 김해신공항검증위원회 안전분과위원장
  서울지방항공청 민간항공전문가 위촉검사관
- 국방부 정보본부 중국과장
- 공군비행단 조종장교·비행대장·표준화평가실장

[참여 연구보고서]
- 김해신공항검증위원회 검증보고서(국무총리실, 2020)
- 항공사고 조사분야 ICAO 안전평가 대응방안연구(국토부, 2020)
- 제3국의 작전수행 양상 분석(육군교육사령부, 2019)

[논문]
- 중·러 군용기의 KADIZ 침입이 야기한 문제들(2022)
- 중국군의 대만침공 시나리오가 한국군에 주는 시사점(2019)
- 항공교통안전관리자 자격제도의 문제점과 제도개선에 관한 연구(2019)
- 북한 비행장을 활용한 항공조종인력 양성사업 추진방안 모색(2018)

[번역서]
- 등소평 전략사상 강좌(21세기군사연구소, 2010)
- 중국군사력 현대화의 발전과 도전(21세기군사연구소, 2006)
- 세계군사와 중국국방(평단문화사, 2002, 공역)

[표지 그림 출처]
- 中国政府网,〈中韩双方接交第八批在韩中国人民志愿军烈士遗骸〉, 2021-09-02
  http://www.gov.cn/xinwen/2021-09/02/content_5634956.htm#6

중국공군

초판 1쇄 발행 2022년 10월 31일

지은이 이두형
펴낸이 이창형
펴낸곳 GDC미디어
주 소 서울시 서대문구 신촌로 25, 3~4층
이메일 gdcmedia@naver.com
등록번호 제 2021-000004호
ISBN 979-11-975015-8-6 93390

* 책값은 뒤표지에 있습니다.

※ 이 책은 저작권법에 따라 보호를 받는 저작물이므로 무단 전재와 무단 복제를 금지하며,
  이 책 내용의 전부 또는 일부를 이용하려면 반드시 저작권자(이두형)와 GDC미디어의
  서면 동의를 받아야 합니다.

※ 잘못된 책은 구입하신 서점에서 바꾸어드립니다.